雷达有源干扰信号模拟的设计与实现

邰 宁　韩 慧　张静克　著

吴若无　陈 翔　许 雄

汪连栋　审

西安电子科技大学出版社

内 容 简 介

雷达有源干扰信号的模拟与生成作为电磁环境构建技术的一个应用，涵盖了信号采集、实时信号处理、信号生成等，可以为研究电子信息设备和系统的环境适应能力提供电磁信号。

本书主要内容包括雷达干扰信号的生成原理与方法、干扰信号的波形优化、干扰信号模拟构建的工程实践方法、干扰信号模拟设备的硬件架构和常用信号处理算法等。全书共9章，第1章介绍雷达干扰的基本概念，第2章到第5章介绍典型雷达干扰信号的生成原理，第6章介绍如何利用 System Generator 对干扰信号进行编程开发，第7章介绍现代干扰信号模拟设备的技术现状，第8章和第9章介绍干扰信号模拟生成中常用的信号处理方法和电磁信号参数测量方法。

本书可以帮助从事信号处理、电磁环境构建工作的人员熟悉和了解雷达干扰信号的模拟生成方法，解决工程实践中的部分问题；同时，本书还可以作为高等学校电子信息类专业学生的参考书。

图书在版编目（CIP）数据

雷达有源干扰信号模拟的设计与实现/邰宁等著. --西安：西安电子科技大学出版社，2024.3
ISBN 978 - 7 - 5606 - 7058 - 4

Ⅰ．①雷…　Ⅱ．①邰…　Ⅲ．①雷达信号—模拟信号—有源干扰—系统设计
Ⅳ．①TN951

中国国家版本馆 CIP 数据核字(2023)第 208604 号

策　　划　毛红兵
责任编辑　马晓娟　许青青　雷鸿俊
出版发行　西安电子科技大学出版社(西安市太白南路 2 号)
电　　话　(029)88202421　88201467　　　邮　　编　710071
网　　址　www.xduph.com　　　　　　电子邮箱　xdupfxb001@163.com
经　　销　新华书店
印刷单位　陕西天意印务有限责任公司
版　　次　2024 年 3 月第 1 版　2024 年 3 月第 1 次印刷
开　　本　787 毫米×1092 毫米　1/16　印张　23
字　　数　548 千字
定　　价　69.00 元
ISBN 978 - 7 - 5606 - 7058 - 4 / TN
XDUP 7360001 - 1

前　言

　　雷达技术的发展为人类开展地理信息测绘、目标探测、天气预测、交通管理等提供了便利。目前应用较多的雷达有汽车上的倒车雷达，在交通路段安放的测速雷达，观测天气的气象雷达，以及在战场上使用的制导雷达、搜索雷达、跟踪雷达、成像雷达等，可以说雷达的应用已经深入人们生活、生产、工作的方方面面。雷达在军事领域的应用关系着国防安全，因此对雷达技术的研究一直是电子技术领域研究的重点之一。现代雷达所面临的电磁环境是复杂多变的，例如双方均采用雷达对对方目标进行探测，同时，各重要目标（如飞机、舰船、车辆等）还会携带特定的雷达干扰设备，以阻止对方雷达对己方目标进行探测。因此，雷达设备的研发既要考虑对目标的探测能力，还要综合考虑对干扰信号的抵御能力。开展雷达干扰信号的模拟与实现研究，不但可以为雷达抗干扰性能的提升提供测试条件，还可以为保护己方目标的安全提供有效方法。

　　本书主要面向从事雷达技术研究、电磁信号模拟生成研究、电磁环境构建的研究人员和生产技术人员，电子信息设备的使用人员，以及高等院校电子信息工程、信息对抗、电路与系统专业的本科生和研究生，着重介绍雷达干扰信号的模拟生成方法和工程实践等相关内容。希望本书的出版可以帮助更多的科研人员了解电磁环境模拟技术和方法，提高我国雷达干扰信号模拟构建的技术水平。

　　本书围绕雷达干扰信号的发展现状，主要介绍有源调制干扰信号的模拟与设计实现，全书共9章。第1章介绍雷达干扰技术的发展。第2、3章介绍压制式干扰信号和有源调制相参噪声干扰信号，主要包括调制噪声信号的生成，以及基于存储、转发技术，利用截获的雷达信号调制生成部分相参噪声信号的设计方法。第4章分析了典型的欺骗式干扰信号，包括假目标干扰信号、间歇采样干扰信号、拖引干扰信号。第5章针对雷达信号波形变化特征，介绍基于压制式干扰信号的自适应噪声干扰信号的设计方法。第6章给出了利用数字信号处理机进行干扰信号生成的设计思路与工程实践，介绍在 System Generator 上实现典型压制式干扰信号、欺骗式干扰信号的模拟生成方法。第7章主要讨论和分析了干扰信号模拟设备的硬件组成与技术现状，针对本书介绍的干扰信号模拟生成方法，介绍了典型的采集、存储、转发架构的干扰信号模拟生成设备。第8章立足于干扰信号模拟生成的需求，介绍了常用的信号处理方法。第 9 章介绍了电磁信号的接收技术与参数测量方法等。

本书主要由郜宁编写并负责统稿，韩慧、张静克参与了部分章节的撰写，吴若无、陈翔、许雄完成了部分仿真分析与图表制作，汪连栋对本书进行了校审。感谢国防科技大学电子科学学院袁乃昌教授、王超副教授的指导，感谢谢少毅、胡祥刚在本书写作过程中提供的帮助。感谢电子信息系统复杂电磁环境效应国家重点实验室曾勇虎、申绪涧、汪亚、韩春艳等同志，他们对全书结构、内容编排提出了宝贵的建议；也感谢戚宗锋、赵宏宇、李廷鹏、胡明明、冯润明、冯蕴天、肖文雨、龚帅阁等同志，感谢他们给予的关心和帮助。

本书的撰写离不开家人的关心和支持，感谢爱人对家庭的付出，感谢双方父母的关心帮助，感谢两个女儿带给家庭的欢乐。

西安电子科技大学出版社的毛红兵副总编为本书的编辑出版付出了辛勤的劳动，提出了宝贵的修改意见，在此表示衷心的感谢。

伴随着新技术的涌现和应用，干扰信号模拟生成技术的发展日新月异，本书介绍的内容难以涵盖所有的新技术、新方法，敬请读者谅解。鉴于作者学术水平有限，书中难免存在不当之处，欢迎广大读者批评指正。

郜 宁

2023 年 8 月

目 录

第 1 章　雷达干扰基本概念

雷达自问世以来，经历了长期的发展，最初雷达出现的目的是辅助军事作战。早期的雷达主要用于发现目标和测量目标的空间位置，经过几十年的更新和发展，现代雷达已可以从目标回波中提取更多的有用信息。随着微电子等领域大规模集成电路等技术的革新和突破，雷达技术也有了长足发展，出现了脉冲多普勒（PD）雷达、频率捷变雷达、相控阵雷达、合成孔径雷达（SAR）和逆合成孔径雷达（ISAR）等新体制雷达[1]。新体制雷达通过发射大时宽带宽积信号和相参处理，不仅可以获得目标的距离、多普勒信息和角度信息，还可以获得目标及感兴趣区域的二维图像，为军事斗争提供有力的信息支撑[2]。

雷达的快速发展对战场目标的生存产生了极大威胁，搭载先进雷达的作战平台往往具有"侦察—打击一体化"的特征，并分布于海、陆、空、天，形成了极具威胁的雷达网和作战力量，对敌方目标具有"发现即摧毁"的强力威胁。典型作战平台有 F-35、F-22 战斗机，"捕食者""全球鹰"等无人机，"宙斯盾"（Aegis）战斗系统和萨德反导系统（THAAD）等。这些平台可以在恶劣天气及作战环境下，对敌方目标进行全天候和全天时的搜索，并对重要目标进行火力打击[3]。

现代雷达具有分辨率高、作用距离远、全天时、全天候等特点，是信息化战争中的重要作战力量之一。在作战手段丰富、发现即摧毁的现代战争中，雷达对战场目标的生存极具威胁，如果战场目标不携带有效的干扰设备就很容易被敌方打击。

雷达对目标的探测主要通过对回波信号进行处理来实现。与光学探测、红外探测相比，雷达受天气、温度等自然环境的影响较小，只要被探测目标反射的回波信号功率足够大，雷达接收机接收到该信号后，经过信号处理就有可能构建能够反映目标信息的输出信号。与之相对，雷达干扰也是现代电子战的一个重要研究方向，干扰方根据目标对雷达波的反射特性，利用反射物、吸波材料、雷达信号转发器、干扰信号发射器等，向雷达辐射类似目标回波的信号或是类似噪声的干扰信号。干扰信号或是在雷达端形成若干个虚假目标，或是降低雷达接收机的信噪比，其目的均是阻止雷达对真实目标的探测。

干扰设备是现代电子战中的重要作战力量之一。从世界范围看，各军事强国都拥有基于各种平台的电子战干扰设备，如机载干扰信号模拟设备、舰载干扰信号模拟设备、弹载干扰信号模拟设备、车载干扰信号模拟设备等，以对敌方雷达、通信设备实施强烈干扰，有效保护己方目标。雷达干扰设备是现代电子干扰设备的一种，是针对雷达信号的处理特点，构建设计的一种具有干扰波形生成能力，或是对雷达波具有反射能力的设备。

雷达干扰技术在现代电子战中具有相当重要的作用，通过该技术可以削弱、扰乱、破坏（主要是功能破坏）对方的雷达系统，降低雷达对己方目标的威胁，从而确保己方目标存活以及发挥应有的作用。雷达干扰是信息侦察支援设备与干扰设备的统筹协调，是掩护目标与干扰设备的协同运用，是干扰设备发射的干扰信号和雷达探测信号的综合博弈，从雷达信号侦察、信息获取，到干扰信号发射，再到干扰状态评估等，构成了一个完整的环路。在限定的干扰场景下，根据作用雷达的不同，干扰设备可以选择输出不同类型的干扰信号，以及控制干扰信号的发射时机，从而达到有效干扰对方雷达的目的。

常规干扰设备对雷达的作用效果是"软杀伤"。雷达在受到干扰不能正常工作时，可能会采取静默、改变发射波形特征，或是增加抗干扰能力等措施与干扰设备进行对抗，因此，雷达干扰是一个系统的、闭环的、动态更新的过程。本书不讨论具体的干扰设备与作用雷达之间是如何对抗的，不涉及干扰策略与干扰方法的复合运用，着重聚焦于干扰信号波形的模拟与生成，以及干扰信号经过雷达处理后会形成怎样的干扰效果，通过仿真分析和FPGA编程来讨论和分析干扰信号的构建过程。

如何对现代雷达进行有效干扰是电子对抗领域的重要研究方向之一。本书主要根据现代电子战中雷达对抗双方的技术发展与革新，以雷达干扰信号的快速模拟与生成为牵引，对现有的雷达干扰技术和方法进行系统深入的研究，分析梳理现有方法的技术特点和干扰效果，以期为雷达干扰提供技术支持。

干扰技术经过几十年的发展，已经逐步形成了完善的理论和应用体系，但是近年来，从公开报道中较少看到具有较高创新性的理论与方法，大多是对已有干扰方法的改进和优化，包括干扰信号参数的优化以及干扰信号的组合运用等，因此迫切需要提出新的干扰信号样式，创新干扰信号模拟方法，以应对日趋复杂的对抗场景下的电磁环境。

为了应对敌方先进雷达带来的强力威胁、保护己方重要目标，世界各国均不断致力于发展雷达干扰设备，科研工作者在雷达干扰手段方面投入了大量精力。在战场上，己方目标必须逃避或者突破敌方的雷达封锁才可以存活及完成军事任务，因此不论是战斗机、军用车辆还是军舰等都会携带电子干扰设备，如美国的电子战飞机 EA-6B 和 EA-18G 等，其装备的 ALQ-99 干扰吊舱具有高频段和低频段两种改型，分别用于干扰雷达频段和通信频段的信号[4]。美军在 1986 年发动了利比亚空袭，首先通过 EA-6B 截获利比亚防空制导雷达的信号并分析其变化特征，之后将特征参数传送给预警机来指引反辐射武器进行攻击[5]。海湾战争中，美军使用电子干扰机、箔条等大面积致盲了伊军的雷达系统。这些都促使人们对电子战作战概念有了新的认识。通过高效运用各种电子手段，美军在电子战中取得了优势，大大加快了美军胜利的进程[6]。近些年的两伊战争、科索沃战争，以及各种反恐行动实例表明：电子战对现代战争的胜负有着重要意义。

各国都投入了大量科研力量用于研发电子战设备，针对现代电子战的辐射源特性，从通信电台、指挥控制链路、雷达、红外设备、光电设备等着手，以保护己方设备、破坏对方设备的正常工作为目的，研发具有针对性的干扰设备。雷达干扰设备一般需要分析截获的雷达信号的参数特征，根据不同类型雷达信号的特征与信号处理特点，有针对性地输出干扰信号。从干扰能量的来源来看，干扰可以分为无源干扰和有源干扰。从干扰效果来看，干扰可以分为压制式干扰和欺骗式干扰。

1.1　无源干扰技术

　　无源干扰技术即通过抛撒或者布置具有特定散射特性的强反射物来改变雷达波的传播路径,同时产生不同强度的雷达回波来掩盖真目标回波的技术。箔条干扰是一种常用的无源干扰手段,通过抛撒金属反射体对雷达形成类似噪声信号的干扰回波[7-8],可以覆盖数十立方千米的体积范围[9]。雷达诱饵是一种有效的假目标对抗手段。现代作战平台常常携带多个轻诱饵和重诱饵,这些诱饵在形状和质量上与真目标接近,可以形成多个假目标以掩护真目标。雷达诱饵的缺点是一个诱饵只能模拟一个假目标,并且假目标的尺寸、反射特性等特征无法改变,且轻诱饵与真目标之间的差异性较为明显。但是在实际应用中,真目标在轻诱饵和重诱饵的掩护下,仍旧能提高生存率。角反射器是雷达对抗领域应用非常广泛的干扰设备之一。角反射器对雷达波的反射能力非常强,一个小体积的角反射器形成的回波信号幅度可以与大型目标的雷达回波相比拟。角反射器形成的假目标信号一般较强。通过在区域内布置多个角反射器,可以形成多个假目标来欺骗对方雷达。各军事强国都有各自的军用角反射器干扰设备,如美国的 SLQ-49 和十二面体网式角反射器[10]、以色列的"术士"反雷达诱饵角反射器[3]等,其应用场景如图 1-1 所示。

图 1-1　角反射器应用场景[11]

　　白雪茹等提出了一种基于旋转角反射器的 ISAR 干扰方法[12],利用角反射器的旋转特性对雷达波进行了微多普勒频率调制,实现了对 ISAR 的方位向条带干扰。在实际应用中,可以通过在距离向布置多个角反射器形成阵列以拓展干扰条带的覆盖面。旋转角反射器的方位向干扰本质上利用的是旋转目标微运动的调制特性,可以归结为微动调制干扰。受此现象启发,微动调制也被应用在有源干扰技术手段中(在本书 1.3.3 节会提到)。Xu Jin 等提出一种基于等离子体的被动欺骗干扰技术,覆盖等离子的目标对成像雷达发射的信号进行反射后,可以形成多个假目标图像,并且这些假目标没有一个位于真目标的位置处,即是说,真目标被很好地隐藏了起来,同时在虚假位置产生了欺骗性的假目标[13]。

1.2　有源干扰技术

有源干扰指干扰设备主动发射特定的干扰（信号）来对雷达进行干扰。根据干扰的效果，有源干扰可以分为压制式干扰（噪声干扰）和欺骗式干扰（假目标干扰）；根据干扰信号和雷达信号之间的相参性，有源干扰可以分为相参干扰和非相参干扰。需要说明的是，在雷达干扰领域中所说的相参性，指的是干扰信号可以获得部分雷达信号的处理增益，而不是说干扰信号和雷达信号之间是严格相参的，因为雷达信号和干扰信号分属两个不同的辐射源，而且这两个辐射源是功能对立的，因此这两种信号是不可能严格相参的。

有源干扰技术因为干扰信号样式、干扰信号参数、干扰信号发射时机灵活可控，在现代电子战中的应用非常广泛。根据干扰信号的不同，可以灵活实现不同的干扰效果。目前典型的有源干扰技术包括移频调制干扰技术、射频噪声干扰技术、相参噪声干扰技术、微动调制干扰技术、多假目标干扰技术、密集假目标干扰技术、速度/距离拖引干扰技术等，针对不同场合的应用需求，可以选择一种或者多种干扰技术组合来使用。

1.2.1　压制式干扰

压制式干扰是通过干扰设备发射大功率干扰信号来遮盖真目标的雷达回波的干扰技术。干扰信号和目标回波信号一同进入雷达接收机后，只要干扰信号功率足够大，信噪比降低得足够明显，雷达就难以正确探测到目标，从而使得在干扰信号掩护下的真目标获得"雷达隐身"的效果。在电子战初期，压制式干扰信号大多采用类噪声信号，先通过干扰设备对噪声源信号进行功率放大与输出，再利用上变频器和滤波器将噪声信号的频率限定在作用雷达的频率范围内。由雷达对接收信号的处理原理可知，雷达的探测距离与信噪比息息相关，噪声干扰的效果类似于雷达接收机内部噪声功率增大引起的信噪比降低，从而削弱了雷达的探测能力。

噪声干扰的效果从能量角度较为容易分析：在雷达工作频率范围内，只要噪声干扰的功率足够大，干扰方就可以获得较为理想的"雷达致盲"干扰效果。不过随着相参体制雷达的出现，现代雷达发射调制后的大时宽带宽积信号，通过脉冲内相参处理和脉冲间积累，提高了雷达处理输出信号的信噪比，等同于抑制了噪声干扰。根据噪声信号和雷达信号之间是否有相参性，可将噪声干扰分为相参噪声干扰和非相参噪声干扰，传统的将模拟噪声源进行功率放大输出的干扰方法可以归类于非相参噪声干扰。

非相参噪声干扰实现起来较为简单，因为其不需要精确的雷达信号参数，只需要干扰噪声的频率范围与雷达信号的频率范围一致即可。由于非相参干扰信号无法获得雷达的相参处理增益，因此干扰信号模拟设备往往需要较大的干扰功率才可以实现有效干扰效果。非相参噪声干扰的作用机理类似于提高了雷达接收机的底噪，使得真目标回波淹没于噪声之下从而无法被雷达检测到。非相参噪声干扰的优点在于干扰信号的特征与自然界的热噪声较为相似，雷达难以根据干扰信号的参数特征展开针对性的抗干扰处理。在干扰信号功率足够大的情况下，干扰信号模拟设备可以为保护目标提供较远的掩护距离。压制式干扰技术的应用十分广泛，通过发射大功率噪声或者类似噪声的干扰信号，可以在时域、频域上遮盖真目标的雷达回波，从而为真目标提供"隐身"的能力。

干扰信号模拟设备发射机的功率是限定的，经过雷达处理后，如果非相参噪声干扰信号不足以使得目标被遮盖住，那就要从干扰信号波形设计思路着手，对噪声干扰信号样式展开研究。为使噪声干扰信号也能获得一定的雷达处理增益，提高雷达处理后的干扰信号输出功率，学者们研究并提出了相参噪声干扰技术的概念，即干扰信号模拟设备对采集到的雷达信号进行变换处理，这样一来，干扰信号就与截获的雷达信号之间具有了一定的相参性，这部分相参性使得干扰信号可以获得一定的雷达处理增益。典型的相参噪声干扰信号包括噪声乘积干扰信号[14]、噪声卷积干扰信号[15]、噪声调相干扰信号[16]等，主要是利用噪声或类噪声信号对截获雷达信号的频率、相位等进行调制。经过噪声调制的干扰信号经过雷达处理后，其输出信号不再是广泛地分布在较大的距离范围上，而是集中在一小段距离区域内，以减小干扰信号覆盖范围为代价，在一段距离范围内提高干扰信号的幅度。

从能量角度来分析，相参噪声干扰技术通过调制使得经过处理后的干扰信号较为集中地分布在一定区域范围内，干扰能量没有发生变化，改变的是干扰信号的分布特性。由于相参噪声干扰信号是对截获的雷达信号进行调制生成的，可以获得部分处理增益，从而可以降低有效干扰对干扰功率的需求。整体而言，相参噪声干扰技术的原理简明直观，实现起来较为便捷，通过在时域、频域进行调制就可以生成特定的干扰信号。

1.2.2 欺骗式干扰

欺骗式干扰是指干扰信号模拟设备发射类似目标雷达回波的干扰波形，形成一个或者多个假目标来迷惑雷达，从而影响雷达对真目标的跟踪和识别。模拟生成与真目标雷达回波相类似的干扰信号的技术途径有两种：一是在侦察设备提供雷达信号参数及雷达信息的前提条件下，结合假目标的电磁散射特性和运动特性，干扰信号模拟设备直接产生假目标干扰信号；二是干扰信号模拟设备首先采集雷达信号，然后结合目标特性参数，对截获的雷达信号进行幅度和延时调制来产生假目标干扰信号。相比于噪声干扰，欺骗式干扰往往需要依赖一定程度的雷达参数情报的支撑。雷达信息支撑力度越大，干扰信号调制方式越复杂，干扰信号的干扰效果就越好，生成的假目标特性与真目标特性就越接近，但是干扰技术实现的难度也越大。

数字射频存储器（DRFM）的出现使得存储转发式干扰的实现成为可能，经过二十余年的发展已经成为电子对抗领域的有效手段之一[17]。基于 DRFM 架构的干扰信号模拟设备一般工作在信号侦察、干扰生成这两个阶段，首先在信号侦察阶段对截获的雷达信号进行采集、接收和信号分析，明确对方雷达的参数特征之后，有针对性地调制产生干扰信号波形。

根据雷达对目标的各个信息获取的技术特点，理论上干扰信号模拟设备可以从距离、速度、方位角、俯仰角、一维像、二维像等层面出发，对雷达实施欺骗式干扰。以最基本的距离向假目标干扰信号生成为例，其产生方法是对截获的雷达信号进行延时-叠加调制，对雷达形成一个或者多个假目标[18]。假目标的距离调制一般通过对转发的干扰信号进行延时调制来实现，那么假目标的距离调制精度就取决于干扰信号模拟设备的时钟频率，而假目标和干扰信号模拟设备之间的相对延时最大值取决于设备的数据存储容量（边接收边发射工作模式下），或者说取决于设备发射干扰信号的延时值控制量。根据转发式干扰设备的技术原理，需要先采集雷达信号才能生成干扰信号，如果基于每次截获的雷达信号再生成，那么干扰信号在时域上就总是滞后于干扰信号模拟设备所在位置对应的雷达信号回波，也就是说假目标总是位于干扰信号模拟设备的后方。如果在雷达相参处理时间内，雷达信号参数不变且保持稳定，那么干扰信号模拟设备就可以基于前期截获存储的雷达信号，来调制生成干扰信号。基于该前提，就有可能生成位于干扰信号模拟设备前方的假目标，这也就是导前干扰技术的基本原理。

当真目标和干扰信号模拟设备位于同一载体平台，而假目标位于平台后方时，真目标就会暴露在雷达探测范围内。虽然在真目标位置后方也会形成多个假目标，但是一般雷达会判定距离最近的目标最具有威胁性，因此会对真目标的生存造成严重影响。滞后的假目标群对真目标的掩护能力有限，针对此情况，干扰信号模拟设备可以采取边接收边发射的"收发同时"干扰策略，来减小干扰信号的发射延时。收发同时技术要求发射天线和接收天线之间的隔离度足够高，即接收天线和发射天线之间要有足够的空间距离，这往往在大型的运载平台上才能实现。如果干扰信号模拟设备的载体平台空间有限，则无法满足收发天线的高隔离度要求，因此有学者提出采集—发射—采集的"间歇式"干扰方式（称为间歇采样干扰技术[19-20]）。此时，当干扰信号在时域上断续出现时，由于间歇采样的周期性调制原理，直接转发的干扰信号可以形成多个在距离向等间隔分布的假目标。但是一般来讲很少直接用这些假目标来干扰雷达，而是采用间歇采样的思想来对其他干扰信号波形进行控制。

间歇采样干扰利用的"收发分时"干扰策略，实际上是干扰信号模拟设备对截获的雷达信号进行周期性的方波调制。当该技术用于干扰线性调频（LFM）体制雷达以及去斜（De-chirping）体制雷达时，经过一个采样周期（微秒级）的延迟后，就可以生成干扰信号，干扰信号经过雷达处理后可以形成若干个距离向假目标[21]。由于间歇采样方法本质上利用了周期调制的特性，对应在频域上就是将被调制信号的频谱进行了搬移，根据 LFM 雷达和 De-chirping 雷达的信号处理特点，该干扰方法可以生成 3～5 个距离向假目标。间歇采样干扰方法经过十余年的发展，衍生出不同转发占空比、不同转发次序的改进方法[22]，产生了不同数目、不同分布的假目标干扰效果。

卷积调制也是生成欺骗式干扰信号的一种常用方法，该干扰方法的原理和干扰特性分析在参考文献[23]中进行了详细介绍。一般来说，卷积调制干扰信号是对截获的雷达信号进行调制后生成的，那么考虑到干扰信号模拟设备对雷达信号的接收、调制运算以及发射延时，干扰信号在时域上总是滞后于干扰信号模拟设备所对应的雷达回波信号。在对发射 LFM 信号的雷达进行干扰时，可以利用 LFM 信号匹配滤波处理的特性，对干扰信号进行移频调制后再进行转发，这样就可以使雷达处理输出的干扰信号在时域上的出现位置前移。但是如果雷达信号的脉宽较大，达到几十微秒或者上百微秒时，往往会造成干扰信号滞后几公里到几十公里，这时就很难利用移频调制来弥补这一距离损失。距离位移越大，需要的移频调制量就越大，那么干扰信号经过雷达处理后输出信号的幅度就越小。为了提升卷积运算的效率，根据信号理论，卷积运算大多在频域实现，将参与卷积运算的两个信号分别作傅里叶变换后进行相乘，再将乘积结果进行傅里叶逆变换就可得到卷积运算结果。这种方法在实时性要求不高的场合得到了广泛利用,雷达对回波信号的脉冲压缩处理也可以如此实现。当干扰信号模拟设备和真目标之间的距离差很小时,往往对算法实时性要求非常高,具有较大计算延时的干扰算法很难满足应用需求。

线性调频信号是现代雷达常采用的信号样式之一。常用的雷达信号还有相位编码信号、步进频率信号、非线性调频(NLFM)信号等。线性调频信号具有对目标回波信号的较大多普勒容许度、大时宽带宽、易于工程实现等优点,由于其应用广泛,因此针对线性调频信号展开的干扰技术研究也是一个研究热点。针对线性调频信号进行干扰波形生成主要利用了线性调频信号的时频耦合特性,如余弦调制干扰方法[24]、锯齿波调频干扰方法[25]、周期调制干扰方法[26]等。这些方法可以归结为频域调制方法,其本质上是用调制函数(余弦波、锯齿波等)的频谱特征对雷达信号进行频谱搬移和叠加,利用移频后的雷达信号频谱来产生不同距离特性、不同幅度特性的假目标。当假目标之间的间隔非常小甚至小于雷达信号的距离分辨率时,这些紧密相连的假目标就可以在一定区域内形成像噪声那样的遮盖带,当遮盖带的幅度明显大于目标幅度时,被遮盖带覆盖的真目标就难以被雷达探测到。

针对雷达 LFM 信号展开的移频调制干扰是有源干扰技术的一个重要研究方向,不同移频量的 LFM 信号经过匹配滤波处理后,可以形成不同距离处的假目标。再者,移频调制干扰信号生成假目标的个数、幅度和距离向分布特性都受到调制函数频谱特征的影响,当改变调制函数的样式或参数时,移频调制干扰信号可以产生压制式干扰或者欺骗式干扰效果。再者,假设干扰信号意图对雷达形成多个假目标干扰效果或是间隔较小的密集假目标干扰效果,则有可能使得各个假目标聚拢在一起形成遮盖带。即是说,干扰信号模拟设备要对截获的雷达信号进行参数测量与分析,有针对性地调整移频调制干扰信号的参数,以便实现设定的干扰效果。当假目标间隔小于雷达分辨率时,干扰效果体现为压制式干扰,反之为欺骗式干扰。由于干扰信号的输出幅度范围是确定的,加上多个假目标干扰信号叠加对数据量化位宽的要求,为保证数据不溢出,分配到每个假目标信号的幅度要小于数/模转换器所支持的最大幅度,有限个数的假目标如何对雷达形成压制式干扰效果,是需要深入研究的。潘小义等提出了一种对 LFM 雷达信号进行分割—逆序的排列转发干扰方法,分析了全逆序转发和不同排序方法的干扰效果,产生了不同距离分布、不同幅度的假目标[27]。张克舟等研究了对 LFM 雷达的随机移频调制干扰方法,通过对截获的雷达信号附加随机多普勒频率调制,可以产生在距离向上随机分布的多个假目标[28]。

欺骗式干扰技术的原理简明,其目的主要是构建与真目标回波相类似的干扰信号,以对雷达形成多个假目标来达到"以假乱真"的干扰目的。但是,现代雷达具有强大的跟踪和处理能力,能同时对多批、多个目标进行跟踪和识别。考虑到新体制雷达的抗干扰能力,假如干扰信号模拟设备产生的假目标个数比较少,且逼真度不够高,那么这些假目标就容易被雷达识别和剔除,达不到对真目标的保护目的。雷达抗干扰措施的发展对欺骗式干扰波形的设计提出了较高要求:一方面假目标的数量要达到一定规模;另一方面假目标所包含的运动特征要连续,且与真目标接近,可以影响雷达的点迹、航迹处理过程乃至成像过程。如何产生足够逼真的假目标,以及这些假目标对雷达的干扰效果如何,是亟需研究的重点。

1.3　雷达成像干扰技术

成像雷达在民用和军用领域都有广泛的应用,从地理信息测绘、自然资源调查、环境保护,到敏感目标探测与识别、军事目标信息获取等,都活跃着成像雷达的身影。典型的成像雷达包括合成孔径雷达(SAR)和逆合成孔径雷达(ISAR),由于成像雷达在方位向和距离向均进行相参处理,其系统结构和信号处理等步骤均比常规雷达要复杂,因此造价和成本也更加高昂。雷达成像干扰技术是雷达对抗技术的一个具体应用,由于对成像雷达实施有效干扰的难度比较大,干扰信号模拟设备往往需要进行复杂的信号处理,而且还需要丰富的雷达信息情报和雷达信号参数分析结果,因此有必要针对如何对成像雷达进行有效干扰展开具体研究。

SAR 和 ISAR 的军事领域应用为雷达方提供了大量珍贵的情报信息,通过二维相参处理,成像雷达可以获得感兴趣区域或者目标的精细二维图像,通过目标识别处理来判定不同目标的威胁程度,为武器单元选择打击目标提供信息支撑。对成像雷达而言,雷达回波信号的脉冲内特征包含着扫描区域的距离向信息,回波脉冲之间的相位变化反映了雷达扫描区域的方位向特征。由于成像雷达采取的是二维相参处理,因此干扰信号不仅在脉冲内要保持相参性,在干扰脉冲之间也要保持一定的相位关系,才有可能对成像雷达实现图像干扰效果。

1.3.1　成像干扰

冯起等提出了针对 SAR 的随机脉冲卷积干扰,通过改变 LFM 信号的脉冲内特征,使得干扰信号在 SAR 图像上产生覆盖一定距离的“条带状”干扰,可以影响雷达对距离向目标的判别[29]。由于该方法只在雷达脉冲内进行干扰调制,因此只能在距离向形成干扰效果,而干扰条带所处的方位向位置也就是干扰信号模拟设备的所在位置。为拓展干扰条带在方位向的覆盖范围以实现区域面干扰效果,干扰信号需要在脉冲间进行多普勒频率调制。由 SAR 信号处理原理可知,回波信号的多普勒频率与散射点和 SAR 之间的距离等信息有关,那么,为实现方位向压制式干扰,干扰信号模拟设备需要侦察设备提供雷达信号的参数和 SAR 的运动轨道等信息。现如今的诸多研究成果大多建立在 SAR 运动轨道已知,以及雷达信号参数可以获得的假设前提下,而实际应用中这些参数的获得都是较为困难的。刘永才等提出一种对 SAR 的频域三阶段有源调制的干扰方法,选取村庄的 SAR 图像作为调制模板,通过频域调制使得干扰信号包含了村庄的特征信息,干扰信号经过 SAR 图像处理后,用村庄的图像覆盖了机场等掩护目标的图像,其干扰效果如图 1-2 所示[30]。为了解决该算法在大斜视角情况下失效这一问题,刘永才等提出了较小失真度的 Inverse Omega-K 干扰方法[31]。

ISAR 利用雷达和运动目标之间的相位位置变化来对目标进行成像。ISAR 干扰技术也是雷达成像干扰的一个重要研究方向,干扰信号经过雷达处理后,应对 ISAR 形成假目标图像或是具有一定区域覆盖范围的噪声图像。为了生成假目标图像,干扰信号模拟设备需要基于运动目标的电磁散射特性和运动特征,来模拟生成与真实目标雷达回波类似的假目

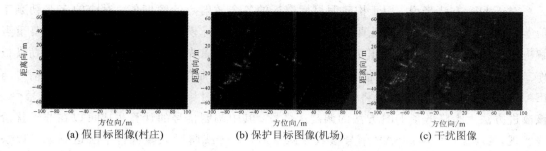

(a) 假目标图像(村庄)　　(b) 保护目标图像(机场)　　(c) 干扰图像

图 1-2　频域欺骗式 SAR 干扰方法[30]

标干扰信号。对 ISAR 进行欺骗式干扰的关键点是如何将假目标的特性调制融入干扰信号波形中。2002 年，美国海军研究生学院的 P. E. Pace 等人提出了基于数字图像合成(DIS)的 ISAR 假目标合成方法[32]。该方法首先根据假目标的形状建立幅度—多普勒模板，再通过参数提取计算得到相位调制信号，当干扰信号模拟设备截获雷达信号后，对雷达信号进行正交解调得到复信号，然后再进行延时和相位调制以生成干扰信号。DIS 干扰信号经过成像处理后的 ISAR 图像如图 1-3 所示，与真实目标的 ISAR 图像相比具有一定的相似性，假目标图像可以清晰分辨舰身、桅杆等特征。今天来看，DIS 干扰方法的灵活性不够，需要预先产生各种姿态下的假目标调制模板，而且从模板计算出调制系数的过程也比较复杂，但是该方法从相位合成的概念出发来生成干扰信号，对 ISAR 干扰技术研究具有重要意义。

(a) USS Crockett 军舰和其 ISAR 图像

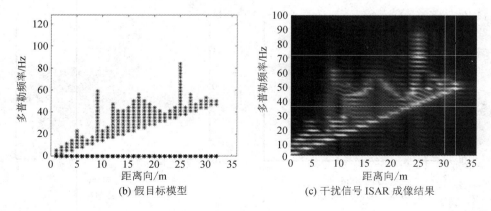

(b) 假目标模型　　(c) 干扰信号 ISAR 成像结果

图 1-3　DIS 干扰方法和干扰效果[32]

对于 DIS 方法来说，用于构建假目标模板的各个散射点的幅度值、对应的多普勒频率值等，决定了假目标图像的逼真度，如何精确构建假目标模板是 ISAR 干扰方法需要重点解决的问题。Xu Letao 等提出了改进的 DIS 快速算法，首先对假目标的幅度—多普勒模板作二维 FFT 得到频域的调制信号，再利用线性插值对调制信号进行抽取，使得调制信号与 ISAR 信号参数相匹配，最后将调制信号和雷达信号在时域相乘就可以得到干扰信号[33]。该改进方法大大降低了 DIS 方法的调制运算量，其中调制信号的计算生成可以在非干扰阶段实现，当调制信号与 ISAR 信号参数相匹配后，在干扰阶段只要进行乘法运算就可以快捷地产生干扰信号，提高了干扰信号生成的效率。

由于 DIS 方法生成的假目标图像特性取决于假目标模板的精度，利用散射点构建的假目标模板与真实目标之间存在较为显著的差异，且无法体现目标在不同雷达信号频率、不同入射角度下的真实散射特性。Zhao Bo 等提出利用电磁计算软件计算假目标 3D 模型的雷达散射截面积(RCS)，根据 RCS 和目标高分辨一维像之间存在的傅里叶变换关系，用卷积调制来产生假目标干扰信号[34]。电磁计算软件得到的目标高分辨一维像可以体现目标结构遮挡、多次反射对回波信号的影响，该干扰信号的干扰效果如图 1-4 所示。DIS 方法利用理想散射点对假目标进行建模，本章参考文献[34]通过仿真计算构建目标电磁散射模型，

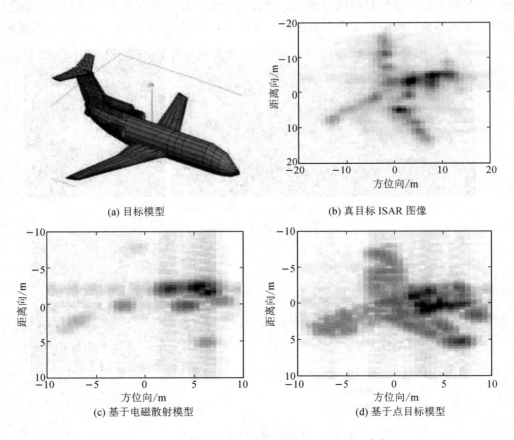

(a) 目标模型   (b) 真目标 ISAR 图像

(c) 基于电磁散射模型   (d) 基于点目标模型

图 1-4　基于电磁散射模型的 ISAR 干扰方法[34]

对比这两种方法生成的假目标 ISAR 图像可知，基于散射点模型的干扰信号经过 ISAR 成像处理后，假目标图像只能大致勾勒出假目标的形状（该形状是根据假目标尺寸进行构建的）。然而，假目标的 ISAR 图像与其光学图像之间的差异往往是较为明显的，因此利用理想散射点模型来构建生成干扰信号，得到的假目标 ISAR 图像不论散射中心分布还是幅度特性都与真目标的成像结果相差较大。利用目标 3D 模型的电磁散射特性调制模板产生的干扰信号，与真实目标形成的雷达回波信号特性较为接近，并且，电磁散射调制信号可以体现目标在不同雷达波入射角情况下的反射特性，因此干扰信号生成的假目标图像特性与真目标的图像较为一致。在不同雷达波入射角度下，基于散射点模型生成的假目标图像只是进行了角度旋转，无法体现不同入射角下目标电磁散射特性带来的变化。

根据 ISAR 对目标的成像原理，干扰信号模拟设备需要根据雷达和设定的假目标空间位置，确定雷达波对假目标的入射角，然后选取对应的电磁特性调制模板来生成干扰信号。在 ISAR 成像期间，假目标干扰信号应该针对每个雷达脉冲作出响应，且能持续地、连续反应假目标的运动特性对回波信号的影响。综上，ISAR 假目标干扰信号的生成对信号侦察设备的依赖度是非常高的，部分干扰参数的确定依赖于雷达信号参数的测量结果。为实现对成像雷达的欺骗式干扰，干扰信号模拟设备往往需要获取一定的雷达信息，包括雷达信号样式和参数、雷达所处的空间位置信息等。鉴于此，未来的干扰信号模拟设备若是能利用人工智能算法，实时分析变化的雷达信号并对雷达信息进行获取，必将大幅度提升干扰信号的生成效率，形成更加逼真的假目标。

由于二维图像假目标干扰波形的调制算法是较为复杂的，并且假目标模板的精细程度直接决定了假目标图像的逼真度，因此要生成对雷达具有高迷惑性的假目标图像还是很有难度的。无论在何种干扰条件下，真目标的雷达回波信号总会进入雷达接收机，对于欺骗式干扰技术而言，在真目标存在时，如何让雷达将关注重点转移到假目标上，是需要深入研究的。为克服假目标干扰信号调制复杂带来的困难，学者们对不需要目标散射和运动特性就能生成欺骗式干扰波形的方法展开了研究。Xu Letao 等提出了基于相位调制表面（PSS）的有源隐身技术，分析了雷达波经过 PSS 散射后的回波频谱特征，给出了 PSS 周期调制和非周期调制下的目标 ISAR 成像结果[35]。PSS 调制的优点在于该方法属于被动式干扰，不需要干扰信号模拟设备侦察、截获、分析雷达信号，而是利用涂覆在真目标上的材料反射特性来改变目标雷达回波。当 PSS 作用于雷达 LFM 信号时，反射的目标回波信号频谱是雷达信号频谱的搬移结果，真目标回波信号存在一定程度的削弱，因此 PSS 可以有效保护真目标。图 1-5 所示为涂覆 PSS 的飞机目标 ISAR 成像结果回波信号在距离向产生了多个假目标图像。此外，任何一个假目标都不在真目标的位置上，真目标相当于获得了一定的隐身能力，这也是 PSS 干扰方法的优点之一。主动吸波屏（AFSS）和 PSS 的干扰机理有些类似，但是它们实现反射信号频谱搬移的原理不同，PSS 是无源地、被动地改变雷达回波的特性，AFSS 是通过电源控制实现对入射雷达波的全反射和不反射。在 AFSS 调制下，反射的雷达波相当于雷达信号的周期调制结果，该过程与间歇采样调制有些类似，根据 AFSS 作用在快时间域或是慢时间域，反射波可以在距离向或是方位向形成多个假目标[36]。

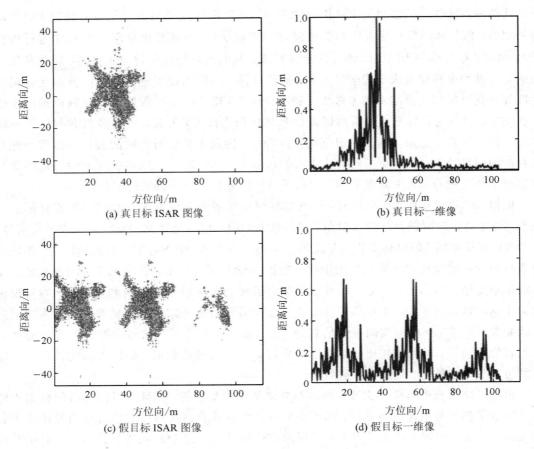

(a) 真目标 ISAR 图像 (b) 真目标一维像

(c) 假目标 ISAR 图像 (d) 假目标一维像

图 1-5   PSS 技术应用于对抗 ISAR[35]

1.3.2   有源对消干扰

雷达干扰的目的是阻止雷达对己方目标进行探测，从吸波材料的原理特性出发，如果干扰信号和目标回波信号进行叠加后，能够削弱或者抵消掉回波信号，那么理论上也能降低雷达对目标的探测概率。当两个幅度相等、相位相反的信号存在时，两者的辐射场在空间中会相干对消[37]，信号有源对消技术就是在此理论基础上发展起来的。对消方法可以分为两类：外部方法和内部方法。外部方法是在保护目标周围形成一个隐身区域（如涂覆吸波材料），雷达波进入该区域后即被消除从而不存在或者存在弱小的反射波；内部方法是通过干扰信号模拟设备发射与目标雷达回波等幅度、反相位的对消干扰信号，使目标回波和干扰信号对消，从而达到目标隐身的目的。

Feng Dejun 等提出在间歇采样转发干扰基础上，利用导前假目标干扰信号来对消真目标回波信号，得出了时间同步、幅度相等、相位相反是影响对消效果的三个关键因素[37]。在一维对消干扰的基础上，Xu Letao 等利用频率调制和时延调制产生了对消信号，将干扰信号从一维对消拓展到二维对消，有效消隐了保护目标的 SAR 图像[38]，其干扰效果如图 1-6 所示。

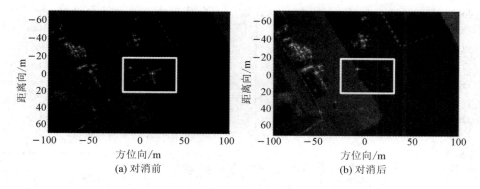

(a) 对消前　　　　　　　(b) 对消后

图 1 − 6　有源对消干扰技术用于对抗 SAR[38]

　　然而，有源对消干扰技术对干扰信号波形控制、调制精度等均提出了很高的要求，干扰信号模拟设备一方面要获取目标各散射点与雷达的实时距离以用于延时调制和频率调制，另一方面干扰信号模拟设备和保护目标要同时处于雷达视线照射下。实际上，目标各散射点对雷达波的反射情况，对于干扰信号模拟设备来说是难以获取的，并且，当真实的对消干扰波形与理想对消信号之间存在误差时，难以实现理想的对消干扰效果。总而言之，对消干扰是比较难实现的一种干扰技术。

1.3.3　微动调制干扰

　　由于人造目标自身或者其零部件(如螺旋桨)存在着摆动、滚动、震动等微运动，这些微运动会对目标反射的雷达波进行调制，该现象称为微多普勒效应。Chen V. C. 等深入研究了转动、滚动等微运动对雷达波的频率调制作用，总结了处于匀速直线运动、加速运动、转动、震动条件下目标的高分辨一维距离像变化特征[39]。马梁等对旋转目标的微多普勒效应进行了暗室测量，分析了进动对目标雷达回波的多普勒调制，以及进动对目标 ISAR 成像结果的影响[40]。微运动是目标运动过程中的一个固有特征，这一点给了我们两个启示：一是对假目标成像欺骗干扰而言，在真目标具有微运动时，假目标干扰信号必须包含对应的微动信息才能更加近逼真目标回波信号；二是可以利用微动调制的特点，生成相应的干扰信号来影响雷达对真目标的成像。

　　当干扰信号模拟设备需要掩护的目标是飞机、车辆、船只等机动目标时，生成的假目标应包含真目标的电磁散射特性和运动特性，包括微运动等特征，这样才能更好地对成像雷达进行干扰。基于对具有微动特性目标的分析，Tai Ning 等提出了一种针对 ISAR 的成像欺骗干扰方法[41]。该方法对作进动运动的锥柱体假目标运动场景进行建模，利用龙格-库塔方法计算干扰信号模拟设备的飞行轨迹，在干扰信号模拟设备自身运动的基础上进行假目标干扰信号生成，得到假目标的 ISAR 成像结果，如图 1 − 7 所示。在不同运动时刻，由于假目标和雷达的空间位置发生了变化，当雷达波照射假目标的角度改变时，假目标散射中心的变化形成了不同的 ISAR 图像。

　　祝本玉等根据等效微动散射点的特性，对截获的雷达信号在慢时间域进行正弦相位调制，仿真结果表明该干扰方法可以对 ISAR 图像形成点状干扰或者压制干扰，干扰效果取决于相位调制参数[42]。陈思伟等研究了可以在距离向和方位向形成面状假目标、网格状假

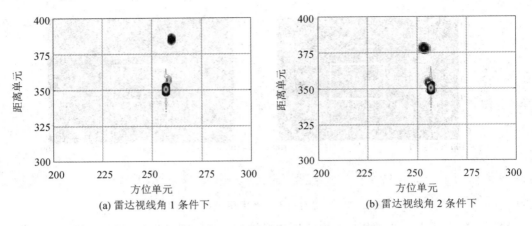

(a) 雷达视线角 1 条件下   (b) 雷达视线角 2 条件下

图 1-7 具有微动特性的假目标 ISAR 图像

目标的余弦调相微动干扰信号生成方法，该方法利用了余弦调相调制信号具有多个离散频率值的特点，使得调制后的信号频谱在频域进行了不同程度的搬移。余弦调制干扰信号可以在 SAR 图像上生成对称分布的网格状点假目标，仿真结果表明该方法可以用较小的干扰功率实现有效的干扰[43]。有源微动调制干扰方法应用在 SAR/ISAR 对抗时，可以在雷达图像的方位向生成覆盖一定范围的"条带状"干扰，如图 1-8 所示。单个干扰条带的干扰覆盖范围是比较有限的，可以采用多个干扰信号模拟设备协同干扰的工作模式，将干扰条带组合起来形成一定区域的干扰面，进而对一定区域范围内的目标提供掩护。但是多个干扰信号模拟设备协同干扰增加了干扰成本，在实际应用中，多个干扰信号模拟设备之间的互扰也必须考虑在内。

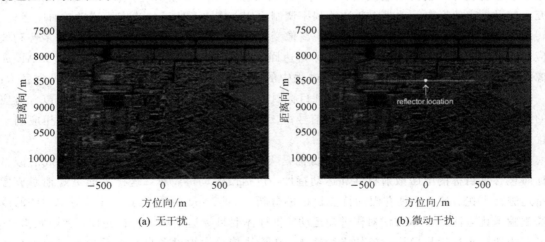

(a) 无干扰   (b) 微动干扰

图 1-8 微动调制干扰信号对 SAR 的干扰效果[44]

为了拓展微动调制干扰在距离向的覆盖范围，Xu Letao 等在 PSS 调制干扰的基础上，提出了改进的微动调制干扰方法。该方法利用旋转角反射器来对入射雷达波进行微动调制，同时，利用 PSS 调制来拓展干扰条带在距离向的覆盖范围[44]。该干扰方法对 SAR 图像的干扰效果如图 1-9 所示，在 SAR 图像上形成了一定范围的干扰覆盖面，使得真实场景的成像结果变得模糊不清。

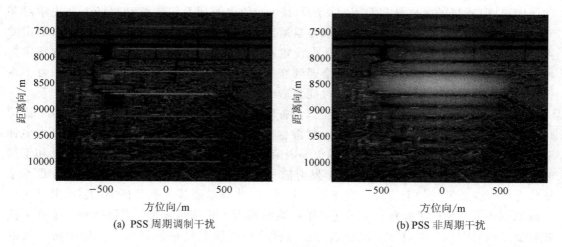

(a) PSS 周期调制干扰　　　　　(b) PSS 非周期干扰

图 1-9　基于 PSS 的微动干扰信号对 SAR 的干扰效果[44]

1.4　认知自适应干扰技术

2006 年，Simon Haykin 等提出了认知雷达的概念。为了提高雷达在复杂电磁环境下的探测能力，新一代的认知雷达系统可以利用先验知识并通过对环境的交互学习做到对环境的动态感知，在此基础上，实时调整发射机和接收机以实现雷达对环境的动态适应，最终能使雷达具备对目标的最佳探测能力[45]。认知雷达需具备：环境感知能力、智能信号处理能力、发射和接收的闭环反馈能力等。认知雷达概念属于认知电子战的范畴，相应的，干扰方也会考虑发展具备环境适应能力的干扰设备，以应对新一代雷达系统带来的威胁。

2016 年 6 月 20 日，洛克希德马丁公司宣布其先进技术实验室和 DARPA（美国国防高级研究计划局）成功地在实验靶场进行了飞行对抗实验，在短短的数十分钟之内，演示了自适应电子战行为学习（BLADE）系统面对频谱挑战作出的智能化作战对抗[46-47]。BLADE 项目研发的机器学习算法和技术能够快速探测和表征目前所处的无线电威胁，动态组成新的对抗措施，并基于观察到的威胁信号变化情况，提供精确的电子战损伤评估，其工作过程如图 1-10 所示。

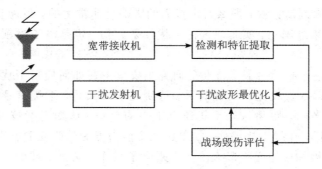

图 1-10　BLADE 智能作战系统

BLADE 项目的重点是开发新的算法和技术，使电子战系统能够在战场上自主学习和干扰新的通信威胁，目的是实时对抗敌方自适应无线通信系统带来的威胁。该项目的出发点是，在派战机执行任务时，战机上预先设定有干扰策略，能够发射用于干扰敌方特定频率雷达信号的干扰波形。但飞机有时会遇到新的频率或者不同的波形，当这些新信号不在飞机的预先编程设定范围内时，就有可能会造成干扰失效。

对于雷达干扰方而言，干扰信号模拟设备对环境自适应能力和干扰策略智能化、最优化选择的需求是极为迫切的。以相参体制雷达有源干扰技术而言，目前的研究成果大多针对某一种雷达信号，如 LFM 信号、相位编码信号、步进频信号等进行干扰波形设计和干扰效果评估。如果雷达信号的参数改变、发射信号样式改变，或是加入了抗干扰处理，那么干扰信号模拟设备发射的干扰信号应该如何应对？这些都是要深入展开研究的。如果干扰信号模拟设备只是预存了针对某种雷达的干扰策略或者干扰信号样式，当雷达判断受到干扰威胁从而调整雷达信号样式，而该雷达信号样式或者参数特征恰好是干扰库中所欠缺的时，干扰效果就要大打折扣甚至难以起作用。再者，如果干扰方的侦察精度不高或是错误判断了雷达信号的特征，从而选择了不恰当的干扰信号或是干扰策略，那么很有可能造成干扰失效。因此，如何对干扰效果展开在线评估也是迫切需要进行的。随着人工智能技术的发展，深度学习等方法在电子战领域的研究已经展开，但是离线训练、样本有限、实时性等问题制约着人工智能方法在雷达对抗这个高时效性领域的应用，如何在动态对抗的环境下使得干扰设备具备智能化干扰的能力，是干扰技术研究的一个方向。但是要切记，人工智能技术不是万能的，它有使用的前提条件和使用范围，是否能够真正为电子战技术的发展提供有力支撑还需要进一步研究。

遗传算法、粒子群算法等经典优化算法在很多领域均有应用，借鉴"适者生存"的自然法则，沿着设定的优化目标，对选定的多个参数进行优化设计。Jiang Jiawei 等提出一种基于粒子群算法的相位调制干扰信号波形优化方法，利用优化算法对干扰信号波形进行优化，使得干扰方可以应对变化的雷达信号参数和雷达信号样式，在给定的优化前提下发射最优干扰信号波形[48]。王璐璐研究了基于信息论的智能干扰机波形设计，采用信干噪比和互信息准则，提出了两种干扰波形最优化方法，得到了不同干扰目的下的最优干扰功率分配策略[49]。对于干扰方进行干扰信号波形优化来说，一个现实困难是干扰信号作用于雷达后的干扰效果如何，干扰方是比较难获取的。在没有其他信息和情报支援时，干扰方只能对截获的雷达信号展开分析，判断雷达受干扰后的工作状态变化，间接建立干扰效果评估结果。如果干扰效果判断错误，那么对干扰方的影响是非常大的，可能直接导致干扰失败，因此从干扰方角度来准确地、实时地进行干扰效果评估，也是电子战领域的一个重要研究方向。

现阶段，对雷达干扰信号波形优化的研究主要集中在如何使得干扰信号可以应对变化的雷达信号环境，以取得较优的干扰效果。从研究成果来看，干扰信号波形优化生成属于自适应干扰技术的范畴，距离认知干扰还有不小的差距。认知干扰技术应具备以下能力：认知侦察、认知干扰、在线干扰评估。如果这三个能力方面的研究能够取得重大进展，那么认知干扰技术的发展和应用必将极大改变未来电子战作战方式。现如今的认知电子战和认知雷达的研究成果，主要是针对这两个系统应该具备什么样的能力、能获得什么样的效果进行的探索性讨论分析。因此如何实现这些认知系统并将这些能力转化为实际应用，是现

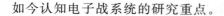

如今认知电子战系统的研究重点。

1.5 雷达干扰技术的发展趋势

进入 20 世纪后，电子战的应用和雷达干扰技术进入了飞速发展时期，不断有新理论、新技术、新方法提出，呈现"百家争鸣"的局面。在雷达干扰技术经过一个快速发展阶段后，现如今进入了相对缓慢的发展节奏，鲜有颠覆性、创新性的成果出现，大多是对经典干扰方法的组合运用分析、参数优化分析、工程化探索实践等。而认知干扰的概念以现在的技术水平又难以实现，雷达干扰技术的下一步发展该朝着哪个方向前进，需要结合利用哪些现有技术或是需要解决哪些关键性技术，是当前阶段需要重点讨论的问题。

1.5.1 干扰算法的实时性

组网雷达一般会选择发射不同频率、不同样式的雷达信号，并将每部雷达的回波信号处理结果进行信息融合，最终实现对目标的探测。理想情况下，干扰信号模拟设备应对每一个位于其天线辐射空域范围内的雷达进行干扰，为了最大化发挥干扰信号模拟设备的作用，干扰设备应对每一部雷达生成相应的干扰信号，这就要求干扰设备具备频率切换快、工作频段宽、干扰信号生成迅速等特点。为此，一旦进入干扰实施阶段，干扰信号算法生成的实时性就必须考虑在内，假设雷达信号在脉冲间是瞬变的，那么干扰信号就要针对每一个雷达脉冲作出响应。

在针对成像雷达实施干扰时，不同脉冲时刻的雷达回波对应着目标的方位向成像结果，在雷达成像期间，只有生成足够数量的、包含了假目标运动特征的干扰信号脉冲，才有可能在雷达图像上形成压制式干扰或是假目标图像。现如今的欺骗式图像干扰算法的运算量往往比较大，即使一些运算量小的方法实际上是将运算分成离线阶段和在线阶段，将那些与实时雷达信号参数无关的计算在离线阶段实现。在离线阶段，干扰信号模拟设备主要进行雷达信号分析和预先调制运算，此时无法生成干扰信号，如果雷达利用该时间段内的目标回波信号进行处理，就有可能正确探测到目标。在整个雷达干扰过程中，由于干扰信号模拟设备周期性地工作在离线阶段—在线阶段，使得生成的干扰信号也是分时段出现的，不像真目标的雷达回波信号那样总是存在的，这样一来目标仍有暴露的风险。如何能够针对每一次雷达照射信号连续生成相应的干扰信号，解决干扰算法实时性的问题，是雷达干扰技术的一个发展方向。

此外，当干扰信号模拟设备的载体平台空间受限，造成干扰设备的发射天线和接收天线之间隔离度不够时，如何连续生成干扰信号也是要解决的问题之一。相参噪声干扰信号是基于干扰设备截获的雷达信号经调制后生成的，其频率范围与雷达信号频率范围高度重合，如果干扰设备将干扰信号误判为雷达信号，那么整个设备就可能陷入不断循环转发自身生成的干扰信号这一困境，从而无法对真正的雷达信号作出响应。为了避免被自身发射的干扰信号所误导，在收发天线隔离度不够时，干扰信号模拟设备只能采取发射和接收分开的工作模式。但是，当雷达发射信号的脉冲宽度较大时，如果完整接收雷达信号后再发射干扰信号，那么干扰信号在时域上至少要落后一个脉冲宽度的时间（相比于干扰设备接收到雷达信号的脉冲前沿时刻而言）。如果干扰信号滞后得太多，则很有可能失去对真目标的保护作用。

将截获的雷达信号转为干扰信号这一过程，对于干扰信号模拟设备来说是已知的，大多情况下，这个过程可以用线性函数来描述。根据该特性，如果干扰信号模拟设备能够设计一个"滤波器"，在接收端将自身发射的干扰信号滤除掉，只对雷达信号进行接收，那么就有可能解决"自发自收"的问题。这里的"滤波器"指能够将发射的干扰信号抑制掉的相关技术，该处理过程有可能在接收机将干扰信号和雷达信号同时进行接收并采样量化后，在数字信号处理机内完成。通过构建与干扰信号幅度相同、相位相反的对消信号，或是构建信号处理变换网络可以对干扰信号进行抑制。需要指出的是，干扰信号抑制网络的构建也应该有一个学习和训练的过程，才能适应参数变化的雷达信号。如果这部分处理技术实现起来难度太大，可以先研究如何在干扰设备的接收机上抑制典型干扰信号，同时又能确保接收到雷达信号的工作模式。虽然截获的雷达信号不是用来调制生成干扰信号的，但是对雷达信号进行分析对设定干扰信号的参数是有必要的。

1.5.2　假目标逼真度

假目标欺骗式干扰一直以来是雷达干扰领域的一个研究重点，干扰方的初衷是利用多个虚假目标来影响雷达对真目标的判断。当前研究成果对假目标干扰效果的分析，大多基于匹配滤波输出信号来判定，有的再加上恒虚警检测判定结果，从运动目标的航迹关联结果来进行假目标干扰分析的研究成果比较少。对成像雷达的假目标干扰效果的分析，大多是以雷达图像上是否出现设定的假目标二维图像为准则来判断的，假目标图像与真目标图像之间的相似度如何，雷达对假目标进行目标识别后是否能判定为威胁目标等，均需要开展深入的研究。此外，对成像雷达的欺骗式干扰信号应能逼真体现假目标对雷达信号的反射过程，根据成像雷达的搜索、跟踪、成像和识别过程中发射的雷达信号的变化特性，确保生成的假目标能够被雷达锁定并进行高分辨成像，且假目标在雷达不同工作状态下的特性要一致。当假目标干扰信号和真目标回波信号同时进入雷达接收机后，要确保假目标不被抗干扰剔除，直到雷达不得不控制火力单元对假目标进行打击，这样的假目标干扰才有意义。

当欺骗式干扰的目的是在一个特定的空间位置，用干扰信号模拟设备来产生一个虚假目标，意图让雷达锁定该假目标，从而分散雷达对真目标的注意力时，那么假目标的逼真度就直接决定该干扰目的能否实现。首先要对假目标信号的功率进行控制，因为如果干扰信号模拟设备的接收灵敏度较高，就有可能被雷达天线旁瓣辐射的信号所触发从而生成干扰信号。对雷达而言，在不同的波位同时探测到一个特性接近的目标，就有可能怀疑受到来自该方向的干扰，从而采取抗干扰措施对该方向来波进行抑制，那就反而造成了干扰源暴露。其次，如果干扰信号模拟设备与雷达之间的空间位置关系不发生变化，或者该变化是缓变的，为实现对成像雷达的欺骗式图像干扰，假目标干扰信号要能体现目标和雷达之间的相对运动关系。并且，假目标干扰信号要能针对雷达的不同工作状态均做出正确响应。

1.5.3　干扰波形自适应

借鉴认知雷达概念中的最优雷达波形设计理念，未来的干扰信号也应该具备与周围电磁环境适应的能力。干扰信号的自适应可以从三个层面理解：一是当干扰信号模拟设备同时截获多个不同频率、不同样式的雷达信号时，如果只能针对一个雷达生成干扰信号，应选择威胁程度最大的那个雷达；二是针对不同的雷达信号，干扰信号模拟设备确定发射的干扰信号样式应该有最优解，即当干扰库中具备多种可选干扰样式时，干扰设备应通过对环境的学习，确定对雷达的最优干扰样式；三是针对雷达确定干扰样式后，干扰信号波形应具备干扰参数优化能力，以期在当前环境下获得最优干扰效果。如果雷达的信号样式不变，但是信号参数发生变化，则干扰信号模拟设备经过评估后，也可能需要对干扰波形进行调整。

为实现干扰信号对动态变化电磁环境的自适应，干扰信号模拟设备要具备信号侦察与分析能力，要具备干扰效果的评估能力，且评估结果的反馈要尽量快，以适应瞬变的电磁环境。如有必要，多个干扰信号模拟设备之间还要具备协同、信息共享的能力。开展分布式协同感知技术研究有助于提高干扰集群对环境的感知能力，提升干扰集群的干扰效率和干扰成功率。

1.6　本书章节内容安排

本书围绕雷达有源干扰信号的构建与生成，从雷达信号获取—参数分析—干扰信号特性分析—干扰信号工程化实现等层面出发，力求系统、全面、详尽地介绍有关干扰的相关知识，主要介绍典型干扰信号的原理、特点、仿真与实现。第 2 章介绍了压制式干扰信号的特点与干扰效果，压制式干扰信号是应用最广泛的干扰信号。第 3 章叙述了相参噪声干扰信号的生成方法，该干扰信号是在压制式干扰信号的基础上发展起来的，主要是为了提高干扰信号对抗相参体制雷达的效率。第 4 章介绍了几种典型的欺骗式干扰信号，包括距离向多假目标干扰信号、高分辨一维像假目标干扰信号、拖引干扰信号等。第 2～4 章主要是针对常规搜索、跟踪雷达进行的干扰信号波形设计。第 5 章针对变化的电磁环境，开展了噪声干扰信号的波形优化设计。第 6 章介绍了利用 System Generator 开发环境对前述典型干扰信号进行 FPGA 编程与工程化实现的方法。第 7 章介绍了现代干扰信号模拟设备的硬件架构、性能指标和特点。第 8 章介绍了干扰信号生成中常用的数字信号处理方法。第 9章阐述了对雷达信号进行获取和参数测量的常用方法。

本章参考文献

[1]　甘荣兵. 合成孔径雷达对抗及干扰技术研究[D]. 成都：电子科技大学，2005.

[2]　张煜. 对逆合成孔径雷达干扰技术研究[D]. 西安：西安电子科技大学，2009.

[3]　徐乐涛. 基于间歇调制的成像雷达目标特征控制研究[D]. 长沙：国防科学技术大学，2016.

[4]　宫尚玉，陈亮，王月悦. 外军机载干扰吊舱发展研究[J]. 舰船电子对抗，2022，45（6）：8 - 14.

[5]　刘忠. 基于 DRFM 的线性调频脉冲压缩雷达干扰新技术[D]. 长沙：国防科学技术大学，2006.

[6]　吴永刚. 基于 DRFM 的有源雷达干扰技术研究[D]. 长春：吉林大学，2013.

[7]　崔炳福. 雷达对抗干扰有效性评估[M]. 北京：电子工业出版社，2017.

[8]　贺平. 雷达对抗原理[M]. 北京：国防工业出版社，2016.

[9]　吴晓芳，李金梁，邢世其，等. SAR 的箔条干扰技术研究[J]. 现代雷达，2010，32 (7)：58 - 62.

[10]　张波，葛强胜. 桥梁的雷达隐身和模拟方法探讨[J]. 国防交通工程与技术，2005，4：21 - 23.

[11]　张志远，张介秋，屈绍波，等. 雷达角反射器的研究进展及展望[J]. 飞航导弹，2014，4：64 - 70.

[12]　白雪茹，孙光才，周峰，等. 基于旋转角反射器的 ISAR 干扰新方法[J]. 电波科学学报，2008，23(5)：867 - 872.

[13]　XU J, BAI B W, DONG CH X, et al. Evaluatio ns of plasma stealth effectiveness based on the probability of radar detection[J]. IEEE Transactions on Plasma Science. 2017，45(6)：938 - 944.

[14]　GONG S X, WEI X Z. Noise jamming to ISAR based on multiplication modulation [C]. Proc. IET Int. Radar Conf. , Xi'an, China, 2013：1 - 5.

[15]　徐晓阳，包亚先，周宏宇. 基于卷积调制的灵巧噪声干扰技术[J]. 现代雷达，2007，29(5)：28 - 31.

[16]　TAI N, PAN Y J, YUAN N C. Quasi-Coherent Noise Jamming to LFM Radar Based on Pseudo-Random Sequence Phase-modulation[J]. Radioengineering, 2015，24(4)：1013 - 1024.

[17]　王玉军. 线性调频雷达干扰新技术及数字干扰合成研究[D]. 西安：西安电子科技大学，2011.

[18]　施龙飞，周颖，李盾，等. LFM 脉冲雷达恒虚警检测的多假目标干扰研究[J]. 系统工程与电子技术，2005，27(5)：818 - 822.

[19]　WANG X S, LIU J C, ZHANG W M, et al. Mathematic principles of interrupted-sampling repeater jamming (ISRJ)[J]. Science in China Series F：Information Sciences, 2007，50(1)：113 - 123.

[20]　FENG D J, XU L T, PAN X Y, et al. Jamming wideband radar using interrupted-sampling repeater[J]. IEEE Transacations on Aerospace and Electronic Systems, 2017，53(3)：1341 - 1354.

[21]　FENG D J, TAO H M, YANG Y, et al. Jamming de-chirping radar using interrupted sampling repeater[J]. Science in China，2011，54(10)：2138 - 2146.

[22]　张鹏程，王杰贵. 基于 DRFM 的间歇采样预测转发干扰分析[J]. 系统工程与电子技术，2015，37(4)：795 - 801.

[23]　张煜，杨绍全. 对线性调频雷达的卷积干扰技术[J]. 电子与信息学报，2007，29 (6)：1408 - 1411.

[24] 陈思伟，代大海，李永祯，等. SAR 二维余弦调相转发散射波干扰原理[J]. 电子学报，2009，37(12)：2620 - 2625.

[25] 张煜，杨绍全，崔艳鹏. 对线性调频雷达的锯齿波加权调频干扰[J]. 西安电子科技大学学报，2007，34(2)：209 - 212，218.

[26] 刘庆富. 对 SAR/InSAR 侦察与干扰方法研究[D]. 长沙：国防科技大学，2013.

[27] 潘小义，王伟，冯德军，等. 对成像雷达的脉冲分段排序转发干扰[J]. 国防科技大学学报，2014，36(1)：74 - 81.

[28] 张克舟，李青山，张恒，等. LFM 脉冲压缩雷达的随机移频多假目标干扰技术研究[J]. 电光与控制，2014，21(8)：106 - 109.

[29] 吕波，冯起，张晓发，等. 对 SAR 的随机脉冲卷积干扰研究[J]. 中国电子科学研究院学报，2008，3(3)：276 - 279.

[30] LIU Y C，WANG W，PAN X Y，et al. A frequency-domain three-stage algorithm for active deception jamming against synthetic aperture radar[J]. 2014，8(6)：639 - 646.

[31] LIU Y C，WANG W，PAN X Y，et al. Inverse Omega-K Algorithm for the Electromagnetic Deception of Synthetic Aperture Radar [J]. IEEE Journal of Selected Topics in Applied Earth Observations and Remote Sensing，2016，9(7)：3037 - 3049.

[32] PACE P E，FOUTS D J，EKESTORM S，et al. Digital false target image synthesiser for countering ISAR[J]. IEEE Proc.-Radar，Sonar Navigat.，2002，149(5)：248 - 257.

[33] XU L T，FENG D J，PAN X Y，et al. An improved digital false-target image synthesizer method for countering inverse synthetic aperture radar [J]. IEEE Sensors Journal，2015，15(10)：5870 - 5877.

[34] ZHAO B，ZHOU F，SHI X R，et al. Multiple targets deception jamming against ISAR using electromagnetic properties[J]. IEEE Sensors Journal，2015，15(4)：2031 - 2038.

[35] XU L T，FENG D J，ZHANG R，et al. High-resolution range profile deception method based on phase-switched screen[J]. IEEE Antennas and Wireless Propagation Letters，2016，15：1665 - 1668.

[36] WANG J J，FENG D J，XU L T，et al. Synthetic aperture radar target feature modulation using active frequency selective surface[J]. IEEE Sensors Journal，2019，19(6)：2113 - 2125.

[37] FENG D J，XU L T，WANG W，et al. Radar target echo cancellation using interrupted-sampling repeater[J]. IEICE Electronics Express，2014，8：1 - 6.

[38] XU L T，FENG D J，LIU Y C，et al. A three-stage active cancellation method against synthetic aperture radar [J]. IEEE Sensors Hournal，2015，15(11)：6173 - 6178.

[39] CHEN V C，LI F，HO S-S，et al. Micro-doppler effect in radar：phenomenon，

model, and simulation study[J]. IEEE Transactions on Aerospace and Electronic System, 2006, 42(1): 2 – 21.

[40] 马梁, 王涛, 冯德军, 等. 旋转目标距离像长度特性及微运动特征提取[J]. 电子学报, 2008, 36(12): 2273 – 2279.

[41] TAI N, WANG C, LIU L G, et al. Deceptive jamming method with micro-motion property against ISAR[J]. Radioengineering, 2017, 26(3): 813 – 822.

[42] 祝本玉, 薛磊, 毕大平. 基于合成等效微动点的 ISAR 干扰新方法[J]. 现代雷达, 2011, 33(1): 33 – 36.

[43] 陈思伟, 王雪松, 刘阳, 等. 合成孔径雷达二维余弦调相转发干扰研究[J]. 电子与信息学报, 2009, 31(8): 1862 – 1866.

[44] XU L T, FENG D J, WANG X S. Improved synthetic aperture radar micro-Doppler jamming method based on phase-switched screen[J]. IET Radar, Sonar & Navigation, 2016, 10(3): 525 – 534.

[45] 朱耿尚, 陈诚, 范忠亮, 等. 认知雷达对抗技术概述[D]. 科技创新导报, 2015, 8: 99 – 100.

[46] 刘松涛, 雷震烁, 温镇铭, 等. 认知电子战研究进展[J]. 探测与控制学报, 2020, 42(5): 1 – 15.

[47] 王沙飞, 鲍雁飞, 李岩. 认知电子战体系结构与技术[J]. 中国科学: 信息科学, 2018, 48: 1603 – 1613.

[48] JIANG J W, WU Y H, WANG H Y, et al. Optimization algorithm for multiple phases sectionalized modulation jamming based on particle swarm optimization[J]. Electronics, 2019, 8(160): 1 – 26.

[49] 王璐璐. 基于信息论的自适应波形设计[D]. 长沙: 国防科学技术大学, 2015.

第 2 章　压制式干扰信号

在电子战初期，对抗双方大多采用模拟手段或是数字手段来产生类似热噪声的干扰信号，随着数字电路技术的发展，采用数字手段来生成在幅度、相位、频率上按照噪声特性变化的基带干扰信号变得非常方便，然后只需将数字形式的干扰信号转换为模拟信号，再经过上变频模块将干扰信号的中心频率调制到对方雷达的工作频率即可。压制式干扰信号需在时域、频域上大于或者等于雷达信号的脉宽、带宽，才能形成有效干扰。初期的噪声干扰信号主要包括射频噪声干扰信号、噪声调频干扰信号、噪声调相干扰信号、噪声调幅干扰信号等，本章主要介绍几种典型的压制式干扰信号，并对干扰信号的生成步骤展开讨论。

干扰信号模拟设备需首先产生一段噪声信号，然后以该信号为基础，利用噪声信号调制干扰参数生成所需干扰信号。本书选取高斯噪声信号作为基准噪声信号，在书中所涉及的干扰信号生成方法中，需要用噪声信号来调制产生的干扰信号包括射频噪声信号、噪声调频信号、噪声调相信号、噪声调幅信号、宽带噪声信号、间断噪声信号、杂乱脉冲信号、乘积调制干扰信号、卷积调制干扰信号等。因此，在本书中介绍的干扰信号生成方法中，基准噪声的生成是必备步骤。本书之所以采用高斯噪声作为基准噪声，是因为高斯噪声的应用是非常广泛的，因此也有必要讨论一下在数字信号处理机中生成高斯噪声信号的方法。

在利用 FPGA 展开波形设计生成时，借助计算机来完成一些复杂的运算，存入 FPGA 的存储单元内以备调用，这一思路是非常重要的。FPGA"擅长于"高速率、大量数据的并行运算，然而循环、迭代等运算无法利用 FPGA 的并行计算优势，浮点运算等会消耗大量计算资源。可以利用计算机编程的高级语言，生成一段高斯噪声，然后在用 FPGA 生成干扰信号时直接利用该高斯信号进行调制，这就省去了用 FPGA 实时计算生成高斯信号这一步骤。但缺点是，该高斯信号一经生成则无法变动，且高斯信号长度越大，占用的 FPGA 存储资源越多。

针对如何利用数字信号处理器生成离散的高斯信号，学者们展开了大量的研究工作。参考文献[1]介绍了一种生成高斯噪声信号的数字方法。在干扰信号模拟设备没有自然界噪声源作为输入的情况下，利用数字技术生成的随机信号都是伪随机的，即该信号实际上是周期性的，只是其周期一般较长，因此在较短观测时间内该信号可以认为是随机的。参考文献[1]中生成的高斯噪声信号其周期可达 2^{48} 个样本个数，假设生成高斯噪声信号的时钟频率是 100 MHz，那么该信号的周期约为 78 187.4 h，足够胜任绝大多数的干扰信号应用场景。

图 2-1 所示为利用 Box_Muller 方法生成的高斯噪声信号的时域波形，图 2-2 所示为

该高斯噪声信号的幅度分布统计结果。从统计结果直观来看，信号的幅度分布接近高斯分布，但是与计算机生成的高斯信号的分布特性仍有差异。若是采用上位机来生成高斯信号，那么当高斯噪声的采样点数发生变化时，就需要重新计算高斯噪声，并对干扰信号模拟设备进行更新与加载，不便于在实时性较强的场景中使用。因此，目前来看，Box_Muller 方法是能在嵌入式设备上用离散方法生成高斯噪声信号的有效手段。

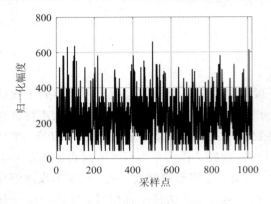 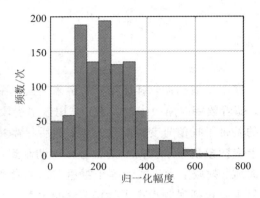

图 2-1 高斯噪声信号时域波形   图 2-2 高斯噪声信号的幅度分布统计结果

图 2-3 所示为高斯噪声信号的频谱，可以看到该信号包含幅度较大的直流分量，除此之外，在分析带宽之内并不存在其他幅度较大的频率信号，可以认为该高斯噪声信号具有无限大的带宽。

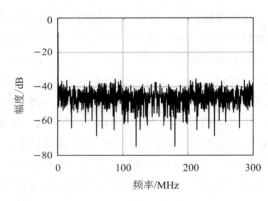

图 2-3 高斯噪声信号的频谱

需要指出的是，当高斯噪声信号的初始值确定后，高斯噪声信号的序列就确定了。如果干扰信号模拟设备每次计算都要生成不同的高斯噪声信号，就需要动态改变高斯噪声信号的初始值。在获得高斯噪声信号后，就可以根据应用需求对高斯噪声信号进行变换，得到不同带宽、不同幅度分布特性的噪声信号。在本书讨论的几种干扰信号生成方法中，射频噪声信号直接利用了基准的高斯噪声信号。噪声调频信号、噪声调相信号和噪声调幅信号均是用高斯噪声信号来对输出信号的频率、相位和幅度进行调制（高斯噪声信号也可以不做进一步变换）；宽带噪声信号需要根据设定的干扰带宽对高斯噪声信号进行滤波处理，通过改变滤波器的特性，干扰方可以灵活生成不同带宽的噪声信号；间断噪声信号可以通过在宽带噪声信号的基础上增加时序控制来生成，因此对高斯噪声的处理过程与生成宽带噪声时是一样的；乘积调制干扰信号是利用截获的雷达信号与调制噪声信号相乘得到的，调制噪声信号的脉冲宽度应与雷达信号脉冲宽度相一致，调制噪声信号的带宽特性需要改变，因此需要对高斯噪声信号进行滤波处理；当采用噪声信号与截获的雷达信号进行卷积来生成卷积调制干扰信号时，需要调整噪声信号的脉冲宽度，因此需要对高斯噪声信号进行时域截取。

随着侦察技术、信号处理技术的发展，尤其是相参雷达技术的出现，一方面雷达通过波形相干、匹配滤波处理、频率捷变等技术，使得非相参的噪声干扰信号无法获得雷达处理增益，干扰有效性大大降低；另一方面雷达的工作频率范围增大、带宽增大，使得干扰信号模拟设备发射干扰信号的频率必须时刻瞄准雷达信号频率，才有可能获得有效雷达干扰效果。雷达方作为电子对抗博弈双方的主动方，掌握着先机，干扰方往往只能见招拆招，若没有有效的干扰算法和干扰策略，就会处于对抗的不利局面。

为了使得干扰信号与雷达信号之间具备一定的相参性，科研人员通过对截获的雷达信号附加频率调制、幅度调制、相位调制等，改变截获的雷达信号的特性，使其经过雷达接收机处理后能形成类似噪声的干扰效果，或是形成一个或多个虚假目标来欺骗对方雷达。这样调制生成的雷达信号在数学表达式上与雷达信号具有一定相参性，本书将这种雷达信号定义为相参干扰信号。这里的相参与雷达方的相参定义不相同，相参指的是干扰信号具备了雷达信号的部分特征，由于干扰信号生成设备与雷达接收机的频率源肯定是不同的、非相参的，因此这里相参的意义有所区别。

数字射频存储器(DRFM)技术的出现为相参体制雷达的对抗技术提供了有力支撑，基于 DRFM 架构的干扰信号模拟设备通过对截获的雷达信号进行接收、采集、存储、调制和发射，可以近似无失真地转发接收到的雷达信号，或是基于截获的雷达信号进行调制来生成干扰信号，这样得到的干扰信号在脉冲内保持了雷达信号的变化特征，近似可以看成雷达信号的样本复制，因此可以获得较多的雷达处理增益。基于截获的雷达信号生成干扰信号，大多是对雷达信号样本进行幅度调制、延时调制、频率调制等，或是用一段视频噪声与雷达信号样本进行卷积等方式来生成干扰信号，由于乘法、加法等运算是线性运算，根据调制算法的不同，干扰信号或多或少保留了与雷达信号样本的相参性，与传统的非相参噪声信号(高斯噪声、调制噪声等)相比，相参调制生成的干扰噪声可以获得部分雷达信号处理增益，因此在发射功率限定条件下，相参噪声可以更好地为干扰方提供掩护效果。

张煜等[2]提出了用视频信号与接收到的雷达信号进行卷积生成干扰信号的方法，理论分析证明，卷积干扰对线性调频雷达具有显著的干扰效果。根据视频信号的不同，干扰信号模拟设备能产生假目标欺骗干扰和噪声覆盖干扰两种效果，且需要的干扰功率较小。柏仲干等[3]提出了一种基于卷积调制的 SAR 有源欺骗干扰方法，使得欺骗干扰能量趋于集中，增强了干扰的一致性、欺骗性和可控性。徐晓阳等[4]提出了一种基于卷积调制的灵巧噪声干扰技术，通过选取不同的信号模型作为调制模板，可以获得类似噪声或是假目标的干扰效果。吕波等[5]提出用随机脉冲与接收到的 SAR 信号进行卷积，再通过控制随机脉冲的延迟时间和延迟范围，以达到控制干扰带的位置和宽度的方法。

在对压制式干扰信号的生成原理进行介绍之前，有必要先了解一下现代常用干扰信号模拟设备的一些基本性能指标。现代干扰信号模拟设备一般采用 FPGA 或 DSP 等器件作为信号处理机的主处理器，实现逻辑控制、干扰信号生成、时序控制、指令接收等功能。雷达信号处理中对瞬时带宽的定义是：在不进行任何调整的情况下，雷达发射机输出功率值变化小于 1 dB 时工作频率的可变化范围。对于干扰信号模拟设备来说，干扰信号模拟设备能处理和输出的信号的瞬时带宽由 ADC 和 DAC 的采样频率，以及接收机滤波器带宽决定，其瞬时带宽不会超过采样频率的二分之一。假设干扰信号模拟设备采用高速采样的 ADC 和 DAC，其瞬时带宽可以达到 1000 MHz 甚至更高，那么理论上就可以产生覆盖 0～1000 MHz 频率范围内的干扰信号。实际上 0 频率信号是无法产生的，因为 ADC 所能采样的最低频信号有频率下限，DAC 输出信号同样有频率下限。为分析简单起见，本章中在描述输出信号频率范围时均从 0 频率开始，实际生成的干扰信号最低频率以设备能输出的最低频率为准。

在本书讨论的干扰信号生成例程中，将区分并行模式和串行模式，并行模式指的是输出信号的采样频率大于 FPGA 的时钟频率，FPGA 需要在一个时钟周期内处理多个采样点；串行模式指的是输出信号的采样频率小于 FPGA 的时钟频率，FPGA 在每个时钟周期内生成一个采样点。

2.1　射频噪声信号

1. 信号模型

射频噪声信号是与系统噪声类似的信号。当射频噪声干扰信号进入雷达接收机后，其作用机理类似于降低了雷达接收机的信噪比，从而削弱了雷达的作用距离。

窄带广义平稳的高斯过程称为射频噪声干扰信号[6]，其表达式为

$$J(t) = U_n(t)\cos(\omega_j t + \phi(t)) \tag{2.1}$$

其中，包络 $U_n(t)$ 服从瑞利分布，相位 $\phi(t)$ 在 $[0, 2\pi]$ 内服从均匀分布，且 $\phi(t)$ 与 $U_n(t)$ 相互独立，ω_j 是射频噪声信号的中心角频率。

在电子战初期，噪声干扰信号的生成主要是对模拟器件内部的噪声进行放大，然后将其中心频率搬移到雷达工作频率。随着数字电路技术的发展，利用现场可编程逻辑门阵列（Field Program Gate Array，FPGA）、数字信号处理器（Digital Signal Processor，DSP）等信号处理芯片，可以灵活构建不同分布特性、不同中心频率、不同带宽的噪声信号，然后利用数字/模拟转换芯片（DAC）将其转换为模拟信号，再通过混频链路将噪声信号的中心频率搬移到设置的工作频率。利用数字生成技术，可以灵活改变射频噪声信号的参数，便于使用方根据不同的工作场景来灵活生成特定的噪声信号。

本书主要讨论分析利用数字技术生成射频噪声信号的方法。分析式(2.1)可知，需要生成的两个变量是瑞利分布的 $U_n(t)$ 和均匀分布的 $\phi(t)$。瑞利分布函数计算式为

$$F(x) = \int_0^r f(r)\,\mathrm{d}r = 1 - \exp\left(-\frac{x^2}{2\sigma^2}\right) \tag{2.2}$$

式中，x 是在 0～1 范围内均匀分布的随机变量，σ 为标准偏差。

式(2.2)的反函数为

$$F^{-1}(y) = \sqrt{-2\sigma^2 \cdot \ln(1-y)} \qquad (2.3)$$

令 $y = \sqrt{-2\sigma^2 \cdot \ln(1-x)}$，则 y 是满足方差为 σ^2 的瑞利分布的随机数。

2. 仿真实验

为了产生式(2.1)的射频噪声信号，需要用到两组均匀分布的随机数，一组用来生成瑞利分布的幅度随机数，另一组用来生成均匀分布的相位随机数。仿真设定采样频率为 300 MHz，取 $\sigma^2 = 4$，设定采样点数为 8192，得到的瑞利分布的随机数波形如图 2-4 所示。为了清楚地展现随机数的时域特征(图 2-4 所示为部分信号的时域波形)，图 2-5 示出了瑞利分布随机信号的幅度统计结果。

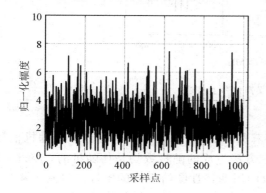
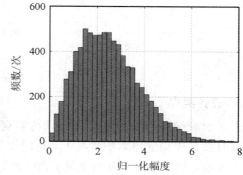

图 2-4　瑞利分布随机信号时域波形　　图 2-5　瑞利分布随机信号的幅度分布统计结果

得到瑞利分布的幅度信号后，再利用另一组均匀分布随机数产生在 $0 \sim 2\pi$ 上均匀分布的随机相位，就可以根据式(2.1)生成射频噪声信号。图 2-6 所示为部分射频噪声信号的时域波形，图 2-7 所示为射频噪声信号的幅度分布统计结果。由于余弦信号的幅度在 $-1 \sim +1$ 范围内变化，按照式(2.3)计算得到的随机数数值均大于 0，那么，当瑞利分布的随机数与附带随机相位调制的余弦信号相乘后，得到信号的幅度就不再全部大于 0，因此射频噪声信号的幅度分布特性与图 2-5 中的瑞利分布随机信号的统计特性不相同。

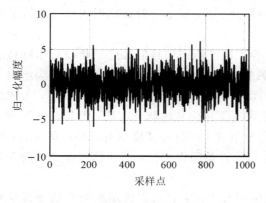
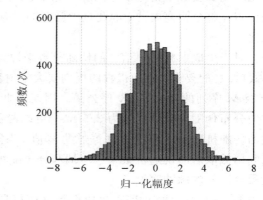

图 2-6　射频噪声信号的时域波形　　图 2-7　射频噪声信号的幅度分布统计结果

图 2-8 所示为射频噪声信号的频谱，虽然仿真设置输出信号的中心频率为 50 MHz，

但是由于随机相位的调制效果，输出信号的频谱无法在 50 MHz 处形成具备明显幅度优势的谱线。那么，对于利用数字技术生成射频噪声的应用场景而言，在数字域设置射频噪声信号的中心频率是不起作用的。当数字基带信号经过滤波器、上变频等处理后，形成的宽带信号的中心频率就对应着上变频本振信号的中心频率。

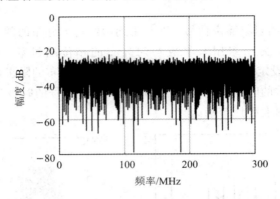

图 2-8　射频噪声信号的频谱

3. 设计实现

对于射频噪声信号的 FPGA 设计与实现来说，关键步骤是生成均匀分布的随机信号。在没有自然界模拟噪声源的情况下，利用数字方法生成的随机数均是伪随机的，经过一定时间长度后，该随机数将开始重复。伪随机数的周期特性会给生成的干扰信号附加额外的重复频率调制，从而改变干扰信号的一部分特征，因此会影响干扰效果。另外，由于信号样本的重复性特点，可能会被对方侦察到干扰信号的特性。

对于射频噪声信号而言，可以采取连续波形式，也可以采取脉冲形式。首先讨论脉冲形式射频噪声信号的情况。射频噪声信号与雷达接收机内部的热噪声是较为相似的，其干扰效果相当于降低了雷达接收机的信噪比，从而影响雷达对目标的探测。当雷达接收机采用匹配滤波处理技术时，由于射频噪声与匹配滤波器之间是不相关的，因此射频噪声信号无法像雷达信号那样被压缩成一个窄脉冲。因此，为了增加干扰能量，射频噪声信号的脉冲宽度至少要等于雷达信号的脉冲宽度。由于射频噪声信号经过雷达处理后，其干扰信号是分布在整个距离向的，因此更大脉宽的射频噪声信号可以更有效地降低雷达接收机的信噪比。

对于生成射频噪声信号的伪随机数来说，为了保证噪声信号的幅度和相位分布特性满足式(2.1)的要求，伪随机数的周期要大于射频噪声信号的脉冲宽度。参考文献[8]给出了 20 级 M 序列的生成方法，序列最大周期为 1 048 757，当采样频率为 300 MHz 时，生成的均匀分布伪随机数的周期为 3.5 ms，可以覆盖常规雷达信号的脉宽范围。但是，M 序列生成的伪随机数的周期是 2 的 N 次方幂值，当需要生成不同脉冲宽度的射频噪声信号时，可以利用截取后的伪随机数来产生瑞利分布随机信号以及随机相位，这样就可以灵活设置射频噪声信号的脉冲宽度了。

图 2-9 所示为 FPGA 生成射频噪声信号的步骤框图，首先需要用到两个伪随机序列生成器 LFSR，用 LFSR 输出的均匀分布随机数分别产生瑞利分布的幅度信号，以及均匀分布的随机相位。为了生成瑞利分布的随机数，需要将 0～1 范围内的均匀分布随机数进行

取对数运算和开根号运算。对于 FPGA 而言，并不一定非要将数值量化为 0~1 范围内的小数，采用整型数据也是可以实现的，只要把整型数量化范围与归一化的数值对应起来即可。对于 log 运算，可以直接建立查找表来实现，其余乘法运算可以采用乘法器 IP 核，开方运算可以采用 CORDIC IP 核。对于载频信号的生成，可以利用直接数字式频率合成技术（DDS）实现，详见 8.1 节。得到载频信号的相位后，与随机分布的相位进行加和运算，然后将计算好的相位通过相位—幅度查找表转换为信号的时域波形即可。接下来，将瑞利分布的信号幅度与经过随机相位调制的载频信号在时域相乘，就得到中频噪声信号，最终将中频噪声信号经过上变频到射频域，至此完成射频噪声信号的生成。

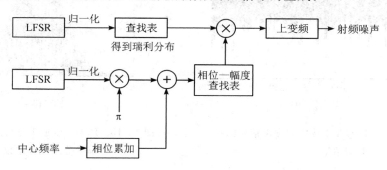

图 2-9 FPGA 生成射频噪声信号的步骤框图

由之前仿真可知，经过随机相位调制后，中频信号的载频特征已经不再明显，得到的信号是带宽等于中频信号处理机处理带宽的宽带信号。那么，利用 DDS 生成载频信号的模块就可以去掉。实际上，射频噪声信号的载频主要指上变频模块的本振频率，将中频的噪声信号搬移到射频域后，假设中频信号处理机的带宽是 B、DAC 能输出信号的瞬时带宽等于 B、上变频的本振频率是 f_0，则射频噪声信号的频率范围是 $[f_0-B/2, f_0+B/2]$。

图 2-10 所示为 FPGA 生成的瑞利分布随机信号的幅度分布特性，从图上看，与图 2-5 中采用随机数仿真得到的结果非常接近。FPGA 生成的中频噪声信号的时域波形如图 2-11 所示，对应的信号频谱如图 2-12 所示。从频谱结果可知，中频噪声信号是宽带信号，其带宽等于中频信号处理机的处理带宽。

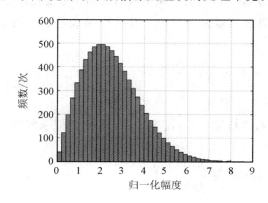

图 2-10 FPGA 生成瑞利分布随机信号的幅度分布统计结果

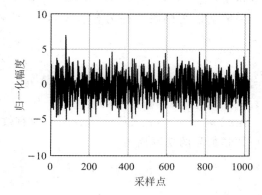

图 2-11 FPGA 生成中频噪声信号的时域波形

图 2-13 所示为中频噪声信号的幅度分布统计特性，与之前仿真计算得到的结果一致，

验证了图 2-9 中处理步骤的正确性。在本书中，均匀分布的伪随机数有广泛的应用，利用数字方法生成伪随机数是 FPGA 进行数字信号处理的一个重要研究方向，在干扰信号模拟生成研究中也有重要的应用。在公开资料中有大量关于 FPGA 生成满足多种统计特性的伪随机数的资料，感兴趣的读者可以进行查阅。

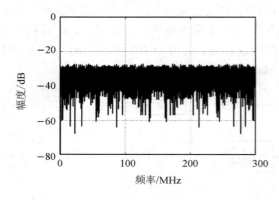

图 2-12　FPGA 生成中频噪声信号的
频谱结果

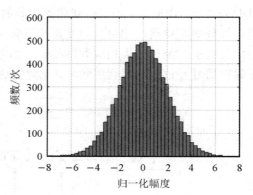

图 2-13　FPGA 生成中频噪声信号的
幅度分布统计结果

2.2　噪声调频信号

1. 信号模型

噪声调频信号的表达式[6]为

$$J(t) = A \cdot \cos\left(2\pi f_0 t + 2\pi K_f \int_0^t u(t)\mathrm{d}t + \varphi\right) \tag{2.4}$$

其中，$u(t)$ 是 0 均值、方差为 σ^2 的广义平稳的随机过程；A 是噪声调频信号的幅度；f_0 是中心频率；φ 是初始相位；K_f 是调频系数，表示噪声调制信号强度所引起的频率变化。

一般选取带限噪声信号作为调制噪声，假设其带宽为 ΔF_n，其功率谱表达式[7]可以写为

$$G_n(f) = \begin{cases} \dfrac{\sigma^2}{\Delta F_n} & -\dfrac{\Delta F_n}{2} < f < \dfrac{\Delta F_n}{2} \\ 0 & \text{其他} \end{cases} \tag{2.5}$$

定义 $m_{fe} = K_f \cdot \sigma / \Delta F_n = f_{de} / \Delta F_n$ 为有效调频指数，当 $m_{fe} \gg 1$ 时，可以近似求解得到噪声调频信号的功率谱为

$$G_j(f) = \frac{A^2}{2} \frac{1}{\sqrt{2\pi} f_{de}} \exp\left(-\frac{(f - f_0)^2}{2 f_{de}^2}\right) \tag{2.6}$$

此时，噪声调频信号的半功率带宽[8]为

$$B_n = 2\sqrt{2\ln 2}\, K_f \cdot \sigma \tag{2.7}$$

式（2.7）表明，噪声调频信号的带宽只取决于调制噪声功率 σ^2 和调频系数 K_f，前提条

件是 $m_{fe} \gg 1$ 时。因此，调频系数 K_f 和带限噪声信号方差 σ 的乘积，要远远大于带限噪声的带宽才行。

将式（2.4）中的信号相位对时间 t 求导，可以得到噪声调频信号的瞬时频率为

$$f = f_0 + K_f \cdot u(t) \tag{2.8}$$

由式（2.8）可知，噪声调频信号的频率值与噪声信号的幅度有关联，但由于噪声信号的幅度值在每个时刻都发生变化，无法定量描述输出信号频率随着时间的变化特性，因此前述分析表明噪声调频信号的带宽范围要用带限噪声信号的方差来分析。

接下来讨论分析噪声调频信号的数字域设计与实现。模拟信号在连续时间域的积分等于数字信号在离散域的求和，不考虑载频信号的相位和初始相位，由噪声信号调制生成的那部分信号相位可以写为

$$\phi_n(n) = 2\pi \cdot K_f \cdot \sum_{i=1}^{N} u(n) \cdot \Delta t \tag{2.9}$$

其中，$\Delta t = 1/F_s$，F_s 是信号样本的采样频率；N 为样本总数。

分析式（2.9）的特点可知，关键技术在于产生按照噪声信号 $u(n)$ 特性变化的相位。该相位生成的实现过程为：根据乘法运算特性，将 $2\pi \cdot K_f$ 移到累加符号内，即先把 $u(n)$、Δt、2π 和 K_f 相乘。当调频系数 K_f 设置好后，则 Δt、2π 和 K_f 都是常量，而 $u(n)$ 在每个采样时钟周期都会变化，意味着累加器的输入值也是不断变化的。累加器的输出结果就是噪声调频信号对应的相位值，考虑到相位值在 $[-\pi, +\pi]$ 范围内具有周期性，令累加器设为固定位宽，输出结果如果有超出量程的，令其自然溢出即可。

载频信号的相位是线性变化的，则任意时刻载频信号的瞬时相位可以写为

$$\phi_c(n) = n \cdot 2\pi \cdot f_0 \cdot \Delta t \tag{2.10}$$

当载频信号、噪声调制部分信号的相位计算完毕后，将这两个相位值与初始相位 φ 进行加和，就得到噪声调频信号的相位。接下来，使用查找表将相位转换为对应的幅度信息即可。

假设信号样本的采样频率 F_s 为 300 MHz，由于 Δt 是采样频率的倒数，需要较多的量化位数才能保证数值的精度。因此，可以先把 K_f 和 Δt 相乘，再对乘积运算结果进行量化表征，就可以减少对数据量化位宽的要求。$u(n)$ 的归一化幅度范围是 $[-1, +1]$，则累加器的输入一般可以设置为 24 位或者 32 位。噪声调频信号的有效带宽可以用 K_f 来控制，如果 K_f 值太小则达不到生成宽带噪声信号的目的。考虑调制后信号的瞬时频率为 $K_f \cdot u(n)$，当 $u(n)$ 幅度范围是 $[-1, +1]$ 时，累加器的位宽就决定了 K_f 的取值范围，超出该范围的 K_f 就会造成计算错误。

由于噪声信号的幅度在每个采样点都变化，因此噪声调频信号的频率不会长时间地稳定在某一频率。上述分析表明，噪声调频信号的频率由固定频率和瞬变频率组成，在FPGA内实现噪声调频信号的步骤框图如图 2-14 所示。根据 DDS 技术原理，固定频率相位按照DDS 频率控制字的要求，计算出固定的相位累加步长即可。瞬变频率的相位计算需要用到噪声信号，在每个 FPGA 时钟周期，将 Δt 与噪声信号的幅度、调频系数 K_f 进行相乘，再对乘积结果进行累加即得到瞬变信号的相位。最后利用查找表将噪声调频信号的相位转换为干扰信号的时域波形。图 2-14 中没有画出对初始相位 φ 的处理步骤，默认初始相位值为 0，如果有特殊的要求，再将前述相位加和结果与初始相位进行相加即可。

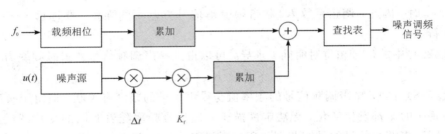

图 2-14 噪声调频信号的实现流程

2. 仿真实验

接下来仿真分析噪声调频信号的特性。按照图 2-14 中的处理步骤进行干扰信号生成，设定数据采样频率为 300 MHz，噪声调频信号的中心频率为 50 MHz，采用高斯噪声信号作为图 2-14 中的噪声源，高斯噪声信号可以采用 Box-Muller 方法生成。高斯噪声和调频系数相乘后，改变了噪声调频信号输出的频率，其频率值不再是常量。通过改变调频系数 K_f 的取值，来观察噪声调频信号的频谱特性。根据前文的理论分析，噪声调频信号的调制噪声要使用带限信号，先来看看采用无限带宽的高斯噪声信号会得到怎样的调制效果。此时，噪声调频信号的频谱结果如图 2-15 所示。由图中结果可见，噪声调频信号的中心频率约等于 50 MHz，当调频系数 K_f 取值变大时，噪声调频信号的频谱宽度逐渐增大。在信号带宽增加的同时，噪声调频信号的幅度也有所下降，并且信号带宽越大，其幅度越小。

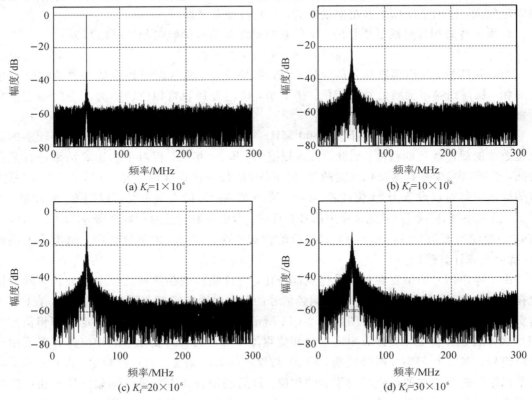

(a) $K_f = 1 \times 10^6$

(b) $K_f = 10 \times 10^6$

(c) $K_f = 20 \times 10^6$

(d) $K_f = 30 \times 10^6$

图 2-15 噪声调频信号的频域特性（使用高斯噪声）

接下来利用短时傅里叶变换(STFT)来分析噪声调频信号的时频特性。当调频系数较小时，如图 2-16 所示，噪声调频信号的频率以 50 MHz 为中心频率，频率值随着时间的变化特性不明显。当调频系数增大时，可以看到噪声调频信号的频率随着时间出现了一定的起伏，且频率随着时间的变化特性几乎没有规律。噪声调频信号的瞬时频率应该按照调制噪声信号的幅度特性变化，调频系数越大，则式(2.8)中信号的瞬时频率越大，从时频分析的结果来看，噪声调频信号的频率范围会相应增大。从仿真结果来看，当使用高斯噪声作为调制噪声时，随着调频系数的增大，噪声调频信号的频谱带宽略有增加，但是增量并不明显，因为调频系数相比于高斯噪声信号的带宽来说还是太小了。

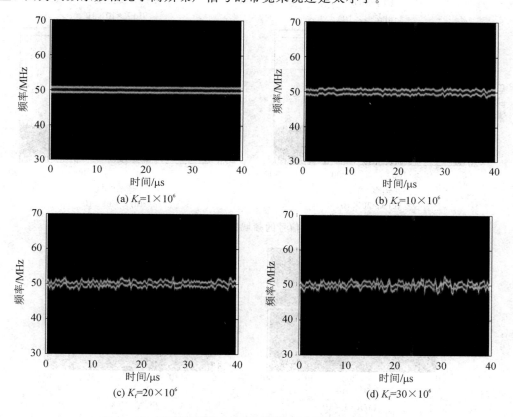

图 2-16　噪声调频信号的时频域特性分析(使用高斯噪声)

接下来采用带限噪声对信号频率进行调制，分析调制噪声的带宽特性对输出噪声调频信号频率的影响。设定带限噪声为基带信号且噪声带宽为 20 MHz，然后改变调频系数，得到噪声调频信号的频谱，如图 2-17 所示。与高斯噪声调制生成的调频信号相比，当调频系数相同时，带限噪声调制得到的信号频谱宽度明显要大一些。直观分析来看，高斯噪声信号的带宽越大，则信号幅度变化越快，那么在某个频点驻留时间就越少。相比于高斯噪声信号，带限高斯噪声信号的幅度变化速度缓和很多，通过时频分析就能明显地观察到各频率分量。

采用带限高斯噪声得到的调频信号，其时频分析结果如图 2-18 所示。从图中结果可见，相比于采用高斯噪声的情况，带限噪声调频信号的频谱带宽增加非常明显，各频率分

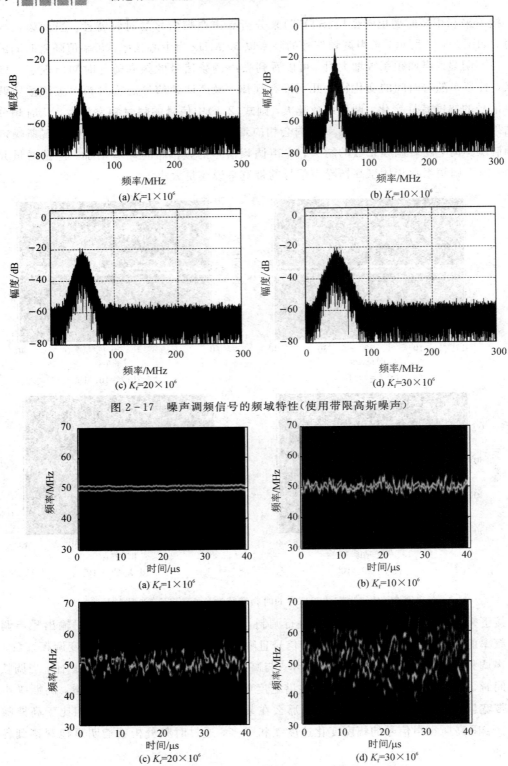

(a) $K_f=1\times10^6$

(b) $K_f=10\times10^6$

(c) $K_f=20\times10^6$

(d) $K_f=30\times10^6$

图 2-17　噪声调频信号的频域特性(使用带限高斯噪声)

(a) $K_f=1\times10^6$

(b) $K_f=10\times10^6$

(c) $K_f=20\times10^6$

(d) $K_f=30\times10^6$

图 2-18　噪声调频信号的时频域特性分析(使用带限高斯噪声)

量仍是以设置的 50 MHz 频率为中心，频率随着时间略有起伏的一条曲线，如图 2-18(a)所示。随着调频系数的增大，时频曲线的宽度也相应增大，在调频信号持续时间范围内，信号频率几乎占据了 40~60 MHz 频率范围。调制噪声的带宽越小，则信号幅度变化越缓慢，更容易满足噪声调频信号 $m_{fe} \gg 1$ 的要求，在此基础上，调频系数越大，生成信号的带宽越宽。

　　图 2-15 和图 2-17 中采用高斯噪声作为噪声源来调制生成干扰信号，接下来看看使用均匀分布噪声信号时，得到的噪声调频信号的特性。首先仿真得到归一化的均匀分布噪声信号，令其幅度范围在[-1，+1]范围内，设定噪声调频信号的中心频率为 50 MHz，当选择不同调频系数时，噪声调频信号的频谱如图 2-19 所示，对应的时频分析结果如图2-20所示。

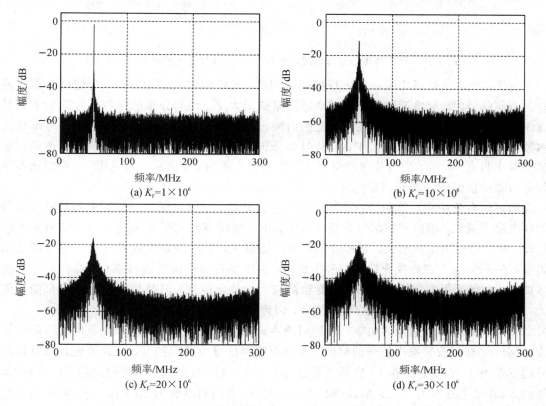

图 2-19　噪声调频信号的频域特性(使用均匀分布的噪声进行调制)

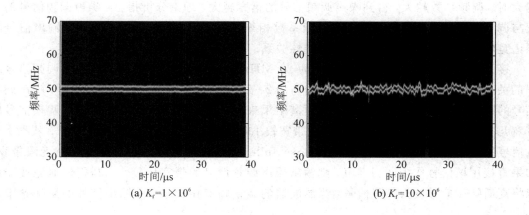

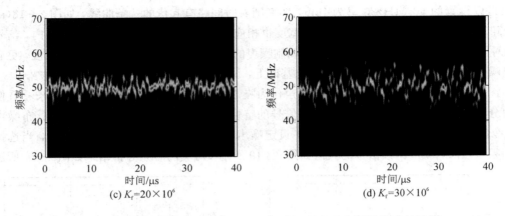

(c) $K_f=20\times10^6$ (d) $K_f=30\times10^6$

图 2-20 噪声调频信号时频域特性分析(使用均匀分布的噪声进行调制)

由图可见,当选择均匀噪声进行频率调制时,设定相同的调频系数,与使用高斯噪声作为调制信号时,噪声调频信号的频率范围略微增大了。均匀分布的噪声信号理论上也具有无限带宽,但是其信号幅度在区间范围内的出现概率均相等,不像高斯噪声信号那样大多数幅度值集中在一个区间范围内。从时频分析结果来看,该特性增大了输出噪声调频信号的频率带宽。此外,均匀分布的噪声信号是易于生成的,在实际工程应用中,可以选择均匀分布噪声信号作为调制信号。

前述仿真分析中对调制噪声信号作了归一化处理,目的是便于工程实现时对噪声信号的幅度进行量化,明确调制信号的量化位宽。由于噪声调频信号的带宽与噪声信号方差成正比,噪声信号的幅度越大,则相应的其方差也越大,就能调制生成具有更大带宽的输出信号。在 FPGA 上进行噪声调频信号生成时,由于要对噪声信号进行累加,噪声信号幅度增加时,为保证累加结果不溢出,需要预留较大的量化位宽,但是位宽设置又不可能无限大,即在数字域限定了调制用的噪声信号,因为其幅度范围是有上限的。

接下来分析噪声信号的功率(方差)对噪声调频信号的影响,设定带限噪声信号的带宽为 4 MHz,通过改变噪声信号的幅度来实现对噪声信号方差的控制,分别设置带限噪声信号的方差为 1.001 和 0.5001。当调频系数为 10×10^6 时,按照式(2.7)计算得到噪声调频信号的 3 dB 带宽分别为 23.59 MHz 和 16.63 MHz;当调频系数为 20×10^6 时,噪声调频信号的 3 dB 带宽分别为 47.18 MHz 和 33.27 MHz。从图 2-21 可以看出,当噪声信号的方差越大时,调频系数越大,得到噪声调频信号的谱宽越大,理论分析指出,噪声调频信号的带宽与调频系数之间是线性关系;当调频系数相等时,噪声信号的方差越大,则输出信号的频谱宽度越大,但是这两者之间不是线性关系。

接下来设置带限噪声信号的带宽为 20 MHz,分析调制噪声的带宽和噪声调频信号之间的关系。调频系数和噪声信号方差均与图 2-21 中对应的参数保持一致,此时,噪声调频信号的频谱结果如图 2-22 所示。从频谱结果来看,调制噪声信号带宽对噪声调频信号的带宽几乎没有影响,当调制噪声信号的带宽较小时,比较容易满足 $m_{fe}\gg1$ 的要求。从噪声调频信号的工程实现角度来分析,利用 Box-Muller 方法生成的高斯噪声信号具有无限带宽,如果直接用该信号作为调制噪声,则输出噪声调频信号的带宽比较小。利用低通滤波器可以将高斯噪声信号变为带限信号,当滤波器的截止频率比较小,而输出信号的采样频率比

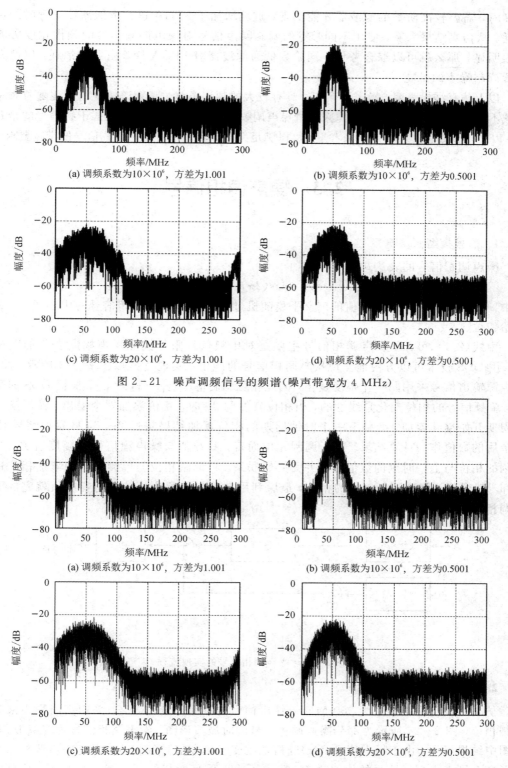

(a) 调频系数为10×10^6，方差为1.001

(b) 调频系数为10×10^6，方差为0.5001

(c) 调频系数为20×10^6，方差为1.001

(d) 调频系数为20×10^6，方差为0.5001

图 2-21 噪声调频信号的频谱（噪声带宽为 4 MHz）

(a) 调频系数为10×10^6，方差为1.001

(b) 调频系数为10×10^6，方差为0.5001

(c) 调频系数为20×10^6，方差为1.001

(d) 调频系数为20×10^6，方差为0.5001

图 2-22 噪声调频信号的频谱（噪声带宽为 20 MHz）

较高时，需要较高阶数的滤波器才能实现，这就增加了 FPGA 进行低通滤波处理时的资源消耗。从仿真结果来看，使用不同带宽的调制噪声信号对噪声调频信号的频谱宽度影响不是很明显，那么就可以综合考量不同阶数低通滤波器对 FPGA 计算资源的消耗，以便合理设置调制噪声的带宽。

以上仿真结果表明，噪声调频信号具有较大的频谱宽度，其频谱幅度的变化随着频率的衰减不是特别剧烈。以 3 dB 带宽来衡量噪声调频信号，其无法满足压制式干扰信号的带宽要求，以 10 dB 或者 20 dB 带宽来考量，可以满足大多数场景下对噪声干扰信号的带宽要求[9]。

2.3 噪声调相信号

1. 信号模型

噪声调相信号的表达式如下：

$$J(t) = A \cdot \cos(2\pi f_0 t + u(t) + \varphi) \tag{2.11}$$

其中，调制噪声 $u(t)$ 是零均值的广义平稳随机过程。f_0 是噪声调相信号的中心频率，φ 是初始相位。

由式（2.11）可知，噪声调相信号主要是对单频信号附加按照噪声幅度变化的随机相位，用 DDS 技术可以方便地实现噪声调相信号的产生，实现过程如图 2-23 所示。图中，噪声源输出信号采用归一化幅度量化，因此相位调制范围是[$-\pi$，$+\pi$]。根据 DDS 原理可知，单频信号的相位变化是线性的，当相位累加到 2π 时，相位累加器会溢出，然后从下一个周期开始继续累加。如果下一个时钟周期的相位累加结果超过 2π，则将累加结果对 2π 取余后的数值作为计算结果。对于调制相位而言，其数值与噪声源信号的幅度有关，当前时刻的相位与上一时刻的数值之间并无必然联系。将调制相位与单频信号的累加相位进行加和，就得到了噪声调相信号的相位，最后利用查找表将相位值转换为幅度值就完成了噪声调相信号的生成。

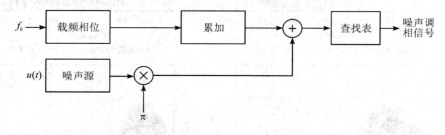

图 2-23　噪声调相信号的实现流程

2. 仿真实验

仿真时设定采样频率为 300 MHz，输出信号的载频为 50 MHz，采用高斯噪声来生成调制相位。图 2-24 所示为部分噪声调相信号的时域波形图。噪声调相信号为连续波信号，从图中结果可见，由于噪声信号 $u(t)$ 随机地改变了单频信号的相位，因此噪声调相信号的波形在个别点出现了明显的相位跳变，造成了输出信号的相位不连续。由于输出信号的相位仍然分布在[$-\pi$，$+\pi$]，因此其幅度包络仍然是常数，不会出现起伏。

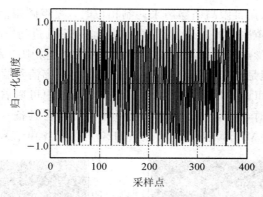

图 2-24　噪声调相信号的时域波形

　　从图 2-25 所示的噪声调频信号的频谱图可见，信号频率位于 50 MHz 处。相比于单频信号而言，在输出信号的频率范围内，采用高斯噪声调制产生的噪声调相信号，在非载频频率处的信号的幅度起伏特性不明显，各频率分量的幅度大致相等。

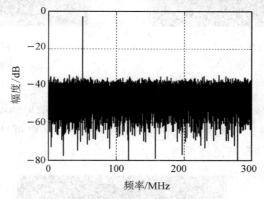

图 2-25　噪声调相信号的频谱

　　采用带限高斯噪声信号生成调制相位时，带限高斯噪声的带宽为 20 MHz，此时生成的噪声调相信号的频谱结果如图 2-26 所示。相比于高斯噪声信号，带限噪声信号的幅度变化率有所降低，且噪声带宽越小，带限噪声信号的幅度变化越缓慢。

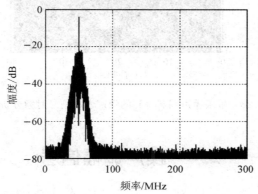

图 2-26　噪声调相信号的频谱（使用带限噪声调制）

从图 2-26 可见,采用带限高斯噪声来调制相位时,噪声调相信号的中心频率值保持不变,仍为 50 MHz。频率范围内的其余频率分量向中心频率处进行"聚集",形成了明显的"鼓包",该特征与采用高斯噪声作为调制信号时有明显的区别。除中心频率外,噪声调相信号的频谱具备了一定带宽,但是这部分宽带信号的幅度与中心频率信号的幅度差异非常大。

图 2-27 所示为噪声调相信号的时频分析结果,从图中可以看出,当采用带限高斯噪声信号来生成调制相位时,输出信号的中心频率周围会存在具备一定带宽的信号,这些信号的频率范围为 40~60 MHz,带宽约为 20 MHz,与带限噪声信号的带宽相一致。

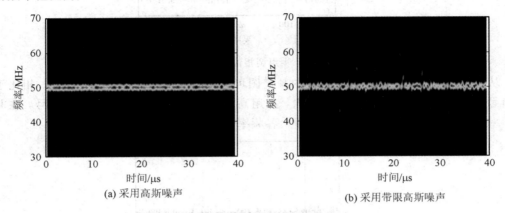

(a) 采用高斯噪声   (b) 采用带限高斯噪声

图 2-27 噪声调相信号时频分析结果

将带限噪声信号的带宽改为 10 MHz,得到的噪声调相信号的时频分析结果如图 2-28 所示。此时,宽带信号的频率范围为 45~55 MHz。从仿真结果可见,宽带信号的频谱宽度与生成调制相位的信号的带宽是相关的。

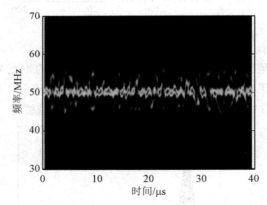

图 2-28 带限噪声调制得到的噪声调相信号时频分析结果

2.4 噪声调幅信号

1. 信号模型

噪声调幅信号的表达式为

$$J(t) = [1 + K_a \cdot u(t)] \cdot \cos(2\pi f_0 t + \varphi) \qquad (2.12)$$

其中，$u(t)$ 是 0 均值、方差为 σ^2 的广义平稳的随机过程，载波信号幅度为归一化幅度，设为 1；φ 是初始相位；K_a 是幅度调制系数。

　　噪声调幅信号的实现框图如图 2-29 所示，主要是根据噪声源信号的幅度值，对 DDS 输出信号进行幅度调制。因此，只需要在查找表输出信号的后级加上一个乘法器，乘法器的一个输入接口与查找表输出信号相连，另一个输入接口与幅度调制信号相连。假设查找表输出信号和噪声源信号的幅度均进行归一化设置，那么，噪声调幅信号的幅度范围为 $[-1-K_a, 1+K_a]$。

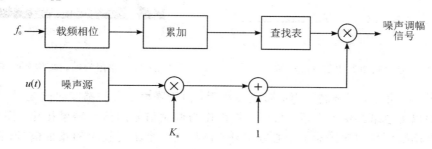

图 2-29　噪声调幅信号的实现步骤框图

2. 仿真实验

　　仿真时设定采样频率为 300 MHz，DDS 输出信号的频率为 50 MHz，采用高斯噪声作为信号幅度的调制函数。图 2-30 所示为噪声调幅信号的时域波形。从图中可见，DDS 输出信号的幅度经噪声信号调制后，得到信号的幅度包络出现了起伏。输出信号的幅度范围与幅度调制系数有关，输出信号幅度起伏的快慢取决于噪声信号的幅度变化速度，也就是与噪声信号的带宽有关。从图 2-31 所示的噪声调频信号的频谱结果可见，输出信号的中心频率为 50 MHz。

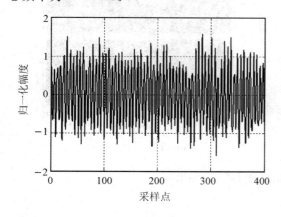

图 2-30　噪声调幅信号的时域波形

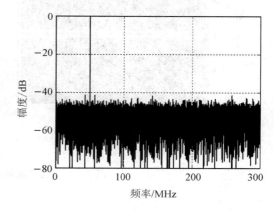

图 2-31　噪声调幅信号的频谱

　　以上仿真采用的是高斯噪声作为调制信号来对信号幅度进行调制，高斯噪声理论上具有无限带宽，在相邻两个采样时刻，高斯噪声的幅度变化较为明显。那么，可以采用带限高斯噪声作为调制信号，观察噪声调幅信号的特征变化。仿真设定带限噪声信号的带宽为 10 MHz，然后使用带限高斯信号来调制 DDS 输出信号的幅度，得到带限噪声调幅信号的时域波形如图 2 - 32 所示，其频谱如图 2 - 33 所示。

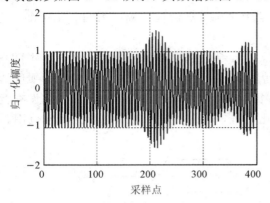

图 2 - 32　带限噪声调幅信号的时域波形

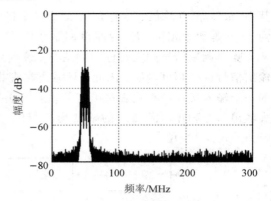

图 2 - 33　带限噪声调幅信号的频谱

从图 2 - 32 可见，当调制噪声的带宽变小后，由于噪声信号的幅度起伏变缓，相应噪声调幅信号的幅度包络起伏也变缓。与高斯噪声作为调制信号的仿真结果相比，图 2 - 33 中的带限噪声调幅信号的频谱除了中心频率外，还存在一个幅度较小的宽带信号，而不是像高斯噪声调制时的那样，其余频率分量的幅度几乎相等，分布在整个频率分析带宽范围内。

图 2 - 34 所示为噪声调幅信号的时频分析结果，当采用高斯噪声信号时，噪声调幅信号可以近似认为是窄带信号，DDS 输出信号的频率即为噪声调幅信号的中心频率。采用带限噪声信号进行幅度调制时，虽然生成了具备一定带宽的宽带信号，但是由于该宽带信号的幅度太小，因此从图 2 - 34(b) 中很难看出宽带信号的存在，因此仍然可以认为带限噪声调幅信号也是窄带信号。

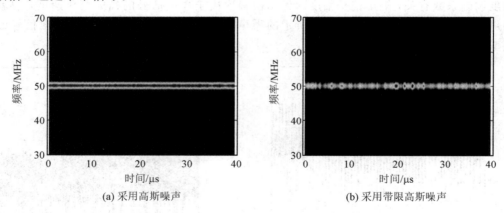

(a) 采用高斯噪声　　　　　　　　　　(b) 采用带限高斯噪声

图 2 - 34　噪声调幅信号的时频分析结果

2.5　宽带噪声信号

1. 信号模型

本节分析宽带噪声干扰信号的生成方法。在干扰信号模拟设备的数字信号处理机能输出的中频信号频率范围内(0～1000 MHz)，根据需求可以产生不同带宽的噪声信号，这里的信号带宽指 3 dB 带宽。理论上高斯噪声信号的带宽是无限的,利用前述已经生成的高斯噪声信号,对其进行低通滤波就可以得到不同带宽的带限高斯噪声信号。根据需要生成的噪声信号的带宽要求,计算相应截止频率的低通滤波器系数,然后对高斯噪声信号进行低通滤波,就可以得到基带带限噪声信号。然后根据宽带噪声信号的中心频率要求,对基带噪声信号进行混频,将基带噪声信号搬移到指定的中心频率。最后将数字信号处理机生成的带限噪声信号进行数模转换,再变换到射频域,就可以得到符合中心频率、带宽参数要求的射频噪声信号。

低通滤波处理过程既可以在时域实现,也可以在频域实现。频域实现方法是根据噪声带宽要求产生相应的频域窗函数,将高斯噪声信号进行快速傅里叶变换(FFT)得到其频域结果,再将该结果与频域窗函数进行相乘,即完成了对高斯噪声信号的频域滤波,最后将滤波结果作快速傅里叶逆变换(IFFT)就可以得到宽带噪声的时域信号,如图 2-35 所示。

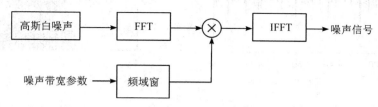

图 2-35 宽带噪声信号的频域生成过程

利用频域滤波生成宽带噪声信号时会遇到一个问题,即 FPGA 或者 DSP 执行的是定点数 FFT 和 IFFT,比如变换点数为 1024、2048 等,当宽带噪声信号的采样点数大于 FFT 变化点数时,就需要将数据按照 FFT 点数分为多组进行处理。假设 FFT 点数为 1024,宽带噪声点数为 4096 点,就需要进行 4 次 FFT 和 4 次 IFFT 才能完成滤波处理,其实现过程如图 2-36 所示。

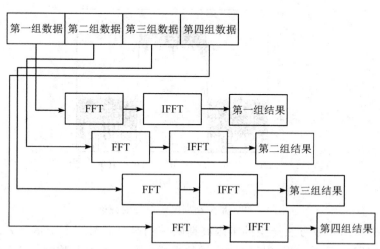

图 2-36 频域滤波方法生成宽带噪声信号的实现框图

该处理过程带来的影响相当于先对基准高斯噪声在时域上进行分割,然后逐段逐段地进行滤波运算,这与常规认知中对所有采样点进行 FFT 和 IFFT 计算有所偏差。接下来分析频域滤波方法生成的宽带噪声的特性。

2. 仿真实验

仿真时设定高斯噪声信号的采样频率为 300 MHz，生成 8192 点的高斯噪声信号。设置低通滤波器的截止频率为 50 MHz，对高斯噪声信号作低通滤波处理，得到带限高斯噪声信号的时域波形如图 2-37 所示，其幅度统计特性如图 2-38 所示。由图可见，带限高斯噪声信号的幅度分布满足高斯分布。

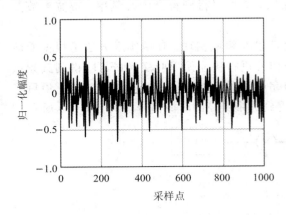
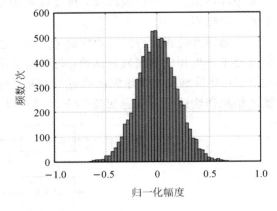

图 2-37　带限高斯噪声信号的时域波形　　　　图 2-38　带限高斯噪声信号的幅度分布

带限高斯噪声信号的频谱如图 2-39 所示，经过低通滤波器后，高斯噪声信号的频谱变为有限宽度。在接收目标回波信号时，雷达接收机的带宽也是有限的，如果干扰信号模拟设备发射较大带宽的高斯噪声干扰信号，超出雷达接收机带宽部分的干扰信号是不起作用的，位于这部分频段的干扰信号反而会浪费干扰能量。因此，通过侦察手段获取雷达信号的带宽后，及时调整基带噪声信号的带宽特性，有利用对雷达信号展开针对性干扰。

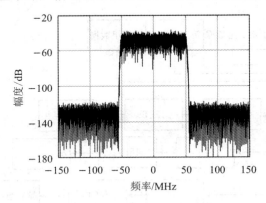

图 2-39　带限高斯噪声信号的频谱

接下来分析利用频域方法产生的带限高斯噪声信号的特性。由于信号处理机采用定长点数的 FFT 和 IFFT 运算，当高斯噪声信号的采样点数大于该点数时，需要对高斯噪声信号进行截取，分段处理进行滤波，这里分析分段处理对生成的带限高斯噪声信号的影响。

仿真时设定高斯噪声信号的采样点为 8192，FFT 和 IFFT 点数为 256，然后将 8192 点高斯噪声信号按照每 256 点一组分为 37 组，然后将每组数据作 256 点 FFT，再与滤波器的频域结果（256 点长）相乘。再对 37 组乘积结果分别作 256 点 IFFT，然后将所有 IFFT 结果组合起来，形成滤波后的噪声信号。

　　分段频域实现方法生成的带限高斯噪声信号的时域波形如图 2-40 所示，其幅度分布特性如图 2-41 所示。从幅度分布特性来看，该方法生成的带限高斯噪声信号的幅度仍然符合高斯分布，与不分段时的低通滤波方法得到的带限高斯噪声信号的特性基本一致。

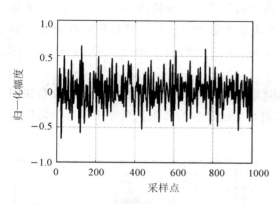

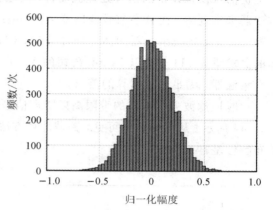

图 2-40　带限高斯噪声信号的时域波形
（分段频域实现方法）

图 2-41　带限高斯噪声信号的幅度分布
（分段频域实现方法）

　　图 2-42 所示为该带限噪声信号的频谱图，与图 2-39 中的频谱结果对比发现，在滤波器带外的频谱幅度有明显差异。究其原因，是因为图 2-39 的结果是通过 8192 点 FFT 和 IFFT 计算获得的，图 2-42 的结果是通过 256 点 FFT 和 IFFT 计算获得的，且分段频域实现方法相当于对数据又增加了 256 点时域窗的调制，这些都会影响输出信号的频谱特性。

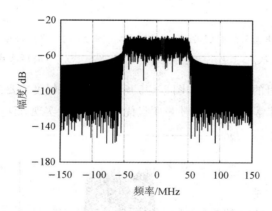

图 2-42　带限高斯噪声信号的频谱（分段频域实现方法）

　　为使带限高斯噪声信号的频域特征更加明显，使得更多能量集中在其主要频率范围内，在作傅里叶变换时应确保变换点数大于生成带限高斯噪声信号样本的点数，这在脉冲形式的应用场景下可能满足，但是对于连续波信号生成则无能为力。接下来介绍时域滤波方法生成的带限高斯噪声信号的特性。

　　在时域对信号滤波的运算方法是将原始信号与滤波器系数作卷积运算，在需要生成带限高斯噪声的时刻，读取原始高斯噪声，然后与滤波器系数进行卷积运算即可。根据卷积运算原理，卷积运算结果等于两信号在时域重叠部分的乘积之和，那么，在计算一次卷积结果时，乘法运算次数等于两信号中样本值较少的信号的点数。由于滤波器系数是提前计算好的，假设其点数为 L 点，则一次卷积运算需要的乘法和加法次数总和为 $2L-1$。对于干扰信号模拟设备的信号处理机而言，为了提高算法的性能，乘法和加法一般是用硬件乘法器来实现的，而数字信号处理器的硬件乘法器个数有限，当算法涉及大量乘法、加法运算时，有必要对乘法器的消耗展开分析。假设滤波器系数为 256 点，则卷积运算对乘法器的需求量为 511 个。以 Xilinx 公司的 Virtex-7 系列 FPGA 为例，Virtex-7 690T 拥有 3600 个乘法器，满足卷积运算的需求。

时域滤波方法生成的带限高斯噪声信号的时域波形如图 2-43 所示，其幅度分布如图 2-44 所示。从图中结果可见，频域计算方法和时域方法产生的带限高斯噪声信号的幅度分布特性基本一致。

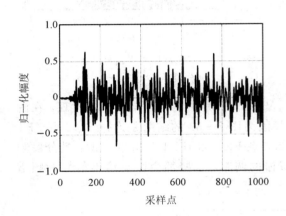

图 2-43　带限高斯噪声信号的时域波形
　　　　（时域实现方法）

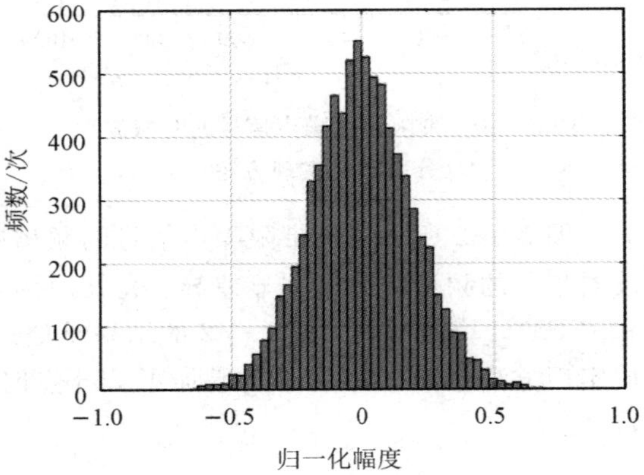

图 2-44　带限高斯噪声信号的幅度分布
　　　　（时域实现方法）

该带限高斯噪声信号的频谱结果如图 2-45 所示，其频谱幅度主要集中在 $-10\sim+10$ MHz，分布在带外的频谱幅度非常低，其频谱质量明显优于频域分段实现方法的结果。

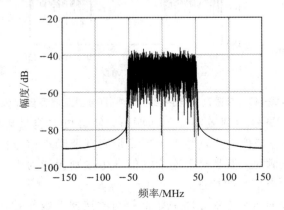

图 2-45　带限高斯噪声信号的频谱（时域实现方法）

时域实现方法的优点之一在于其计算速度更快,对于 FFT 而言,所有数据准备完毕后才可以开始运算,且计算延时为上百个时钟周期,而卷积运算经过乘法和加法的计算延时,就可以流水线式地连续计算。以 256 点卷积运算为例,假设乘法运算需要 3 个时钟周期,加法运算需要 2 个时钟周期。完成 256 点数据的加和需要 8 级流水线的加法运算,即需要 $2 \times 8 = 16$ 个时钟周期,乘法运算可以并行实现,需要 3 个时钟周期,那么处理延时为 19 个时钟周期,以 300 MHz 时钟为例计算,延时值等于 63.3 ns。以 Xilinx FPGA 的 256 点 FFT IP 核为例,计算 256 点的 FFT 需要 859 个时钟周期,等于 2.86 μs。考虑 IFFT 计算的周期与 FFT 计算的周期相同,则计算一次带限噪声的运算周期至少为 5.72 μs。可以看出,时域方法的计算速度优势非常明显,当然,带来计算速度优势的同时其对硬件乘法器的消耗也要大于频域方法,但是对时效性要求很高的干扰信号应用场景来说,这些都是值得的。

2.6 随机跳频信号

1. 信号模型

为了产生频率和幅度均变化可控的信号,可以用直接数字式频率合成(DDS)技术来输出一定频率范围内的跳频干扰信号。干扰信号频率的切换、每个频率的持续时间、该频率输出信号的幅度都受到随机数的控制,这样可以产生连续波式、脉冲式的宽带类噪声信号,用以在时域、频域上覆盖目标的雷达回波信号,以对真实目标提供有效掩护。

在某一时刻(极短时间)观察跳频信号时,该信号是一个单频信号;但是在一定时间范围内观察该跳频信号时,由于多个单频信号的叠加,其频谱会具有一定宽度。因此该干扰技术是控制每个单频信号在时域的持续时间以及多个单频信号之间的频率变化特性。如果噪声信号在带宽范围内是按照频率从小到大,或者从大到小规律性变化的,那么该信号可以被定义为扫频信号;如果噪声信号的频率在带宽范围内随机变化,那么它就是一种随机宽带噪声干扰信号。为了降低宽带噪声信号的频率调制方式的规律性,需要利用随机数来控制噪声信号的中心频率变化特性。然后根据需要可以对噪声信号的幅度进行调制或者进行周期性、非周期性的选通,这样就可以得到间断的,或者连续波形式的噪声干扰信号。

随机跳频信号的输出频率如图 2-46 所示,$f_{min} \sim f_{max}$ 确定了输出频率的范围,两者之差为跳频带宽。Δf 是跳频间隔,当 Δf 确定后,跳频范围内的频率点数也就确定了。从图

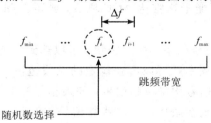

图 2-46 随机跳频信号的输出频率特性

2-46看,跳频频率可以看作从 $f_{\min}$ 向 $f_{\max}$ 递增的等差数列。实际上,在当前时刻输出哪个频率是由伪随机数来确定的,伪随机数的周期应大于跳频点数,且伪随机数值服从均匀分布,这样使得在随机跳频信号出现时间内,各个频率输出的次数近似是相等的。

2. 设计实现

本书中利用伪随机序列来产生伪随机数(具体方法见 8.5 节)。由于生成伪随机数的 M 序列周期是 2^N-1(N 是伪随机序列的级数),那么,伪随机数的周期长度可能与跳频点数是不相等的,应选择周期大于跳频点数的伪随机数。定义跳频周期为伪随机周期与每个频点驻留时间的乘积,当伪随机数周期大于跳频点数时,在调频周期内某些频点出现的概率会大一些。鉴于此,可以生成一组与跳频点数相同的伪随机数,这样一来,跳频周期与跳频点数就对应起来。伪随机数的 FPGA 生成有大量文献可供参考,本书不再赘述。简单起见,本节仍采用 M 序列的反馈寄存器来组合生成伪随机数,此时,随机跳频信号的频率输出特性如图 2-47 所示。

图 2-47　随机跳频信号的频率输出特性

跳频信号在每个频率点的驻留时间、每个频率点信号的幅度、输出的频率值的选择均由伪随机数来控制,然后对输出信号的时序进行控制,就可以得到连续波形式或是脉冲形式的宽带信号。当跳频带宽和跳频间隔确定以后,跳频频点个数也就确定了。随机跳频信号的脉冲宽度应使得各个频率值的信号均至少输出一次,否则输出信号的频率范围就与参数设置不相符了。当每个频率点驻留时间相等时,由于随机跳频信号脉冲持续时间可能大于跳频点数与每个频率点驻留时间的乘积,就是说当所有频点输出一遍后(准确来说是控制频点的伪随机数的周期要大于或等于跳频点数),跳频信号还要继续存在。为了增加随机跳频信号的不确定性,此时伪随机数要更新一下,否则使用相同的伪随机数时,会对跳频信号进行周期调制,该特性会附加在跳频信号的频域特征上,容易被对方侦察到。

对 DDS 输出信号进行幅度调制可以令其数据达到 DAC 的满量程,因此,为了使得基带干扰信号的幅度尽量大,可以不对 DDS 输出的信号进行幅度调制。若为了改变噪声信号的幅度特性,进一步可能干扰雷达 AGC 环节,则可以随机控制输出信号的幅度起伏特性。

由于 DDS 输出的跳频信号频率切换非常快,可以达到百纳秒数量级,因此在微秒级的观测时间来看,其输出信号频率就可以覆盖设定的频段范围,可以视作宽带信号。对于每一次跳频切换而言,输出的信号均是单频信号,如果相邻两个单频信号之间的频率差较大,达到兆赫兹数量级或更大,则在微秒量级对跳频信号作时频分析时,就会明显地发现这些离散谱线的间隔,此时就不能将随机跳频信号视作宽带信号。本书讨论的随机跳频信号的频率间隔在 0.1~1 MHz 内可以设置。理论上 DDS 还可以设置输出信号为千赫兹级别,但是需要较高的相位累加位宽和高精度查找表，由于本节讨论的是产生类似宽带噪声的干扰信号，因此其频率精度不需要达到千赫兹量级。此外，当跳频带宽不大时，频率跳变间隔也不能太大，否则会使得在干扰信号持续时间内，输出的频点数目太少，可能只在个别频点来回切换，无法形成在频域的宽带干扰。

接下来介绍基于 DDS 方法产生随机跳频信号的方法，如图 2-48 所示。

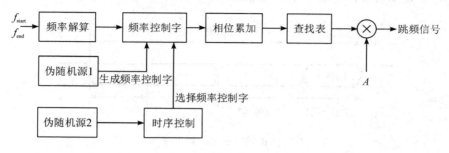

图 2-48　基于 DDS 的随机跳频信号的实现步骤框图

假设跳频宽带信号的频率下限是 $f_{\min}$（单位为 MHz），频率上限为 $f_{\max}$（单位为 MHz）。首先产生一组均匀分布的伪随机数，伪随机数的周期最小为

$$L = \left\lceil \frac{f_{\max} - f_{\min}}{\Delta f} \right\rceil \tag{2.13}$$

式中，$\lceil \cdot \rceil$ 表示向上取整，Δf 表示跳频步进。

控制每个时刻输出信号的频率需要一组伪随机数，当前输出信号的驻留时间也需要一组伪随机数，这样可以确保跳频频率与驻留时间的去耦合，增加输出信号在频域和时域的随机性。伪随机数应使得在较长观测时间内各个频率出现的概率基本相等。本节采用均匀分布的伪随机数，令其归一化数值在 $[-1, +1]$ 区间内随机变化。

假设跳频信号的频率范围是 100 MHz，跳频间隔为 0.1 MHz，根据式(2.13)计算得到伪随机数的个数最少为 1000。伪随机数的生成可以采用线性反馈移位寄存器，令移位寄存器的位宽为 10 位，则伪随机数的周期为 $2^{10} - 1$。将移位寄存器组合成一个 10 位数据，就得到在 0~1023 上均匀分布的伪随机数，再利用乘法运算将伪随机数的数值范围控制在 0~1000，定义这组伪随机数为 m，则在任意时刻，跳频信号的频率值为

$$f_i = f_{\max} - m\Delta f \tag{2.14}$$

再将式(2.14)中的频率值换算为 DDS 的频率控制字即可。根据随机跳频信号的特性，在每个频率点的驻留时间也是变化的，为实现该控制，还需要一组随机数来对频率选择时间计数器的计数周期进行控制。该伪随机数的周期与控制频率跳变的伪随机数的周期相等即可。当每个频点的驻留时间相等时，随机跳频信号的脉宽 T_p 应满足：

$$T_p \geqslant T_s \cdot L \tag{2.15}$$

其中，T_s 是驻留时间。

当每个频点的驻留时间随机变化时，假设驻留时间为 T_i，则应满足：

$$T_p \geqslant \sum_{i=1}^{L} T_i \tag{2.16}$$

随机跳频信号的频率控制字切换时序如图 2-49 所示，每跳频一次，驻留时间和频率

值都切换一次。实际上，跳频周期（指频率序列重复开始的周期）是由伪随机序列的周期决定的，在该周期内，跳频值可能已经遍历了自身的一个周期。本例中，跳频点数为1000 个，而伪随机序列的长度为 1023。当随机跳频信号的控制参数设定好后，在脉冲时间范围内，信号是持续输出的，当随机跳频信号的脉冲宽度较大且每个频点的驻留时间相等时，每个频率点输出的次数基本是相等的。

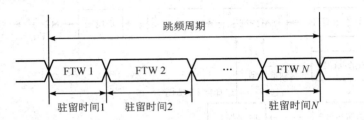

图 2-49 随机跳频信号的频率控制字时序

计算得到频率控制字后，按照驻留时间的数值进行频率控制字选择—DDS 输出—切换下一个频率控制字，至此就得到了连续波输出的随机跳频信号。最后根据需要，可以对该连续波信号的幅度进行调制，以及对其进行周期性、非周期性的选通，得到间断的、幅度调制的随机跳频干扰信号。

基于 DDS 方法产生的随机跳频信号，在较短的观察窗内（百纳秒数量级）来看，该信号是一个单频信号；在较长时间范围（百微秒数量级）内观测该信号，由于多个单频信号的叠加，其频谱宽度得到了展宽。如果在 $[f_{min}, f_{max}]$ 内，跳频频率是从小到大，或者从大到小，以等间隔频率步进，那么此时输出信号就为扫频信号。

为了保证每个频率的信号均能至少输出一个完整周期波形，跳频信号在每个频点的持续时间最小值 T_j 应满足：

$$T_j \geqslant \frac{1}{f_i} \tag{2.17}$$

本例中，假设跳频信号的跳频范围是 100～200 MHz，那么最小驻留时间应为 10 ns。当最低频率信号可以输出一个完整波形时，其余高频至少已经输出一个完整周期波形。式（2.17）的约束条件可以确保随机跳频信号的频谱包络更加接近"矩形"。当式（2.17）不满足时，相当于对各个频率分量的信号进一步加窗，那么噪声信号的频谱形状就会有一定程度的扩散。

3. 仿真实验

基于以上分析，接下来研究随机跳频信号的时域、频域特性。假设信号采样频率为300 MHz，随机跳频信号的跳频范围是 40～60 MHz，跳频间隔为 0.5 MHz。此时，跳频点数等于 101 个。简单起见，可以设定在每个频率点的驻留时间均相等且为 200 ns，那么，完整输出所有频率点所需要的时间为 200 ns×101＝20.2 μs，随机跳频信号的脉宽要设置大于该值，仿真时设定随机跳频信号的脉冲宽度为 50 μs。为使跳频信号的输出功率最大，每个频点信号的幅度都量化为最大值。仿真宽带噪声信号的时域波形如图 2-50 所示，从时域波形可见，在不同时间段内的波形有所区别，体现了跳频信号频率切换的特征。

随机跳频信号的幅度统计结果见图 2-51，图中统计了 20 000 个采样点内随机跳频信号的幅度分布统计结果。从图中结果可见，较多的幅度值分布在 +1 和 -1 两个极大值位置处，在其余区间范围内，幅度值近似是平均分布的。

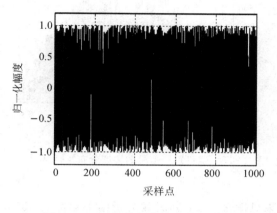

图 2-50　随机跳频信号的时域波形　　　图 2-51　随机跳频信号的幅度分布统计结果

从图 2-52 中可见随机跳频信号的频谱以 50 MHz 为中心，其 3 dB 带宽内的幅度包络形状大体为矩形，占据 20 MHz 带宽，与参数设置一致。随机跳频信号的时频分析结果如图 2-53 所示，由于跳频速度较快，在微秒级的观测时间范围内，随机跳频信号的频谱宽度为 20 MHz，且时频曲线没有明显的调制规律。

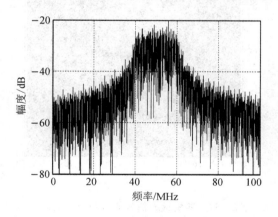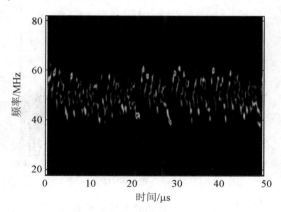

图 2-52　随机跳频信号的频谱　　　　图 2-53　随机跳频信号时频分析结果

接下来改变随机跳频信号的幅度，令每个频率点对应的输出信号的幅度都受到伪随机数的控制，幅度调制范围为 [0.2，1]，得到的干扰信号的时域波形如图 2-54 所示。从输出信号的幅度包络变化特性来看，在驻留时间内信号幅度包络不发生变化，不同时间的信号幅度受到随机数的控制，使得信号的整体幅度有所起伏，但这种幅度改变是以驻留时间为时间间隔变化的。

幅度变化的随机跳频信号的幅度分布特性如图 2-55 所示，由于每一段信号的幅度整体受到调制，图 2-55 和图 2-51 的幅度统计特性差异较大。可以预见的是，改变控制幅度的随机数后，随机跳频信号的幅度分布特性还会改变。

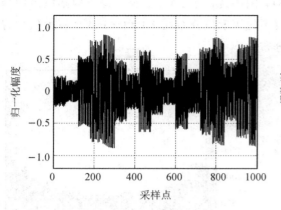

图 2-54　随机跳频信号的时域波形
（增加幅度调制）

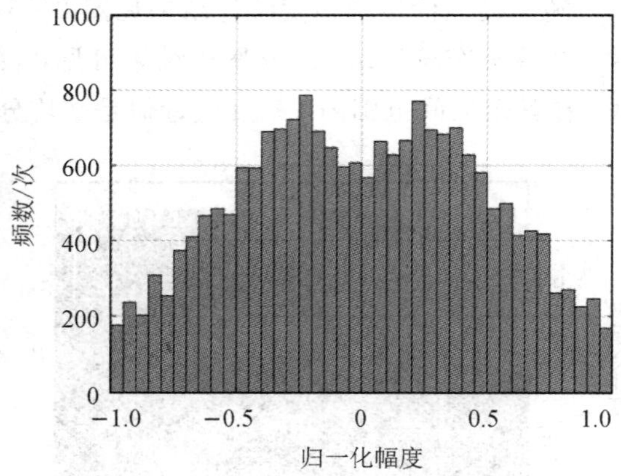

图 2-55　随机跳频信号的幅度分布统计结果
（增加幅度调制）

　　增加幅度调制后，随机跳频信号的频谱结果见图 2-56，其时频分析结果见图 2-57。由于随机数控制的幅度调制作用在不同的频率点，此时的信号频谱的幅度包络在不同频率处有所起伏，但是大体还是分布在 40～60 MHz 频率范围内，与跳频范围参数设置相一致。随机跳频信号的时频曲线在频率范围内没有明显规律，相比于图 2-53 中的时频曲线，图 2-57 中曲线的幅度略有下降，这是幅度调制造成的。

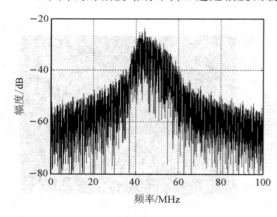

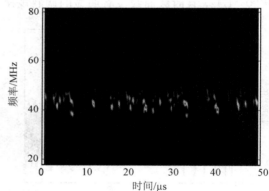

图 2-56　随机跳频信号的频谱
（增加幅度调制）

图 2-57　随机跳频信号的时频分析结果
（增加幅度调制）

　　以上随机跳频信号在时域上是连续输出的，根据应用需要还可以对连续波信号进行时域调制，使得随机跳频信号在时域上是脉冲形式的。脉冲调制可以是周期的，也可以是非周期的、随机的，这样随机跳频信号的形式可以更加灵活，时域特征更加随机。

　　图 2-58 所示为在相等幅度的随机跳频信号的基础上，增加周期性的脉冲调制后产生的时域波形。其中，脉冲重复周期为 50 μs，脉冲宽度为 20 μs。脉冲调制的随机跳频信号的频谱如图 2-59 所示。增加脉冲调制后，信号频谱的幅度有所下降，理论上其频谱宽度是会有所展宽的，但是由于随机跳频信号的跳频范围是 20 MHz，此时，脉冲调制带来的频谱展宽特性是不明显的。

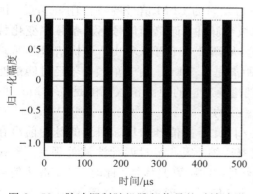

图 2-58　脉冲调制随机跳频信号的时域波形

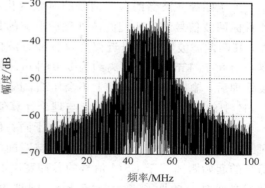

图 2-59　脉冲调制随机跳频信号的频谱

图 2-60 所示为脉冲调制的随机跳频信号的时频分析结果。从图中结果可见，在 0~100 μs 时间段内有两段等间隔的时频曲线，说明信号的重复周期是 50 μs。在一个周期内，时频曲线的持续时间大约为 20 μs，与脉冲调制信号的脉宽一致。由于脉冲调制的作用，输出的随机跳频信号在时域上是断续的，因此其时频曲线也是间断的。从时频曲线占据的频率范围来看，信号频率范围在 40~60 MHz 之间，与仿真设定参数相一致。

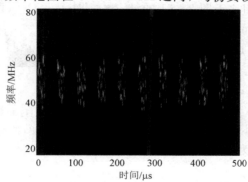

图 2-60　脉冲调制随机跳频信号的时频分析结果

接下来分析随机跳频干扰信号对雷达匹配滤波的影响。假设雷达发射 LFM 信号，带宽为 40 MHz，脉冲宽度为 20 μs，雷达信号重复周期为 1 ms。真目标位于 10 km 处，干扰信号模拟设备与目标位于同一位置。由于随机跳频信号本质上是多个不同频率正弦信号的叠加，且在同一时刻频率之间没有重叠，因此，在分析随机跳频干扰信号对 LFM 匹配滤波器的影响时，可以先来看单频信号经过匹配滤波处理后的结果。当输出信号的频率不切换时，随机跳频信号变为单一频率的正弦信号，假设信号频率为 1 kHz，脉冲宽度为 4 μs，干扰信号干信比为 0 dB(信号频率值比较低是为了分析干扰信号经过匹配滤波处理后在距离向的分布特性)，此时，干扰信号和目标回波信号的匹配滤波结果见图 2-61。

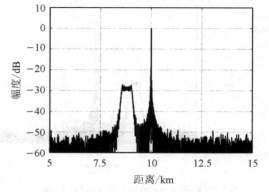

图 2-61　1 kHz 单频信号经过匹配滤波处理的结果(干扰信号脉宽 4 μs)

由于匹配滤波器的参考信号的时频变化特征与发射的 LFM 信号的特征刚好相反，因此目标回波信号经过匹配滤波处理后形成的是时域窄脉冲，而单频信号不具备频率变化特性，其匹配滤波输出信号近似为宽脉冲方波信号。从图 2-61 可以看出，干扰信号起始距离约为 8.54 km，终止距离约为 9.04 km，覆盖距离是 0.5 km。由于单频信号经过匹配滤波处理后，输出信号在时域上不会压缩，因此，理论上对应的距离覆盖范围是 0.6 km。图 2-61 中的干扰覆盖距离基本上与理论计算值是一致的。

由于干扰信号模拟设备和目标位于同一位置，因此干扰信号和目标回波的脉冲前沿在时间上近似对齐。由于干扰信号没能被匹配滤波器压缩，因此经过匹配滤波处理后，干扰信号的起始距离等于 LFM 信号的脉冲宽度的一半对应的距离偏移量。此时，1/2 雷达信号脉冲宽度对应的距离量是 1.5 km，则理论上干扰信号出现的距离位置是 $10-1.5=8.5$ km，其中，10 km 是目标的位置。可见，理论计算值与仿真结果是较为一致的。

接下来将单频信号的脉冲宽度改为 8 μs，理论上经过匹配滤波处理后，干扰信号的距离覆盖范围应增加 1 倍，此时仿真结果如图 2-62 所示。干扰信号起始距离约为 8.54 km，终止距离约为 9.64 km，相比于图 2-61 的结果，干扰距离增加了 600 m。

进一步的，为了验证上述分析的正确性，将雷达信号的脉冲宽度改为 30 μs，干扰信号脉宽 4 μs，其余参数均不变，得到匹配滤波结果如图 2-63 所示。此时，干扰信号的起始位置应该是 10 km-15 μs$\times150$ m/μs$=7.75$ km。图 2-63 所示结果近似为 7.845 km，基本一致。

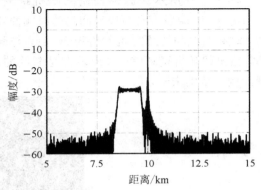

图 2-62　1 kHz 单频信号经过匹配滤波处理的结果（干扰信号脉宽 8 μs）

图 2-61 和图 2-63 中采用的单频信号的频率较低，只有 1 kHz，接下来增大信号的频率至 1 MHz，同时 LFM 信号的脉宽设为 20 μs，得到匹配滤波结果如图 2-64 所示。这时，干扰信号的起始距离变为 8.49 km，相比于 1 kHz 时的 8.54 km，提前了大约 50 m。由于

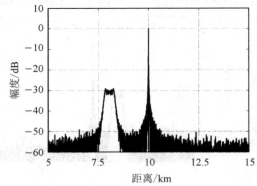

图 2-63　1 kHz 单频信号经过匹配滤波处理的结果（雷达信号脉宽 30 μs）

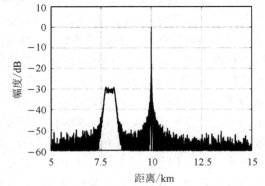

图 2-64　1 MHz 单频信号经过匹配滤波处理的结果（雷达信号脉宽 20 μs）

从图中判断距离时的精度不够高,认为该结果与理论分析是一致的。当正弦信号的频率为正值且继续增大时,干扰信号起始时刻的距离位置会越来越提前。

由于 LFM 信号的带宽为 40 MHz,因此匹配滤波器能处理的基带信号的频率为 [−20,+20] MHz,超出该频率范围的信号获得的匹配滤波增益会非常小,甚至不会得到匹配滤波输出。如图 2 - 65 所示,这时正弦信号的频率为 21 MHz,已经超出了匹配滤波器的频率处理范围。

接下来令单频信号的频率为−21 MHz,此时,相比 1 kHz 信号的仿真条件,频率改变带来的距离偏移量为 1.58 km,得到−21 MHz 单频信号经过匹配滤波处理的结果,见图 2 - 66。此时,干扰信号的起始位置近似和目标重合了,由距离计算结果 8.54+1.58= 10.12 km 可以验证这一特性。

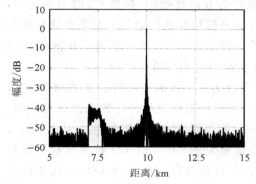

图 2 - 65 21 MHz 单频信号经过匹配滤波
处理的结果(雷达信号脉宽 20 μs)

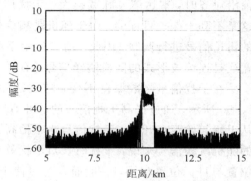

图 2 - 66 −21 MHz 单频信号经过匹配滤波
处理的结果(雷达信号脉宽 20 μs)

在充分了解正、负频率单频信号经过匹配滤波处理的结果后,可以分析随机跳频干扰信号的干扰效果。可以推测,经过匹配滤波处理后,随机跳频干扰信号的覆盖距离与脉冲宽度呈正比,干扰信号的起始距离与雷达信号脉冲宽度,以及干扰信号的跳频带宽有关。从之前的仿真结果来看,干扰信号的幅度比目标回波小 30 dB 以上,即要有效地提高目标位置处的 CFAR 检测门限,需要较高的干信比。

CFAR 检测器的参数设置如下:保护单元个数为 8(前后各 4 个),参考单元个数为 16 (前后各 8 个),虚警率设为 10^{-4}。无干扰信号存在时的目标匹配滤波处理结果和 CFAR 检测结果如图 2 - 67 所示。

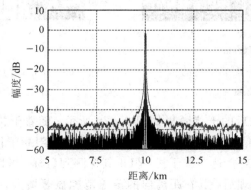

图 2 - 67 无干扰时目标的匹配滤波和 CFAR 检测结果

设定随机跳频信号的跳频范围为[−5，+5]MHz，跳频时间为200 ns，跳频间隔为0.5 MHz。在10 MHz的跳频范围内，跳频次数为10/0.5＝20次，因此跳频信号的持续时间最少为200×20＝4 μs。当脉冲宽度小于该值时，随机跳频信号的频率范围就不能满足上述要求。为了分析不同脉冲宽度下的干扰效果，先设定随机跳频信号的脉宽为4 μs。仿真时设定干信比为0 dB，得到干扰信号和目标回波信号的匹配滤波处理结果如图2-68所示。由于随机跳频信号与LFM信号之间是非相参的，因此干扰信号无法获得雷达的相参处理增益。经过匹配滤波处理后，相比于目标信号而言，干扰信号的幅度是非常小的，干扰信号从8.54 km位置开始，在约600 m范围内提高了CFAR检测门限。前文分析过，随机跳频信号的干扰起始位置和LFM信号的脉冲宽度有关，当干扰信号和目标回波信号的脉冲前沿对齐时，雷达信号脉宽越大，干扰信号起始位置与0距离处(目标位置)的偏差越大，这是不利于保护目标的。由于随机跳频信号是干扰信号模拟设备产生的，不需要针对截获的雷达信号进行调制，因此，通过侦察手段获得雷达信号工作频率后，就可以生成较大脉宽或是连续波形式的随机跳频信号，有助于提高干扰信号的距离覆盖范围。

在干扰信号参数保持不变，随机跳频信号脉宽改为50 μs时，得到的干扰效果如图2-69所示。通过提高干扰信号的脉冲宽度，可以有效增加随机跳频信号的距离覆盖范围。从干扰起始距离开始，干扰信号略微抬高了CFAR检测门限。因此对于与雷达信号非相参的随机跳频信号来说，干扰时长对干扰效果的影响是至关重要的。由于干扰信号模拟设备位置与目标位置相同，一般而言可以使干扰波形位于目标前方，50 μs对应的干扰距离为7.5 km，可以在较大距离范围内为目标提供掩护。当随机跳频信号的时长不能覆盖干扰信号模拟设备和目标之间的距离差时，就有可能造成干扰失效。由于随机跳频信号不需要太多的雷达信号参数，在条件允许时可以尽量增加干扰时长。

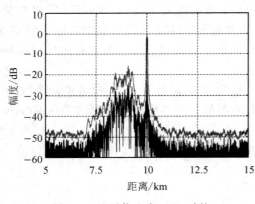 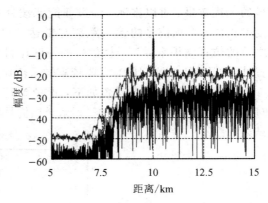

图2-68　干信比为0 dB时的　　　　图2-69　干信比为0 dB，随机跳频信号
　　　　　干扰效果　　　　　　　　　　　　脉宽为50 μs时的干扰效果

改变干扰信号干信比后的干扰效果如图2-70所示，随着干扰能量的增加，CFAR检测门限逐渐提高，直到干信比为23 dB时，目标处的检测门限高于目标信号幅度。当干信比大于23 dB时可以有效地对雷达实施干扰，阻止其探测到目标。可以看出，较大脉宽的随机跳频信号经过匹配滤波处理后，其在距离向的覆盖范围显著增大，意味着当干扰信号模拟设备与目标之间的距离差较大时，仍然可以对目标实现有效掩护。干扰信号模拟设备与目

标之间的位置关系未知时，就可以采用连续波形式，这是该干扰信号的优点之一。

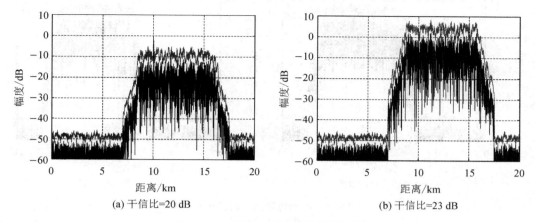

(a) 干信比=20 dB　　　　　　　　(b) 干信比=23 dB

图 2-70　不同干信比时的干扰效果

　　接下来改变跳频频率范围。将干信比设为 23 dB，随机跳频信号脉宽设为 50 μs，得到不同跳频带宽的随机跳频信号的干扰效果如图 2-71 所示。由图可见，跳频带宽增大后，干扰信号覆盖距离范围略微会增加，主要还是因为 LFM 信号的时频耦合特性，较大跳频带宽使干扰信号包含了单频信号。此时，两种干扰信号的频率差为 25 MHz，对应的距离覆盖范围偏差理论值是1.875 km，由于干扰信号脉冲宽度对应的覆盖范围是 7.5 km，此时从图中只能直观地来看跳频带宽对干扰覆盖距离的影响。从匹配滤波处理结果来看，在距离覆盖范围内的、幅度较大的干扰信号，其幅度包络起伏特性整体是比较平缓的，在干扰功率足够的条件下，可以在较大距离范围内为目标提供掩护，不需要准确判断干扰信号模拟设备和目标之间的位置关系。

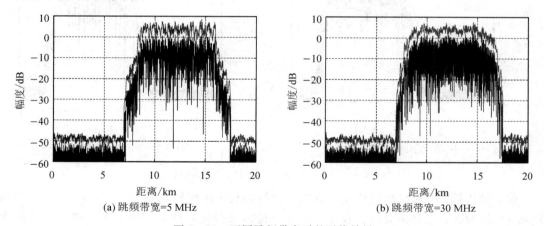

(a) 跳频带宽=5 MHz　　　　　　　(b) 跳频带宽=30 MHz

图 2-71　不同跳频带宽时的干扰效果

　　接下来改变跳频间隔。跳频间隔越大，在跳频频率范围内，频率切换的次数就越少。当跳频间隔为 1 MHz 和 2 MHz 时，干扰效果如图 2-72 所示，此时干信比为 23 dB，随机跳频信号脉宽为 50 μs，跳频带宽为 10 MHz。图中，两种参数下的干扰效果几乎没有什么区别。当跳频带宽不变时，跳频间隔越大，随机跳频信号的谱线会越少，随机跳频信号的宽谱特征越不明显。

　　接下来改变每个频点的驻留时间。将干信比设为 23 dB，随机跳频信号脉宽设为 50 μs，

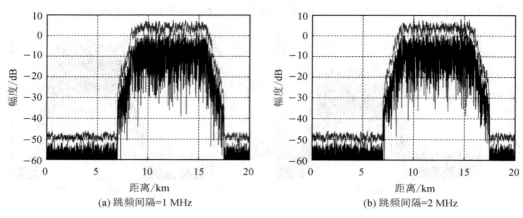

(a) 跳频间隔=1 MHz

(b) 跳频间隔=2 MHz

图 2 - 72　不同跳频间隔时的干扰效果

跳频间隔设为 0.5 MHz，跳频带宽设为 10 MHz，当驻留时间为 500 ns 和 1000 ns 时，得到不同驻留时间时的干扰效果如图 2 - 73 所示。由跳频带宽和跳频间隔计算得到跳频点数为 21 个，那么最大驻留时间为 50 μs/21＝2.38 μs。随着驻留时间的增大，干扰信号的幅度包络起伏变化明显，有的距离位置甚至出现了明显的"凹陷"，这是不利的干扰效果。由于单频信号的匹配滤波结果近似为"矩形"，驻留时间增加后，各个单频信号形成的"矩形"干扰带的覆盖距离也相应增加。当"矩形"在距离上有重叠时，加和后会提高这部分干扰信号的幅度；当"矩形"在距离上没有重叠时，干扰信号的幅度就会下降。

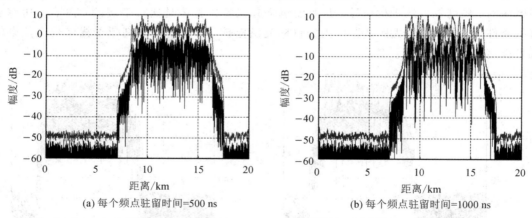

(a) 每个频点驻留时间=500 ns

(b) 每个频点驻留时间=1000 ns

图 2 - 73　不同驻留时间时的干扰效果

前文分析提到，随机跳频信号形成的干扰带的起始距离和 LFM 信号脉宽、干扰信号的出现时刻均有关，当驻留时间比较小时，在干扰信号持续时间范围内，各频率点出现的次数相应增加。那么，就会在距离向形成多个覆盖范围小的干扰带，由于各频率信号出现的时间不一样，各干扰带的起始距离也就发生了变化。体现在图 2 - 73 就是随着驻留时间的增加，组成干扰带的曲线变得稀疏了，这是由于短驻留时间的单频信号形成的"矩形"覆盖距离很窄造成的。在干扰信号的覆盖范围内，形成的"矩形"越多，干扰带的曲线就越密集。对于压制式干扰而言，干扰带曲线之间的距离间隔应与雷达信号的距离分辨率在一个数量级，否则，当目标位于干扰曲线的幅度较小的位置时，就得不到干扰信号的掩护。因此，随机跳频信号的驻留时间不应该取值太大，对常规搜索跟踪雷达而言，随机跳频信号形成的干扰带的间隔应该在数十米的数量级。同时，考虑到驻留时间最好令中频干扰信号能够至少输出一个完整周期的波形，当中频信号最低频率为 50 MHz 时，对应驻留时间为 200 ns，此时对应的距离长度为 30 m。随着驻留时间的增加，干扰带曲线的间隔也会增加，为了减小驻留时间，随机跳频信号的跳频范围可以设置较高的频率值，不一定局限于零中频信号。

接下来改变随机跳频信号在输出不同频率时的信号幅度值，令其归一化幅度在 0.1～1.0 之间变化。此时，将干信比设为 23 dB，随机跳频信号脉宽设为 50 μs，跳频间隔设为 0.5 MHz，跳频带宽设为 10 MHz，得到随机跳频信号增加幅度随机控制后的干扰效果如图 2-74 所示。从干扰信号的覆盖范围来看，与前文的仿真结果并无明显区别，但是，形成的干扰带包络的幅度出现下降。由于干扰信号模拟设备输出信号的最大功率是确定的，采用随机幅度控制后，不同频率信号的功率只会比输出功率最大值小，造成干扰信号整体幅度下降。因此，当选取随机跳频信号来提高雷达的 CFAR 检测门限时，可以不采用随机幅度调制。此外，由于随机跳频信号的频率切换非常快，在百纳秒量级，用来干扰雷达的 AGC 环路也是不太合适的，因为雷达接收机的自动增益控制环节可能不会为了适应这么快变的信号而轻易改变。

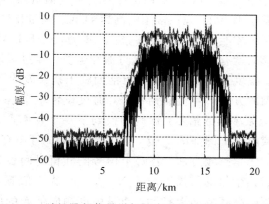

图 2-74　随机跳频信号增加幅度随机控制后的干扰效果

以上仿真结果和分析表明，随机跳频信号是一种针对 LFM 脉冲压缩雷达的有效干扰样式。首先，干扰信号的带宽可设，可以在频域实现对雷达信号的压制，且干扰带宽对干扰信号的距离覆盖范围也有一定调节作用。其次，干扰信号时长由干扰信号模拟设备控制，可以通过增大干扰脉冲宽度在长距离范围内形成干扰。最后，由于宽带噪声信号是基于 DDS 技术产生的，在数字域可以做到干扰信号的饱和幅度输出，可以使得干扰信号以最大功率进行干扰。

2.7　梳状谱信号

1. 信号模型

梳状谱信号可以理解为在一定频率范围内的多个单频信号的线性组合，其表达式为

$$J(t) = \sum_{i=1}^{N} A_i \cdot \cos(2\pi f_i t) \tag{2.18}$$

式(2.18)所示为 N 个信号的组合,其中,A_i 表示单个信号的幅度,f_i 表示单个信号的载波频率。

梳状谱信号的主要作用是在指定的多个频率处生成连续波、脉冲式的信号,用于影响工作在该频率处的电磁信号。但是,式(2.18)中各信号均是单频信号,如果设置的工作频率与希望干扰的信号的频率有偏差,那就可能起不到干扰效果。因此,可以对梳状谱信号进行进一步调整,使得各信号具备一定带宽,这样一来,即使各信号的中心频率与被干扰信号之间有少量偏差,也能起到一定的干扰作用。

2. 设计实现

为了产生式(2.18)中所示的梳状谱信号,可以用前面介绍的 DDS 技术来实现。由于表达式中涉及多个信号的加和,因此利用数字技术产生信号时就不得不考虑信号叠加后对数据位宽的增加。例如,梳状谱信号包含 50 个离散频率值,且在任意时刻,梳状谱信号均包含该 50 个频率值,那么就需要同时产生 50 个不同频率的信号,然后把这些信号全部加和后,再从信号处理机输出。假设每个信号的量化位宽为 8 bit,则 50 个信号相加后,为了保证所有同相相加的数据不溢出,计算结果的位宽要增加 6 bit,即计算结果是 14 bit。这里假设每个信号的幅度值 A_i 均为 1,当需要对每个信号的幅度值进行调制时,假设 A_i 量化为 4 bit,那么计算结果就需要 18 bit。现在常用的高速 DAC,其量化位宽为 16 bit,因此需要将 18 bit 截取为 16 bit 后,才能进行数模转换。进一步的,由于 DAC 的量化位宽有限,梳状谱中的离散频率值越多,就有越多的信号参与加和运算,经过截取位宽后,各个频率点的信号的幅度就会下降。幅度太小的干扰信号可能面临干扰失效的问题。

因此,可以采用扫频的方式产生梳状谱信号,通过设置单个信号的驻留时间,在一定时间段内只生成一个离散频率值的信号,然后切换到下一个频率点,再产生相应频率的信号。单频梳状谱信号生成步骤框图如图 2-75 所示。在该模式下,有两个参数需要关注,一是单个信号的驻留时间,二是扫频方法。将每个信号的驻留时间设为相等是最简单的,假设驻留时间为 T,则梳状谱信号的扫描周期是 $N \cdot T$,N 为离散频率值的数量。就扫频方式而言,可以采用由低频向高频的向上扫频,或是由高频向低频的向下扫频,也可以用不重复的伪随机数来随机扫频。各个离散频率值之间可以是等差数列,也可以是完全随机的、不相关的数值。

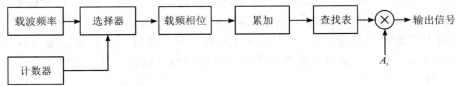

图 2-75 单频梳状谱信号生成步骤框图

举例来说,假设梳状谱的信号个数在 $1 \sim 50$ 之间可设,其信号覆盖带宽范围最大为 1000 MHz(也就是 DDS 输出信号的瞬时带宽)。要求在每个频点的驻留时间为 $0.01 \sim 1000$ ms,输出信号采用由低频向高频的扫描方式。每个频点输出的信号可以选择单频信号,也可以选择具有一定带宽的信号。在宽带输出模式下,各频点的子带宽度设为 $0 \sim 3$ MHz。如此一来,可以先设计好 DDS 单元,然后根据以上参数,动态改变 DDS 信号的频率控制字,实现不同频率信号的生成。然后对 DDS 输出信号的幅度进行调制,以实现不同频率点输出可变幅度的信号。

对于上述梳状谱信号的参数，需要对其进行解算，才能得到用于 FPGA 时序控制和频率控制的参数。假如参数设定时只设置了扫描频率范围以及谱线个数（即不同频率信号的个数），那么在等频率间隔条件下，可以计算出每个信号的频率。

假设梳状谱信号的扫描频率范围是 $[f_{start}, f_{end}]$，谱线的个数是 M 个，则相邻两个信号之间的频率差是

$$\Delta f = \frac{|f_{start} - f_{end}|}{M - 1} \tag{2.19}$$

当谱线个数是奇数个时，会在中心频率处，即 $(f_{start} + f_{end})/2$ 处出现一根谱线；若谱线是偶数个，则从起始频率到终止频率处，等间隔的出现谱线。

当 $f_{end} > f_{start}$ 时，意味着采用的是上扫频方式，反之则采用的是下扫频方式。当采用随机扫频方式时，f_{start} 和 f_{end} 之间没有约束条件，前提是频率值要在 DAC 的工作频率范围内。

由于梳状谱信号中的每一个信号都需要稳定持续一段时间，才能在该频点达到有效的干扰效果，因此至少应保证在驻留时间内，输出信号可以输出一个完整周期的波形，那么，任一信号的最小驻留时间 T_i 为

$$T_i = \frac{1}{f_i} \tag{2.20}$$

实际上，单独计算每个信号的驻留时间，然后在该信号输出时刻控制时序电路，是比较麻烦的。较为简单的方法是每个信号的驻留时间都一样，那么，驻留时间只要大于梳状谱信号中的最低频信号的周期即可，则每根谱线的驻留时间为

$$T_{min} = \frac{1}{f_{min}} \tag{2.21}$$

此时，所有谱线的驻留时间之和，就是梳状谱信号完整扫描一遍、输出所有谱线的周期，为

$$T_s = M \cdot T_{min} \tag{2.22}$$

上述方法通过扫频方式实现了梳状谱信号的生成，输出的每个信号都是单频信号。当需要拓展每个信号的带宽时，有两种方法可以实现。第一种方法是不采用 DDS 输出单频信号，而是采用 2.5 节中宽带噪声的生成方法，首先产生基带的窄带噪声信号，然后在信号处理机内作数字的变频，将基带噪声信号搬移到设定的谱线对应的频率处。该方法本质上仍然归结为扫频方法，只是用具有一定带宽的噪声信号代替了 DDS 输出的单频信号。宽带梳状谱信号生成步骤框图如图 2-76 所示。

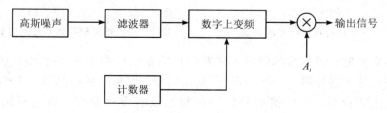

图 2-76　宽带梳状谱信号生成步骤框图

如果在梳状谱信号中保留单频信号的输出功能，并且在此基础上增加一定的子带宽度，那么可以用伪随机序列对 DDS 输出的单频信号进行调制。伪随机序列常用在扩频通信中，可以将被调制的单频信号的频带宽度扩展至伪随机序列码元速率的倒数的量级上。伪随机序列的调制特性具体在 3.1 节进行介绍，这里先给出利用伪随机序列实现具备一定子带宽度的梳状谱信号的方法，其实现过程框图如图 2-77 所示。

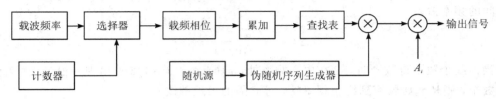

图 2-77 利用伪随机序列实现具备一定子带宽度的梳状谱信号的步骤框图

由图 2-77 可见，通过增加一个伪随机序列生成器，利用伪随机序列对 DDS 输出的各个频率的信号进行扩频调制，就可以将原本的单频信号变为具备一定带宽的信号，非常便于实现。当梳状谱信号设定为输出单频信号时，将伪随机序列的输出值全部设定为 1 即可。

3. 仿真实验

接下来给出梳状谱信号的仿真结果。仿真时设定梳状谱信号的谱线个数为 20，起始频率为 100 MHz，终止频率为 900 MHz，扫描周期为 100 μs，采用上扫频模式，得到单频梳状谱信号的频谱如图 2-78 所示。由图可见，一共有 20 根谱线，与仿真参数设定值一致，相邻两根谱线之间的频率间隔为 42.15 MHz，所有谱线呈等频率间隔分布。

利用短时傅里叶变换对梳状谱信号作时频分析，得到单频梳状谱信号的时频分析结果如图 2-79 所示。由图可见，每根谱线的持续时间是一样的，随着时间的变化，梳状谱信号的频率是从低频向高频变换的，直到进入下一个扫频周期。

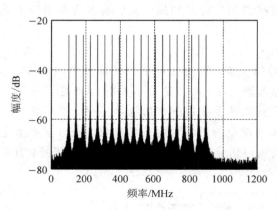

图 2-78 单频梳状谱信号的频谱

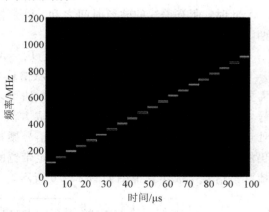

图 2-79 单频梳状谱信号的时频分析结果

然后分析宽带梳状谱信号的特征。首先采用伪随机序列生成宽带梳状谱信号，此时，宽带梳状谱信号的频谱如图 2-80，宽带梳状谱信号的时频分析结果见图 2-81。除了每根谱线的宽度发生变化外，梳状谱信号的扫频特征没有发生改变。通过对比 100 MHz 和 900 MHz 处谱线的频谱宽度，可以验证伪随机序列调制方法生成宽带梳状谱信号的正确性。单频梳状谱信号和宽带梳状谱信号的频谱特征如图 2-82 所示。

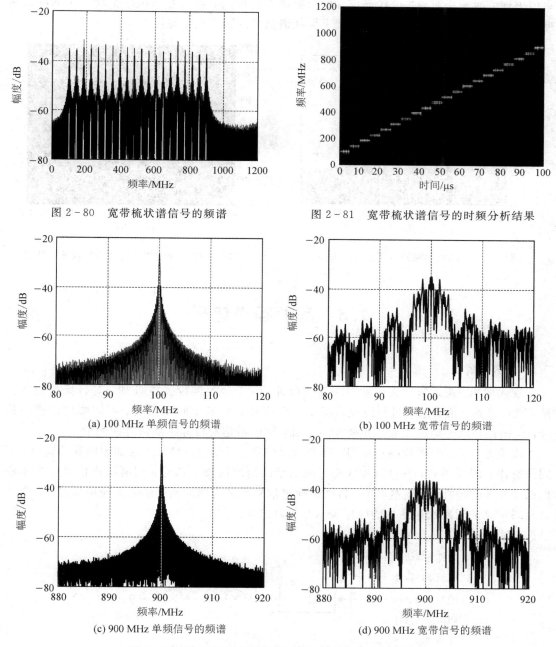

图 2-80　宽带梳状谱信号的频谱　　　图 2-81　宽带梳状谱信号的时频分析结果

(a) 100 MHz 单频信号的频谱

(b) 100 MHz 宽带信号的频谱

(c) 900 MHz 单频信号的频谱

(d) 900 MHz 宽带信号的频谱

图 2-82　单频梳状谱信号和宽带梳状谱信号的频谱特征

　　为了增加梳状谱信号的随机变化特性，可以用伪随机数来选择当前时间段内输出信号的频谱，需要提前生成一组伪随机数，将其与梳状谱信号的频率一一对应起来。为了保证每个信号的出现概率均相等，伪随机数应是均匀分布的。然后在控制 DDS 输出信号的频率时，利用伪随机数从所有谱线对应的频率数值中进行选择。

　　随机单频梳状谱信号的频谱如图 2-83 所示，可以看出，谱线的个数、频率值均与前述参数设定值相一致。随机单频梳状谱信号的时频分析结果如图 2-84 所示，从图中各个频率值出现的时刻来看，在梳状谱信号的扫描周期范围内，各信号的出现呈现一定的随机特性，可以很好地隐藏等间隔扫频模式下梳状谱信号的频率变化特性。

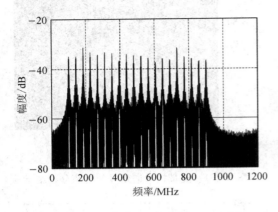

图 2-83　随机单频梳状谱信号的频谱　　图 2-84　随机单频梳状谱信号的时频分析结果

2.8　间断噪声信号

1. 信号模型

现代搜索、跟踪雷达大多发射调制的脉冲信号，通过匹配滤波处理，对目标的位置信息、方位信息、角度信息进行测量。间断噪声信号在时域上间断出现、不同幅度的噪声信号，意图在不同距离位置处产生强噪声干扰，影响雷达对目标距离信息的测量。

理论上，通过对射频噪声信号、噪声调频信号、宽带噪声信号等附加不同脉冲宽度、不同占空比的时域调制，就可以生成在时域上断续出现的噪声信号。间断噪声信号生成步骤框图如图 2-85 所示。在本书中，将间断噪声信号定义为脉冲调制的各类噪声信号，本节主要介绍常见的间断噪声信号的时序控制与仿真结果。

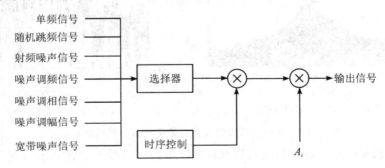

图 2-85　间断噪声信号生成步骤框图

对于间断噪声信号而言，两个时序控制参数为间断周期和占空比。间断噪声信号的时序如图 2-86 所示，间断周期等于脉冲信号的重复周期，即相邻两个噪声信号之间的时间宽度；占空比是指脉冲宽度与间断周期的比值，表明了在一个发射周期内，有效信号所占据时间的长短。脉冲宽度指的是在一个间断周期内，噪声信号存在的时间长度，当占空比为 0 时，表明没有信号发射；当占空比为 1 时，表明发射的信号是连续波形式。对于间断噪声而言，占空比为 0 的情况几乎不会出现（因为这时候没有发射干扰信号），占空比一般为 10%～90%。需要指出的是，在实际应用中，当间断周期比较小时，占空比的数值不能取值太小，考虑到设备的收发开关切换、射频变换时的信号畸变，间断噪声的脉冲信号宽度应该大于 100 ns，这意味着当间断周期小于 1000 ns 时，占空比设置为 10% 是无效的。本书中，当间断周期设置为 1000 ns 或者更小时，间断噪声的脉冲宽度统一设置为 100 ns。

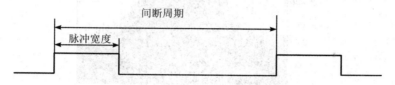

图 2 - 86　间断噪声信号的时序

　　间断噪声信号的频率参数包括中心频率和带宽。当采用噪声调幅信号、噪声调频信号、噪声调相信号作为输入时，只有中心频率参数是有效的，因为这几种噪声信号的带宽一般设为默认的宽带最大值。当选择宽带噪声信号作为输入时，中心频率和带宽参数均有效。接下来只需要按照间断周期和占空比，对干扰波形进行时域通断控制即可。

2. 仿真实验

　　假设间断周期为 200 μs，占空比为 10%，则 FPGA 产生周期为 200 μs，脉宽为 200×10%＝20 μs 的方波。当方波数值为 1 时，输出相应的噪声信号，反之输出信号为 0。由于输出信号为脉冲式的，为了确保输出信号的随机特性，用作输入的噪声信号是不断产生的，只在方波数值为 1 时输出该时刻对应的信号，那么大概率的，每次输出的噪声信号值均是不相同的，这样可以更好地隐蔽基于数字方式、伪随机方式生成的噪声信号的周期性等特征。

　　仿真时选用随机跳频信号作为输入，跳频频率范围为 40～60 MHz，跳频信号驻留时间相等且其值为 200 ns，间断周期设为 200 μs，脉冲宽度设为 20 μs。该仿真条件下得到的间断噪声信号时域波形如图 2 - 87 所示。由于间断噪声信号的幅度包络受到一个周期脉冲信号的调制，在脉冲信号为低电平时是没有信号输出的。

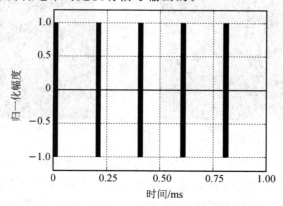

图 2 - 87　间断噪声信号时域波形

随机跳频信号生成的间断噪声信号的频谱如图 2－88 所示。用作调制输入的随机跳频信号是持续产生的，在某些时刻，部分频点的信号可能无法输出。从长时间观测结果来看，在跳频频率范围内的所有谱线都能在频谱结果上显示，整体形成一个"矩形"包络。

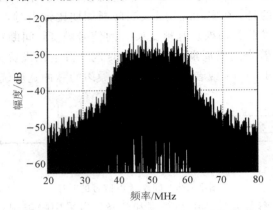

图 2－88   随机跳频信号生成的间断噪声信号的频谱

间断噪声信号的时频分析结果如图 2－89 所示。与前文分析一致，由于随机跳频信号的频率切换不受间断周期脉冲信号的影响，在不同时刻，输出信号的瞬时频率均不相同，这也是基于随机跳频信号生成的间断噪声信号的特点之一。

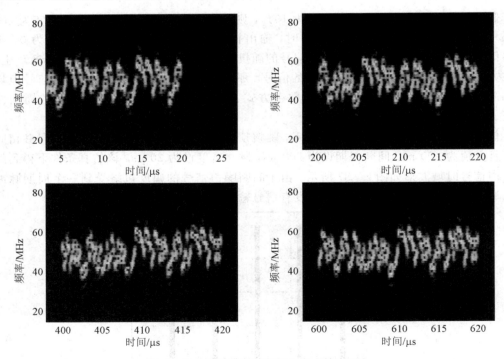

图 2－89   间断噪声信号的时频分析结果

前述仿真采用随机跳频信号作为输入信号，接下来采用宽带噪声信号作为输入信号。该条件下生成的间断噪声信号的时域波形如图 2－90 所示，频谱如图 2－91 所示。宽带噪声信号是高斯噪声经过低通滤波器得到的，为了将其频谱搬移到指定的频段，还需要用到数字上变频技术。将宽带噪声信号的带宽设为 20 MHz，相比于随机跳频信号作为输入时的信号频谱形状而言，采用宽带噪声信号后，间断噪声信号频谱的包络更加接近矩形。利用 DDS 技术可以使得随机跳频信号的幅度达到满量程，而宽带噪声信号的幅度不一定能达到满量程，从频谱结果来看，由宽带噪声信号生成的间断噪声信号的频谱幅度会有所降低。

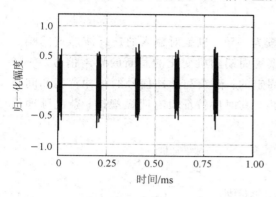

图 2-90　间断噪声信号的时域波形
（采用宽带噪声信号作为输入）

图 2-91　间断噪声信号的频谱
（采用宽带噪声信号作为输入）

　　图 2-92 所示为采用宽带噪声信号作为输入时的间断噪声信号的时频分析结果，在信号持续时间段内的任意时刻，噪声信号均保持了良好的频谱宽度。直观来看，采用宽带噪声信号作为输入得到的间断噪声信号，其各方面特征更加接近自然界的噪声。

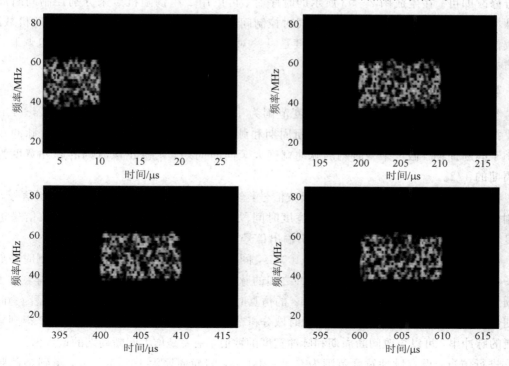

图 2-92　间断噪声信号时频分析结果（采用宽带噪声信号作为输入）

2.9 杂乱脉冲信号

1. 信号模型

杂乱脉冲信号与间断噪声信号的产生原理较为一致，也是对输入的连续波形式的噪声信号进行调制，输出脉冲宽度随机变化、脉冲重复周期随机变化的间断的噪声信号。一经设定，间断噪声信号的脉冲宽度和间断周期是固定的；而杂乱脉冲信号的脉冲宽度和间断周期受到伪随机数的控制，在一定观察时间段内，其时序特征没有明显规律。杂乱脉冲信号的时序如图 2-93 所示。

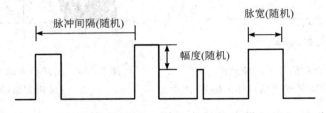

图 2-93 杂乱脉冲信号的时序

相比于间断噪声信号的生成步骤而言，杂乱脉冲信号只需要对图 2-85 中的时序控制进行修改即可。在生成图 2-93 所示的时序时，可以用 2 组伪随机数来分别控制间断周期和脉冲宽度，也可以用 1 组随机数来同时控制间断周期和脉冲宽度。当采用 1 组随机数时，生成信号的时序其间断周期和脉冲宽度是一一对应的。若要实现信号幅度的随机调制，还需增加一组随机数。

2. 仿真实验

本节定义杂乱脉冲信号的脉冲宽度范围为 100 ns～100 μs，间断周期为 1 μs～1 ms。需要指出的是，利用伪随机数生成间断周期和脉冲宽度后，在一次间断周期内，脉冲宽度要小于间断周期。假设某一时刻的脉冲宽度大于间断周期，则修正该时刻的脉冲宽度为间断周期的 1/2。

首先利用 DDS 模块生成单频连续波信号，然后生成图 2-93 所示的脉冲调制信号，当调制信号为高电平时，输出当前脉冲宽度时间段内的单频连续波信号，然后对该信号进行幅度调制。当方波信号为低电平时，不输出信号。

仿真时设定脉冲宽度范围为 0.1～100 μs，间断周期为 10～200 μs，得到的控制时序如图 2-94 所示。从图中可见，相邻两个脉冲之间的脉冲宽度、间断周期、幅度均不一样，由于间断周期最大值设为 200 μs，因此在 10 ms 的仿真时间内，脉冲的数量比较密集，这是因为间断周期最大是 200 μs 的缘故(在 10 ms 的时域分析范围内可以生成大量的脉冲)。为了得到较为稀疏的脉冲串，可以更改间断周期和脉冲宽度的数值，主要是增大间断周期的最大值。

进行仿真，设定脉冲宽度范围为 0.1～100 μs，间断周期为 10～500 μs，得到杂乱脉冲信号的时序仿真如图 2-94 和图 2-95 所示。当间断周期范围变大时，就可以产生在时域上较为稀疏的杂乱脉冲串。

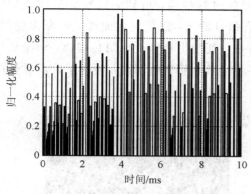

图 2-94　杂乱脉冲信号时序仿真 1　　　　图 2-95　杂乱脉冲信号时序仿真 2

　　这里以连续波随机跳频信号作为输入，设定跳频频率范围为 40～60 MHz，每个频点的驻留时间相等且设为 200 ns。利用图 2-94 和图 2-95 中的时序对输入信号进行调制，得到杂乱脉冲信号的时域波形，如图 2-96 所示。

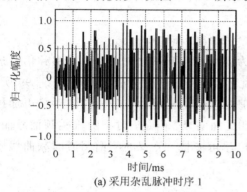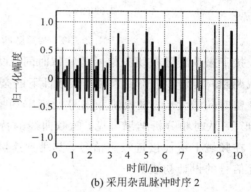

(a) 采用杂乱脉冲时序 1　　　　　　　　(b) 采用杂乱脉冲时序 2

图 2-96　杂乱脉冲信号的时域波形

　　接下来分析杂乱脉冲信号的频谱特征，其频谱如图 2-97 所示。由图可见，信号的频率主要分布在 40～60 MHz，带宽约为 20 MHz，与仿真参数设定一致。由于时序 2 得到的杂乱脉冲信号在时域上的密度有所降低，所以造成干扰信号总能量下降，因此图 2-97(b) 中信号的频谱幅度略微小于图 2-97(a) 中的结果。

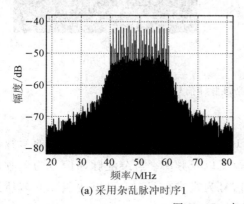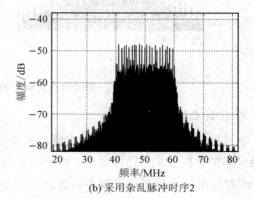

(a) 采用杂乱脉冲时序 1　　　　　　　　(b) 采用杂乱脉冲时序 2

图 2-97　杂乱脉冲信号频谱

然后利用短时傅里叶变换分析杂乱脉冲信号的时频特性，得到的时频分析结果如图 2-98 所示。当杂乱脉冲的时序包络为 0 时，没有信号输出，因此时频曲线是间断出现的。由于随机跳频信号的频率切换呈现一定伪随机特性，其变化趋势没有明显规律，但是从较长观测时间来看，所有的频率分量都分布在 40～60 MHz 频率范围内，验证了仿真设计的正确性。

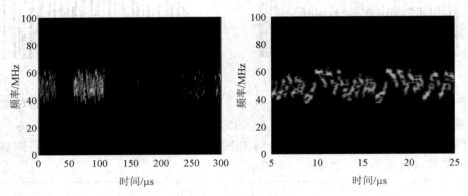

图 2-98　杂乱脉冲信号的时频分析结果

接下来改变随机跳频信号的驻留时间，设为 500 ns，采用时序 1 对随机跳频信号进行时域调制，其余参数不变，得到该条件下的杂乱脉冲信号的时频分析结果如图 2-99 所示。当驻留时间增大后，随机跳频信号的频率切换速率变慢，此时，信号的频谱形状更加接近"矩形"。从时频分析结果可见，时频曲线的特征更加明显。但是，对于随机跳频信号而言，为了在频域上更加接近噪声信号，其跳频速度应尽可能快，美观的频谱图或时频曲线不是干扰信号的设计初衷。

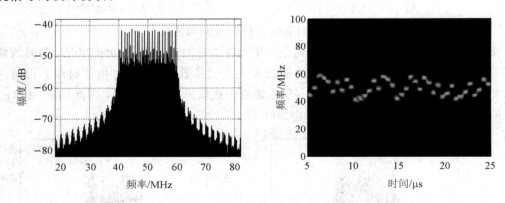

图 2-99　改变驻留时间后的杂乱脉冲信号时频分析结果

3. 设计实现

杂乱脉冲信号的 FPGA 实现步骤如图 2-100 所示，需要用伪随机数控制的参数包括脉冲时序的重复周期、脉冲宽度，输出信号的幅度以及频率。当杂乱脉冲信号为单频信号时，不需要随机数控制信号频率；当杂乱脉冲信号为宽带信号时，可以按照 2.6 节所述随机跳频信号的生成方法，利用伪随机数控制输出信号的频率。

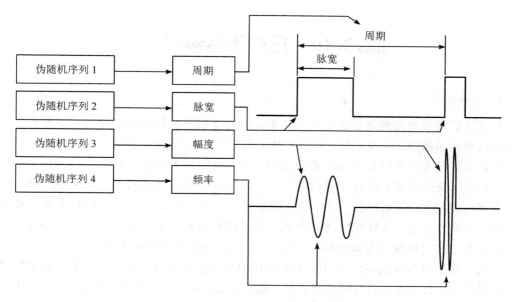

图 2-100　杂乱脉冲的 FPGA 实现步骤

　　由于杂乱脉冲信号每生成一个脉冲，其特征参数就改变一次，所以 FPGA 最好采用状态机对信号波形生成进行控制。首先生成一组用于控制杂乱脉冲信号的参数，包括伪随机变化的重复周期、脉冲宽度、频率、幅度，每生成一个脉冲信号，更新一次参数。由于控制参数生成的伪随机数是周期性的，因此当伪随机数开始重复时，需要重新生成一组伪随机数。当伪随机数周期较大，FPGA 生成伪随机数有一定困难时，可以借助上位机来产生随机数，每隔一定时间向干扰信号模拟设备发送一次随机数即可。

　　当没有上位机配合时，可以用伪随机序列来组合生成伪随机数，每经过一个序列周期时，重新设置伪随机序列的初始值即可。由于初始值的设定最终还是需要外部数据控制的，可以利用干扰信号模拟设备的中频信号处理机中的某个数据源，如接收机的内部噪声等（需要利用 ADC 对该随机信号源进行采样），得到用于确定伪随机序列的初始值的随机数。在有自然界噪声源作为输入的条件下，该随机数可以作为各种伪随机数生成方法的初始数值，或者"种子"，通过更新伪随机序列的初始值，可以避免伪随机数的周期重复特性，增加干扰信号的不确定性。

　　图 2-101 所示为杂乱脉冲信号的时序控制流程。利用随机变化的脉冲宽度和重复周期参数可以实现脉冲信号在重复周期内的时序更新，每当计数器到达当前重复周期时，更新脉冲宽度和重复周期参数，实现对下一个脉冲的控制

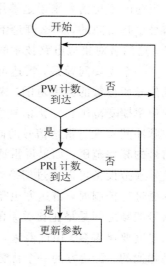

图 2-101　杂乱脉冲的时序控制

参数更新。在当前重复周期内，若计数器数值小于脉冲宽度，则输出脉冲信号，否则不输出脉冲信号。

2.10 扫频干扰信号

1. 信号模型

扫频干扰信号通过控制干扰信号的频率，使其按照一定规律进行变化，实现对某一频率范围内的频域覆盖。一般来说，扫频干扰信号的频率切换速度不会太快，在时频特性上与线性调频信号等大瞬时带宽信号有明显的区别。对扫频干扰信号作较长时间积累的时频分析后，可以分析判断干扰信号的扫频特性，一般来说其扫频特征是有一定规律性的，可以分为锯齿波扫频、正弦扫频、三角波扫频等干扰样式。对采用相参处理技术的新体制雷达来说，扫频干扰是一种频域阻塞式干扰，其干扰效果是在某个频段实现频谱覆盖，当其频率范围与雷达工作频段有重合时，可在一定程度上降低雷达接收机的信噪比。

扫频干扰信号生成的技术难点在于实时控制输出信号的频率，现在常采用数字方式来实现信号生成，数字方法具有频率切换快、幅度可控、相位可控等诸多优点。基于 DDS 技术，按照设定的频率切换时间以及频率值变化要求，通过实时控制 DDS 输出信号的频率值，就可以生成基带扫频干扰信号。基带信号的扫频带宽决定了干扰信号的扫频范围，因此采用数字＋模拟方式生成的干扰信号，其扫频范围就取决于干扰信号模拟设备的 DAC 采样频率，采样频率越大，瞬时扫频带宽越大。此时，一般不考虑射频本振切换对干扰信号的频率影响。当射频本振频率值不变时，干扰信号模拟设备输出中频信号的瞬时带宽大小就限制了扫频干扰信号的扫频范围。得益于近年来集成电路技术的发展，当前 DAC 的采样频率也不断提高，已经实现 1 GHz 以上带宽的超宽带信号合成，而 1 GHz 左右的扫频带宽对当前的干扰信号来说是够用的。换言之，雷达工作的频率范围是有限的，其发射的雷达信号也是带限的，那么理论上干扰信号模拟设备也可以生成与雷达信号相同带宽的干扰信号，这两者对集成电路技术的要求是相同的。

一个现实问题是，雷达可能采取频率捷变等抗干扰措施，使得雷达信号的频率避开干扰信号所覆盖的频率范围，来最大限度减少干扰信号对雷达接收机的影响。如果雷达信号的频率捷变范围在干扰信号模拟设备所能处理的瞬时带宽范围内，那么干扰信号是有可能在脉冲间实现与雷达信号的同步频率切换的，或者说干扰信号总能在频域覆盖跳变的雷达信号的频率范围。如果说雷达信号的频率跳变范围超出了干扰信号的瞬时带宽，那么干扰信号模拟设备可以通过切换射频本振来实现对雷达信号的频域覆盖。当需要对发射机射频本振进行控制时，雷达方也需要考虑多方面因素，比如目标回波信号的多普勒频率和雷达信号载频之间是呈正比关系的，此外，相对于脉冲内频率调制而言，发射机本振频率切换的速度要慢得多。由此看来，射频本振切换的"困难"，对雷达或者干扰信号模拟设备来说是相似的。雷达方的一个优势是它是频率切换控制的主动方，而干扰信号模拟设备需要在较宽频率范围内对雷达信号进行侦收，在此基础上才能控制发射机的本振频率，使得干扰信号频率位于雷达接收机的工作频率范围内。也就是说，干扰信号模拟设备对接收信号的频率测量与分析能力，影响着干扰信号频率设置的准确与否，这是实际应用中的一个现实问题。

接下来介绍在干扰信号模拟设备的瞬时工作带宽内，如何生成扫频干扰信号。扫频干扰信号生成的关键技术在于灵活控制输出信号的频率，而输出信号的频率值随着时间的变化特性，决定了扫频干扰信号是哪一种扫频模式。综上，扫频干扰信号的生成主要包括频率值控制模块和 DDS 模块。频率值控制模块根据扫频频率切换的要求，生成按照特定形式变化的扫频频率值。一般来说，扫频干扰信号关注点在于扫频范围、扫频周期和扫频样式。扫频范围是扫频干扰信号的最小频率到最大频率之间的频率范围，而最大频率减去最小频率就是扫频带宽。因为扫频干扰信号其频率值按照特定的波形（如三角波、锯齿波、正弦波等）进行周期变化，这些波形对应地称为干扰信号的扫频样式。由于这些波形均为周期信号，因此扫频干扰信号频率值的变化周期就等于调制波形的周期。

扫频干扰信号能够实现在频域的宽频带覆盖，但是本质上其宽频带特性是用多个单载频信号的频谱在频域上"拼接"而成的，与常规意义上的宽带信号略有区别。如线性调频信号，该信号在脉冲持续时间范围内，其频率按照线性特性变大或者减小，在较短时间范围内（常为百微秒量级以内）获得较大的瞬时带宽。但是时间的长和短是相对的，假如扫频干扰信号的扫频周期较小，譬如几十微秒到几百微秒，则该信号也可以说是具有较大瞬时带宽的宽带信号。如果扫频周期比较大，为毫秒甚至是秒量级，则在较短时间范围内对干扰信号进行时频分析时，有可能获取的是干扰信号的一部分数据，则时频分析结果不能完整地体现干扰信号的特性。假如雷达发射的脉冲波形的重复周期为毫秒级，脉冲宽度为微妙级，当扫频干扰信号的扫频周期远大于雷达脉冲信号的重复周期时，在每一次雷达脉冲信号处理时间间隔内，干扰信号可能只在频域上覆盖一部分雷达信号，此时对雷达的干扰效果是非常有限的。另外，扫频干扰信号与雷达发射的波形之间是不相关的，从而无法获得雷达的处理增益，其对雷达的干扰效果只能从干扰能量的角度去分析。对于采用相参处理技术的新体制雷达来说，扫频干扰或许不是一种效果非常好的干扰效果，但是当干扰功率占据优势时，它确实是一种易于实现的宽频带噪声干扰方法。

2. 仿真实验

接下来对扫频干扰信号的生成进行仿真实验。考虑到实际工程实现，扫频干扰信号的扫频带宽取决于 FPGA 信号处理的能力、DAC 的采样频率、中频信号处理机的瞬时带宽等因素，本节仿真设定 DAC 的采样频率为 2400 MHz，设定扫频干扰信号的频率范围为 50～1050 MHz，其扫频带宽为 1000 MHz，扫频特性为正弦调制，扫频周期为 20 μs，干扰信号的持续时间为 100 μs。对干扰信号作快速傅里叶变换，得到正弦扫频干扰信号的频谱，如图 2-102 所示。从频谱可见，扫频干扰信号具有非常大的带宽，其占据的频率范围近似为 50～1050 MHz，与扫频范围设定相一致。

频谱可以在频域反映信号的特性，但是无法精细表征信号的频率随着时间的变化特性，为进一步分析扫频干扰信号的频率随着时间的变化特性，对干扰信号作短时傅里叶变换，得到正弦扫频干扰信号的时频分析结果，如图 2-103 所示。由图可见，干扰信号的频率随着时间是按照正弦信号波形变化的，正弦波形的最大值和最小值分别对应扫频干扰信号的频率最大值和最小值，正弦波形的周期就是扫频干扰信号扫频周期，从图中可见为 20 μs，与扫频周期参数设定值是一致的。

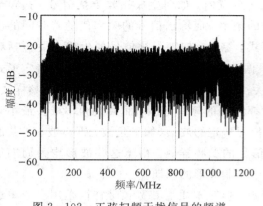

图 2-102　正弦扫频干扰信号的频谱
（扫频带宽 1000 MHz）

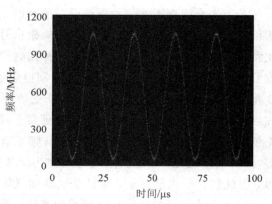

图 2-103　正弦扫频干扰信号的时频分析
结果（扫频带宽 1000 MHz）

接下来改变干扰信号的频率范围，令其为 100~300 MHz，扫频周期仍为 20 μs 不变，仿真得到正弦扫频干扰信号的频谱，如图 2-104 所示。仿真设定干扰信号按照 DAC 的最大幅度输出，即最大干扰功率是确定的，当扫频带宽减小后，干扰信号频谱的幅度略有增加。从能量守恒角度来分析，干扰信号的能量是一定的，其在频域占据的带宽减小，则信号幅度相应增加。

正弦扫频干扰信号的时频分析结果见图 2-105。由图可知，扫频干扰信号的周期不变，仍为 20 μs，而图中正弦信号的波形幅度明显减小，其变化范围对应着 100~300 MHz 的扫频范围，验证了干扰信号生成的正确性。

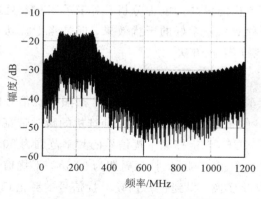

图 2-104　正弦扫频干扰信号的频谱
（扫频带宽 200 MHz）

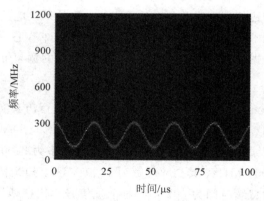

图 2-105　正弦扫频干扰信号的时频分析
结果（扫频带宽 200 MHz）

对扫频干扰信号来说，难点在于如何计算生成和控制干扰信号的频率值。得到频率值后，按照 DDS 的频率控制字计算方法进行转换，最后送到 DDS 模块进行频率合成即可。现在介绍如何生成按照正弦波形变化的频率值。首先要生成一个归一化幅度范围为[-1，+1]的正弦信号，该信号的周期即为干扰信号的扫频周期，利用 DDS 技术可以生成该信号。对于 FPGA 工程实现来说，频率值控制模块和 DDS 模块最好采用相同的时钟源，否则将频率值传输到 DDS 模块还需进行跨时钟域处理。生成归一化的正弦信号后，将该信号乘以扫频带宽(扫频范围中的频率上限减去频率下限)，再对乘积运算结果加上扫频中心频率(扫频上限与扫频下限之和的 1/2)，就得到所需的按照正弦波形变化的干扰信号频率值，该处理步骤主要包括 DDS、乘法运算和加法运算，可以采用流水线处理技术得到连续的频率值计算结果。接下来，利用查找表将频率值转化为 DDS 所需的频率控制字，也可以根据频率控制字的计算方法直接进行计算。最后，将频率控制字发送到 DDS 进行信号生成即可。

正弦扫频信号的生成要略微复杂一些，其余扫频方式如三角波、锯齿波的产生要相对容易一点。先以正斜坡锯齿波形生成为例，锯齿波信号的幅度缓慢增加到最大值后，在下一个采样时刻跳变为最小值，再进入下一个波形周期，简称为"正锯齿波"。正斜坡锯齿波波形如图 2-106(a)所示。负斜坡锯齿波信号的幅度是从最大值逐渐减小，然后跳变为最大值，简称为"反锯齿波"。负斜坡锯齿波波形如图 2-106(b)所示。不管锯齿波形怎么变化，其设计思路均是一致的，需要用到一个累加器，根据幅度变化是递增还是递减，设置累加器的输入值为正数或者负数，就可以实现累加结果是递增还是递减。累加器需要设定一个初始值，在锯齿波的周期内，累加器根据频率切换的时间要求进行累加，进入下一个锯齿波周期后，累加器需要重新加载初始值。

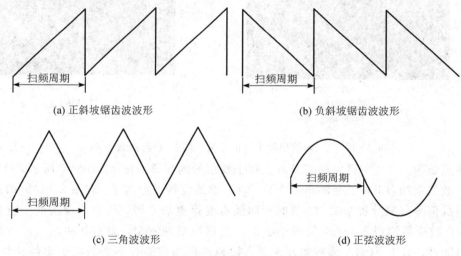

图 2-106 常见扫频干扰信号的频率变化曲线

三角波的生成与锯齿波类似，一个完整周期的三角波形其幅度逐渐增大，到达最大值后幅度再逐渐减小，直到进入下一个波形周期。三角波波形如图 2-106(c)所示。三角波的生成同样需要一个累加器，在前 1/2 周期内，累加器的输入值为正数，累加器输出的波形逐渐增大；在后 1/2 周期内，累加器的输入值变为负数，累加器输出的波形幅度逐渐减小。一般来说，累加器输入值的绝对值是相等的，可以保证三角波幅度等间隔地递增或者递减。

与正弦波扫频干扰信号相似，三角波和锯齿波扫频干扰信号的扫频范围也取决于各自对应的波形，调制波形的最大值对应着扫频信号的最大频率，调制波形的最小值对应着扫频信号的最小频率。在生成归一化幅度的三角波或者锯齿波之后，还要根据扫频范围来计算相应的频率值，最后再转换为 DDS 需要的频率控制字。至此，三角波和锯齿波调频信号的基本生成步骤已明确，在此基础上，还可以对扫频信号的幅度进行调制，简单起见，本节令 DDS 输出信号为满量程，且不对其输出信号作进一步幅度调制。

接下来对三角波扫频干扰信号进行仿真。设置三角波的周期为 20 μs，扫频范围为 300～600 MHz，扫频点数分别为 64 和 128。实际上，扫频干扰信号的频率是在若干个离散频率值内，按照设定的调制波形选取相应的频率后再进行信号生成的。扫频点数越多，干扰信号的时频曲线越能接近调制波形。若是扫频点数太少，则时频曲线中可能只有个别的离散点，同时，扫频间隔可能会比较大，造成部分频段没有被干扰信号所占据。当扫频点数为 64 时，得到的三角波扫频干扰信号的频谱如图 2 - 107(a)所示，可以看出，干扰信号频谱包含多根离散谱线，每个谱线对应着扫频干扰信号的一个频点。三角波扫频干扰信号的时频分析结果如图 2 - 107(b)所示，可以看出，干扰信号的频率随着时间是按照三角波形变化的，波形变化周期为 20 μs，对应的扫频范围为 300～600 MHz，与仿真参数设定值一致。

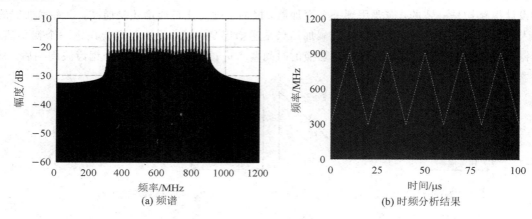

(a) 频谱　　　　　　　　　　　　　　(b) 时频分析结果

图 2 - 107　三角波扫频干扰信号仿真结果(扫频点数为 64)

扫频点数为 128 时，得到的三角波扫频干扰信号的频谱如图 2 - 108(a)所示，可见，随着扫频点数的增加，干扰信号的谱线个数增多，谱线变得更加密集。在图 2 - 108(b)的三角波扫频干扰信号时频分析结果中，其时频曲线也变得更加光滑。从频域覆盖的干扰角度出发，扫频点数应设置得多一点，使得干扰信号的谱线更加密集，减小某些频点没有被干扰覆盖的可能性。对于 FPGA 编程实现来说，扫频点数的增多并不会消耗更多的计算资源，

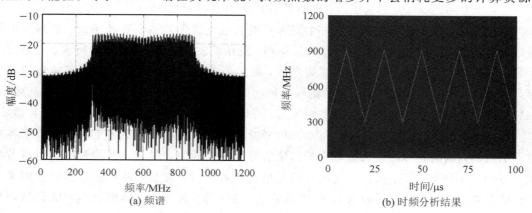

(a) 频谱　　　　　　　　　　　　　　(b) 时频分析结果

图 2 - 108　三角波扫频干扰信号仿真结果(扫频点数为 128)

只需对频点切换时间的控制以及频率变化步进量进行微调即可。扫频点数越多，频率变化步进量就越小，干扰信号在频域的遮盖效果也会更好。

最后对锯齿波扫频干扰信号进行仿真分析。设置锯齿波的周期为 20 μs，扫频范围为 300～600 MHz，扫频点数为 128。当干扰信号的频率按照正斜坡锯齿波进行变化时，其频谱如图 2-109(a)所示。当扫频周期和扫频点数均相等时，锯齿波扫频干扰信号的谱线要比三角波扫频干扰信号的谱线更加密集，究其原因，是因为锯齿波从最小值变化到最大值即经历了一个波形周期，而三角波形的幅度是先增大到最大值然后再减小为最小值，波形幅度的变化量相当于锯齿波幅度变化量的 2 倍，因此在相同参数下，锯齿波对应的频率变化步进量也变为三角波的 1/2。正斜坡锯齿波扫频干扰信号的时频分析结果如图 2-109(b)所示，可以看到，在扫频周期内，干扰信号的频率值不断增加，按照线性变化到达最大值后，再从下一个周期的最小值开始变化。当频率变化特性按照负斜坡锯齿波进行变化时，得到的干扰信号的频谱和时频分析结果如图 2-110 所示，除了扫频方式变化以外，其他特性基本不变，不再赘述。

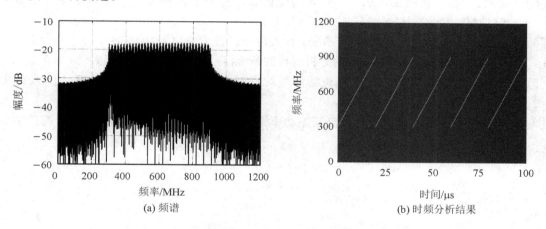

图 2-109 正斜坡锯齿波扫频干扰信号仿真结果(扫频点数为 128)

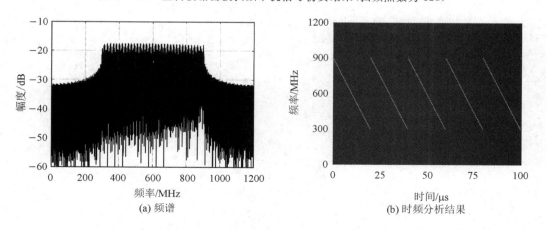

图 2-110 负斜坡锯齿波扫频干扰信号仿真结果(扫频点数为 128)

本章参考文献

[1]　GHAZEL A，BOUTILLON E，DANGER J L，et al. Design and performance analysis of a high speed AWGN communication channel emulator[C]. IEEE Pacific Rim Conference on Communications，Computers & Signal Processing，2001.

[2]　张煜，杨绍全. 对线性调频雷达的卷积干扰技术[J]. 电子与信息学报，2007，29(6)：1408 - 1411.

[3]　柏仲干，王国玉，王伟，等. 基于卷积调制的 SAR 有源欺骗干扰方法研究[J]. 航天电子对抗，2006，22(5)：42 - 45.

[4]　徐晓阳，包亚先，周宏宇. 基于卷积调制的灵巧噪声干扰技术[J]. 现代雷达，2007，29(5)：28 - 31.

[5]　吕波，冯起，张晓发，等. 对 SAR 的随机脉冲卷积干扰研究[J]. 中国电子科学研究院学报，2008，3(3)：276 - 279.

[6]　赵国庆. 雷达对抗原理[M]. 西安：西安电子科技大学出版社，2012.

[7]　吴初辉. 噪声调频干扰信号的分析与检测研究[D]. 上海：上海交通大学，2008.

[8]　刘阳，王雪松，李永祯. 噪声调频信号对宽带线性调频雷达的干扰机理[J]. 现代雷达，2008，30(10)：52 - 56.

[9]　翁晓明，史小斌，顾红，等. 高斯型功率谱噪声调频信号的性能分析[J]. 电波科学学报，2014，29(5)：821 - 826.

传统噪声干扰信号如射频噪声信号或者噪声调制信号（如噪声调相、调幅、调频信号等），由于其调制方法简单，不需要过多依赖雷达信号侦察信息，只需要设定干扰信号的中心频率和带宽范围即可，因而在雷达电子战初期得到了广泛的应用。由于现代新体制雷达广泛采用相参处理技术，利用波形相干对目标回波信号进行相参处理，可以极大地抑制非相参噪声干扰信号，因此传统噪声干扰信号需要较大干扰功率才能对相参雷达形成有效的干扰。

梳状谱信号、简单噪声信号、杂乱脉冲信号等均可以利用信号处理机和 DAC 产生相应的基带信号，其频率范围等参数的设定需要用到侦察辅助设备。也就是说，干扰信号的产生不依赖于雷达信号的具体样式，只需要测量得到雷达工作的频率范围就可以产生相应的干扰信号。本节介绍几种基于截获的雷达信号调制生成的、能够获得部分雷达处理增益的相参噪声干扰信号。无论对截获的雷达信号进行何种调制，得到的信号与原始雷达信号之间的相参性必定会下降，这意味着调制后的干扰信号不可能获得与目标回波信号同样的雷达处理增益。但是与传统噪声信号相比较而言，该方法调制生成的干扰信号可以获得部分处理增益，因此在达到对有限区域形成有效的压制式干扰效果时，需要的干扰功率较小。

3.1　伪随机序列调相干扰信号

本节介绍的相参噪声干扰信号基于数字射频存储器（DRFM）架构进行设计，根据预先生成的伪随机序列，对截获的雷达信号附加伪随机变化的相位值 $+\pi$ 或 $-\pi$，从而改变雷达信号样本的频谱特性[1]。目标回波信号可以看作是由雷达信号经延时和幅度调制而形成的，经过匹配滤波处理后，长脉冲目标回波会被压缩为短脉冲，反映了目标的位置信息和速度信息。对雷达信号样本附加变化的相位进行调制后，得到的干扰信号其频谱出现了一定程度的展宽，当雷达信号为线性调频（LFM）信号时，根据其时频耦合特性，干扰信号的匹配滤波结果不再是一个窄脉冲，而是覆盖一定距离范围的多个密集的、间隔很小的虚假目标，从而达到了噪声的压制式干扰效果。相参噪声干扰信号生成原理框图如图 3 - 1 所示。相参噪声干扰信号采用数字化调制技术生成，可以在实时信号处理芯片（如 FPGA、DSP）内完成。

假设雷达发射线性调频（LFM）信号，其中频信号的表达式为

$$s(t) = \text{rect}\left(\frac{t}{T_p}\right) \cdot \exp\left[j2\pi\left(f_0 t + \frac{1}{2}\gamma t^2\right)\right]$$

$$(3.1)$$

其中，f_0 是中频信号的中心频率；T_p 是 LFM 信号的脉冲宽度；γ 表示调频率，LFM 信号的带宽 $B = \gamma T_p$。$\text{rect}(x)$ 在 $-1/2 \leqslant x \leqslant +1/2$ 时其值为 1，否则其值为 0。

假设调制信号所采用的伪随机序列的表达式为

$$m(t) = \sum_{n=1}^{N} C_n \cdot \text{rect}\left(\frac{t}{\tau}\right) \otimes \delta(t - n\tau) \quad (3.2)$$

其中，$C_n = \{+1, -1\}$，即选取的伪随机序列为二元序列，只有 $+1$ 和 -1 两个取值；τ 是码元宽度；$\otimes$ 表示卷积运算；$\delta(\cdot)$ 表示冲激函数；N 是伪随机序列的长度。

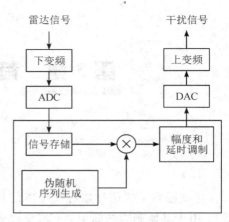

图 3-1 相参噪声干扰信号生成原理框图

对式(3.2)作傅里叶变换，得到：

$$P(f) = \int_{-\infty}^{+\infty} m(t) \cdot \exp(-j2\pi ft) \cdot dt = \tau \cdot \text{sinc}(f\tau) \sum_{n=0}^{N-1} C_n \exp(-j2\pi n\tau f) \quad (3.3)$$

其中：

$$\text{sinc}(x) = \frac{\sin(\pi x)}{\pi x} \quad (3.4)$$

由 sinc 函数的特性可知，$P(f)$ 在 $f=0$ 时取得极大值。由仿真可知，伪随机序列的频谱以 0 频率为中心近似对称分布。$P(f)$ 的第一个零值出现在 $f\tau=1$ 处，于是可以定义伪随机序列频谱的主瓣宽度为

$$B_{\text{main}} = \frac{2}{\tau} \quad (3.5)$$

图 3-2 所示为伪随机序列的时域和频域特征，序列长度为 63，序列只有 0 和 1 两个取值，码元宽度为 $0.2\ \mu s$，即码元值每隔 $0.2\ \mu s$ 变化一次，但是下一时刻的码元值可能和上一时刻的取值相同，因此在该序列的持续时间内，序列为 1 的时间宽度略有不同。该伪随机序列的周期为 $63 \times 0.2\ \mu s = 12.6\ \mu s$。

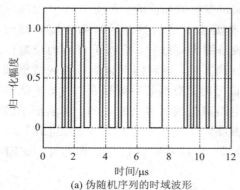

(a) 伪随机序列的时域波形

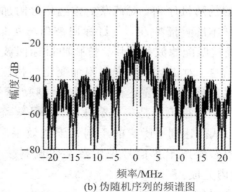

(b) 伪随机序列的频谱图

图 3-2 伪随机序列($+1$, 0 序列)的时域和频域特性

从图 3-2(b)中的频域特征来看，伪随机序列的频谱具有一定的宽度。由于码元宽度为 0.2 μs，因此每间隔 5 MHz，频谱包络的幅度会出现极小值。随着频率值逐渐偏离 0 值，频谱包络的幅度逐渐下降。零频率分量的频谱幅度最大，这是因为序列值为 1 时产生了较强的直流分量。由于以零频率为中心，在正频率和负频率方向的 5 MHz 频率范围内，频谱包络的幅度均比较大，因此，可以认为伪随机序列的能量主要集中在 $-5 \sim +5$ MHz 范围内。

接下来改变伪随机序列的取值，用 -1 来替换序列中的 0 值，其余参数均不改变，得到伪随机序列的时域、频域特性，如图 3-3 所示。从频谱包络的幅度值来看，去掉了零频分量后，在 $-5 \sim +5$ MHz 内的频谱包络的幅度有所增加，这对基于伪随机序列调制生成的干扰信号而言是有益的，意味着输出干扰信号的主要频率分量的幅度也会增加。

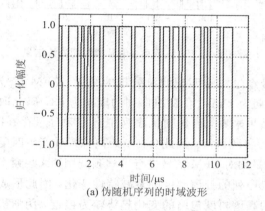

(a) 伪随机序列的时域波形

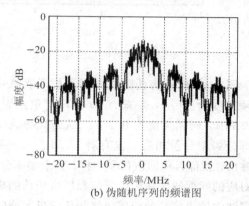

(b) 伪随机序列的频谱图

图 3-3　伪随机序列($+1$，-1 序列)的时域和频域特性

干扰信号由伪随机序列和截获的雷达信号样本相乘得到，根据信号理论，两信号在时域相乘，那么得到信号的频谱为两信号频谱的卷积。由伪随机序列的频谱特性可知，伪随机序列调制后会把雷达信号的频谱在频域进行多次搬移，考虑到伪随机序列的频谱幅度特性，有效的频域搬移带宽发生在 $\left[-\dfrac{B_{\text{main}}}{2}, +\dfrac{B_{\text{main}}}{2} \right]$ 内。由于在 $\pm \dfrac{B_{\text{main}}}{2}$ 处频率分量的幅度非常小，因此干扰信号的有效带宽约为 $B_{\text{main}}/2$。接下来对利用该方法生成的干扰信号的干扰效果进行分析。

假设雷达发射的线性调频信号的脉冲宽度为 10 μs，带宽为 20 MHz，重复周期为 1 ms，线性调频信号的时域波形如图 3-4 所示。采用匹配滤波方法对目标回波信号进行处理，为了后续直观展示干扰信号的干扰效果，仿真时设定以目标位置为 0 距离处，得到目标回波信号的匹配滤波结果，如图 3-5 所示。经过匹配滤波处理后，宽脉冲 LFM 信号被压缩为窄脉冲，雷达接收机通过判断该脉冲出现的时间位置，进而推算目标对应的距离。

由 LFM 信号的时频耦合特性可知，对 LFM 信号进行移频调制生成的信号经过匹配滤波处理后，输出信号的最大值位置在时域(对应着距离)会发生偏移。考虑到伪随机序列是周期性的，其频域表达式包含了多个离散频率，只是相邻两个频率分量之间的间隔非常小，那么直观来看，每个频率分量均会使 LFM 信号产生一定量的频偏，该频偏信号经过匹配滤波处理就会输出一个窄脉冲。伪随机序列频谱分量的移频量越大，则其频率分量自身的幅度就越小，再加上频率失配对匹配滤波处理结果带来的幅度损失，这部分信号对应的匹配滤波输出信号的幅度也会越小。

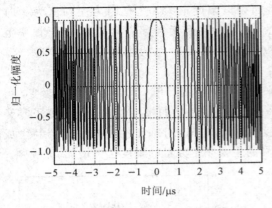

图 3-4　线性调频信号的时域波形　　　图 3-5　目标回波信号的匹配滤波结果

图 3-6 所示为伪随机序列调相干扰信号经过雷达匹配滤波处理的结果。LFM 信号的脉冲宽度为 $10~\mu s$，带宽为 $20~MHz$，重复周期为 $1~ms$。伪随机序列的周期为 63，码元取值为 0 和 1，码元宽度为 $0.2~\mu s$。从匹配滤波结果来看，当伪随机序列中有零频分量存在时，这部分频率分量相当于没有对 LFM 信号进行移频调制，因此会在 0 距离位置处产生匹配滤波输出，就像目标回波信号一样。其余频率分量均对 LFM 信号进行了移频调制，这些频率分量对应的匹配滤波输出信号的幅度按照伪随机序列的频谱幅度的衰减特性变化，因此形成的匹配滤波输出信号的幅度包络与伪随机序列的频谱幅度包络的变化趋势较为接近。伪随机序列的频谱幅度的第一个极小值出现在 $5~MHz$ 处，该移频量对应的匹配滤波输出信号的位置为

$$D = \frac{f_d \cdot c}{2\gamma} \tag{3.6}$$

式中，c 表示光速；γ 为 LFM 信号的调频率，为 2×10^{12}。将 $f_d=5~MHz$ 代入式(3.6)，计算得到 $D=375~m$，与图 3-6 中形成的干扰信号覆盖的距离范围相吻合。需要指出的是，假设干扰方接收到雷达信号后，经过很短的处理延时就可以边计算干扰信号边进行发射，那么伪随机序列的零频率的调制效果就近似等于将接收到的 LFM 信号直接进行转发，就会在干扰

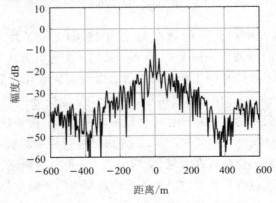

图 3-6　伪随机序列调相干扰信号(+1,0 序列)的匹配滤波结果

模式设备所在的位置形成较强的匹配滤波结果。对于雷达方而言，根据该匹配滤波输出信号的位置就可以推算干扰信号模拟设备所在的位置，进而可对该方位、该距离处产生的干扰信号实施有针对性的抗干扰措施，因此，一般不要采用具有零频率分量的伪随机序列来生成干扰信号。

接下来将伪随机序列的 0 值用 -1 来替换，此时伪随机序列只有 $+1$ 和 -1 两个取值。当伪随机序列值为 $+1$ 时，该码元宽度内的干扰信号等于截获的雷达信号；反之则干扰信号等于雷达信号的相反值。仿真设定伪随机序列的长度为 63，码元宽度为 $0.2\ \mu s$，该参数下生成的干扰信号经过匹配滤波处理后得到的结果如图 3-7 所示。与图 3-6 的结果相比，0 距离处没有较强的信号，反之，当伪随机序列的序列长度不同时，在 0 距离处的信号幅度都有明显的下降。但是，匹配滤波输出信号的幅度包络随距离的变化趋势大体相同，说明影响干扰效果的主要参数是码元宽度值。

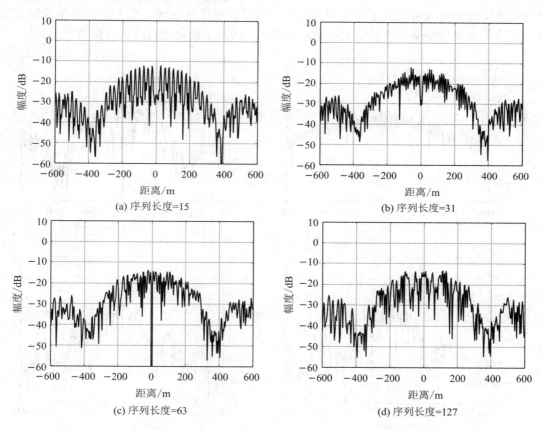

图 3-7　伪随机序列调相干扰信号（$+1$，-1 序列）的匹配滤波结果

仿真设定的 LFM 信号脉冲宽度为 $10\ \mu s$，当伪随机序列长度为 15、码元宽度为 $0.2\ \mu s$ 时，一个周期的伪随机序列的持续时间长度为 $3\ \mu s$。在 LFM 信号持续时间内，该伪随机序列会重复出现多次，因此，伪随机序列的重复频率对 LFM 信号的调制作用也会体现在干扰信号的匹配滤波输出信号上。由于伪随机序列的重复频率为 $0.33\ \text{MHz}$，因此在当前 LFM 信号参数条件下，该调制频率会产生间隔为 $25\ \text{m}$ 的匹配滤波输出。图 3-7 为伪随机序列

调相干扰信号的匹配滤波结果。从图 3-7(a) 中可以看到，每间隔一小段距离就会明显出现一个尖峰。当伪随机序列的长度为 31 时，各尖峰的间隔为 12.5 m，已经不太明显，如图 3-7(b) 所示。当伪随机序列的长度为 63 和 127 时，在 LFM 信号持续时间内，伪随机序列不会出现重复，所以图 3-7(c) 和 (d) 中没有出现明显的、等间隔分布的尖峰。因此，在生成干扰信号时，为了隐藏伪随机序列的调制特征，伪随机序列的码元宽度和周期应满足：

$$T_p \leqslant L \times \tau \tag{3.7}$$

其中，L 表示伪随机序列的周期，τ 表示码元宽度，T_p 是雷达信号的脉冲宽度。

接下来设定伪随机序列的长度为 63，改变码元宽度的数值，分析此时干扰信号的匹配滤波结果的变化。仿真设定 LFM 信号的参数与前面保持一致。图 3-8 所示为不同码元宽度时干扰信号的匹配滤波结果。从图 3-8 中可以看出，当 LFM 信号的参数不变时，改变伪随机序列的码元宽度后，生成的干扰信号经过雷达匹配滤波处理后会形成覆盖一定距离的干扰带，而码元宽度决定了干扰带的宽度。根据能量守恒定理，当干扰带的覆盖距离变宽时，由于各频率分量分布在更大的频率范围内，因此干扰幅度包络的幅度会变小。

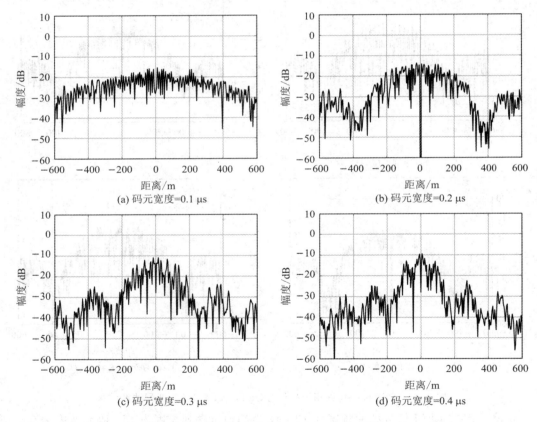

图 3-8 不同码元宽度时干扰信号（+1，-1 序列）的匹配滤波结果

雷达接收机收到的信号不仅包含目标回波信号，也包含杂波信号、干扰信号、噪声信号以及其他工作在该频段的辐射源发射的电磁信号。如果采用固定门限对目标进行检测，则检测门限较低时会发生大量虚警，检测门限较高时反而有可能检测不到目标，出现漏警。因此，现代雷达常采用恒虚警检测器，设置一个根据噪声电平动态变化的门限来对目标回

波进行检测。

当雷达只对距离向进行检测时，典型的一维恒虚警（CFAR）检测器如图 3-9 所示[1]。图 3-9 中，待检测单元 x_i 位于中间位置；前后紧挨着 x_i 的若干单元称为保护单元（即保护窗），这些单元内的数据不参与计算检测门限；深色图示的单元称为参考单元（即参考窗），该单元内的数据用于计算检测门限。参考单元、保护单元和待检单元共同组成了 CFAR 处理窗。单元平均 CFAR（CA-CFAR）的检测原理以及检测门限值的计算方法可以查阅参考文献[1]。

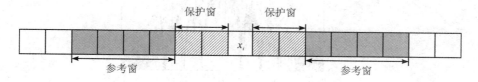

图 3-9　一维恒虚警检测器

由前面分析可知，干扰信号经过匹配滤波处理后，形成的干扰带的主峰位于 0 距离处，当干扰信号没有转发延时时，该距离就等于干扰信号模拟设备与雷达之间的距离。根据雷达对目标的检测原理，干扰方希望当雷达计算 CFAR 检测门限时能在保护目标位置处产生幅度较高的干扰信号，用于提高目标位置处的 CFAR 检测门限，这样一来，目标回波信号的幅度会小于检测门限，从而难以被雷达检测到。

仿真设定 LFM 信号的脉冲宽度为 10 μs，带宽为 20 MHz，重复周期为 1 ms。假设目标位于距离雷达 10 km 处，目标幅度采用归一化数值 1。无干扰信号存在时雷达对目标回波信号的 CFAR 检测结果如图 3-10 所示。CFAR 检测器的参数设置如下：保护单元个数为 8（前后各 4 个），参考单元个数为 16，虚警率设为 10^{-4}。从图 3-10 中可见，检测门限值高于噪声信号幅度，但在目标位置处（10 km），检测门限形成了一个明显的"凹陷"，此时目标幅度是大于检测门限的，因此位于该距离处的目标可以被雷达检测到。

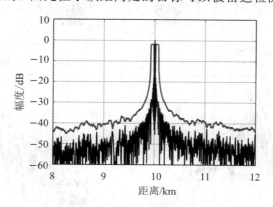

图 3-10　对目标回波信号的 CFAR 检测结果

在生成干扰信号时，伪随机序列长度设为 63，码元宽度设为 0.2 μs，假设干扰信号和目标回波信号的脉冲前沿是对齐的，同时进入雷达接收机。此时干扰信号的功率和回波信号的功率相等，即干信比（JSR）为 0 dB，得到干扰信号存在时的 CFAR 检测结果如图 3-11 所示。可以看到，干扰信号的存在改变了目标位置附近的匹配滤波输出信号的幅度包络，与无干扰情况相比，目标处的 CFAR 检测门限有所提高。由前面的分析可知，干扰信号得到的雷达处理增益小于目标回波信号所能获得的处理增益，因此，为了有效提高目标位置处的检测门限，需要增加干扰功率。

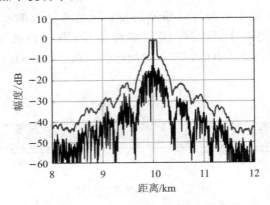

图 3-11　干扰信号存在时的 CFAR 检测结果（JSR＝0 dB）

　　图 3-12 给出了不同干信比条件下的干扰信号的 CFAR 检测结果。从图 3-12 中可见，当干信比为 8 dB 时，CFAR 检测门限已经略大于目标回波信号的幅度，继续增加干扰功率则能显著提高检测门限，确保对目标的掩护作用。

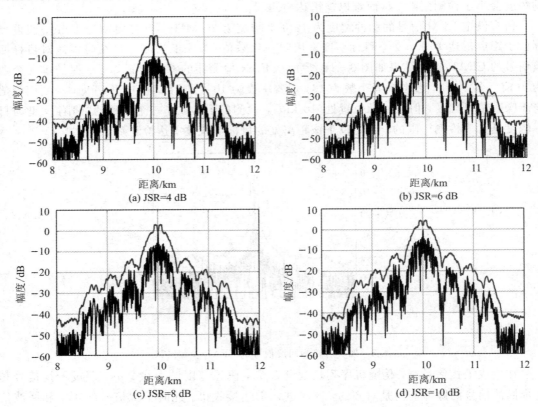

图 3-12　不同干信比时干扰信号的 CFAR 检测结果

此时，仿真设定的干扰信号和目标回波信号同时进入雷达接收机的前提条件是：干扰信号模拟设备一边接收雷达信号，一边发射信号。实际应用中，如果设备的发射天线和接收天线之间的隔离度不够，或是空间位置距离不够，则干扰信号模拟设备发射的干扰信号可能会直接进入设备自身的接收机，从而造成"自激"现象，影响设备正常工作。为了避免"自激"现象，当发射天线和接收天线之间的隔离度不够时，可以采用收发分时的工作体制，即发射信号的时候接收机关闭，处于接收状态时不发射信号。这就带来了另外一个问题：当雷达发射的信号脉冲宽度较大时，接收完整的雷达脉冲需要花费微秒数量级的时间。因此，相比于干扰信号模拟设备侦察到的雷达信号的脉冲前沿时刻，干扰信号在时域上滞后的时间至少是雷达信号的脉冲宽度。滞后时间越多，干扰信号形成的干扰带与目标回波信号在距离上的偏差就越大，当干扰带与目标回波之间没有重合时，可能就无法对雷达形成有效干扰。

　　接下来分析干扰信号和目标回波信号之间有时间偏差时的干扰效果。一般而言，假设干扰信号模拟设备位于目标的前方，且设备与目标处于雷达视线内。仿真时设定干扰信号模拟设备位于目标前方 1 km 处，该设备可以工作在收发同时模式下，伪随机序列长度设为 63，码元宽度设为 0.2 μs，干信比为 8 dB，其余参数不变，得到干扰信号和目标回波信号之间有时间偏差时的干扰效果如图 3 - 13 所示。干扰信号在 9 km 处形成了一个"凸起"的干扰带，干扰带的幅度最大值即设备所处的位置。

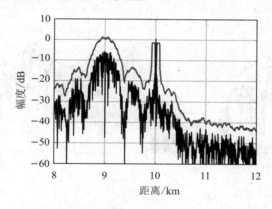

图 3 - 13　干扰信号和目标回波信号之间有时间偏差时的干扰效果

　　从仿真结果来看，此时干扰信号对目标来说几乎没有掩护效果，目标位于干扰信号的第三组峰值附近，该峰值的幅度比干扰信号的最大幅度小约 20 dB。因此，当干扰信号模拟设备位于目标前方时，需要对接收到的雷达信号进行延时处理，使得干扰幅度的最大值对准目标位置处，才能发挥最佳干扰效果。对于干扰方而言，干扰信号模拟设备和目标的空间位置在理论上是可以获得的，即使无法实时获取精准位置，粗略的空间位置信息也是已知的。对方雷达的空间位置可以通过侦察辅助设备等获得，通过对雷达、干扰信号模拟设备和目标三者进行空间位置建模，大体上可以计算出干扰信号需要的延时。由于粗略计算得到的延时值与真实延时值之间肯定存在偏差，因此要求干扰信号形成的干扰带其主要幅度尽可能覆盖较大的距离范围，当延时值偏差较大时，也能形成有效干扰。

　　在图 3 - 13 中，由于此时干扰信号的主要幅度的出现位置与目标的空间位置偏差较大，只有幅度略小的次级峰值或更次级峰值的幅度影响了目标处的检测门限，因此该条件下较难成功干扰。当干信比为 30 dB 时，得到不同码元宽度时的匹配滤波处理结果，如图 3-14 所示。从仿真结果来看，当码元宽度为 0.1 μs 时，由于干扰带的覆盖宽度较宽，因此次级峰值可以有效提高目标位置处的 CFAR 检测门限。需要说明的是，图 3-14 所示的仿真结果只是在一种空间位置条件下得到的，如果目标位置刚好位于干扰带幅度的极小值处，那么即使非常大的干扰功率也难以对目标形成有效掩护。因此，一般要求目标位于干扰信号最大峰值的覆盖范围内。

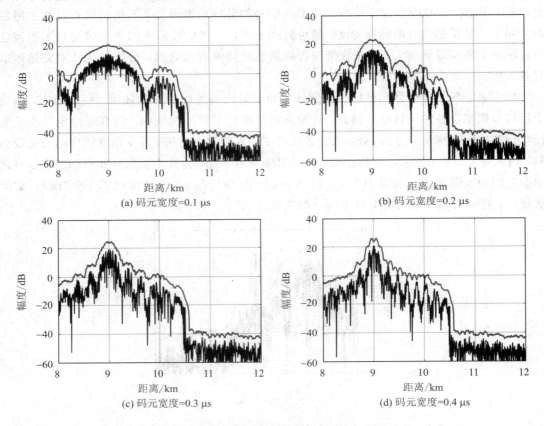

图 3-14　不同码元宽度时的匹配滤波处理结果(干信比＝30 dB)

干扰带的最大幅度所能覆盖的距离范围为

$$D_{\text{span}} = \frac{2}{\tau} \times \frac{c}{2\gamma} \tag{3.8}$$

该距离范围一方面与生成干扰信号所采用的伪随机序列的码元宽度 τ 有关，另一方面与 LFM 信号的调频率 γ 有关。当 LFM 信号参数不变时，伪随机序列码的速率越快，码元宽度越小，则干扰带的覆盖距离越大。同时，当码元宽度设定好后，LFM 信号的调频率 τ 越大，则干扰带的覆盖距离越小。也就是说，当 LFM 信号的参数发生变化时，干扰信号采用的伪随机序列的参数可能也需要调整，才能满足新场景下对目标的掩护需求。

在应用伪随机序列调相干扰信号时，为使得目标位置与干扰信号幅度最大值间的距离

小于 $D_{span}/2$，要求目标和干扰信号前沿之间的时间差 Δt 满足：

$$\Delta t = \frac{1}{\gamma \tau} \tag{3.9}$$

接下来与高斯噪声信号对比来分析伪随机序列调相干扰信号的优点。不同干扰功率时高斯噪声信号的 CFAR 检测结果如图 3-15 所示。高斯噪声信号理论上具有无限带宽，但实际上其输出带宽为干扰信号模拟设备的中频滤波器的带宽。经过匹配滤波处理后，高斯噪声信号的干扰效果相当于整体降低了雷达接收机的信噪比，当干信比为 10~25 dB 时，目标可以被正确检测到，直到 26 dB 时 CFAR 检测门限才大于目标回波信号的幅度。需要指出的是，由于噪声的不确定性，为了定量分析干扰成功时所需的干扰功率，需要作蒙特卡洛仿真来进行验证，这部分的仿真只是直观地说明相参噪声信号的优点。图 3-12 中，在干信比为 10 dB 时，伪随机序列调相干扰信号已经显著提高了目标位置处的 CFAR 检测门限，明显优于图 3-15(a)中相同干信比时高斯噪声信号的干扰效果。

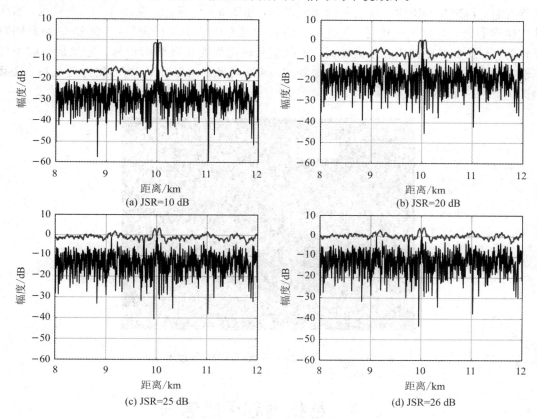

图 3-15　不同干扰功率时高斯噪声信号的 CFAR 检测结果

图 3-16 所示为相参噪声信号的实测频谱图。由图 3-16 可见，将信号源输出的单频信号作为输入，按照本节介绍的相参噪声干扰信号生成方法，生成了伪随机序列调相干扰信号。输入信号的频率为 200 MHz，因此基于存储转发生成的干扰信号的中心频率也为 200 MHz。从图 3-16 中可以看出，伪随机序列调相干扰信号的频谱具有一定宽度，且近似对称分布在中心频率的两侧。

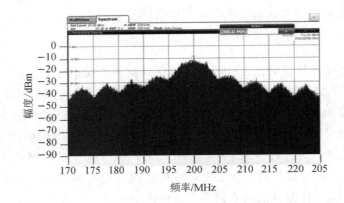

图 3-16 相参噪声信号的实测频谱图

图 3-17 将相参噪声干扰信号的 I 路和 Q 路通过两路 DAC 进行输出，然后接入示波器进行观测，得到相参噪声干扰信号的时域波形，如图 3-17 所示。从图 3-17 中可见，当伪随机序列的码元值发生变化时，干扰信号的相位也发生了 180°的翻转，I 路和 Q 路是同时反转的。当伪随机序列码元不改变时，干扰信号输出即为接收到的信号，也就是当前条件下输入的正弦连续波信号。可以直观地看到，两路信号之间保持了 90°的相位差关系，这就验证了 FPGA 设计的正确性。

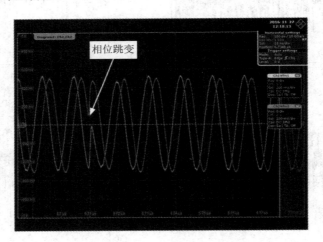

图 3-17 相参噪声干扰信号的时域波形

3.2 卷积调制干扰信号

卷积调制干扰信号是通过对截获的雷达信号进行卷积运算得到的。首先利用基于数字射频存储器(DRFM)架构的干扰信号模拟设备完成对雷达脉冲的接收和存储，然后将卷积运算得到的干扰信号进行发射。为了增大干扰信号的发射脉宽，可以反复读取存储的雷达信号，并用延长后的雷达信号进行卷积调制来产生干扰信号。与传统噪声干扰方法不同的是，卷积调制干扰方法首先产生一个噪声信号，再将噪声信号与雷达信号进行卷积运算来得到干扰信号。这样生成的噪声信号其中心频率与雷达信号是对准的，并且与雷达信号之间保持了一定的相参性，理论上会比常规噪声信号获得更多的雷达处理增益，从而降低对干扰信号模拟设备发射功率的要求[2]。

　　下面以一次读取雷达信号脉冲为例来说明卷积调制干扰信号的生成过程。卷积调制干扰信号的工作时序如图 3 - 18 所示。当干扰信号模拟设备截获并存储雷达信号后，在需要发射干扰信号的时刻对存储信号进行读取，接下来将调制信号和读取的雷达信号进行卷积运算，以得到卷积调制干扰信号。根据卷积运算的特性，干扰信号的时长等于存储雷达信号的脉宽加上调制信号的脉宽。

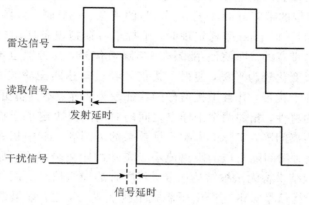

图 3 - 18　卷积调制干扰信号的工作时序

　　假设干扰信号模拟设备截获的雷达信号为 $s(t)$，则干扰信号的表达式为

$$s_j(t) = s(t) \otimes f(t) \tag{3.10}$$

其中，$\otimes$ 表示卷积运算；$f(t)$ 表示干扰信号模拟设备使用的视频噪声信号，$f(t)$ 可以看作一系列不同幅度、不同延时的冲激信号的组合。卷积调制干扰信号的调制原理和干扰效果示意图如图 3 - 19 所示。

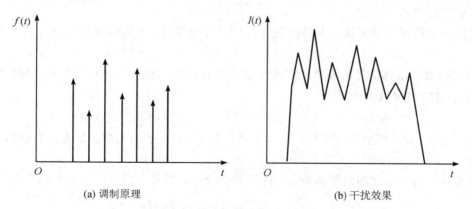

(a) 调制原理　　　　　　　　　(b) 干扰效果

图 3 - 19　卷积调制干扰信号的调制原理和干扰效果

　　在对截获的雷达信号进行卷积调制后，由卷积运算的特性可知，计算结果相当于对雷达信号进行不同的延时与幅度调制，该过程与目标对雷达信号的多次反射过程类似（将目标视作多个散射中心），那么根据雷达信号处理理论，卷积调制干扰信号经过雷达匹配滤波

处理后,可以形成与调制信号幅度特性相类似的匹配滤波结果,输出信号的幅度特性与调制信号的幅度特性相似。

根据傅里叶变换性质和信号处理原理,干扰信号的频域表达式为

$$S_j(f) = S(f) \cdot F(f) \tag{3.11}$$

如此一来,可以将调制用的噪声信号视为响应固定频率的滤波器,卷积调制相当于对干扰信号模拟设备截获的雷达信号的频谱进行乘法调制。当噪声信号的频谱宽度小于雷达信号的频谱宽度时,相当于根据噪声信号的带宽特性对雷达信号的频谱进行了截取,使得干扰信号的带宽小于截获的雷达信号的带宽。当噪声信号的频谱宽度大于雷达信号的频谱宽度时,输出干扰信号的带宽近似等于雷达信号的带宽。一般而言,当 ADC 采样频率和雷达信号的带宽之间满足 Nyquist 采样定理时,干扰信号模拟设备使用的高斯噪声信号的带宽是大于雷达信号的带宽的。即使使用带限高斯噪声信号,其带宽也不能太小,窄带高斯噪声信号的时域波形变化较为平缓,使得干扰信号经过雷达匹配滤波处理后,不能很好地形成覆盖一定距离的干扰带,并且干扰信号的特征较为明显,不具备更多的"噪声"特性。

根据卷积运算的特性,相邻两个采样点之间的时间间隔决定了干扰信号经过匹配滤波处理后输出信号的距离间隔,实际上影响干扰效果的为图 3-19 中相邻两个冲激信号之间的时间间隔。如果该时间间隔对应的距离值小于雷达的距离分辨率,那么这两个冲激信号对应的匹配滤波处理结果将无法被雷达区分。若所有的冲激信号之间的时间间隔均满足该条件,则卷积调制干扰信号对雷达产生压制式干扰效果。反之,如果调制信号中只有有限个冲激信号,且任意相邻的两个冲激信号之间的时间差不满足上述条件,则可以对雷达形成若干个虚假目标。由于在生成卷积调制干扰信号时没有考虑多普勒频率调制,因此假设干扰信号模拟设备是运动的,则生成的所有假目标的速度均一致,即为设备的运动速度。如果设备没有运动,那么卷积调制干扰信号只能在距离上生成固定位置的假目标。随着雷达抗干扰技术的不断发展,只在距离向存在的固定不动的假目标是很难对雷达构成威胁的,但是卷积调制干扰信号作为一种基本干扰样式,是很多复杂干扰技术的基础,所以还是值得重点讨论的。

当雷达采用匹配滤波技术对接收到的信号进行处理时,干扰信号的处理过程可以写为

$$Y_j(f) = S(f) \cdot F(f) \cdot S^*(f) = F(f) \cdot |S(f)|^2 \tag{3.12}$$

其中,$S(f)$ 表示雷达信号的频谱,$S^*(f)$ 是 $S(f)$ 的共轭表达式,$F(f)$ 表示调制信号的频谱。$Y_j(f)$ 对应的时域表达式为

$$y_j(t) = F^{-1}(S(f) \cdot F(f) \cdot S^*(f)) = f(t) * F^{-1}(|S(f)|^2) \tag{3.13}$$

式中,$F^{-1}(\cdot)$ 表示傅里叶逆变换;$F^{-1}(|S(f)|^2)$ 称为点扩展函数,是雷达发射信号的固有特征。

假设目标与雷达之间的距离为 d,目标 RCS 为 σ,则目标雷达回波的表达式为

$$s_r(t) = \sigma \cdot s\left(t - \frac{2d}{c}\right) = \sigma \cdot s(t) \otimes \delta\left(t - \frac{2d}{c}\right) \tag{3.14}$$

目标回波经过匹配滤波后,输出信号的时域表达式为

$$y_r(t) = \sigma \cdot \delta\left(t - \frac{2d}{c}\right) \otimes F^{-1}(|S(f)|^2) \tag{3.15}$$

对比式(3.13)和式(3.15)可以发现,卷积调制干扰信号的匹配滤波结果和目标回波的处

理结果有相似之处，若式(3.13)中的调制信号 $f(t)$ 换为目标特性调制函数 $\sigma \cdot \delta(t-2d/c)$ 的话，卷积调制干扰信号可以产生类似目标回波的干扰效果。

式(3.13)表明，干扰信号的匹配滤波结果的特性与调制函数 $f(t)$ 是息息相关的，因此，可以通过改变 $f(t)$ 的特性来产生不同的干扰效果。假定 $f(t)$ 的长度为 N，其中不为 0 的数据共有 m 个($m \leqslant N$)，那么 $f(t)$ 的离散形式可以写为

$$f(t) = \sum_{i=1}^{m} A_i \cdot \delta(t-i) \tag{3.16}$$

其中，A_i 表示 $f(t)$ 中每个点的幅度。假设 $f(t)$ 中相邻最近的两个不为 0 的点之间相隔 l 个采样点，当干扰信号模拟设备的采样频率为 F_s 时，只要点间隔满足：

$$\frac{l \cdot c}{2F_s} \leqslant \frac{c}{2B} \tag{3.17}$$

那么就可以认为干扰信号生成的这两个虚假点目标无法被雷达区分，即产生压制式干扰效果。当式(3.17)不满足时，则两个虚假点目标可以被雷达区分开，产生欺骗式干扰效果，此时，l 需满足：

$$l > \frac{F_s}{B} \tag{3.18}$$

实际中，考虑到雷达信号处理时的加窗处理带来的主瓣展宽，在设计生成假目标干扰信号时，l 的选取要大于式(3.18)中的限制条件。

分析 $f(t)$ 对干扰效果的影响对卷积调制干扰信号的 FPGA 工程实现具有重要意义。一般而言，干扰信号模拟设备的采样频率 F_s 和雷达接收机的采样频率是不相同的。为产生压制式干扰效果，$f(t)$ 中每个采样点可以均不为 0。在进行卷积运算时，乘法运算使得每个采样点均需要消耗一个乘法器。为了节约 FPGA 的硬件资源，可以根据式(3.18)的限定条件，使 $f(t)$ 中数值为 0 的点不参与乘法运算。或者说，对干扰信号模拟设备得到的数据进行抽取后再进行卷积运算，同样可以减少乘法器的消耗。

图 3-20 给出了高斯噪声信号的前 500 个采样点的时域波形。图 3-21 所示为高斯噪声信号的频谱。高斯噪声信号的采样频率为 40 MHz，从频谱结果可以看出其频谱宽度覆盖整个频率分析带宽。

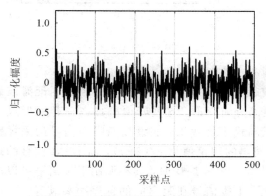

图 3-20　高斯噪声信号的时域波形

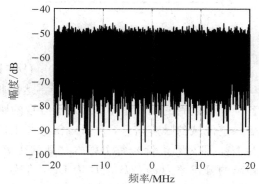

图 3-21　高斯噪声信号的频谱

图 3-22 所示为高斯噪声信号的幅度分布特性。图中，高斯噪声信号的采样点为 40 000 个。从图 3-22 中可以看出，结果满足高斯分布特性。

　　仿真设定雷达发射 LFM 信号，信号带宽是 20 MHz，脉冲宽度是 10 μs，重复周期是 1 ms。从高斯噪声信号中截取 1 μs 长度的样本作为调制信号，与 LFM 信号进行卷积运算，得到卷积调制干扰信号的时域波形，如图 3-23 所示。LFM 信号和高斯噪声信号的幅度均作归一化处理。由图 3-23 所示结果可见，经过卷积运算后，输出信号的幅度包络有一定的起伏，而且由于卷积运算的加和特性，干扰信号的幅度大于 1。

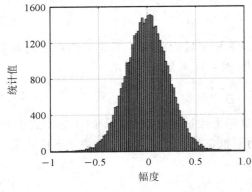

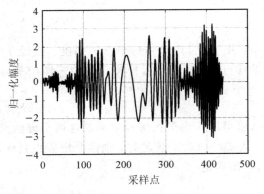

图 3-22　高斯噪声信号的幅度分布特性　　　图 3-23　卷积调制干扰信号的时域波形

　　卷积调制干扰信号的频谱如图 3-24(b)所示。虽然高斯噪声信号的带宽是无限的，但是和 LFM 信号进行卷积后，相当于两信号的频谱在频域进行相乘，此时 LFM 信号的带宽相当于一个"滤波器"，使得输出信号的频率仍然位于 -10～+10 MHz 范围内。

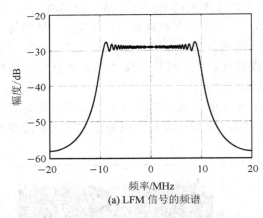

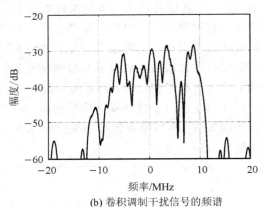

(a) LFM 信号的频谱　　　　　　　　　　(b) 卷积调制干扰信号的频谱

图 3-24　LFM 信号和卷积调制干扰信号的频谱

　　当高斯噪声信号的采样频率大于雷达接收机的采样频率时，干扰信号经过匹配滤波后其各个峰值之间的间隔是小于 LFM 信号的距离分辨率的，这些峰值叠加在一起就形成了覆盖一定区域的噪声信号，可以对雷达产生压制式干扰效果。假设高斯噪声信号的采样频率为 F_s，那么噪声信号每个样本之间的距离间隔的理论值为 $c/(2F_s)$，而 LFM 信号的理论距离的分辨率为 $c/(2B)$，B 为 LFM 信号带宽。当 $F_s > B$ 时，卷积调制干扰信号可以产生压制式干扰效果。噪声信号的脉冲宽度越大，干扰信号在距离向的覆盖距离就越大。但是基于 DRFM 结构设计的干扰信号模拟设备的 DAC 位宽是有限的，由于多次叠加运算会造成干扰信号的数据位宽不断增大，因此为保证数据不溢出，调制信号的长度不能太大。

　　卷积调制干扰信号的时频分析结果如图 3-25 所示，噪声信号的每个采样值都相当于对 LFM 信号作了延时和幅度调制，因此卷积调制干扰信号的脉冲宽度近似等于 LFM 信号的脉宽和调制信号的脉宽之和。多个 LFM 信号的时频曲线经过加权叠加后，在任意观察时间片段内，其频谱具有一定的宽度。在短时傅里叶变换的时间片段内，存在多个不同延时的 LFM 信号，所以图 3 - 25 中卷积调制干扰信号的时频分析结果不是单一曲线，而是条带状的。噪声信号也可以视为多个具有不同延时的、有限幅度的函数的叠加，各函数值之间的时间间隔为 $1/F_s$。卷积调制干扰信号也可以视作多个 LFM 信号的叠加，只是受制于时频分析的频率精度（见图 3 - 25），这些 LFM 信号都混叠在一起而无法区分。干扰信号的带宽并没有变，只是在时频图上占据更长的持续时间。

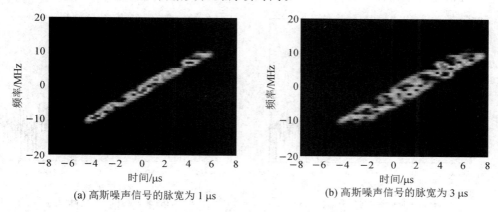

(a) 高斯噪声信号的脉宽为 1 μs　　(b) 高斯噪声信号的脉宽为 3 μs

图 3 - 25　卷积调制干扰信号的时频分析结果

在图 3 - 25(a)中，用于生成卷积调制干扰信号的高斯噪声信号的脉冲宽度是 1 μs，因此与 LFM 信号的时频图相比，卷积调制干扰信号的时频曲线由于在时域的叠加而变"粗"了一些。在图 3 - 25(b)中，将高斯噪声信号的脉冲宽度设为 3 μs，可以看出此时干扰信号的时频曲线已经不再是单纯的一条线，而是形成了覆盖一定面积的条带。

对卷积调制干扰信号作匹配滤波处理，得到卷积调制干扰信号的干扰效果，如图 3 - 26 所示。由于干扰信号总是滞后于接收到的雷达信号的脉冲前沿，因此以接收前沿时刻为 0 时刻，则输出的干扰信号均位于 0 距离处之后。由于高斯噪声信号的脉冲宽度为 1 μs，该时间范围对应的距离为 150 m，因此图中结果与理论分析是一致的。为了提升干扰信号在距离向的覆盖范围，可以灵活控制高斯噪声信号的脉冲宽度。

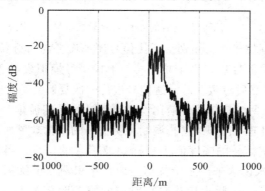

图 3 - 26　卷积调制干扰信号的干扰效果

更改噪声信号的脉冲宽度后，得到的不同脉宽时的卷积调制干扰信号的干扰效果如图3-27所示。通过控制调制信号的脉冲宽度，可以得到不同覆盖距离的干扰效果。但是随着脉冲宽度的增加，干扰信号的幅度略有下降，这是因为数字信号处理机的DAC的位宽是确定的，调制信号的脉冲宽度越长，意味着参加卷积运算的数据样本越多，而卷积运算中包括乘法和加法，也就是进行加和的数据样本越多，则计算结果需要的数据位宽越多，才能保证数据不溢出。为确保卷积调制干扰信号的数据没有溢出时各分量保持正确的对应关系，在卷积调制干扰信号传输到DAC之前需要对其进行截位，一般截取高位有效位。这样一来，干扰信号的整体幅度就会降低，这与图3-27中的仿真结果一致。

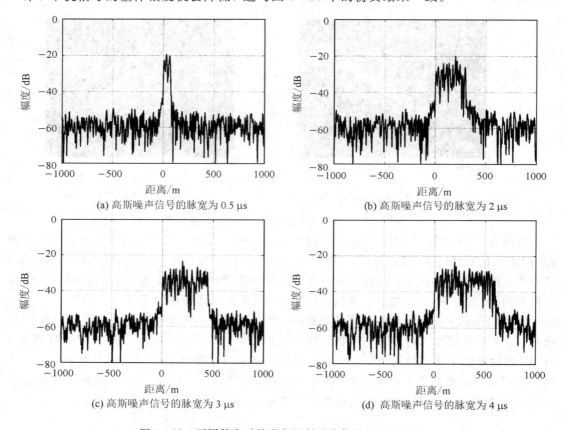

(a) 高斯噪声信号的脉宽为 0.5 μs

(b) 高斯噪声信号的脉宽为 2 μs

(c) 高斯噪声信号的脉宽为 3 μs

(d) 高斯噪声信号的脉宽为 4 μs

图 3-27　不同脉宽时的卷积调制干扰信号的干扰效果

接下来仿真设定目标位于 10 km 处，干扰信号模拟设备与目标位于同一位置，干扰信号模拟设备可以边接收雷达信号边发射干扰信号。干扰信号模拟设备首先生成高斯噪声信号，噪声信号的时长为 4 μs，然后对截获的雷达信号进行一次复制、读取和调制，得到卷积调制干扰信号。干扰信号和目标回波信号的干信比设为 0 dB，目标回波信号与卷积调制干扰信号一同进入雷达接收机进行处理，得到的卷积调制干扰信号的干扰效果如图 3-28 所示。

在图 3-28 中，干扰信号的幅度低于目标回波信号的幅度。当干扰信号模拟设备只对存储的雷达信号进行一次读取来产生干扰信号时，卷积调制干扰信号的距离向覆盖范围就取决于噪声信号的时长，4 μs 噪声信号时长对应的覆盖距离为 600 m。由于干扰信号的干扰功率太低，因此目标位置处（10 km 处）形成了明显的窄脉冲。

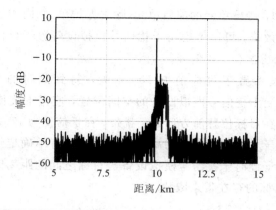

图 3-28 卷积调制干扰信号的干扰效果

下面通过 CFAR 检测来分析干扰效果。CFAR 检测器的参数设置如下：保护单元个数为 8(前后各 4 个)，参考单元个数为 16，虚警率设为 10^{-4}。得到的不同干信比时卷积调制干扰信号的干扰效果如图 3-29 所示。从图 3-29 中可见，当干信比为 22 dB 时，目标位置的 CFAR 检测门限高于目标处信号的幅度，与图 3-15 中直接发射高斯噪声所需要的 26 dB 干信比而言，没有明显的功率优势。在该仿真条件下，干扰信号的脉冲前沿与目标回波信号的脉冲前沿是对齐的，因此经过匹配滤波处理后形成的干扰幅度均位于目标后方。

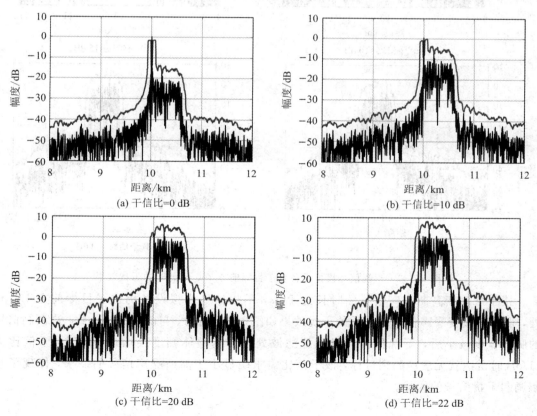

图 3-29 不同干信比时卷积调制干扰信号的干扰效果

由 CFAR 检测原理可知,待检单元的前后单元(除去保护单元)内的信号幅度都用于计算检测门限。为了改进干扰效果,可以考虑将干扰信号模拟设备置于目标前方,这样可使得目标位置前后的距离单元均含有干扰信号。

将干扰信号模拟设备置于目标前方 100 米处,得到此时的干扰效果仿真结果如图 3-30 所示。通过改变干扰信号模拟设备的空间位置,使得干扰信号先于目标回波信号进入雷达接收机,可以在目标位置前方形成干扰带,在干信比为 17 dB 时,CFAR 检测门限已经高于目标幅度。由于卷积调制使用的高斯噪声信号具有不确定性,因此在其他位置可能会形成若干个假目标,此时干扰信号模拟设备与目标之间的距离间隔不是太远,这些假目标的存在也会给真目标的存在带来威胁。

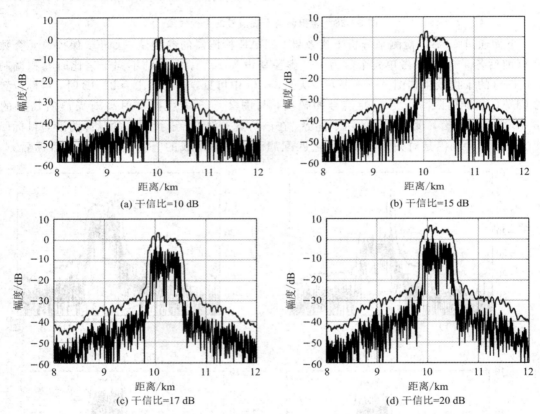

图 3-30　干扰信号模拟设备置于目标前方 100 m 处时的干扰效果

接下来改变高斯噪声信号的时长为 1 μs,干扰信号模拟设备仍位于目标前方 100 m 处,得到的改变噪声信号时长后的干扰效果如图 3-31 所示。与前面分析一致,当调制信号的脉冲宽度减小后,干扰信号经过匹配滤波处理后的整体幅度会增加,此时,干信比为 11 dB 时雷达就无法检测到目标,该干信比需求明显小于高斯噪声信号的需求,体现了卷积调制干扰信号的优势。

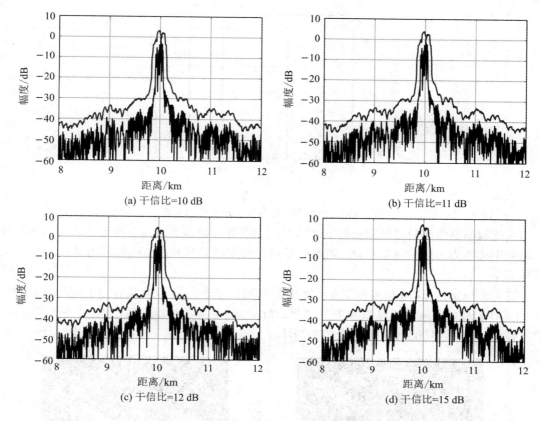

图 3 - 31   改变噪声信号时长后的干扰效果

需要指出的是，卷积调制干扰信号的最大幅度值只有在卷积计算完毕才能知道，这是因为雷达信号参数变化，或是噪声信号变化，卷积结果均会发生变化，使得幅度最大值出现的位置也是不固定的。对于干扰信号模拟设备而言，为了确保卷积调制干扰信号的正确性，最稳妥的方法就是等干扰信号全部计算完毕再进行截位，因此一方面需要消耗存储单元对全位宽的干扰信号进行存储，另一方面生成的干扰信号在时域上至少滞后雷达信号的脉冲宽度，这对干扰方而言大多时候是不能接受的。为此，可以模拟生成不同参数的 LFM 信号，对不同脉宽噪声信号的干扰信号进行建模，利用遍历测试结果来确定截位方法。

由前面的分析可知，卷积调制干扰信号的匹配滤波结果主要由调制信号的时域特性决定，接下来改变调制信号的特性，令其只有有限个采样点不为 0，且相邻两个不为零的采样点之间对应的距离间隔满足式(3.18)。在该仿真条件下，调制信号 $f(t)$ 中只有 3 个数据点不为 0，分别对应着延时 200 m、400 m 和 500 m 处。为方便起见，每个采样点的数值均为 1。干扰信号模拟设备仍位于目标前方 100 m 处，生成假目标信号采用的调制信号如图 3 - 32 所示。

数字调制采用的离散信号不可能是 Dirac delta 函数，首先其幅度不可能无限大，其次其时域宽度不可能无限窄。调制信号采用的是这样的离散信号——在某些采样点的数值不为 0，除去这些不为 0 的数值外，该信号在其他采样点的数值均为 0。一般情况下，调制信

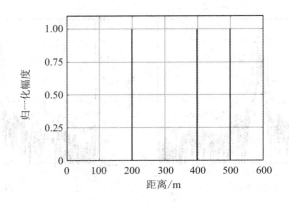

图 3-32　生成假目标信号采用的调制信号

号的采样频率是数字信号处理机的 FPGA 的时钟频率，当需要对高分辨雷达产生具有一维距离向干扰能力的假目标信号时，调制信号需要较高的采样频率，往往设为 ADC/DAC 的采样频率。

　　首先分析雷达 LFM 信号和图 3-32 中的调制信号进行卷积运算后输出信号的时频特性。LFM 信号的时频分析结果如图 3-33(a)所示，在其脉冲持续时间范围 $-5 \sim +5\ \mu s$ 内，信号频率从 $-10\ MHz$ 线性增加到 $+10\ MHz$。

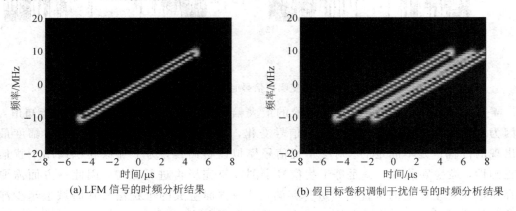

(a) LFM 信号的时频分析结果　　　　　　(b) 假目标卷积调制干扰信号的时频分析结果

图 3-33　LFM 信号和假目标卷积调制干扰信号的时域波形

　　仿真设定 3 个假目标，其距离分别位于 10 m、300 m 和 500 m 处，假目标卷积调制干扰信号的时频曲线如图 3-33(b)所示，其时频结果图中出现了 3 条线性线段，说明干扰信号中包含了 3 个 LFM 信号的分量，每条线段在时域出现的时刻不同，但是其带宽和频率变化特性均与原 LFM 信号的时频曲线的特性一致。干扰信号中包含的 LFM 信号的数目由调制信号样本中不为 0 的数值个数决定，不为 0 的个数越多，则理论上生成的假目标数目越多。但是，应该考虑到干扰信号模拟设备的采样频率和雷达接收机的采样频率一般是不相等的，为了生成在距离上能够区分的假目标，调制信号中相邻两个不为 0 的数值之间的间隔要大于 LFM 信号的距离分辨率的 2～3 倍。考虑到 LFM 信号进行匹配滤波处理时加窗处理对距离分辨率的影响，距离间隔约等于 LFM 信号的距离分辨率的假目标可能叠加在一起，从而又形成一个假目标。

仿真中，LFM 信号的理论距离分辨率是 7.5 m，而调制信号中的间隔分别是 200 m 和 100 m，以确保干扰信号可以生成多个可区分的假目标。当干信比为 0 dB 时，卷积调制干扰信号形成的假目标如图 3-34 所示。由图 3-34 可见，干扰信号形成了 3 个假目标，假目标之间的距离分布特性与调制信号的间隔相对应。3 个假目标的幅度近似相等，说明假目标的幅度可以由调制信号中不为 0 的离散数值控制，通过控制调制信号的幅度和有效数据点，可以灵活产生距离、幅度变化的假目标。此时，假目标信号的幅度与真目标之间的差距较为明显，为了形成与真目标幅度相当的假目标，就需要提高干扰信号的干信比。

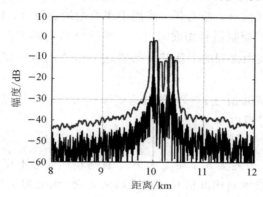

图 3-34　卷积调制干扰信号形成的假目标

　　接下来将干信比设为 10 dB，对 3 个假目标进行随机幅度调制，得到卷积调制干扰信号形成的幅度随机起伏的假目标，如图 3-35 所示。与压制式干扰信号相比，当欺骗式干扰信号的幅度与真目标在一个数量级时，所需要的干扰能量要明显小得多。假目标整体幅度下降是因为多个假目标干扰信号合成后，在数/模转换之前进行了数据截位。为保证具有较大幅度的假目标干扰信号的波形不失真，对干扰信号的数字样本进行截位后，较小幅度的假目标干扰信号的幅度将进一步减小。提升干扰功率后，可以生成与真目标幅度几乎相当的假目标，且在不同脉冲时刻，假目标的幅度有一定程度的起伏，当假目标的幅度模型足够逼真时，可以模拟起伏目标的特性。

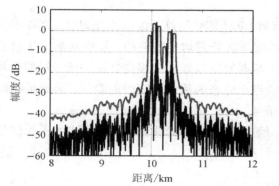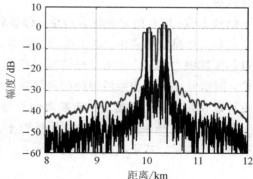

图 3-35　卷积调制干扰信号形成的幅度随机起伏的假目标

　　前面已经指出，卷积调制生成的距离向假目标的速度特性与干扰信号模拟设备的运动特性一致。对于现代雷达而言，在距离向上固定分布的没有速度信息的目标可以经过匹配滤波处理形成假目标，这些假目标可能无法对新体制雷达形成有效的干扰，但是对于一些不具备提取目标速度信息或无法在速度、距离域进行联合处理的雷达而言，基于延时转发的距离向假目标仍然是一种有效的干扰手段。

3.3　乘积调制干扰信号

要生成乘积调制干扰信号，首先要生成用于相乘的调制信号，然后在截获雷达信号后，将雷达信号的采样数据与调制信号相乘即可。本节选择高斯噪声信号作为调制信号，由于乘法运算的线性特性，乘积得到的干扰信号与雷达信号之间有一定的相参性，理论上可以获得部分雷达处理增益。

假设雷达发射线性调频信号 $s(t)$，其表达式如式（3.1）所示，调制信号 $w(t)$ 选择高斯噪声信号，那么干扰信号可以写为

$$s_j(t) = s(t) \cdot w(t) \tag{3.19}$$

其中，$w(t)$ 的均值为 0，方差为 δ_n^2，带宽为 B_n，且与雷达信号不相关。

雷达采用匹配滤波技术对回波信号进行距离向处理（该处理过程可以在频域实现），将回波信号频谱与参考信号频谱相乘，再通过傅里叶逆变换即得到处理结果的时域表达式。

为分析方便起见，不考虑干扰信号的延时，干扰信号经过匹配滤波处理的结果为

$$I(t) = F^{-1}[S(f) \otimes W(f) \cdot S^*(f)] \tag{3.20}$$

其中，F^{-1} 表示傅里叶逆变换，$S(f)$ 是雷达信号的频域表达式，$S^*(f)$ 是匹配滤波参考信号的频域表达式，$W(f)$ 是高斯噪声信号的频域表达式，$*$ 表示共轭，$\otimes$ 表示卷积运算。

根据匹配滤波技术原理，LFM 信号的匹配滤波结果可以写为 sinc 函数的表达式，雷达通过判断 sinc 函数的峰值出现的位置和幅度对目标进行检测。分析式（3.20）中干扰信号的调制特性可知，干扰信号的频谱相当于对雷达信号的频谱进行多次移频后再计算加权之和，权值与调制信号的频谱的幅度特性相关，因此改变调制信号的频谱特性会产生不同的干扰效果。

结合 LFM 信号的时频耦合特性，移频后的 LFM 信号经过匹配滤波处理后，其峰值位置会偏移，且幅度会减小。由于卷积运算和匹配滤波处理均是线性的，乘积调制干扰信号经过匹配滤波处理后，输出信号的幅度特性应与调制信号频谱的幅度特性一致。根据信号理论，两信号在时域相乘后得到的信号频谱相当于原来的两信号频谱的卷积，因此乘积调制也可以在距离向生成覆盖一定距离的干扰信号。

与没有经过频率调制的 LFM 信号相比，经过频率为 f_d 的移频调制后生成的干扰信号进行脉冲压缩后，其距离偏移量为

$$\Delta d = \frac{f_d c}{2\gamma} \tag{3.21}$$

其中，c 表示光速，γ 为 LFM 信号的调频率。

当调制信号为单频信号时，乘积调制干扰信号相当于对截获的雷达信号进行了移频调制，则干扰信号的匹配滤波器输出结果等效为一个距离向假目标，单频乘积调制干扰信号

的时频关系和干扰效果示意图如图 3－36 所示。

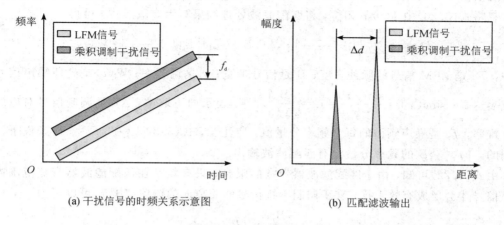

(a) 干扰信号的时频关系示意图　　　　　(b) 匹配滤波输出

图 3－36　单频乘积调制干扰信号的时频关系和干扰效果

　　当调制信号为高斯噪声等宽带信号且其带宽大于 LFM 信号的带宽时，乘积调制使得两信号的频谱在频域进行卷积，因此得到的乘积调制干扰信号的频谱宽度是大于 LFM 信号的带宽的。但是考虑到匹配滤波接收机的处理带宽，干扰信号的频谱中超出 LFM 信号带宽的那部分是无法获得匹配滤波输出的，起干扰作用的仍是频率位于 LFM 信号的带宽范围内的干扰信号。由于高斯噪声信号的带宽等于干扰信号模拟设备的中频信号处理带宽，通过进一步控制噪声信号的频谱宽度后，生成的干扰信号可以形成覆盖不同距离范围的噪声干扰带，因此可以对 LFM 信号产生类似噪声的压制式干扰效果。乘积调制干扰信号的时频关系和干扰效果示意图如图 3－37 所示。乘积调制干扰信号经过匹配滤波处理后，形成的干扰带的覆盖距离取决于噪声信号的带宽、LFM 信号的调频率以及雷达匹配滤波器的带宽。

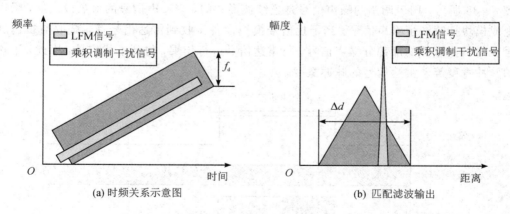

(a) 时频关系示意图　　　　　　(b) 匹配滤波输出

图 3－37　乘积调制干扰信号的时频关系和干扰效果

　　当调制信号选择高斯噪声信号时，理论上高斯噪声信号具有无限带宽，相当于将雷达信号的频谱在无限带宽范围内进行频率搬移。实际上干扰模拟设备的处理带宽有限，输出的干扰信号的带宽也有限。当调制信号为带限高斯噪声信号时，它对雷达信号的调制作用就是将雷达信号的频谱在频域上进行一定范围的拓展，因此乘积调制干扰信号的带宽会大于雷达信号的带宽，频谱拓宽范围约为 $\pm B_n/2$，B_n 是噪声信号的带宽。

忽略式(3.20)中 $I(t)$ 的相位，将匹配滤波处理结果写为离散形式，可得

$$I(t) = \sum_{i=-L}^{+L} \left(1 - \frac{|f_i|}{B}\right) \cdot \sqrt{T_p B} \cdot \text{sinc}\left[B\left(t - \frac{f_i}{\gamma}\right)\right] \cdot W(i) \qquad (3.22)$$

其中，T_p 是 LFM 信号的脉冲宽度；B 是信号带宽；γ 是调频率；$W(i)$ 是高斯噪声信号的频域表达式；$\text{sinc}(x) = \dfrac{\sin(\pi x)}{\pi x}$；$L = \left\lfloor \dfrac{B}{\Delta f} \right\rfloor$，$\lfloor \cdot \rfloor$ 表示向下取整，Δf 是调制信号对应的频率分辨率；f_i 是噪声频谱的每个频率分量值。应注意，式(3.22)是在 $|f_i| < B$ 条件下计算得到的，$|f_i| \geqslant B$ 的频率分量没有匹配滤波输出。

由式(3.22)可知，由于匹配滤波器带宽的限制，只有频率在匹配滤波器带宽范围内的噪声信号才会形成有效干扰。乘积调制干扰信号的距离向的覆盖范围 L 可以写为

$$L = \begin{cases} \dfrac{B_n c}{2\gamma} & (B_n < B) \\[2ex] \dfrac{T_p c}{2} & (B_n \geqslant B) \end{cases} \qquad (3.23)$$

以上分析表明，乘积调制干扰信号可以视作移频调制信号的线性加权结果，因此乘积调制干扰信号的距离覆盖范围由噪声带宽 B_n 和 LFM 信号的调频率 γ 共同决定，考虑到移频调制对匹配滤波结果带来的幅度损失，式(3.23)计算得到的干扰覆盖距离是个近似值。更准确的距离覆盖范围的计算应该考虑调制信号频谱的幅度特性，可以用干扰信号幅度衰减 3 dB 的距离范围来表示。

在生成乘积调制干扰信号时，首先在信号处理机内产生高斯噪声信号，根据式(3.23)计算干扰信号所能覆盖的距离范围，然后确定带限高斯噪声信号的带宽，对高斯噪声信号进行低通滤波。在不考虑干扰信号模拟设备的发射延时条件时，乘积调制干扰信号的时序如图 3-38 所示。用于调制的噪声信号是连续波形式的，当噪声信号的参数设定后，噪声信号生成模块持续产生噪声信号。当干扰信号模拟设备接收到雷达信号后，截取与雷达脉冲信号在时域上重叠的那部分噪声信号，与雷达信号进行相乘，得到干扰信号，因此，干扰信号的脉冲宽度等于雷达信号的脉冲宽度。

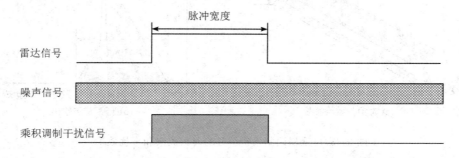

图 3-38　乘积调制干扰信号的时序

干扰信号模拟设备截获雷达信号后将其变换为中频信号，然后将中频信号与噪声信号相乘，得到干扰信号。该干扰信号可以在 DRFM 架构的硬件设备上实现，主要处理步骤包括雷达信号的采集、存储和发射，高斯噪声信号的生成与低通滤波，以及乘法运算。乘积调

制干扰信号的生成步骤框图如图 3-39 所示。

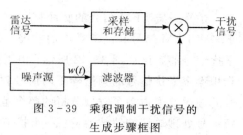

图 3-39　乘积调制干扰信号的
生成步骤框图

当 FPGA 存储的雷达信号是在高采样频率条件下的并行数据时，乘积调制运算的 FPGA 并行实现较为直观，如图 3-40 所示。根据 ADC 采样频率和 FPGA 时钟之间的关系，输入的雷达信号样本数据在 300 MHz 时钟的驱动下按照 8 个采样点一组并行排列，对应 2400 MHz 的采样频率。根据乘积调制的特性，只需要将调制信号按照采样信号的时间先后顺序以 8 个采样点为一组并行排列，将输入信号和调制信号对应的采样点的数据进行两两相乘即可。乘积调制输出信号也按照 1∶8 进行排列，最终并行的干扰信号按照 DAC 的时序要求，传输到 DAC 进行数/模转换。

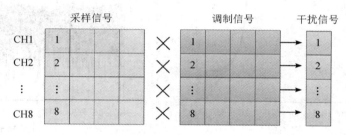

图 3-40　乘积调制运算的 FPGA 并行实现

3.3.1　乘积噪声干扰信号

本节仿真分析乘积噪声干扰信号的特性和干扰效果。首先生成调制所需的高斯噪声信号。高斯噪声信号的特性如图 3-41 所示，这里对其幅度作了归一化处理。因为干扰信号是在FPGA 内利用数字方法生成的，为了使得乘法运算输出信号的幅度达到干扰信号模拟设备的 DAC 的最大值，需对高斯噪声信号的幅度进行归一化处理。这样一来，即使接收到的雷达信号的幅度达到 DAC 的最大值，根据 DAC 的量化位宽，对乘法结果进行高位截取，也能确保计算结果的正确性。

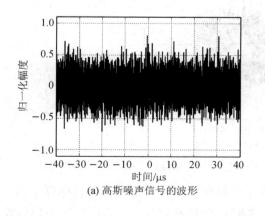

(a) 高斯噪声信号的波形

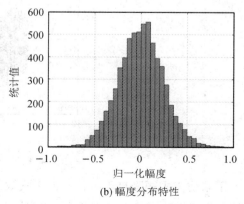

(b) 幅度分布特性

图 3-41　高斯噪声信号的特性

仿真设定 LFM 信号的脉冲宽度为 40 μs，带宽为 40 MHz，脉冲重复周期为 1 ms。接下来将 LFM 信号和高斯噪声信号进行相乘得到乘积噪声干扰信号。LFM 信号和乘积噪声干扰信号的频谱如图 3-42 所示。由于高斯噪声信号理论上具有无限带宽，根据信号理论，乘积噪声干扰信号的频谱等于两信号频谱的卷积，因此在图 3-42(b)中，乘积噪声干扰信号的频谱宽度占满了频域分析的整个范围。实际上，DAC 的采样频率是固定的，考虑到中频信号处理单元的滤波器特性，干扰信号带宽的理论最大值等于 DAC 采样频率的 1/2，而实际中是达不到该带宽范围的。由于信号的能量分布在较宽的频率范围内，因此与 LFM 信号的频谱幅度相比，乘积噪声干扰信号的幅度有明显的下降。

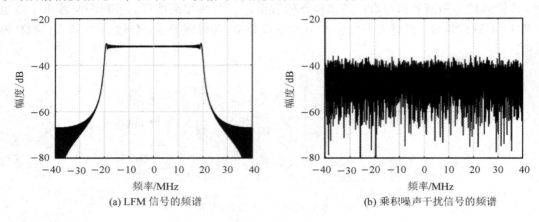

(a) LFM 信号的频谱   (b) 乘积噪声干扰信号的频谱

图 3-42　LFM 信号和乘积噪声干扰信号的频谱对比

乘积噪声干扰信号的时域波形如图 3-43 所示。由于雷达信号的脉冲宽度是变化的且为有限长度，因此乘积噪声干扰信号的脉冲宽度就等于雷达信号的脉冲宽度。为了在雷达信号持续时间内，使高斯噪声信号不发生周期性重复，需要产生足够长的高斯噪声序列，然后选取与 LFM 信号脉宽相等的部分用于干扰调制。对于常规雷达而言，高斯噪声信号的时长大于 10 ms 即可。

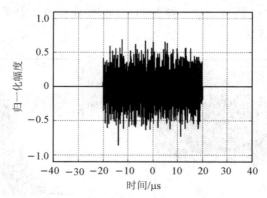

图 3-43　乘积噪声干扰信号的时域波形

接下来仿真乘积噪声干扰信号的干扰效果。假设干扰信号模拟设备与目标位于同一位置，且接收到雷达信号后就能发射干扰信号(忽略计算和发射延时，工作在收发同时模式下)，则目标回波信号和干扰信号一同进入雷达接收机进行处理。高斯噪声信号的调制使得干扰信号的频谱非常宽,最大能达到干扰信号模拟设备的中频带宽,但是超过雷达接收机滤波器带宽的干扰信号是起不到干扰作用的。

仿真设定目标位于 10 km 处,干扰信号的干信比为 0 dB。图 3 - 44 所示为目标回波信号和乘积噪声干扰信号的匹配滤波处理结果。根据前面 LFM 信号的时频耦合特性分析结果,当移频量满足 $-B < f_d < B$ 时,移频后的 LFM 信号经过匹配滤波处理后都会有幅度明显的输出信号。也就是说,对 LFM 信号的最大移频是 $\pm B$,B 是 LFM 信号的带宽。那么,乘积噪声干扰信号在距离向的覆盖范围由下式计算:

$$d_{\max} = \frac{c \cdot B}{2\gamma} \tag{3.24}$$

式中,γ 是 LFM 信号的调频率,c 表示光速。将 $\gamma = B/T_p$ 代入式(3.24),得到

$$d_{\max} = c \cdot T_p \tag{3.25}$$

仿真中,LFM 信号的脉宽为 40 μs,计算得到干扰信号的覆盖距离为 12 km,与图 3 - 44 的结果较为吻合。从图 3 - 44 中可以看出,在目标位置附近形成了一个明显的"凸起"干扰带,其幅度明显大于周围的噪底。

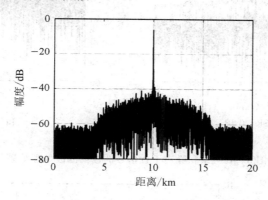

图 3 - 44 目标回波信号和乘积噪声干扰信号的匹配滤波处理结果

下面利用 CFAR 检测来判别雷达能否正确检测到目标。CFAR 检测器的参数设置如下:保护单元个数为 8(前后各 4 个),参考单元个数为 16,虚警率设为 10^{-4}。乘积噪声干扰信号的匹配滤波处理结果如图 3 - 45 所示。由图 3 - 45 可见,经过匹配滤波处理后,乘积噪声干扰信号在距离向的分布较为平坦,由于高斯噪声信号的带宽较大,因此在距离向形成了较大范围的干扰带。当乘积噪声干扰信号的干信比分别为 0 dB、10 dB、20 dB 和 30 dB时,随着干信比的提升,目标周围干扰带的幅度整体提升,但是由于干扰带的幅度分布太过宽泛,因此目标处的幅度仍然较为明显。随着干扰功率的增加,CFAR 检测门限逐渐抬高,但是始终能正确检测到目标。

作为对比,选择高斯噪声信号作为干扰信号,与目标回波信号一同进入雷达接收机。高斯噪声信号的匹配滤波处理结果如图 3 - 46 所示。当干信比为 36 dB 时,高斯噪声信号可以抬高 CFAR 检测门限使其高于目标幅度,这时雷达无法检测到目标。由此可见,与常规非相参噪声信号相比,乘积噪声干扰信号似乎没有干扰功率优势。其原因是:用于乘法运算的调制信号是高斯噪声信号,高斯噪声信号的宽带特性使得干扰信号的能量分散到很大的频率范围内,根据相参噪声干扰的原理,应该使得干扰信号的主要幅度分布在有限的

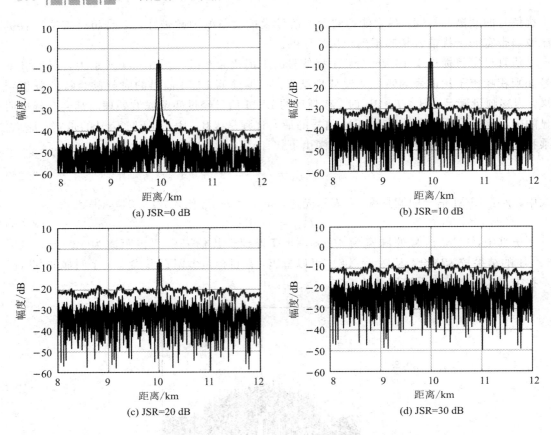

图 3 - 45　乘积噪声干扰信号的匹配滤波处理结果

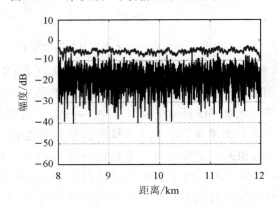

图 3 - 46　高斯噪声信号的匹配滤波处理结果(JSR＝36 dB)

距离范围内，才能使得该范围内的干扰信号的幅度足够大。根据 LFM 信号的移频调制原理，干扰信号的移频量不应该超过 LFM 信号的带宽，而且应尽可能小，以提高干扰信号经过匹配滤波处理后输出信号的幅度。

接下来改变高斯噪声信号的带宽，设其为 10 MHz，LFM 信号的参数保持不变。带限高斯噪声信号的时域波形和幅度分布特性如图 3 - 47 所示，其幅度分布仍近似满足高斯分布。带限高斯噪声信号的频谱见图 3 - 48，其在频域上变为带限信号，主要幅度分布在

－5～＋5 MHz 范围内。

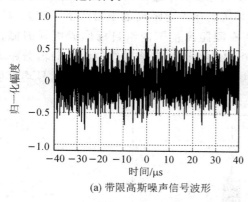

(a) 带限高斯噪声信号波形

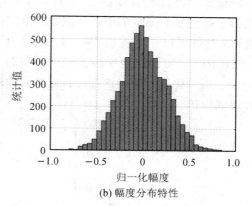

(b) 幅度分布特性

图 3 - 47　带限高斯噪声信号的时域波形和幅度分布特性

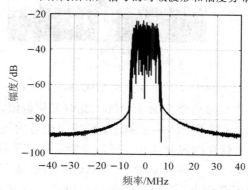

图 3 - 48　带限高斯噪声信号的频谱

　　将带限高斯噪声信号与雷达信号相乘得到带限噪声调制的干扰信号，则干扰信号的频谱如图 3 - 49 所示。与原 LFM 信号相比，干扰信号的带宽略微有所展宽，沿着正频率轴和负频率轴各搬移 5 MHz，总的频偏量即为带限高斯噪声信号的带宽。

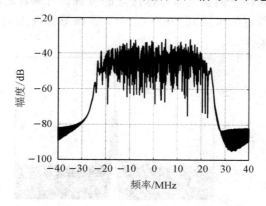

图 3 - 49　干扰信号的频谱

　　为了和高斯噪声信号的干扰效果作对比，带限干信比设为 0 dB，LFM 信号的参数不变，此时采用带限高斯噪声信号得到的干扰信号的匹配滤波处理结果如图 3 - 50 所示。与图 3 - 44 中的匹配滤波结果相比，经过带限高斯噪声调制的干扰信号进行匹配滤波处理后，其在距离向的覆盖范围明显减少，但是干扰幅度明显提高。这是因为带限高斯噪声信号调制使得干扰信号的能量集中在一定频率范围内，从而在一定距离范围内产生了较大幅度的干扰带，这样可以在干扰功率一定的条件下在有限距离范围内给目标形成更好的掩护效果。在该例中，带限高斯噪声信号的带宽为 10 MHz，该频率值对应的距离向覆盖距离是 1500 m。当干扰信号模拟设备与目标之间的距离差小于该值时，理论上干扰信号均可以对目标形成保护。

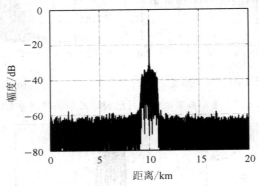

图 3-50 采用带限高斯噪声信号（带宽为 10 MHz）得到的干扰信号的匹配滤波结果

接下来令带限高斯噪声信号的带宽为 4 MHz，此时采用带限高斯噪声信号得到的干扰信号的匹配滤波结果如图 3-51 所示。带宽越小，则噪声信号的频谱对 LFM 信号的频谱的搬移量越小，干扰信号的能量在频域越集中。可以看到，此时干扰信号经过匹配滤波处理后，其幅度大于带限高斯噪声信号的带宽为 10 MHz 的情况。随着调制带宽的减小，干扰信号在距离向的覆盖距离逐渐变小，当干扰信号模拟设备与目标之间的距离较近时，可以优先采用带宽较小的带限高斯噪声信号来生成乘积噪声干扰信号。如此一来，在干扰功率一定的条件下，可以生成更高幅度的干扰信号，进一步提高目标处的 CFAR 检测门限。当设备与目标之间的距离较大、两者之间的距离可以精准测量时，可以控制干扰信号的发射延时，将干扰信号的主要幅度调整到与目标接近的位置。当两者之间的距离难以精确测量时，只能选择具有较大带宽的带限高斯噪声信号，确保形成覆盖较宽范围的干扰信号，使得目标位置处得到有效掩护。

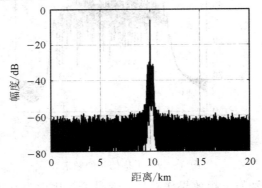

图 3-51 采用带限高斯噪声信号（带宽为 4 MHz）得到的干扰信号的匹配滤波结果

接下来分析不同干信比条件下的干扰效果。设定带限高斯噪声信号的带宽为 4 MHz，

CFAR 检测器的参数设置如下：保护单元个数为 8，参考单元个数为 16，虚警率为 10^{-4}。采用带限高斯噪声信号得到的干扰信号的 CFAR 检测结果如图 3 - 52 所示。当干信比为 22 dB 时，CFAR 检测器已经不能正确检测到目标的位置，继续增大干信比到 25 dB，可以进一步确保干扰信号对目标的掩护效果。与图 3 - 46 中非相参高斯噪声干扰信号相比，采用带限高斯噪声信号得到的乘积调制干扰信号在干扰功率方面的优势是非常明显的。

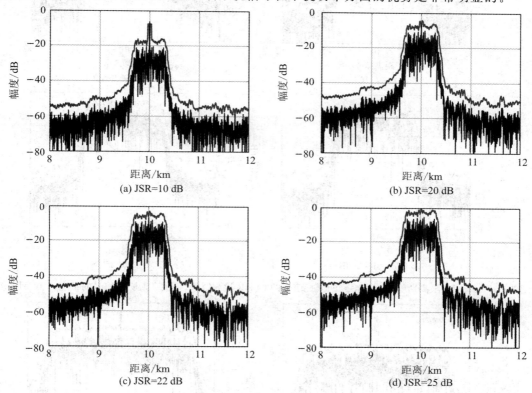

图 3 - 52　采用带限高斯噪声信号得到的干扰信号的 CFAR 检测结果
（带限高斯噪声信号的带宽为 4 MHz）

　　接下来改变带限高斯噪声信号的带宽，令其为 10 MHz，采用带限高斯噪声信号得到的干扰信号的 CFAR 检测结果如图 3 - 53 所示。使用更大带宽的带限高斯噪声信号后，干扰信号形成的干扰带在距离向上的覆盖范围增大，这与前述理论分析一致。但是当干扰信号的干信比相同时，较大调制带宽在获得较大干扰覆盖范围时，其有效干扰幅度是下降的。当干信比为 22 dB 时，雷达可以正确检测到目标，因此为了有效掩护目标，干扰信号需要的干扰能量也要提升。

　　当前仿真条件下的 LFM 信号的调频率为 1×10^{12}，通过计算可得，10 MHz 的调制带宽使得干扰信号经过匹配滤波后的覆盖距离约为 1.5 km，4 MHz 的带宽对应 600 m，与图 3 - 52 和图 3 - 53 中的结果较为吻合。

　　进一步增大高斯噪声信号的带宽，令其为 20 MHz，采用带限高斯噪声信号得到的干扰信号的 CFAR 检测结果如图 3 - 54 所示，结果与前述变化规律相吻合。因此，在干扰信号的实际应用中，首先要明确干扰信号模拟设备、掩护目标与雷达之间的空间位置关系。当干扰信号模拟设备与目标位置较近时，优先选择较小的调制带宽，这样虽然生成的干扰带

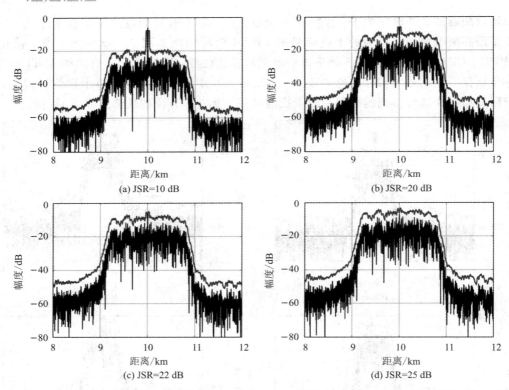

图 3 - 53 采用带限高斯噪声信号得到的干扰信号的 CFAR 检测结果(带限高斯噪声信号的带宽为 10 MHz)

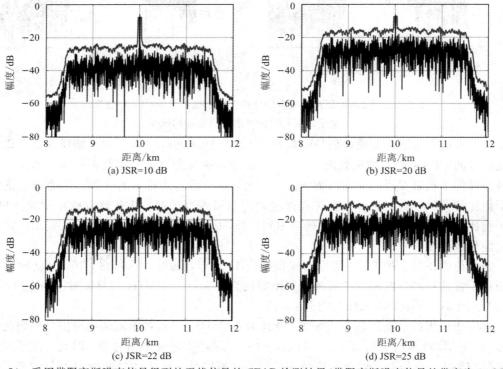

图 3 - 54 采用带限高斯噪声信号得到的干扰信号的 CFAR 检测结果(带限高斯噪声信号的带宽为 20 MHz)

的覆盖范围较小，但是其幅度较大，在干扰功率一定的条件下，可以进一步提高雷达在目标位置附近的检测门限，更好地掩护目标。当干扰信号模拟设备与目标位置较远时，干扰信号需要设置较大的调制带宽，因为当干扰信号的发射延时不作调整时，干扰信号的有效作用范围在干扰信号模拟设备的附近，此时若调制带宽较小，则在干扰信号模拟设备附近生成的干扰信号对目标起不到保护作用。

　　为了验证乘积噪声干扰信号的有效性，这里选取相同功率的高斯噪声信号作为对比。高斯噪声信号经过匹配滤波处理后的结果如图 3-55 所示。高斯噪声信号的干扰幅度分布在整个距离向，经过匹配滤波处理后，其幅度小于乘积噪声干扰信号的幅度。带限高斯噪声信号的带宽越大，干扰信号经过匹配滤波处理后的有效干扰幅度越小。此时，乘积噪声干扰信号与常规噪声信号相比，没有明显的干扰幅度优势。

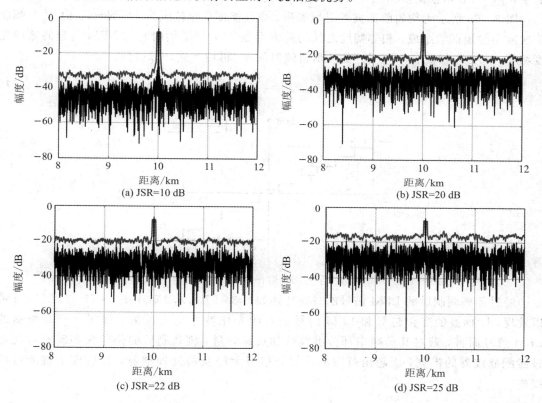

图 3-55　高斯噪声信号经过匹配滤波处理后的结果

3.3.2　阶梯波调频干扰信号

　　本节详细介绍了阶梯波调频干扰的原理并分析了干扰信号经过匹配滤波器的处理结果，通过仿真实验验证了干扰方法的有效性和正确性，同时仿真分析了不同干扰参数下的干扰效果。利用阶梯波的幅度值可控制不同时刻的移频调制量，而通过控制阶梯波的每段时间长度以及幅度变化量，干扰信号可以产生间隔固定或者间隔变化且幅度起伏的多个假目标[3]。

　　干扰信号模拟设备截获到雷达信号之后，首先对基带雷达信号进行采样及存储，在该信号的基础上调制产生的干扰信号就与雷达信号之间有一定的相参性，理论上可以获得部分匹配滤波器处理增益。根据移频干扰理论，对 LFM 信号附加单一频率后，调制后的信号经过匹配滤波器处理后可以生成一个在时域上偏移的假目标。然而，对 LFM 信号进行单一频率调制后其频率会有部分超出匹配滤波器的带宽，从而造成假目标在幅度上有一定损失。鉴于此，本节探讨一种基于阶梯波的多次移频调制干扰方法，尽量保证每一个移频调制量都使得新的 LFM 信号的频率范围保持在匹配滤波器的带宽内，避免频率超出范围而造成干扰幅度损失。当利用阶梯波改变 LFM 信号的时频特性时，得到的干扰信号可以写为

$$s_j(t) = f(s(t)) \tag{3.26}$$

其中，$f(\cdot)$ 表示根据阶梯波进行频率调制，具体调频值由阶梯波的幅度和调频参数决定。

图 3-56 所示为均匀阶梯波的时域波形。令其幅度变化范围为 +1 到 -1，由 N 个幅度依次减小的矩形波组成，相邻幅度之间的差值为 Δa。阶梯波的时长与 LFM 信号的脉冲宽度相等，那么阶梯波各个"阶梯"的波形持续时间 T_c 可由下式计算得到：

$$T_c = \frac{T_p}{N} \tag{3.27}$$

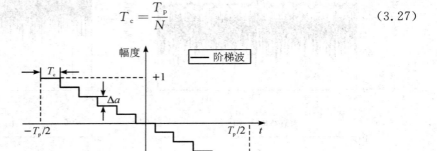

图 3-56 均匀阶梯波的时域波形

经过频率调制后的 LFM 信号的时频特性如图 3-57 所示。对比图 3-57 与图 3-56 可以发现，阶梯波的变化趋势和 LFM 信号的时频变化特性是相反的。就图 3-56 所示的 LFM 信号而言，若对其负频率部分继续叠加负移频量，则调制后的信号频率就有可能超过匹配滤波器的带宽，而超出范围的那部分信号无法获得处理增益，会造成干扰能量的损失。

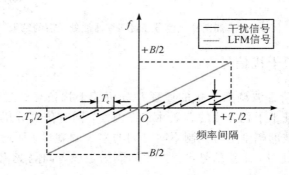

图 3-57 经过频率调制后的 LFM 信号的时频特性

与原 LFM 信号相比，经过频移调制后干扰信号的时频曲线不再是单纯线性变化的，由于阶梯波形具有幅度跳变特性，因此调制时的移频量在不同时刻也是变化的，从而造成干扰信号的频率也是分段的并且存在跳变特性。由于阶梯波的幅度变化趋势和雷达 LFM 信号的频率变化趋势是相反的，因此调制后的 LFM 信号的带宽是小于原 LFM 信号的，但是每一段信号的频率还是线性变化的，并且调频率与原 LFM 信号的一致，只是存在一定的频率偏移量。根据移频调制的特性，每部分信号可以形成一个假目标，并且假目标的幅度降为完整脉冲时的 $1/N$。由于移频调制的存在，该假目标的位置存在一定的偏移。由于阶梯波的幅度是均匀变化的，对应着等频率间隔的 N 个移频调制信号，因而生成了 N 个幅度相同且等间隔的假目标。

移频后的 LFM 信号经过匹配滤波处理后，输出的假目标的峰值位置会发生改变，位移变化量 Δd 与移频量之间的关系为

$$\Delta d = \frac{c \cdot \Delta f_d}{2\gamma} \tag{3.28}$$

其中，Δf_d 表示移频量，c 代表光速。这里，Δf_d 定义为阶梯波移频的最小频率间隔，由阶梯波的幅度步进值和调频系数 k_m 决定，因此得到相邻假目标之间的距离间隔为

$$\Delta d' = \frac{c \cdot k_m \cdot \Delta a}{2\gamma} \tag{3.29}$$

当需要利用多个假目标来覆盖真目标时，相邻两个假目标之间的间距应该小于或者接近 LFM 信号的距离分辨率，即

$$\Delta d' \leqslant \frac{c}{2B} \tag{3.30}$$

当假目标的个数 N 确定后，k_m 可以通过下式计算：

$$k_m \leqslant \frac{N}{2 \cdot T_p} \tag{3.31}$$

同时，假目标群在距离向的覆盖范围 R 为

$$R = N \cdot \frac{c\Delta f_d}{2\gamma} \tag{3.32}$$

在频率不超出匹配滤波器带宽的情况下，干扰信号产生的假目标其幅度由阶梯波的阶梯时长决定，阶梯时长越大，则该部分假目标的幅度越大，反之假目标的幅度越小。通过控制阶梯波的每个台阶的时长，让其呈现一定的随机性，就可以产生幅度起伏的假目标群。

要改变假目标之间的间隔，应在 k_m 不变时对阶梯波的幅度的每次变化量进行随机控制，这样可以产生等幅度的、距离上随机分布的假目标。若假目标的幅度和间距都要随机变化，则阶梯波的台阶时长和幅度变化值都要随机变化，这样实现起来相对更复杂一些。

为验证阶梯波调频干扰信号的干扰效果，接下来仿真分析了针对 LFM 雷达信号产生的干扰信号的时频特性以及干扰信号经过雷达匹配滤波器的处理结果。假设雷达信号的带宽为 40 MHz，脉冲宽度为 40 μs，调频率为 1×10^{12}，重复频率为 1 kHz。干扰信号模拟设备与真目标均位于 10 km 处，仿真中未考虑干扰信号的调制和转发延时。

首先分析阶梯波时长相等（每段"阶梯"等时长）、阶梯幅度变化相同时的干扰情况。根据雷达信号的脉冲宽度，生成等时长的阶梯波，以 4 段阶梯波为例，每个阶梯的时长为

40 μs/4＝10 μs，幅度从＋1 减小到－1，递减幅度为 2/3，得到的 4 阶阶梯波的时域波形如图 3－58 所示。

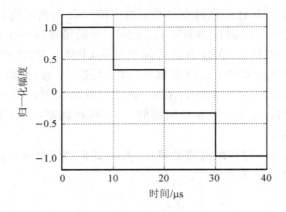

图 3－58　4 阶阶梯波的时域波形

令调频系数为 10 MHz，图 3－58 所示的阶梯波对应的频率调制范围从＋10 MHz 变化到－10 MHz，频率变化间隔为 20 MHz/3＝6.67 MHz，则 4 阶阶梯波频率调制信号的频谱结果如图 3－59(a)所示。从图 3－59(a)中可以看到，调制信号共有 4 根谱线，谱线之间呈等间隔分布，谱线的个数与阶梯波的阶数相等。图 3－59(b)为频率调制信号的时频分析结果，该时频曲线特征与阶梯波的时域波形特征相近，在某个阶梯值持续范围内，调制信号的频率为固定值，调制信号的频率随着时间呈离散数值变化。

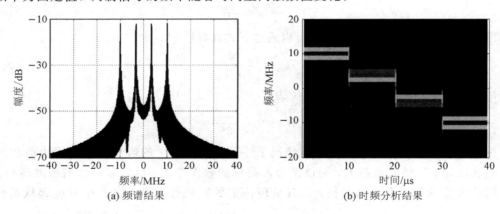

(a) 频谱结果　　　　　　　　　　(b) 时频分析结果

图 3－59　4 阶阶梯波频率调制信号的频谱结果和时频分析结果

将该频率调制信号与干扰信号模拟设备截获的雷达信号相乘后，得到阶梯波调频干扰信号。雷达 LFM 信号和 4 阶阶梯波调频干扰信号的时频分析结果如图 3－60 所示。由于阶梯波的幅度随着时间减小，LFM 信号的频率随着时间增加，因此就当前仿真参数的设置而言，当 LFM 信号的频率小于 0 时，阶梯波频率调制信号的频率值为正值，生成的干扰信号的频率值相对于原 LFM 信号的频率值有所增大。当 LFM 信号的频率大于 0 时，阶梯波频率调制信号的频率值为负值，干扰信号的频率值相应减小。如此一来，干扰信号的频率范围就小于雷达 LFM 信号的频率范围，且干扰信号的时频曲线被分成了 4 段。由于每一段干扰信号都等效于 LFM 信号的某一部分，其频率不超出 LFM 信号的频率范围，因此没有移频调制带来的增益损失，但是因为这一段信号的脉冲宽度、能量都是原 LFM 信号的一部分，所以造成匹配滤波输出信号的幅度减小。

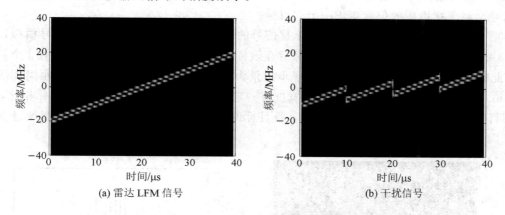

(a) 雷达 LFM 信号　　　　　　　　　(b) 干扰信号

图 3-60　雷达 LFM 信号和 4 阶阶梯波调频干扰信号的时频分析结果

　　观察干扰信号的时频特性可知，由于阶梯波幅度的变化趋势与 LFM 信号的调频率极性是相反的，因此经过合理选择调频系数，移频调制后干扰信号的频率就不会超出原 LFM 信号的频率范围。由于阶梯波的频率调制，干扰信号的时频曲线分成了 4 段，每段都可以看作一个 LFM 信号。每段信号的时间长度是相等的，因此生成的每个假目标在幅度上也是相等的。当干扰信号的幅度与目标回波信号的幅度相等时，假目标的幅度应为其目标幅度的 $1/N$（N 为阶梯波的级数）。

　　当干扰信号的干信比为 0 dB 时，4 阶阶梯波调频干扰信号的匹配滤波处理结果如图 3-61 所示。可以看到，干扰信号生成了 4 个等间隔分布的假目标，每个假目标的幅度均相等，但是小于目标回波信号的幅度（为 0 dB，图中未画出）。当阶梯波分为 4 级台阶，调频系数为 10 MHz 时，调制信号的移频步进值为 6.67 MHz，对应的距离偏移量为 1 km。

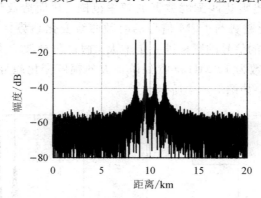

图 3-61　4 阶阶梯波调频干扰信号的匹配滤波处理结果

　　当阶梯波的阶数为偶数时，可以看到在干扰信号模拟设备的位置（10 km 处）并没有生成假目标。由图 3-60(b) 所示的干扰信号的时频曲线可知，干扰信号在 0 频率值附近没有完整的线性变化的时频曲线，因此，在不考虑干扰信号转发延时的情况下，不会生成对应距离偏移量为 0 的假目标。

　　图 3-62 所示为 7 阶阶梯波调频干扰信号的时频分析结果。当阶梯波分为偶数段时，

其时频特性与原雷达信号相比并无重合部分，因此经过匹配滤波处理后的假目标不在 0 距离处；当阶梯波分为奇数段时，0 频率值附近的干扰信号与 LFM 信号是一致的，该部分干扰信号会在干扰设备的位置生成一个假目标。

图 3-63 所示为 7 阶阶梯波调频干扰信号的匹配滤波处理结果，在干扰信号模拟设备的 10 km 位置处生成了 1 个假目标，然后在该位置的前后各产生了等间隔分布的 3 个假目标。此时，阶梯波调频干扰信号的频率步进量为 3.33 MHz，则相邻假目标的距离间隔为 500 m。与真目标相比，假目标的主瓣宽度有一定的展宽。与图 3-61 中的假目标相比，随着假目标的数目增多，图 3-63 中各个假目标的幅度出现了下降，并且主瓣宽度进一步展宽。

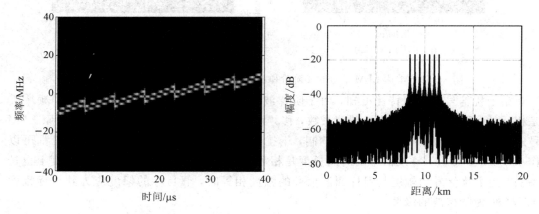

图 3-62　7 阶阶梯波调频干扰信号的　　　　　图 3-63　7 阶阶梯波调频干扰信号的
　　　　　时频分析结果　　　　　　　　　　　　　　匹配滤波处理结果

前述仿真设定阶梯波的幅度变化趋势与 LFM 信号的时频曲线变化趋势是相反的，这样使得干扰信号不会超出雷达匹配滤波器的频率范围，从而造成带外干扰信号的能量浪费。当阶梯波的幅度变化趋势与 LFM 信号的时频曲线变化趋势相同时，会造成原本处于 LFM 信号频率边缘部分的信号的频率进一步增大。假设阶梯波为 4 阶，归一化幅度从 −1 递增变化为 +1，调频系数为 10 MHz，得到阶梯波的幅度变化趋势与 LFM 信号的时频变化趋势相同时的仿真结果如图 3-64 所示。

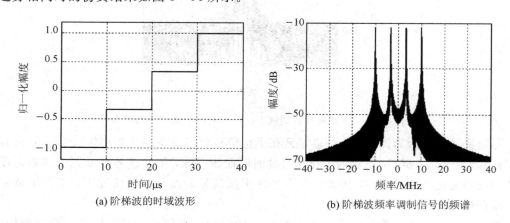

(a) 阶梯波的时域波形　　　　　　　　　　(b) 阶梯波频率调制信号的频谱

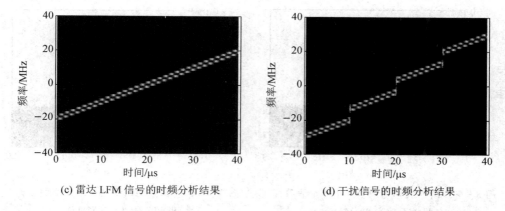

(c) 雷达 LFM 信号的时频分析结果　　　　(d) 干扰信号的时频分析结果

图 3-64　阶梯波的幅度变化趋势与 LFM 信号的时频变化趋势相同时的仿真结果

图 3-65 所示为当阶梯波幅度变化趋势与 LFM 信号的时频曲线变化趋势相同时干扰信号的匹配滤波处理结果。由图 3-65 可以看到，以 10 km 位置为参考，距离更远的两个假目标的幅度出现了明显的下降，这两个假目标对应于图 3-64(b)中位于干扰信号频率边带的两段信号，由于该信号部分超出了 LFM 信号的频率范围，因此造成了匹配滤波处理增益的下降。

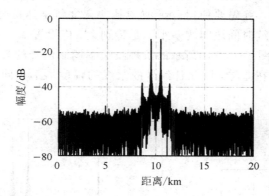

图 3-65　阶梯波幅度变化趋势与 LFM 信号的时频曲线变化趋势相同时
干扰信号的匹配滤波处理结果

接下来仍采用与 LFM 信号时频变化趋势相反的阶梯波来生成干扰信号，阶梯波为 4 阶，增大调频系数为 20 MHz，得到的干扰信号的匹配滤波处理结果如图 3-66 所示。图中阶梯波均匀产生了 4 个假目标。与图 3-61 中的假目标相比，由于移频调制量增大了 1 倍，因此假目标的距离间隔也扩大了 1 倍，变为 2 km，说明通过控制阶梯波调频系数，可以生成不同间隔的假目标。但是调频系数值不能太大，不能超过 LFM 信号的带宽，否则干扰信号的频率范围就会超出匹配滤波器的频率范围，从而无法生成假目标。

图 3-67 所示为调频系数为 35 MHz 时利用阶梯波均匀调制产生 4 个假目标。图中，位于中间位置的两个假目标幅度相等，位于两侧的假目标幅度出现了下降，此时，生成该假目标的干扰信号的频率已经有一部分略超出匹配滤波器的带宽。调频系数越大，则假目标的间隔越大，从而干扰信号的频率超出带宽范围越多，造成假目标幅度下降越明显。

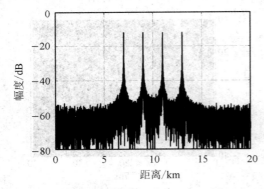

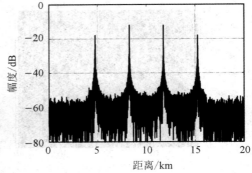

图 3-66 阶梯波均匀调制产生 4 个假目标
（调频系数为 20 MHz）

图 3-67 阶梯波均匀调制产生 4 个假目标
（调频系数为 35 MHz）

前面的仿真设定阶梯波的幅度变化值均相等，且每一级阶梯的持续时间也相等，接下来仿真分析阶梯波幅度变化量、阶梯持续时间不相等时的干扰效果。首先分析阶梯波幅度变化量相等，而每段阶梯波的时间长度由随机数控制的情况。设定阶梯波为 4 阶，在该情况下得到的时间非均匀调制阶梯波的时域波形如图 3-68(a) 所示。从图 3-68(a) 中可见，每阶之间的幅度变化量是相等的，不同阶梯的持续时间因受随机数的控制而不同。在设计时间随机变化的阶梯波时，首先要使得阶梯波的脉冲宽度与雷达信号的脉宽一致。其次，为保证每一阶阶梯波的持续时间之间的差距不是特别大，应设置每一阶阶梯波的持续时间在某一均值附近抖动。由图 3-68(b) 所示的阶梯波频率调制信号的频谱可知，由于不同频率信号的持续时间长短存在差异，因此各信号的谱线的幅度均不相同，这也会影响生成的假目标的幅度。

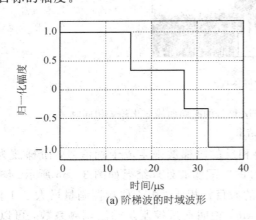

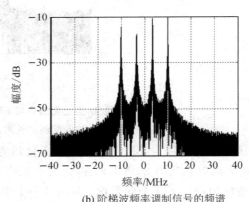

(a) 阶梯波的时域波形

(b) 阶梯波频率调制信号的频谱

图 3-68 时间非均匀调制阶梯波

此时，时间非均匀调制阶梯波的干扰效果如图 3-69 所示。由于阶梯波的幅度变化量是相等的，进而频率调制信号的频率步进值也相等，因此生成的假目标之间的距离间隔是相等的。不同假目标的幅度差异较为明显，并且幅度较大的假目标其主瓣宽度较窄，这是因为该部分假目标对应的干扰信号的脉冲宽度较大，与匹配滤波器的频率重叠的部分越多。当阶梯波时长较小时，产生的假目标幅度非常小，因此为了确保假目标之间的幅度差异不是特别大，应该避免阶梯波的每一阶的持续时间的抖动过大。

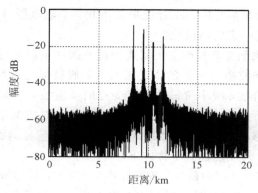

图 3-69　时间非均匀调制阶梯波的干扰效果

接下来分析每一阶阶梯波持续时间相等，而幅度变化量随机变化时的干扰信号的特性。此时幅度非均匀调制的阶梯波频率调制信号的时域波形和频谱结果如图 3-70 所示。由于阶梯波幅度的变化量不再相等，造成频率调制信号的频率间隔也不相等，因此可以推测，生成的假目标不再是等距离分布的。

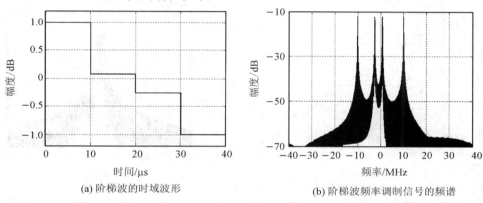

(a) 阶梯波的时域波形　　　　　　　　(b) 阶梯波频率调制信号的频谱

图 3-70　幅度非均匀调制的阶梯波频率调制信号

图 3-71 是幅度非均匀调制阶梯波的干扰效果。利用随机数来控制阶梯波之间的幅度变化，可使得相邻的阶梯波的幅度变化量不相等。由于每一阶阶梯波对应的频率调制量并没有超出匹配滤波器的范围，并且每段阶梯波的时长是一样的，因此产生的假目标幅度是

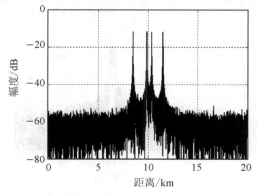

图 3-71　幅度非均匀调制阶梯波的干扰效果

相等的。而阶梯波频率调制信号的频率步进量并不相等，造成假目标之间的距离间隔也是不等的，其距离间隔呈现一定的随机性。

　　最后讨论阶梯波调频干扰信号产生压制式干扰效果的情况。当调频系数不变时，假目标之间的距离间隔与阶梯波幅度变化的步进量有关，假目标的数目与阶梯波的阶数有关，因此可以增加阶梯波的阶数，减小阶梯波幅度变化的步进值，从而产生频率分量较多、频率间隔较小的调制信号。如此一来，由于相邻两阶阶梯波对应的频率调制量变化比较小，因此能生成距离间隔足够小的假目标，当距离间隔与 LFM 信号的距离分辨率相当时，就能让多个假目标紧密相连，产生压制式干扰效果。

　　当 LFM 信号的带宽为 40 MHz 时，理论距离分辨率为 3.75 m。由于雷达接收机常采用 CFAR 检测器，因此当 CFAR 检测单元内存在不止一个假目标时，这些假目标就有可能提高 CFAR 检测门限。设定阶梯波分为 12 段，采取幅度均匀变化、每阶持续时间相等的阶梯波，调频系数为 2 MHz，得到的阶梯波频率调制信号的时域、频域特征如图 3-72 所示。此时，调制信号的频率步进量为 0.36 MHz，12 根谱线的频率覆盖范围总量为 4 MHz。从频谱结果可见，阶梯波频率调制信号可以看作宽带信号。

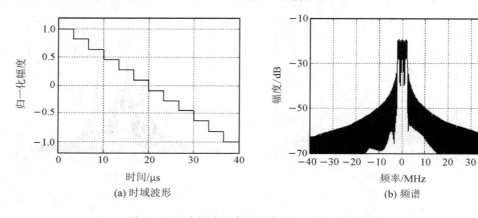

(a) 时域波形　　　　　　　　　　(b) 频谱

图 3-72　阶梯波频率调制信号的时域、频域特征

　　此时，阶梯波调频干扰信号的匹配滤波处理结果如图 3-73 所示。可以看到，由于距离间隔较小，因此经过雷达处理后各假目标紧密靠近，形成了覆盖一定距离范围的干扰带。此时，假目标之间的距离间隔为 54.5 m，干扰带的距离覆盖范围是 600 m，假目标的距离

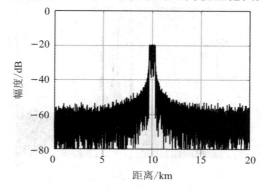

图 3-73　阶梯波调频干扰信号的匹配滤波处理结果

间隔为 LFM 信号分辨率的 14.5 倍，需要用 CFAR 检测来验证对目标的掩护效果。

CFAR 检测器的参数设置为保护单元个数为 8，参考单元个数为 16，虚警率设为 10^{-4}。不同干信比条件下，均匀阶梯波调频干扰信号的干扰效果如图 3-74 所示。从图 3-74 中可以看到，等幅度的假目标在距离向上形成了一个干扰带，覆盖了真目标的位置信息。随着干信比的提高，目标附近的 CFAR 检测门限也逐渐增加，当干信比大于 6 dB 时，检测门限和目标信号的幅度值几乎相当，继续增大干信比，则可以令检测门限大于目标信号幅度，从而使得雷达无法检测到目标信号，干扰信号产生了压制式干扰效果。

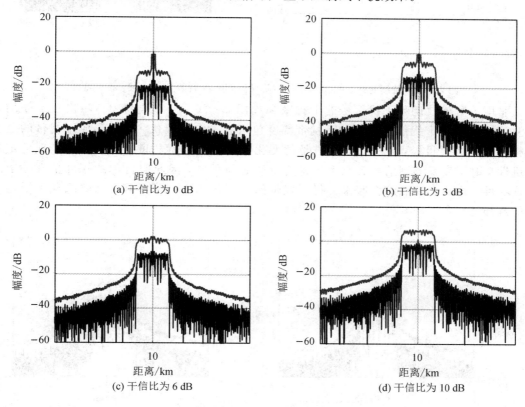

图 3-74　均匀阶梯波调频干扰信号的干扰效果

由于经过移频调制的假目标存在主瓣宽度展宽的情况，因此当假目标之间的距离间隔为雷达信号分辨率的 10 倍数量级时，阶梯波调频干扰信号也能够产生压制式干扰效果。此时，假目标群的覆盖距离约为 600 m，使得干扰信号模拟设备与真目标之间存在一定距离偏差时仍有可能实现有效干扰。

图 3-74 中，用于产生压制式干扰效果的假目标是等间隔排列且幅度相等的。由于规律性太强，因此对方雷达容易发现并采取抗干扰措施。可以对阶梯波的幅度变化量、每阶的持续时长进行随机控制，这样可以生成幅度大小随机、距离间隔随机的假目标，进而生成幅度规律不明显的压制式干扰信号。令阶梯波阶数为 12，调频系数为 2 MHz，得到的持续时间、幅度非均匀的阶梯波频率调制信号的时域、频域特征如图 3-75 所示。可以看到，每阶阶梯波的幅度变化量不同，且持续时间也不相等，如此一来，就可以生成不同频率间隔、不同幅度的调制信号。此时，频率调制信号是宽带信号，其频谱如图 3-75(b) 所示。

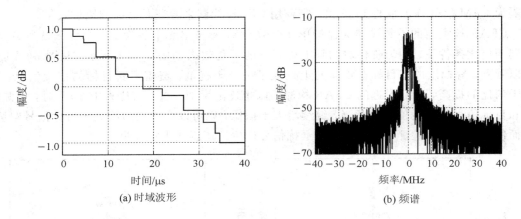

(a) 时域波形　　　　　　　　　　　　(b) 频谱

图 3-75　持续时间、幅度非均匀的阶梯波频率调制信号的时域、频域特征

非均匀阶梯波调频干扰信号的干扰效果如图 3-76 所示。与图 3-74 相比，非均匀调制阶梯波调频干扰信号形成的干扰带幅度包络有一定的起伏。用于形成干扰带的是多个相互靠近的假目标，频率调制步进量的变化，使得假目标之间的距离间隔呈现一定的随机性。由于频率调制信号各频率分量的持续时间不同，因此假目标的幅度呈现一定的起伏特性。这两个特点综合起来使得干扰带的幅度包络出现了起伏，有效隐藏了干扰信号的规律性。

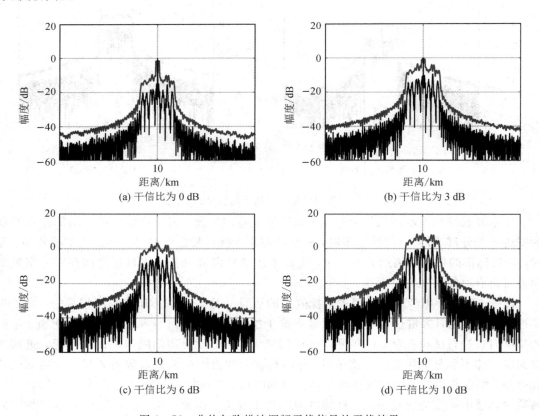

(a) 干信比为 0 dB　　　　　　　　　　　(b) 干信比为 3 dB

(c) 干信比为 6 dB　　　　　　　　　　　(d) 干信比为 10 dB

图 3-76　非均匀阶梯波调频干扰信号的干扰效果

本节针对 LFM 雷达信号，提出了一种利用阶梯波对雷达信号进行移频调制的干扰方法(该方法可以针对 LFM 信号生成多个数目可控、间隔可控、幅度起伏的假目标)，推导了干扰信号经过雷达匹配滤波器的输出结果。基于 LFM 信号的时频耦合特性，理论分析表明该方法可以产生多个假目标，假目标的幅度和个数取决于阶梯波的幅度变化特性、每阶阶梯波的持续时间和调频系数。本节通过仿真实验验证了理论分析的正确性，分析讨论了阶梯波均匀调制、非均匀调制的干扰效果，并分别给出了不同参数下的假目标干扰效果和压制式干扰效果。

3.3.3　余弦调相乘积干扰信号

本节介绍一种利用余弦调相信号与截获的雷达信号进行乘积调制生成干扰信号的方法。余弦调相信号的表达式为

$$m(t) = \exp(jm_f \cdot \cos\Omega t) \tag{3.33}$$

其中，m_f 是调相系数，Ω 是调相信号的角频率。余弦调相信号的特性可以通过将其按照 Bessel 函数展开来分析[4]：

$$
\begin{aligned}
m(t) &= \cos(m_f\cos\Omega t) + j\sin(m_f\cos\Omega t)\\
&= J_0(m_f) - 2J_2(m_f)\cos2\Omega t + 2J_4(m_f)\cos4\Omega t - \cdots +\\
&\quad j[2J_1(m_f)\cos\Omega t - 2J_3(m_f)\cos3\Omega t + \cdots]
\end{aligned}\tag{3.34}
$$

其中，$J_n(\cdot)$ 表示 n 阶第一类 Bessel 函数。式(3.34)的频谱表达式可以写为

$$
\begin{aligned}
M(\omega) &= 2\pi J_0(m_f) \cdot \delta(\omega) - \pi\{J_2(m_f) \cdot [\delta(\omega+2\Omega) + \delta(\omega-2\Omega)] +\\
&\quad J_4(m_f) \cdot [\delta(\omega+4\Omega) + \delta(\omega-4\Omega)] + \cdots\} +\\
&\quad j\pi\{J_1(m_f) \cdot [\delta(\omega+\Omega) + \delta(\omega-\Omega)] -\\
&\quad J_3(m_f) \cdot [\delta(\omega+3\Omega) + \delta(\omega-3\Omega)] - \cdots\}
\end{aligned}\tag{3.35}
$$

式(3.35)表明，余弦调相信号 $m(t)$ 拥有无穷多频率分量，各频率分量的频率值为 Ω 的整数倍，且其幅度受到 $J_n(m_f)$ 的影响。

假设雷达信号为 $s(t)$，干扰信号模拟设备将截获的雷达信号和余弦调相信号进行乘积调制，得到干扰信号的表达式为

$$s_j(t) = s(t) \cdot m(t) \tag{3.36}$$

根据信号理论，两个信号在时域相乘后，乘积运算结果的频谱相当于两个信号频谱的卷积。由式(3.35)可知，余弦调相信号的频谱是具有无穷多个频率分量的离散谱线。那么，乘积调制输出信号的频谱相当于将截获的雷达信号的频谱搬移到 $\pm\Omega$，$\pm2\Omega$，$\pm3\Omega$，$\cdots$位置处。

由余弦调相信号的频谱表达式可知，各频率分量的幅度与第一类 Bessel 函数 $J_n(\cdot)$ 有关。图 3-77 所示为第一类 Bessel 函数。从图 3-77 中可知，各曲线的函数值近似按照余弦信号变化，但是整体幅度又呈现减小的趋势。

假设雷达信号为线性调频信号，用线性调频信号的模糊函数来分析余弦调相乘积干扰信号对雷达的干扰效果。LFM 信号的模糊函数表达式[5]为：

$$A(t, f_d) = \left(1 - \frac{|t|}{T_p}\right) \cdot \left|\frac{\sin[\pi(f_d+\gamma t)(T_p-|t|)]}{\pi(f_d+\gamma t)(T_p-|t|)}\right| \quad (-T_p \leqslant t \leqslant T_p) \tag{3.37}$$

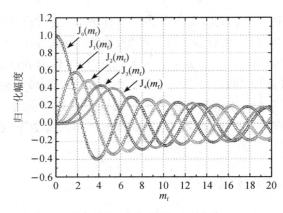

图 3-77 第一类 Bessel 函数

余弦调相乘积干扰信号对调制后的雷达信号附加了角频率为 $n\Omega(n=0,1,2,\cdots)$ 的频率调制量。将 $n\Omega$ 代入式(3.37)中替换 f_d，根据 sinc 函数的特性，理论上每个移频的 LFM 信号经过匹配滤波处理后，都能够形成一个窄脉冲输出信号。随着频率调制移频量的增大，匹配滤波输出信号的幅度会减小，同时，输出信号的幅度还与对应的第一类 Bessel 函数值有关。

接下来利用仿真实验来分析余弦调相乘积干扰信号对 LFM 雷达的干扰效果。首先分析余弦调相信号的特性，仿真设定调相系数 m_f 分别为 1 和 2，调制频率 f_d 分别为 1 MHz 和 2 MHz，得到的余弦调相信号的频谱如图 3-78 所示。

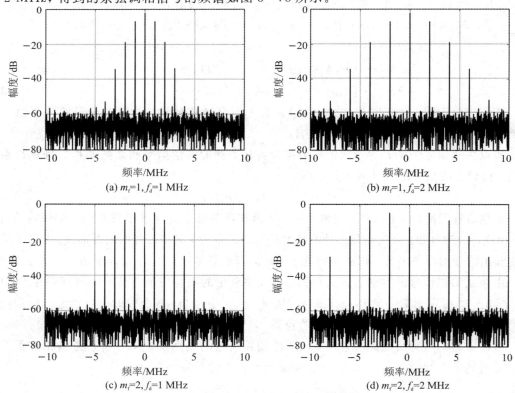

图 3-78 余弦调相信号的频谱

从图 3 - 78 中可见，余弦调相信号的频谱具有多个离散的谱线，各谱线之间的频率间隔是相等的。当调相信号的频率不变时，调相系数 m_f 决定了各频率分量信号的幅度特性，主要是对零频率分量的幅度影响较大。从整体幅度变化趋势来看，高频分量的幅度越来越小，这部分频率分量对截获的雷达信号进行调制后，一般起不到干扰作用。

　仿真设定雷达发射 LFM 信号，带宽为 20 MHz，脉冲宽度为 48 μs，脉冲重复周期为 1 ms。干扰信号模拟设备位于 10 km 处，不考虑发射干扰信号和接收雷达信号之间的隔离度问题。余弦调相信号的调相系数 m_f 设为 4，频率值设为 0.5 MHz，得到的余弦调相乘积干扰信号的干扰效果如图 3 - 79 所示。在信号持续时间范围内，LFM 信号的时频曲线应是按照频率从小到大（正调频）变化的一条线段，干扰信号的时频曲线的变化的大体趋势与 LFM 信号是一致的，但是在此之外时频曲线的频率值又近似按照余弦信号的特征有所起伏。这是由于调相系数不变时，余弦调相信号的频谱的各高阶分量的幅度值不同，这些高阶分量将 LFM 信号的时频曲线沿着频率轴进行了一定量的平移，所有平移后的时频曲线叠加在一起形成了干扰信号的时频曲线。受制于时频分析的时间分辨率和频率分辨率，最终干扰信号的时频曲线似乎按照余弦信号的时域波形有细微的抖动。

　当干扰信号的干信比为 0 dB 时，不考虑目标的回波信号，得到余弦调相乘积干扰信号的干扰效果，如图 3 - 79(b) 所示。可以看到，余弦调相干扰信号可以针对 LFM 信号产生多个等间隔分布的距离向假目标。分析近距离假目标和远距离假目标的幅度变化趋势可知，一方面各个假目标的幅度是按照 Bessel 函数的取值来变化的，另一方面随着移频量的增加，位于更远距离处的假目标幅度进一步减小。

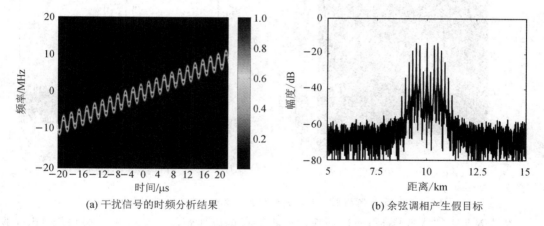

(a) 干扰信号的时频分析结果　　　　　　(b) 余弦调相产生假目标

图 3 - 79　余弦调相乘积干扰信号的干扰效果（$m_f = 4$，$f_d = 0.5$ MHz）

　余弦调相信号的频率值变为 1 MHz，调相系数保持不变（仍为 4），雷达信号参数不变，得到此时干扰信号的时频分析结果，如图 3 - 80(a) 所示。增大余弦调相信号的频率后，各谱线之间的频率间隔增大了，因此干扰信号的时频曲线的谱宽也有所增加。根据 LFM 信号的时频耦合特性，对 LFM 信号的移频量越大，匹配滤波输出信号的幅度最大值与 0 时刻的时间偏差越大，对应假目标之间的距离间隔越大。余弦调相产生的假目标如图 3 - 80(b) 所示。

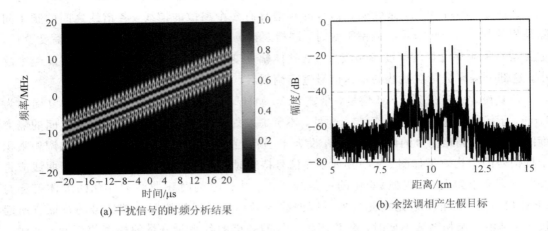

(a) 干扰信号的时频分析结果   (b) 余弦调相产生假目标

图 3-80 余弦调相乘积干扰信号的干扰效果($m_f = 4$, $f_d = 1$ MHz)

前面提到过，各假目标的幅度还与调相系数 m_f 有关，接下来保持余弦调相信号的频率仍为 1 MHz，调相系数变为 3，此时干扰信号的时频分析结果如图 3-81(a)所示。由于调相系数主要决定了 Bessel 函数的取值，进而实现了对移频后的 LFM 信号频谱的幅度控制，因此各假目标的幅度特性也会相应发生变化。图 3-81(b)与图 3-80(b)相比，假目标之间的间隔没有发生变化，每个假目标的幅度略微改变，但是整体趋势还是近处假目标的幅度大，远处假目标的幅度小。

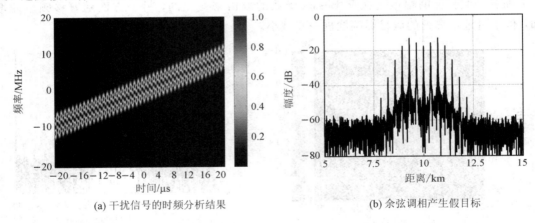

(a) 干扰信号的时频分析结果   (b) 余弦调相产生假目标

图 3-81 余弦调相乘积干扰信号的干扰效果($m_f = 3$, $f_d = 1$ MHz)

前述仿真结果表明，对余弦调相乘积干扰信号可以在距离向生成多个假目标。由于这些假目标的距离间隔均相等，规律性过于明显，而且远处假目标的幅度衰减太大，可能难以对雷达实现有效干扰。根据余弦调相对信号的频谱进行多次搬移这个特性，可以拓展干扰信号在距离向的覆盖范围。例如 3.2 节介绍的卷积调制干扰信号，当采用高斯噪声信号作为调制信号时，高斯噪声信号的脉冲宽度不能太大，一方面是因为 FPGA 进行实时卷积运算的点数越多，则资源消耗越大，另一方面考虑到卷积运算对数据的加权叠加特性，可能需要较大的量化位宽。而余弦调相信号是利用乘法实现的，相乘的两个信号均可以按照最大幅度满量程进行乘法运算，然后对输出结果进行固定位宽的截位就能保证输出信号不超过 DAC 的满量程。因此，乘积调制在对输出数据的幅度控制方面要比卷积调制更可控一些。

选取高斯噪声信号作为调制信号，卷积调制干扰信号的匹配滤波结果如图 3 - 82(a)所示。由于高斯噪声信号的脉冲宽度为 1 μs，因此干扰信号的距离覆盖范围约为 150 m。设置调相系数 $m_f=3$，余弦调相信号的频率为 0.25 MHz，对卷积调制干扰信号再进行余弦调相处理后，得到拓展调制后的干扰信号的匹配滤波处理结果，如图 3 - 82(b)所示。从图 3 - 82 中可见，干扰信号的距离覆盖范围明显拓宽了，但是干扰信号的幅度出现了一定的下降，这是因为调制使得信号的能量分散在不同频率上，在获得更大距离覆盖范围的同时降低了干扰信号的幅度，这是在所难免的。

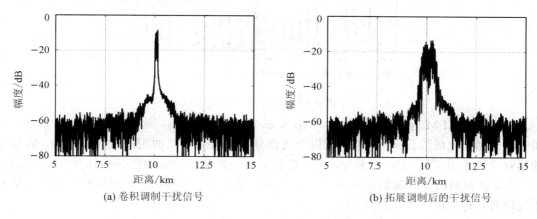

(a) 卷积调制干扰信号   (b) 拓展调制后的干扰信号

图 3 - 82 利用余弦调相信号对卷积调制干扰信号进行调制

在运用余弦调相信号进行干扰覆盖距离拓展时，要注意分析余弦调相信号的谱线频率间隔、所对应的 LFM 信号的距离位移与噪声距离覆盖范围之间的大小关系。拓展后的噪声干扰带应组合成一个没有明显幅度衰减的干扰带，那么余弦调相信号的频率 f_d 与卷积调制干扰信号的脉冲宽度 τ 之间应满足：

$$\frac{f_d \cdot c}{2\gamma} \leqslant \frac{\tau \cdot c}{2} \qquad (3.38)$$

其中，γ 是 LFM 信号的调频率，c 是光速。

在前述仿真中，未经余弦调相信号调制前，卷积调制干扰信号的覆盖距离约为 150 m。余弦调相信号的频率为 0.25 MHz，LFM 信号的调频率为 4.17×10^{11}，计算得到余弦调相信号的谱线间隔对应的距离位移为 90 m，可以使得拓展后的噪声干扰带在距离向是重叠的。

接下来分析如何利用余弦调相信号对卷积调制干扰信号生成的假目标数量进行扩充。3.2 节介绍了卷积调制生成多个假目标的原理，生成假目标的个数与调制信号中不为 0 的采样点个数有关。假目标数量增多，卷积运算结果需要的数据量化位宽可能会增多，由于信号处理机的 DAC 的量化位宽不变，因此对卷积运算结果进行数据截取后，相当于降低了每个假目标的幅度。此外，为了生成更多数量的假目标，也许会增加卷积运算的计算量，消耗更多的 FPGA 计算资源。利用余弦调相信号的调制特性，可以将卷积调制生成的假目标在距离向整体搬移到不同距离处，实现整体假目标个数的增多。图 3 - 83 给出了利用余弦调相信号来扩充假目标个数的示意图，将卷积调制生成的所有假目标定义为第 0 组，利用余弦调相信号的移频特性，将第 0 组假目标在距离向进行搬移，得到多组假目标，所有的假目标围绕散布在真目标周围，以形成掩护。

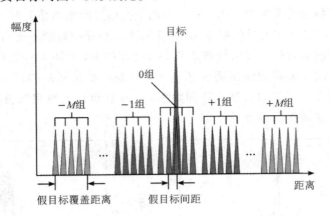

图 3-83 利用余弦调相信号来扩充假目标个数

仿真设定 LFM 信号的带宽为 20 MHz，脉冲宽度为 48 μs，脉冲重复周期为 1 ms。采用卷积调制来生成假目标干扰信号。以干扰信号模拟设备所处的距离为 0 距离处，假目标的相对位置是 100 m、200 m 和 400 m，卷积调制干扰信号生成的假目标如图 3-84(a)所示。将余弦调相信号的调相系数 m_f 设为 3，频率值设为 0.8 MHz，拓展调制后的干扰信号生成的假目标如图 3-84(b)所示。

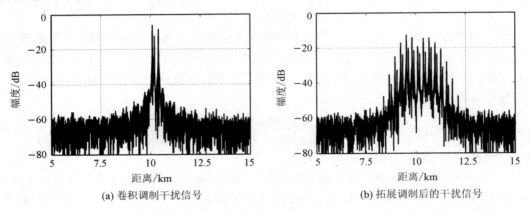

(a) 卷积调制干扰信号   (b) 拓展调制后的干扰信号

图 3-84 利用余弦调相信号对假目标卷积调制干扰信号进行调制

由图 3-84 所示的干扰效果可知，在不增加假目标卷积调制干扰信号的处理难度时，通过余弦调相信号可以显著增加假目标的个数。将假目标群的覆盖距离和余弦调相信号对应的距离位移设置为相等，则拓展后的假目标群之间不应该存在显著的距离间隔，在一定距离范围内，各假目标应该是随机的或近似均匀分散开的。由余弦调相信号的特性可知，在对 LFM 雷达信号进行干扰时，一部分假目标可以位于干扰信号模拟设备的前方，实现导前干扰。

本节最后利用余弦调相信号对 3.3.2 节介绍的阶梯波调频干扰信号进行二次调制。由于阶梯波调制本质上是将截获的雷达信号进行分段，对每一段雷达信号附加了一定频率的调制量，因此可利用 LFM 信号的时频耦合特性来生成假目标。根据阶梯波的调制原理，对雷达信号的分段数越多，生成的假目标个数越多，但同时每个假目标的幅度也越小。因此，当雷达信号的脉冲宽度比较小时，为了生成尽可能多的假目标，则分段后每个信号片段的持续时间就非常小，此时移频调制不一定能取得理想的干扰效果。因此，可以利用余弦调相信号的频率调制特性来扩充阶梯波调频干扰信号生成的假目标的个数。

本节将阶梯波调频干扰信号产生的 N 个假目标定义为一组，假设阶梯波调频干扰信号的移频范围是 $-\Delta f \sim +\Delta f$，阶梯波在时域上等间隔变化，为了避免各组假目标之间相互重叠，余弦调相信号的频率应该满足：

$$f_{\mathrm{d}} \geqslant 2\Delta f \tag{3.39}$$

经过余弦调相信号再次调制后，每个假目标对应的移频量为

$$f(n, i) = \left(\Delta f - \frac{2\Delta f \cdot i}{N}\right) + n \cdot f_{\mathrm{d}} \tag{3.40}$$

其中，i 是阶梯波调频干扰信号的移频量，$i = 0, 1, \cdots, N-1$；n 是余弦调相信号的移频量，$n = 0, 1, \cdots$。

实际上，考虑到雷达接收机匹配滤波器的频率范围有限，余弦调相信号各谱线的幅度大小各不相同，不是所有移频量都能产生假目标。式(3.40)中的移频量应限制在 $[-B, +B]$ 频率范围内，B 是匹配滤波器的带宽。干扰信号中的高阶移频量产生的假目标可以忽略掉，因为它们距离干扰信号模拟设备较远，并且幅度明显小于近处的假目标，对真目标起不到保护效果。

仿真设定 LFM 信号的带宽为 20 MHz，脉冲宽度为 48 μs，脉冲重复周期为 1 ms。首先利用阶梯波调频干扰信号产生 4 个等间隔分布的假目标，设置阶梯波的移频量分别是 0.5 MHz、0.17 MHz、−0.17 MHz 和 −0.5 MHz，此时，假目标之间的距离间隔为 120 m，那么 4 个假目标的总覆盖距离是 360 m。阶梯波调频干扰信号生成的假目标如图 3-85(a)所示。

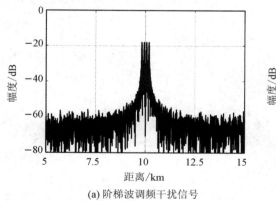
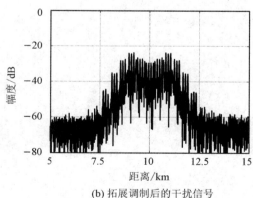

(a) 阶梯波调频干扰信号　　　　　　　(b) 拓展调制后的干扰信号

图 3-85　利用余弦调相信号对阶梯波调频干扰信号进行调制

设置余弦调相信号的调相系数 $m_{\mathrm{f}} = 3$，余弦调相信号的频率为 1.2 MHz，此时，余弦调相信号对假目标群组的距离向搬移量为 432 m，可以确保拓展后的每个假目标群组之间不会重叠。对阶梯波调频干扰信号再次进行余弦调相调制后，拓展调制后的干扰信号生成的假目标如图 3-85(b)所示。可以看到，假目标的数量显著增加，但是假目标的幅度也有所降低，余弦调相信号将假目标群组进行了不同距离的搬移，拓展了假目标的距离覆盖范围。

本章参考文献

[1] TAI N, PAN Y J, YUAN N C. Quasi-coherent noise jamming to LFM radar based on pseudo-random sequence phase-modulation[J]. Radioengineering，2015，24(4)：1013 - 1024.

[2] 张煜. 对逆合成孔径雷达干扰技术研究[D]. 西安：西安电子科技大学，2009.

[3] 邰宁，许雄，韩慧，等. 对 LFM 信号的阶梯波调频干扰方法[J]. 太赫兹科学与电子信息学报，2019，17(5)：871 - 876.

[4] 陈思伟，王雪松，刘阳，等. 合成孔径雷达二维余弦调相转发干扰研究[J]. 电子与信息学报，2009，31(8)：1862 - 1866.

[5] RICHARDS M A. 雷达信号处理基础[M]. 2 版. 邢孟道，王彤，李真芳，等译. 北京：电子工业出版社，2017.

第 4 章　欺骗式干扰信号

4.1　单个假目标干扰信号

本节从目标对雷达波的反射原理出发来分析单个假目标干扰信号的模拟与生成方法。干扰信号模拟设备截获雷达信号后，根据假目标的运动特征以及对雷波反射能力的大小，对存储的雷达信号样本进行延时以模拟假目标的距离信息，对雷达信号样本进行幅度调制以模拟假目标的 RCS，对雷达信号样本进行多普勒频率调制以模拟假目标的速度。单个假目标干扰信号生成的原理与时序如图 4-1 所示。

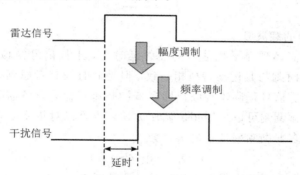

图 4-1　单个假目标干扰信号生成的原理与时序

生成单个假目标干扰信号的主要步骤是对假目标的距离模拟和速度模拟。由于目标回波信号的时间延迟量取决于雷达与目标之间的相对距离，因此干扰信号模拟设备在对假目标的距离信息进行模拟时，需要对接收到的雷达信号进行延迟后再发射。该延迟值决定了假目标与设备之间的相对距离。需要指出的是，在雷达信号脉冲的一次重复周期内，设备先收到雷达信号，然后进行调制生成假目标干扰信号。与设备接收到雷达信号脉冲前沿的时刻相比，假目标干扰信号总是滞后的，这样产生的假目标总是位于设备的后方（如何产生位于设备前方的假目标会在后续章节进行介绍）。

当假目标匀速运动时，假目标和雷达之间的距离是线性变化的。假设初始距离为 y_0，目标以速度 v 向雷达运动，那么任意 t 时刻假目标和雷达之间的距离为

$$y = y_0 - vt \tag{4.1}$$

以雷达发射脉冲信号的前沿时刻为 0 时刻，此时目标回波信号的延时值 τ 为

$$\tau = \frac{2y}{c} \tag{4.2}$$

其中，c 为光速。

假设干扰信号模拟设备与雷达之间的位置关系不发生改变，干扰信号模拟设备根据初始距离、假目标速度实时计算式(4.2)中对应的延时值。当设备接收到雷达信号后，将延时值 τ 减去设备自身与雷达之间对应的延时值 τ_0，作为假目标干扰信号的发射延时。由于设备与雷达之间不存在运动关系，因此 τ_0 为常量，发射延时的计算结果需为正数，即满足：

$$\tau - \tau_0 > 0 \tag{4.3}$$

当式(4.3)满足时，干扰信号模拟设备接收雷达信号、延时调制、发射干扰信号这个过程是可以建立的。当式(4.3)不满足时，说明假目标已经运动到了设备的前方，即设备还没有接收到雷达信号，而假目标干扰信号已经发射出去，此时不满足物理规律。因此，先存储再转发模式下生成的假目标，从雷达视线方向来看，其距离范围只能位于干扰信号模拟设备的后方。

假设雷达发射的信号为 $s(t)$，则干扰信号模拟设备接收到的信号为 $s(t - \tau_0)$，引入延时调制量 τ，并假设假目标的 RCS 为 σ，则干扰信号的表达式为

$$s_j(t) = \sigma \cdot s(t - \tau_0 - \tau) \tag{4.4}$$

由于假目标和雷达之间存在相对运动，因此会对雷达回波信号附加一个多普勒频率调制信号，这时干扰信号模拟设备也需要模拟该过程。多普勒频率的计算公式为

$$f_d = \frac{2 v f_0}{c} \tag{4.5}$$

其中，f_0 是雷达信号的载波频率。

假目标的距离信息体现在干扰信号的发射延时上，干扰信号模拟设备通过控制延时，使得干扰信号的出现时刻与其运动特征相一致。但是此时没有考虑到多普勒频率对干扰信号的影响。为了使干扰信号正确体现假目标多普勒频率信息，设备需要对延迟后的雷达信号进行移频调制。移频调制可以采用相位调制方法，也可以对正交处理后的复数雷达信号直接进行乘积调制。多普勒频率校正的信号为

$$s_d(t) = \exp(j2\pi f_d t) \tag{4.6}$$

将式(4.6)代入式(4.4)中，得到干扰信号的表达式为

$$s_j(t) = \sigma \cdot s(t - \tau_0 - \tau) \cdot \exp(j2\pi f_d t) \tag{4.7}$$

当雷达信号的载波频率为 10 GHz，假目标的速度为 200 m/s 时，对应的多普勒频率为 13.33 kHz。假设雷达信号的脉冲宽度为 200 μs，则在雷达信号持续时间内，多普勒频率对应的相位变化量为 5.33π。由此可见，对长脉冲雷达信号而言，在脉冲信号持续时间内，多普勒频率带来的相位变化不能忽略。假如在脉冲持续时间内多普勒相位的变化量很小，可以对干扰信号整体附加一个多普勒相位，这样可以减少算法的难度。但是当多普勒相位在脉冲内变化较大时，就需要在干扰信号中体现变化的多普勒相位。

根据 DDS 原理，其输出信号的最低频率取决于相位累加器的位宽和 DDS 采样频率。当采样频率一定时，相位累加器的位宽越大，累加步长越小，则输出信号的频率越低。假设 DDS 采样频率为300 MHz，相位累加器的位宽是 32 bit，则输出信号的最低频率为 0.0698 Hz。32 位宽的查找表深度为 $2^{32} \approx 4.3 \times 10^9$，实际中不会使用如此大的查找表，非常消耗存储资源。如果把截取后的相位作为查找表的输入，则输出信号的频率精度以截位后的位宽重新计算。常用的查找表地址位宽为 16 bit 或者更小，此时对应的输出信号的最低频率是

4.58 kHz。实际上，目标回波信号的多普勒频率在 kHz 量级，没有必要采用上百兆赫兹的高采样频率时钟来产生该多普勒频率调制信号。可以选择较低的时钟频率来控制 DDS 产生多普勒信号，这样当查找表的位宽不变时，同样可以产生具有足够频率精度的多普勒调制信号。

假设产生多普勒信号的时钟频率为 10 MHz，相位累加器位宽和查找表位宽设为 16 bit，则输出信号的频率精度为 152.59 Hz，可以满足多普勒调制信号的频率精度需求。再将 10 MHz 采样频率条件下计算得到的多普勒相位通过插值运算变换为 300 MHz 采样频率，然后将其代入干扰信号的生成步骤中。

最后，为了逼真模拟假目标的 RCS 特征，首先要对干扰信号的幅度进行控制。目标回波信号的功率可以由雷达方程计算，这里涉及许多参数，如雷达天线的发射增益、接收增益，天线的有效面积，目标与雷达之间的距离等。假目标干扰信号的功率需考虑设备的收发天线的增益、设备与假目标之间的距离差。然后对干扰信号的幅度进行调制。再考虑到运动目标的起伏特性对 RCS 有影响。整体而言，对假目标干扰信号的幅度调制是较为复杂的，为简化设计和分析，设定假目标干扰信号的幅度为恒定值。

当雷达发射 LFM 信号时，得到假目标干扰信号的表达式：

$$s_j(t) = \sigma \cdot \mathrm{rect}\left(\frac{t - \Delta t}{T_p}\right) \cdot \exp(\mathrm{j}2\pi f_0(t - \Delta t)) \cdot$$
$$\exp(\mathrm{j}\pi\gamma(t - \Delta t)^2) \cdot \exp(\mathrm{j}2\pi f_d(t - \Delta t)) \tag{4.8}$$

单个假目标干扰信号的产生算法流程见图 4-2，其中的关键步骤是干扰信号发射的时序控制（通过计算假目标位置并对输出信号作延时处理来实现），它直接决定了假目标在距离向的位置。同时，多普勒调制和延时调制要对应起来，即经过雷达脉冲 PRI 时间后，假目标的位置对应的时间延时要与干扰信号的发射延时一致。现代雷达的抗干扰手段不局限于一个维度的信息，可以通过速度维和距离维的关联，对相邻的若干次计算到的目标距离的位置求差分以得到速度值，然后将该速度值与在多普勒域测量到的目标速度值进行比对，将不符合物理原理的目标剔除掉。

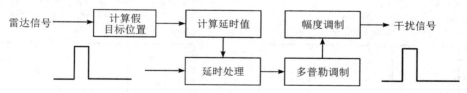

图 4-2　单个假目标干扰信号的产生算法流程图

FPGA 在生成干扰信号时要根据处理的数据量和运算延时要求，确定采用串行方式还是并行方式来实现。ADC 的采样频率经设定后一般不作改变，ADC 的采样频率的 1/2 即为干扰信号模拟设备可以采集和恢复的信号的最大理论带宽。前面提到过，由于 FPGA 等信号处理芯片的时钟频率小于 ADC 的采样频率，因此 ADC 采样的数据在 FPGA 内是并行存储的，即每个 FPGA 时钟周期内包含多个数据采样样本。如果雷达信号的最大带宽小于 FPGA 的时钟频率，则可以对采样数据进行滤波与抽取，使其采样频率与 FPGA 的时钟频率相同，这样一来，FPGA 在每个时钟周期只需处理一个采样样本，所有干扰信号生成步骤中的调制计算都可以串行进行，对于编程开发者而言是较为容易的。接下来对数据样本进行插值、滤波以将其变换到 DAC 的采样频率，最后完成干扰信号样本的数/模转换。当雷达信号的带宽大于 FPGA 的时钟频率时，干扰信号生成步骤中的多普勒频率调制、IQ 正交解调、幅度调制等都需要并行实现。对于假目标干扰信号的发射延时控制而言，无论是并行计算还是串行计算，均可以依据 FPGA 的时钟频率对数据进行延时控制。当 FPGA 的时钟频率为 300 MHz 时，其延时精度为 3.33 ns，换算成雷达距离向的距离值为 0.5 m，即假目标每运动 0.5 m，干扰信号的发射延时就要提前/滞后 1 个 FPGA 时钟周期。当假目标的距离变化精度为 0.5 m 时，常规雷达也是难以区分的。

仿真设定以雷达位置为坐标原点，令假目标初始位置位于 10 km 处，其速度为 200 m/s 且朝向雷达运动。雷达发射 LFM 信号，脉宽宽度为 10 μs，带宽为 40 MHz，重复周期为 1 ms，载频为 10 GHz。

图 4-3 所示为单个假目标干扰信号的匹配滤波处理结果。根据匹配滤波输出信号幅度的峰值位置可以计算假目标和雷达之间的距离。从图 4-3 中可见，随着时间变化，假目标的位置也相应发生变化，且理论计算值和仿真结果一致，这表明了单个假目标干扰信号的正确性。在第一个脉冲时刻，假目标的测量距离为 9.999 km，在第 192 个脉冲时刻，假目标的测量距离为 9.962 km，两者相差 37 m。由于雷达信号的重复周期为 1 ms，假目标的速度为 200 m/s，因此经过 191 个脉冲之后，目标运动距离的理论值为 38.2 m。从距离域的检测结果可以验证采用存储转发方法生成假目标的距离信息的正确性。

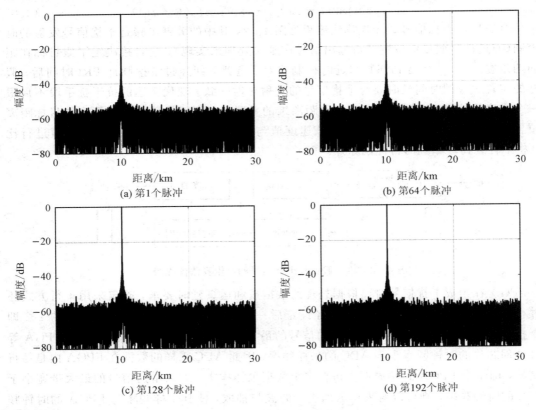

图 4-3　单个假目标干扰信号的匹配滤波处理结果

接下来分析假目标的速度信息。由当前仿真参数计算可知，假目标干扰信号对应的多普勒频率为 13.33 kHz。当雷达信号的重复频率为 1 kHz 时，对多普勒频率的测量结果是模糊的。在该仿真条件下对假目标干扰信号的多普勒频率的测量结果如图 4-4 所示（测量结果为335.9 Hz）。在进行多普勒频率测量时使用了 256 个脉冲，脉冲间的采样频率是 1 kHz，因此多普勒频率分辨率的理论值是 1000 Hz/256＝3.9 Hz。除多普勒频率存在模糊因素外，该测量值结果是正确的。

为了准确实现对高速运动目标的速度的准确测量，雷达信号应采用高重频信号。高重频信号的使用意味着降低了雷达的距离探测范围，当目标位置对应的时间延时大于雷达信号的重复周期时，雷达对目标的距离测量值模糊。这里假设假目标的速度为 10 m/s，其他参数保持不变，则假目标干扰信号的多普勒频率为 666.67 Hz，得到假目标速度为 10 m/s 时测得的多普勒频率如图 4-5 所示。由于雷达信号的重复频率大于假目标干扰信号的多普勒频率，因此在测量时不存在模糊现象，多普勒频率的测量值为 668 Hz，在当前频率测量精度条件下是正确的。

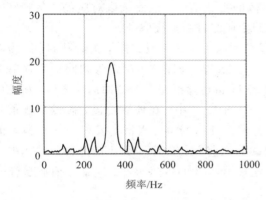
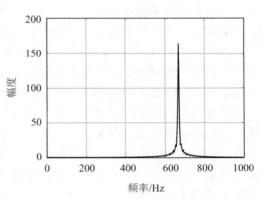

图 4-4　假目标速度为 200 m/s 时测得的多普勒频率　　图 4-5　假目标速度为 10 m/s 时测得的多普勒频率

4.2　导前假目标干扰信号

由于接收雷达信号后调制生成的假目标干扰信号具有滞后性，因此影响了其在诸多场景中的应用。比如，当干扰信号模拟设备与目标处于同一载体平台，或两者之间的距离差很小时，由于目标回波信号总是先于假目标干扰信号进入雷达接收机，这时候是没有干扰信号存在的，因此目标很有可能被雷达正确检测到。假如雷达发射信号的参数在一段时间内保持稳定，那么干扰信号模拟设备通过侦察手段可以获取雷达信号的重复周期、脉冲宽度等，结合在侦察阶段存储的雷达信号，提前发射调制后的假目标干扰信号，就可以生成位于设备前方的假目标。该场景下的导前假目标干扰信号的生成原理图如图 4-6 所示。

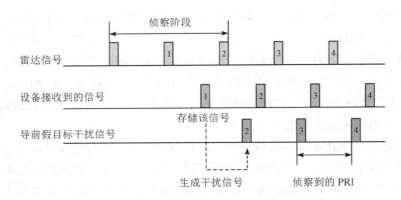

图 4 - 6　导前假目标干扰信号的生成原理与时序

在侦察阶段，干扰信号模拟设备对雷达信号的参数展开测量与分析，主要获取雷达信号的载频、带宽、脉冲宽度、重复周期等。重复周期用于确定提前发射假目标干扰信号的时间，载频、带宽、脉冲宽度等参数用来确认该信号是否需要干扰。在空域存在多个电磁信号的情况下，需要判别接收到的信号是哪一个参数的雷达信号，进而选取对应的、存储好的雷达信号样本，选择相应的重复周期参数，调制生成假目标干扰信号。

从图 4 - 6 中的信号时序来看，在侦察阶段是无法生成导前假目标干扰信号的，因为对雷达信号重复周期（PRI）的测量需要用到脉冲分选技术，只有等多次接收到同一个辐射源发出的信号后，侦察方才能获得该脉冲信号的 PRI。雷达发射完一个脉冲信号之后，在发射下一个脉冲之前，对接收到的回波信号进行处理。图 4 - 6 中，在侦察阶段，假设干扰信号模拟设备成功分选出雷达脉冲，并完整存储了序号为 1 的脉冲。当雷达发射完序号为 2 的脉冲后，干扰信号模拟设备需要在特定的时刻读取之前存储的序号为 1 的脉冲，对其进行调制后形成干扰信号。该干扰信号的作用对象是序号为 2 的雷达脉冲。这是导前假目标干扰信号生成的基本原理。

假设设备对雷达信号重复周期的测量是准确的，以雷达发射序号为 1 的脉冲前沿的时刻为 0 时刻，当设备接收到雷达信号并以 PRI 发射存储的雷达信号时，生成的假目标代表的距离位置即为干扰信号模拟设备所在的位置。从 0 时刻开始，干扰信号模拟设备在第一次接收到雷达信号后开始计时，在计时到达 PRI 前读取并发射干扰信号，就能实现导前干扰，前提是在干扰时间段内雷达信号的样式和参数不发生变化。

由于运动目标对电磁信号反射后会对形成的目标回波信号的频率产生调制，对其附加了与目标速度、电磁波频率有关的多普勒频率，因此雷达通过对多普勒频率信息的提取来判断目标的速度。由于多普勒频率的存在，在不同脉冲重复周期内，目标回波信号的相位会发生缓慢变化。如果干扰信号模拟设备与雷达之间存在相对运动，且干扰信号的发射延时为固定值，则干扰信号的多普勒频率就与设备的运动速度有关。也就是说，在对干扰信号不附加额外的频率调制时，导前假目标的速度与设备自身的速度相同。如果设备与雷达之间不存在相对运动，则需要对干扰信号进行多普勒频率调制，以提高生成的假目标的逼真度。

无论干扰信号模拟设备与雷达之间是否存在相对运动，当相邻两个假目标干扰信号的时间间隔不发生变化时，生成的假目标的运动特性与设备之间是一致的。若希望假目标的运动特性与设备之间是不同的，那么从 0 时刻起，要根据假目标和设备之间的速度差，对相邻的两个假目标干扰信号的时间间隔作调整。由于信号处理机对干扰信号的延时调制精度是基于信号处理的时钟频率的，因此当时钟为 300 MHz 时，对应的延时调制精度为3.33 ns。当假目标与设备之间的速度差为 Δv 时，经过时间 Δt 后，两者之间的距离差变为

$$\Delta d = \Delta v \cdot \Delta t \tag{4.9}$$

对于雷达而言，该距离差换算为假目标的回波信号延时值为

$$\tau = \frac{2\Delta d}{c} \tag{4.10}$$

令 $\tau = 3.33$ ns，代入式(4.10)，计算得到 $\Delta d = 0.5$ m。相对于干扰信号模拟设备的位置而言，假目标每运动 0.5 m，假目标干扰信号的发射延时就要提前或者滞后一个时钟周期(针对导前假目标或者滞后假目标)。假目标运动的距离与其速度和计时间隔均有关，当速度值为常量时，根据式(4.9)就可以计算得到每间隔多久需要调整一次假目标干扰信号的发射延时。举例来说，假目标与设备间的相对速度为 100 m/s，则两者之间的距离差为 0.5 m 时，需要的计时间隔 $\Delta t = 5$ ms。对应图 4 - 6 中，从第一次发射假目标干扰信号后，每间隔 5 ms，下一个假目标干扰信号的发射延时就要增加/减少一个 300 MHz 时钟周期的延时。

4.3　多假目标干扰信号

本节介绍多假目标干扰信号的产生方法。多假目标欺骗式干扰是通过在雷达视线方向上产生多个假目标来迷惑雷达的[1]，其干扰目的是将真目标隐藏在大批量的假目标中，或是使雷达处理机达到饱和，进而降低目标被雷达探测和跟踪的概率。如果假目标的运动轨迹符合物理规律，则有可能在雷达屏幕上形成目标点迹、航迹，进而被当作潜在目标进行处理。此外，如果假目标形成的点迹散布在真目标周围，则这些虚假点迹可能影响雷达对真目标的航迹的建立。

由于现代雷达采用相参处理体制，因此要求假目标干扰信号的时、频域特性要尽可能与目标回波信号的特性相一致。一种方法是干扰信号模拟设备首先接收和截获雷达信号，对雷达信号进行参数测量与分析，再根据雷达信号参数测量值及设定的假目标的特性来构建假目标干扰信号，这种方法需要较为精准的参数测量结果作为引导。另一种方法是对截获的雷达信号进行延时、幅度调制来产生假目标干扰信号，其产生过程为：干扰信号模拟设备截获雷达信号后将其存储在存储单元中，然后按照设定的假目标运动轨迹特征，计算其回波信号的时间延时量以及功率大小，以一定时序反复读取雷达信号，并对每一次读取的雷达信号进行幅度调制来生成假目标干扰信号。

首先分析在雷达信号照射区域内存在多个散射体的情况下雷达回波的表达式，以此为基础来研究多假目标干扰信号的生成技术。由图 4 - 7 可见，雷达波照射到第一个散射体后，会形成反射波回到雷达接收机处，同时雷达波会继续沿着传播方向进行传输，直到照射到下一个散射体后再次进行反射。在雷达波的传播方向上若存在多个散射体，就会形成多个目标回波信号，这些回波信号在空间上合成后一起进入雷达接收机。

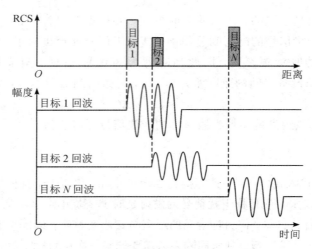

图 4 - 7　多目标对雷达波的散射示意图

由图 4 - 7 可见，多个目标回波的合成结果既与各个散射体的空间位置有关，也与每个散射体的电磁散射系数（RCS）有关。假设相邻两个散射体之间的距离为 d，则这两个散射体的回波信号在时域上不交叠的约束条件为

$$\frac{2d}{c} \geqslant T_{\mathrm{p}} \tag{4.11}$$

式中，T_{p} 为雷达信号的脉冲宽度。当式(4.11)不满足时，相邻两个散射体的回波信号就会有部分重合，重合部分叠加到一起会造成回波信号的幅度包络的起伏。幅度起伏特性对干扰信号模拟设备而言是需要重点考虑的因素之一，各假目标之间的距离间隔越小，则各自的回波信号在时域重叠的部分越多，有可能使得回波信号的幅度包络出现明显起伏。为了保证叠加后的假目标干扰信号的数值不溢出，需要较高的量化位宽。由于数/模转换器的量化位宽是固定的，因此在进行数/模转换前要对干扰信号的数字样本进行截位。此时，在保证较大幅度的假目标信号幅度不溢出的前提下，经过截位后，幅度较小的假目标信号就被丢弃了。

按照电磁波的物理反射过程，采用延时叠加方法产生多假目标干扰信号的过程如图 4 - 8 所示。图 4 - 8 中给出了 16 个假目标干扰信号的生成方法。延时调制体现了位于不同位置的假目标其回波信号返回雷达接收机的时刻不同。幅度调制用乘法器实现，通过将截获的雷达信号与系数 A_i 相乘，用于模拟不同目标对雷达波的反射特性不同。在不同时刻，系数 A_i 可以是变化的，用于模拟运动目标 RCS 的起伏特性。但是在生成的假目标干扰信号的脉冲持续时间内，幅度系数是不变的。将所有假目标信号叠加起来，可以模拟空域上不同目标回波信号的叠加，叠加后得到的假目标干扰信号会传输到 DAC 进行数/模转换。

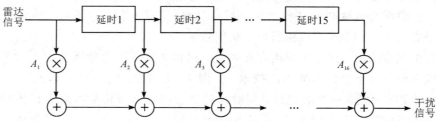

图 4 - 8　采用延时叠加方法产生多假目标干扰信号

在生成假目标干扰信号之前，需要确定每个假目标的初始位置以及速度，然后计算出任意时刻各个假目标所在的位置，并换算成相应的延时值。当干扰信号模拟设备与雷达之间的距离未知时，也就无法计算各个假目标与雷达之间的距离，此时只能设定各个假目标相对于干扰信号模拟设备滞后多少距离，然后以此为基础来对雷达生成假目标。

为简单起见，假设干扰信号模拟设备和雷达之间的距离是已知的，每个假目标与雷达之间的距离为 d_i，令雷达发射脉冲信号的前沿时刻为 0 时刻，那么每个假目标干扰信号的时间延迟值为

$$\tau_i = \frac{2d_i}{c} \tag{4.12}$$

在 t 时刻，假设干扰信号模拟设备和雷达之间的距离为 D，那么干扰信号模拟设备对接收到的雷达信号进行调制所需的延时值 $\Delta\tau_i$ 为

$$\Delta\tau_i = \tau_i - \frac{2D}{c} \tag{4.13}$$

式(4.13)表明，对当前雷达信号进行延时、转发形成的假目标位于干扰信号模拟设备的后方。如果要产生导前假目标，则需要对雷达信号的重复周期进行预测，对雷达信号进行存储，并在相应时刻提前发射干扰信号，具体可以参照 4.2 节，本节只讨论分析位于设备后方的多假目标干扰信号的生成方法。

此时，多假目标干扰信号的表达式为

$$s_{\mathrm{j}}(t) = \sum_{i=1}^{N} \sigma_i \cdot \mathrm{rect}\left(\frac{t - \tau_i}{T_{\mathrm{p}}}\right) \cdot \exp(\mathrm{j}2\pi f_0(t - \tau_i)) \cdot \exp(\mathrm{j}\pi\gamma(t - \tau_i)^2) \tag{4.14}$$

式中，N 为假目标的个数，σ_i 表示每个假目标的 RCS，τ_i 代表每个假目标的回波延时，T_{p} 是雷达信号的脉冲宽度，γ 是 LFM 信号的调频率。

上述假目标干扰信号是对截获的雷达信号附加时域延时得到的。如果干扰信号模拟设备与雷达之间存在相对运动，则通过延时转发生成的假目标干扰信号其多普勒频率与干扰信号模拟设备对应的多普勒频率相同；如果干扰信号模拟设备处于静止状态，那么上述方法产生的假目标干扰信号的多普勒频率为 0。当干扰信号模拟设备与雷达之间的位置关系保持不变时，为产生运动的假目标，干扰信号模拟设备需要根据各假目标设定的运动参数，计算每个假目标位置所对应的延时，然后对每个假目标信号附加对应的多普勒频率进行调制，最后将所有假目标信号加和得到多假目标干扰信号。多假目标干扰信号的生成原理见图 4-9。这样生成的各个假目标其运动速度和位置特性之间是相关的，比单一距离向假目标或速度假目标更加逼真，但是需要更加复杂的调制运算和计算资源。

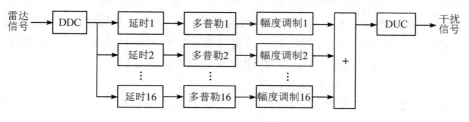

图 4-9　多假目标干扰信号的生成原理

根据上述分析，为模拟假目标的速度，需将每个假目标对应的多普勒频率信息调制到假目标干扰信号上，再将所有假目标干扰信号在时域叠加起来，以形成多假目标干扰信号，其表达式为

$$s_\mathrm{j}(t) = \sum_{i=1}^{N} \sigma_i \cdot \mathrm{rect}(\frac{t-\tau_i}{T_\mathrm{p}}) \cdot \exp(\mathrm{j}2\pi f_0(t-\tau_i)) \cdot$$
$$\exp(\mathrm{j}\pi\gamma(t-\tau_i)^2) \cdot \exp(\mathrm{j}2\pi f_{\mathrm{d}i}(t-\tau_i)) \tag{4.15}$$

N 个假目标干扰信号的具体实现步骤为：当干扰信号模拟设备接收到雷达信号以后，等待一定时间，然后从存储器中读取雷达信号脉冲，并对该脉冲进行 $N-1$ 次延时。此时，加上未延时的第一路雷达信号，干扰信号模拟设备生成了 N 路具有不同延时值的雷达信号。在收发同时的工作体制下生成的第一个假目标其代表的位置信息近似与干扰信号模拟设备的位置信息相同。

干扰信号模拟设备读取雷达信号的时刻与接收到雷达信号前沿时刻的相对延时，决定了第一个假目标相对于干扰信号模拟设备的位置的距离延迟，其余各路信号之间的读取延时决定了各个假目标之间的相对距离。由于延时转发生成的假目标在距离向上总是滞后于设备自身的位置，因此为了使第一个假目标位于真目标的前方，第一个假目标的发射延时要满足：

$$\tau_1 < \frac{2\Delta d}{c} \tag{4.16}$$

其中，Δd 是设备和真目标之间的距离差。若需要产生位于干扰信号模拟设备前方的假目标，则需要结合信号侦察算法来估计雷达脉冲的重复周期，实现跨重复周期的导前假目标干扰信号生成，本节不作过多讨论。

生成多假目标干扰信号主要包括幅度调制、时序控制、多普勒频率调制三个步骤。首先根据假目标的个数，将截获的雷达信号分成具有不同延时的多路信号，每一路信号对应一个假目标干扰信号。幅度调制是根据每个假目标的 RCS，对该路假目标干扰信号的幅度进行乘法运算。在干扰信号脉冲持续时间内，对每个采样点的幅度调制均是一样的。时序控制是根据假目标的运动轨迹，对接收到的雷达信号进行延时调制。多普勒频率调制是根据每个假目标速度值对应的多普勒频率，对假目标干扰信号进行移频调制，使得假目标干扰信号在频域具备相应的特征。

假目标的运动会引起其位置的变化，进而需要改变干扰信号的发射延时。从图4-9中可以看出，在FPGA进行编程开发时，首先根据需要生成的假目标数量，对截获的雷达信号产生延时样本。延时量一般为微秒级，常采用FIFO实现，先将雷达信号样本写入FIFO，然后计数等待到达每个假目标的延时值后将FIFO内的数据读出，从而调制生成干扰信号。此时，每个假目标之间的相对延时量就由FIFO的深度决定，FIFO的深度越大，则提供的延时时间量越大，同时消耗的存储资源也越多。

在实际工程应用中，一般对所有假目标的距离分布特性有要求，就要从FPGA的硬件资源出发来考虑最大能生成多少个假目标，然后把第一个和最后一个假目标之间的时间差换算为距离，该距离值即为假目标能覆盖的最大距离。两个假目标之间的延时 τ_i 对应着两个假目标之间的距离差 $\tau_i c/2$，其中 c 表示光速。当需要在雷达显示界面上产生可区分的假

目标时，距离差 $\tau_i c/2$ 应大于雷达信号的距离分辨率。为产生幅度随机变化、间隔随机变化的假目标群，需要对每个目标的幅度值和延时值作随机化处理。在每次或者间隔几次发射干扰信号时改变上述两个参数，干扰信号模拟设备就可以对雷达产生幅度随机变化、间隔随机变化的假目标群。

相邻两个假目标之间的距离差由 FIFO 的深度决定，则每个假目标的延时量 τ_i 和总延时量应满足：

$$\begin{cases} \sum_{i=2}^{N} \tau_i > \tau \\ \tau_i \leqslant \tau_{\max} \end{cases} \tag{4.17}$$

其中，$\tau_{\max}$ 表示 FIFO 的深度对应的延时量，假设深度为 1024，当 FIFO 的时钟为 150 MHz 时，$\tau_{\max}$ 为 1024/150＝6.8 μs。式(4.17)中，从第 2 个假目标开始计算延时加和，是因为第一个假目标和最后一个假目标之间的距离差是假目标群的最大覆盖距离，延时值 τ_1 代表第一个假目标和干扰信号模拟设备之间的相对距离。

接下来按照设定的假目标幅度，对 FIFO 输出的信号进行幅度调制，通过乘以固定或可变的幅度系数模拟每个假目标的 RCS 特性。由于在计算过程中引入了乘法和加法运算，因此生成的干扰信号其位宽可能超过 DAC 的量化位宽。一种简单的方法是采取截位来实现干扰信号位宽和 DAC 量化位宽之间的匹配。多假目标干扰信号叠加后信号的幅度包络起伏特性取决于设定的假目标 RCS、各假目标的相对延时以及雷达信号的脉冲宽度。具体而言，在雷达信号的脉冲宽度小于各假目标的相对延时的情况下，各假目标干扰信号在时域互相不重叠，那么叠加后的波形幅度不会溢出。如果雷达信号的脉冲宽度较大，且各假目标之间的延时值较小，则在极端情况下，当假目标之间的延时量之和小于雷达信号的脉冲宽度时，所有假目标干扰信号会有部分重叠，从而造成叠加后干扰信号的幅度起伏特性较为明显。

对于多假目标干扰技术而言，每个假目标的速度可以是相同的，此时所有假目标均以相同的速度运动，则假目标干扰信号的多普勒频率均相等，各假目标之间的相对位置不发生改变。此时，多普勒频率调制就可以在所有假目标信号合成之后进行，从而节约部分计算资源。

为实现假目标的多普勒频率调制，干扰信号模拟设备需要计算截获雷达信号的载波频率，并且需要进行 IQ 正交化处理来实现频率调制。理论上，每个假目标干扰信号都可以附加不同的多普勒频率，但是这样会消耗更多的 FPGA 计算资源。FPGA 在读取存储的雷达信号时，若每次读取的延时保持不变，那么各假目标的相对位置也保持不变。

进行多普勒频率调制时，首先利用 DDS 生成调制相位，然后用加法器完成相位加和。下面以 16 个假目标干扰信号的生成步骤为例来分析假目标速度独立设置和统一设置时对资源的消耗情况。假设 FPGA 时钟频率和 ADC 采样频率之比为 1∶8，则生成多普勒相位需要 1 个累加器和 8 个加法器，共需要 9 个 DSP。多普勒相位并行调制需要 8 个加法器，则对应需要 8 个 DSP。因此，一个假目标干扰信号的生成需要 17 个 DSP，16 个假目标干扰信号的生成需要 272 个 DSP。如果所有假目标的多普勒频率都一样，则需要 17 个 DSP。此时，资源消耗之比为 1∶16。当 FPGA 的硬件乘法器资源足够时，可以选择独立设置每个假目标的速度，这样生成的多假目标的灵活性更好，干扰效果更加多样。

需要说明的是，假目标参数一经设定，幅度调制和时序控制均与雷达信号参数无关，只有多普勒频率与雷达信号载频相关。也就是说，在假目标干扰信号生成期间，如果雷达信号的载频发生变化，那么干扰信号的多普勒频率就要发生变化。

目标的位置是与速度相关的，不受雷达信号参数的影响，所以干扰信号模拟设备的时序控制单元不需要更改。关注雷达信号载频的变化对干扰频率捷变雷达是至关重要的。一般而言，产生雷达信号的本振载频不发生变化，雷达信号在脉冲间的频率捷变是通过数字信号处理机在数字域实现的。假如跳频范围为 500 MHz，载波频率为 10 GHz，当假目标速度为 200 m/s 时，其多普勒频率范围是 13.00～13.67 kHz，在跳频期间假目标干扰信号的多普勒频率变化总量约为 666.7 Hz。

对于干扰信号模拟设备而言，要对较大频率范围内的跳频雷达信号展开分析，并且做到针对每个雷达信号产生相应的多普勒频率调制信号是非常困难的。当雷达信号是 LFM 信号或其他种类的宽带信号时，对雷达信号中心频率的测量一般在脉冲结束后才能完成，这就严重增加了假目标干扰信号的发射延时。在针对跳频雷达信号时，干扰信号模拟设备可以选择信号脉冲前沿部分展开频率测量，然后根据该值来生成多普勒频率，虽然此时多普勒频率与假目标的速度值不相同，但是对于同一雷达信号而言，多普勒频率的偏差值均相等，因此假目标的实际速度值与设定值之间存在一个固定偏差。由于假目标干扰信号的延时值是按照速度设定值计算的，因此，对雷达来说，由距离差分计算得到的假目标速度和由多普勒频率计算得到的假目标速度是不同的。

假设雷达信号的载频为 f_0，而干扰信号模拟设备对其的测量值为 $f_0 + \Delta f$，假目标干扰信号的多普勒频率由测量值 $f_0 + \Delta f$ 和假目标速度的设置值 v 计算得到：

$$f_{dj} = \frac{2v(f_0 + \Delta f)}{c} \tag{4.18}$$

雷达提取假目标干扰信号的多普勒频率后，假设对多普勒频率的估算没有误差，则假目标的速度测量值为

$$v' = \frac{f_{dj} c}{2 f_0} = \frac{v(f_0 + \Delta f)}{f_0} \tag{4.19}$$

式(4.19)表明，干扰信号模拟设备对雷达信号的载频估计误差会造成生成的假目标速度与设置值之间存在偏差，偏差大小与载频估计误差大小有关。当 $\Delta f > 0$ 时，假目标速度大于设定值；反之则小于设定值。

当今测频技术的发展可以使得频率测量值的均方根值(RMS)小于 0.5 MHz。假设雷达信号载频为 10 GHz，频率测量误差 Δf 为 1 MHz 时，设定的假目标速度为 200 m/s，将这些值代入式(4.19)，则生成的假目标对应的速度为 200.02 m/s。频率测量误差 Δf 为 10 MHz 时，假目标对应的速度为 200.2 m/s，0.2 m/s 的速度变化量对雷达而言是较难区分的。因此，干扰信号模拟设备对雷达信号的频率测量误差在 MHz 量级时，对假目标速度的影响不大，尤其是当雷达信号载频较高时，测频误差对假目标速度的影响可以忽略。

根据以上分析，采用延时叠加方法产生的多假目标干扰信号的仿真结果见图 4-10。由图 4-10 中结果可见，干扰信号经过脉冲压缩处理后形成了多个峰值，峰值的位置代表了

假目标的位置信息，与之前的理论分析结果相一致。

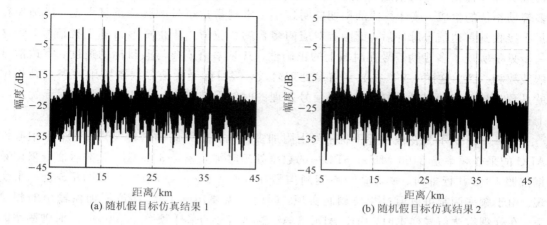

(a) 随机假目标仿真结果 1　　　　　　　　(b) 随机假目标仿真结果 2

图 4 - 10　多假目标干扰信号的仿真结果

　　仿真设定雷达发射线性调频(LFM)信号，脉冲宽度为 40 μs，带宽为 20 MHz。干扰信号生成 16 个假目标，假目标的幅度和间隔均随机变化。仿真设定真目标位于 10 km 处，第一个假目标位于真目标的前方，其余假目标按照设定的延时值依次产生，相邻假目标的间隔在 0.7～3.5 km 范围内随机设定。由仿真结果可见，在不同仿真时刻，假目标的距离分布特性、幅度起伏特性均有变化，这初步验证了多假目标干扰信号的正确性。

　　前面分析表明，常规速度的目标回波信号包含的多普勒频率大多为 kHz 数量级，当 FPGA 时钟频率为 150 MHz 时，24 位的 DDS 相位累加器可以确保输出信号的最小频率为 8.9 Hz。但是，相位幅度查找表的位宽很少设置这么大的，24 位宽的相位查找表对应的深度为 16 777 216，FPGA 一般难以提供足够的存储空间来构建该查找表。可以将相位累加器输出的相位进行截位后，再进行相位幅度转换。经过截位后，在假目标干扰信号的脉冲持续时间内，当假目标的多普勒频率较小时，多普勒调制信号的相位值可能不发生变化。也就是说，多普勒频率调制对目标回波信号的脉内调制特性将无法在假目标干扰信号中体现。

　　假设雷达信号的载波频率是 12 GHz，目标速度为 500 m/s，则目标回波信号对应的多普勒频率是 40 kHz。假设雷达信号的脉冲宽度为 100 μs，那么，在目标回波信号的脉冲持续时间内，多普勒信号对应的相位变化量是 8π，即多普勒信号完成了 4 个周期的信号波形输出。如果忽略多普勒信号的相位变化，则在假目标干扰信号的持续时间内，假目标的多普勒信号的相位可以采用固定值，这样就大大简化了假目标干扰信号的设计难度。对雷达接收机来说，对目标速度信息的提取是通过计算目标回波信号的多普勒频率实现的，需要接收多个目标回波信号后才能实现。那么，对假目标干扰信号的一个脉冲而言，虽然多普勒信号的相位是固定的，但是在发射下一个脉冲的假目标干扰信号时，该相位按照多普勒信号的频率以及脉冲间隔周期变化就行。当雷达接收机对收到的多个假目标干扰信号进行多普勒频率测量时，应能检测到设置的多普勒频率信号。此时，假目标干扰信号采用的多普勒信号的相位其数值发生变化的时间间隔小于雷达信号的脉冲重复周期就行。

　　对于干扰信号模拟设备而言，如果接收到雷达脉冲信号才更新假目标干扰信号的多普勒相位，则当空域存在多个电磁信号时，考虑到可能会没有接收到某一次雷达脉冲信号，较难实现多普勒信号的生成。因此，最好使用模拟干扰信号设备自身的计数器来独立控制多普勒相位的生成，该计数器的周期应明显小于常规雷达信号的脉冲重复周期，以确保在每次接收到雷达信号脉冲后，都能有对应的多普勒相位值用于生成假目标干扰信号。到这一步只是实现了多普勒信号在时域上的正确性，其频率值还要与假目标的速度、雷达信号的载频相一致。这样一来，在数字信号处理阶段，假目标干扰信号调制所用的多普勒相位就是预先计算好的离散采样值，只要信号处理的时钟保持稳定，就可以在假目标干扰信号上正确调制多普勒频率信号。

图 4-11 所示为在假目标干扰信号上附加多普勒相位调制的具体实现步骤，图中假设 ADC 的采样频率是 2400 MHz，FPGA 的数据处理时钟频率是 300 MHz，雷达信号采样数据按照 1 : 8 并行排列。多普勒频率调制信号在 300 MHz 时钟域产生，用 DDS 技术来实现。由于频率调制可以通过相位调制实现，因此只需要用到 DDS 相位累加器输出的相位值。在处理雷达信号样本时，由于 ADC/DAC 输出信号的采样频率是 300 MHz 时钟频率的 8 倍，因此将 300 MHz 时钟产生的多普勒相位复制成 8 份，然后分别与输入信号样本对应的相位值相加，至此得到假目标干扰信号对应的相位值。需要说明的是，相位复制会引入额外的频率分量，为提高干扰信号的逼真度，可以采用插值运算实现多普勒频率调制信号的相位生成。

从相位值转化为幅度值可以用查找表来实现。如图 4-11 所示，将相位值作为 ROM 的输入地址，通过查找表就可以直接得到干扰信号的幅度值。此时，干扰信号对应 1 个假目标。从图 4-11 中的处理步骤可知，加法器、ROM 等计算资源的消耗量均为 8，如果假目标的个数增多，则资源消耗还要翻倍。为提高干扰信号算法程序的性能，加法器需要消耗 FPGA 的硬件乘法器，ROM 需要使用 FPGA 的存储资源，将所有假目标干扰信号进行合成也需要消耗硬件乘法器。举例来说，当假目标的个数设定为 16 个或更多时，按照并行处理的设计要求，需要数百个硬件乘法器。当干扰信号模拟设备的信号处理机选用高性能 FPGA 时，单片 FPGA 可以提供 2000～13 000 个硬件乘法器，满足多假目标干扰信号生成对计算资源的需求。

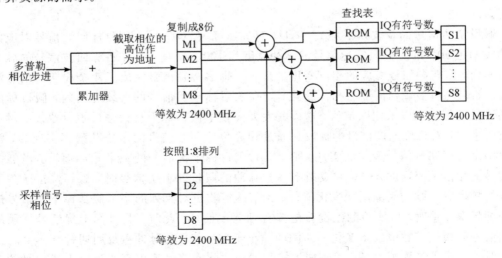

图 4-11 在假目标干扰信号中进行多普勒相位调制

在多假目标干扰信号的应用场景中，可以对每个假目标干扰信号的幅度大小进行调制。为了逼真模拟假目标在不同姿态下对回波信号的调制（主要是假目标 RCS 起伏特性对回波信号功率的调制），可以根据 Swerling 模型[1]对目标 RCS 的影响，对假目标干扰信号的幅度进行实时调制。另外，为了生成幅度大小变化的假目标干扰信号，也可以用伪随机数对每个假目标干扰信号的幅度大小进行调制，信号幅度调制的范围可以参考 Swerling 模型对 RCS 大小的影响来确定。产生均匀分布的伪随机数是较为容易的，但是在每次发射干扰信号时都更新伪随机数又是比较麻烦的，实际上对假目标干扰信号来说也没必要。可以采用图 4-12 所示的多假目标干扰信号的幅度伪随机控制方法。图 4-12 中，首先生成 16 个在一定范围内变化的随机数，在第一次发射干扰信号时，以当前排列次序的随机数对各个假目标干扰信号的幅度进行调制，然后伪随机数进行循环移位，将原本第 1 个假目标干扰信号使用的幅度值，作为下一次干扰时第 2 个假目标干扰信号的幅度值，以此类推，最后将原本第 16 个假目标干扰信号使用的幅度值作为下一次干扰时第 1 个假目标干扰信号的幅度值。

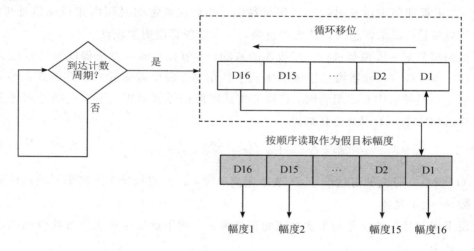

图 4-12　多假目标干扰信号的幅度伪随机控制

如此一来，在伪随机数循环移位 16 次之前，同一个假目标干扰信号的幅度在每个脉冲时刻都会变化。在伪随机数开始重复之前，可以再次生成一组新的伪随机数，用于生成幅度调制系数，避免循环使用同一组幅度系数而造成假目标干扰信号的明显的规律性。图 4-12 中的计数周期可以是雷达信号的重复周期，也可以是其他的时间值，应避免因该值设置过大而造成假目标干扰信号的幅度调制太慢，具体数值可以根据 Swerling 模型对 RCS 的调制特性来设定。

4.4　高分辨一维像假目标干扰信号

前述章节介绍的单个、多个假目标干扰信号的生成方法主要是对截获的雷达信号进行延时调制、频率调制、幅度调制来实现的，这种设计思路是把假目标视作一个"点"目标，因此各个假目标干扰信号之间的相对延时就体现了各个"点"目标的空间位置差异。这种干扰信号模拟方法对分辨率不高的雷达是可行的，可以在雷达屏幕上生成表征可能存在假目标的"点"。随着雷达信号在距离维和多普勒维分辨率的提高，目标的结构特征已经不能再用一个"点"来表示。假设雷达信号的距离分辨率为 0.5 m，那么一个长度为 5 m 的目标就可能会占据 10 个距离单元。在高频区，一个大尺寸目标往往可以用多个等效的散射点来表示，当各个散射点对雷达信号的反射强度不尽相同时，目标回波信号经过处理后，匹配滤波输出信号会形成多个用以表征目标的峰值输出，这就是目标的高分辨一维像。

从雷达获得目标高分辨一维像（HRRP）的思路出发，在针对高分辨雷达信号进行干扰时，如果假目标干扰信号仍然代表空间上离散的"点"目标，那么就不能体现大尺寸目标对雷达信号的反射特性。进一步地，当雷达具备对目标进行二维高分辨成像的能力时，如果假目标干扰信号没有包含目标在距离向和方位向的散射点分布特性，可能无法对成像雷达实现有效干扰。二维成像功能对雷达系统的性能要求较高，要求雷达能够发射大时宽带宽积信号，在成像期间雷达发射的信号保持稳定，并且在规定的时间内完成图像处理算法。相比于常规雷达，成像雷达的系统更加复杂，信号处理算法更加烦琐。

目标的高分辨一维像是进行二维成像的基础，本节以具备一维成像能力的雷达为研究对象，分析如何对该高分辨雷达生成欺骗式干扰信号。假设雷达发射线性调频信号，当目标视作多个不同散射中心的组合时，目标的雷达回波信号就等于入射雷达信号和各个散射中心对应的响应函数的积分运算结果：

$$s_e(t) = \int_0^{+\infty} s\left(t - \frac{2r}{c}\right) \bullet \sigma(r) dr \qquad (4.20)$$

其中，$s(t)$ 表示 0 时刻的雷达信号，r 表示距离单元，$\sigma(r)$ 表示每个距离单元处目标的后向散射系数，c 表示光速。

假设干扰信号模拟设备和雷达之间的距离为 r_0，则干扰信号模拟设备接收到的雷达信号的表达式为

$$s_r(t) = s\left(t - \frac{2r_0}{c}\right) \qquad (4.21)$$

对于假目标干扰信号而言，其关键步骤就是构建与真目标回波信号类似的信号，具体而言，就是要基于式（4.21）所示的截获的雷达信号，通过数字信号处理技术构建与式（4.20）相一致的干扰信号，那么，式（4.20）可以写为

$$s_e(t) = \int_0^{+\infty} s\left(t - \frac{2r_0}{c}\right) \otimes \delta\left(t - \frac{2\Delta r}{c}\right) \bullet \sigma(r) dr \qquad (4.22)$$

其中，$\delta(\bullet)$ 表示 Dirac delta 函数。每个散射点的位置可以用 r_0 和相对应的差值 Δr 来表示：

$$r = r_0 + \Delta r \qquad (4.23)$$

进一步改写式（4.22），可得

$$s_e(t) = s\left(t - \frac{2r_0}{c}\right) \otimes \int_0^{+\infty} \delta\left(t - \frac{2\Delta r}{c}\right) \bullet \sigma(r) dr = s_r(t) \otimes m(t) \qquad (4.24)$$

可知，干扰信号模拟设备需要构建函数 $m(t)$，然后将截获的雷达信号与 $m(t)$ 进行卷积运算，就可以得到与目标回波信号相一致的干扰信号。

干扰信号模拟设备的数字信号处理机是在离散域来构建函数 $m(t)$ 的，将该函数写为离散表达式：

$$m(i) = \sum_{n=1}^{N} \sigma(n) \cdot \delta(i-n) \tag{4.25}$$

其中，N 表示假目标的散射点总个数。因为目标的尺寸长度是确定的，所以函数 $m(i)$ 所包含的采样点的个数是有限的，则采样点的最大个数可由下式估算得到：

$$\text{number} = \left\lceil \frac{2L \cdot F_s}{c} \right\rceil \tag{4.26}$$

其中，L 表示假目标在距离向的最大尺寸长度，F_s 是干扰信号模拟设备的采样频率，$\lceil \cdot \rceil$ 表示向上取整。

现在的关键问题是如何构建可以体现目标对雷达信号的反射特性的函数，由参考文献 [3] 可知，目标的 RCS 和高分辨一维像之间存在傅里叶变换关系。高分辨一维像可以体现目标散射点在距离向的分布特性，那么假目标干扰信号的构建就可以利用高分辨一维像。在不同雷达信号的入射角度下，本节对目标模型的 RCS 进行计算或者进行高分辨一维像测量，构建函数 $m(i)$。选取目标高分辨一维像作为 $m(i)$ 后，利用 sinc 函数代替了理想目标反射过程中的 Dirac delta 函数，虽然 sinc 函数的幅度与目标的后向反射系数之间也存在差异，但是，高分辨一维像可以体现各个散射点的距离分布，以及反射系数之间的相对大小关系，在一定程度上能够表征目标对雷达信号的反射特性。

目标的高分辨一维像的表达式为

$$\text{HRRP} = \sum_{i=1}^{N} \text{sinc}(B_0(t-\tau_i)) \cdot \sigma(i) \tag{4.27}$$

其中：

$$\text{sinc}(x) = \frac{\sin(\pi x)}{\pi x} \tag{4.28}$$

τ_i 用以表征各个散射点在距离向的分布特性，B_0 是用于计算目标的高分辨一维像时所使用的信号的带宽。

因此，假目标干扰信号可以写为

$$s_j(t) = s_r(t) \otimes \text{HRRP} \tag{4.29}$$

接下来分析雷达对干扰信号的处理过程。假设匹配滤波处理是在频域利用 FFT 实现的，其过程如下：

$$I(t) = F^{-1}(S_j(f) \cdot S^*(f)) \tag{4.30}$$

其中，$F^{-1}(\cdot)$ 表示傅里叶逆变换，$S_j(f)$ 是干扰信号的频域表达式，$S^*(f)$ 是匹配滤波处理参考信号的频域表达式的共轭结果。

将式 (4.29) 代入式 (4.30)，得到

$$I(t) = F^{-1}(S_r(f) \cdot H(f) \cdot S^*(f)) \tag{4.31}$$

其中，$H(f)$ 是假目标 HRRP 的频域表达式。

$S_r(f)$ 是延时的雷达信号的频域表达式。根据雷达信号处理原理，在距离向表征目标的函数的幅度最大值与回波信号的延时量有关，对应到假目标干扰信号，生成的假目标在距离上的分布特性主要取决于调制信号 HRRP 的特性。不失一般性，接下来忽略雷达信号的距离传播带来的延时，对 0 时刻发射的雷达信号进行分析。

利用 FFT 的线性特性，式（4.31）可以写为

$$I(t) = \sum_{i=1}^{N} \int_{-B_{\mathrm{m}}}^{+B_{\mathrm{m}}} \frac{\sigma(i)}{B_0} \cdot \mathrm{rect}\left(\frac{f}{B_0}\right) \cdot \frac{1}{\sqrt{\gamma}} \cdot \mathrm{rect}\left(\frac{f}{B}\right) \cdot \exp(\mathrm{j}2\pi ft) \cdot \mathrm{d}f$$

$$= A \cdot \sum_{i=1}^{N} \sigma(i) \cdot \mathrm{sinc}(B_{\mathrm{m}}(t - \tau_i)) \tag{4.32}$$

其中，$B_{\mathrm{m}} = \min(B, B_0)$；$B$ 是雷达发射的 LFM 信号的带宽；系数 $A = \dfrac{B_{\mathrm{m}}}{B_0\sqrt{\gamma}}$ 是干扰信号的固有特征，当雷达信号和干扰信号的参数确定后，该系数是固定值。

式（4.32）表明，卷积调制干扰信号经过匹配滤波处理后，输出信号是 N 个具有不同延时值的 sinc 函数的加和，N 是假目标散射点的个数，τ_i 表示每个散射点与参考位置的相对延时。除了 sinc 函数的脉冲宽度不同，式（4.32）中假目标各散射点的特性与调制信号 HRRP 中散射点的特性基本是一致的。当调制信号 HRRP 的分辨率高于雷达信号的分辨率时，生成的假目标高分辨一维像的分辨率就等于雷达信号的分辨率，此时，经过雷达处理后输出的信号相当于对 HRRP 进行重新采样后的结果。当 HRRP 的分辨率低于雷达信号的分辨率时，雷达处理后输出信号的分辨率就等于 HRRP 的分辨率，此时，如果假目标是仿照某个真目标构建的，则假目标的高分辨一维像的分辨率就要小于真目标的分辨率。

由于干扰信号模拟设备和雷达接收机的采样频率可能是不同的，而调制使用的 HRRP 信号的采样频率与干扰信号模拟设备的采样频率也可能是不一样的，因此综合考虑，HRRP 信号的分辨率应该尽可能高，使得干扰信号可以应对不同分辨率的雷达。为了便于干扰信号模拟设备生成干扰信号，HRRP 信号的采样频率和干扰信号模拟设备的采样频率应相等，这样一来，干扰信号模拟设备可以直接进行卷积调制运算来生成干扰信号，就不需要对 HRRP 信号进行插值运算了。

下面仿真分析卷积调制干扰信号对雷达的干扰效果。卷积调制使用的高分辨一维像如图 4-13 所示，该高分辨一维像对应的采样频率为 500 MHz。假设雷达发射 LFM 信号，带宽为 50 MHz，脉冲宽度为 40 μs，雷达接收机采用匹配滤波处理得到目标的高分辨一维像。

干扰信号模拟设备将截获的雷达信号与高分辨一维像进行卷积来生成干扰信号，假设设备的接收通道和发射通道之间的隔离度足够高，可以边接收雷达信号边发射干扰信号，那么，经过卷积运算的处理后，干扰信号模拟设备就可以连续输出卷积调制干扰信号。图 4-14 所示为卷积调制干扰信号的时域波形。由卷积运算的原理可知，雷达信号样本经过延时、加权后再进行叠加，就得到了卷积调制干扰信号。由于 HRRP 对雷达信号样本的幅度进行了不同程度的调制，叠加后的干扰信号的幅度一般会大于输入信号的幅度，因此，在数字域进行卷积调制运算时要预留足够的数据位宽，以确保信号经叠加后不溢出。

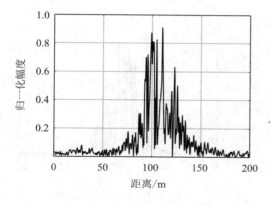

图 4-13　卷积调制使用的高分辨一维像

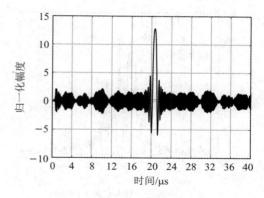

图 4-14　卷积调制干扰信号的时域波形(实部)

　　卷积调制干扰信号生成的假目标高分辨一维像如图 4-15 所示。在该仿真条件下，雷达信号的分辨率与调制信号的分辨率是不同的，因此卷积调制干扰信号形成的假目标高分辨一维像和图 4-13 中的高分辨一维像略有区别。在该仿真条件下，雷达信号的分辨率不足，所以直观来看，图 4-15 中的高分辨一维像是调制信号 HRRP 的重采样结果。假目标一维像的几个主要散射点在距离向的分布范围、幅度之间的相对大小关系，与调制信号 HRRP 的特性是较为一致的。假目标高分辨一维像的个别散射点无法区分，这是由雷达信号的特性决定的。此外，除了典型目标外，一个未知目标经过处理后的高分辨一维像到底是什么样的，雷达也是不确定的，因此，假目标高分辨一维像的个别散射点的幅度轻微起伏、距离变化，对干扰方而言均是可以接受的。

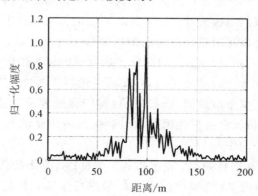

图 4-15　卷积调制干扰信号生成的假目标高分辨一维像

　　下面改变 LFM 信号的带宽，分析当雷达信号的分辨率改变后，假目标干扰信号对雷达的干扰效果。仿真设定 LFM 信号的脉冲宽度为 40 μs，信号带宽分别为 100 MHz 和 200 MHz，LFM 信号的带宽越大，则其距离分辨率越高，理论上可以表征目标更多的细节特征，此时，卷积调制干扰信号对不同分辨率的雷达的干扰效果如图 4-16 所示。与图 4-15 中的假目标高分辨一维像相比，当雷达信号的距离分辨率提升后，干扰信号生成的假目标高分辨一维像具有更多细节特征，对散射点的表征更加精细。

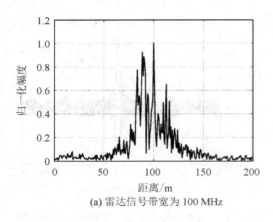
(a) 雷达信号带宽为 100 MHz

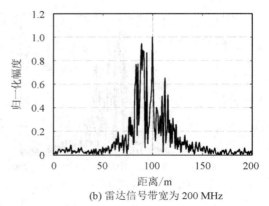
(b) 雷达信号带宽为 200 MHz

图 4 - 16　卷积调制干扰信号对不同分辨率的雷达的干扰效果

在前述仿真过程中，干扰信号模拟设备生成干扰信号的处理流程并没有发生变化，在不同雷达信号的照射下，干扰信号形成了略有区别、但是整体变化符合调制信号特征的假目标高分辨一维像，说明卷积调制干扰信号具有对不同参数的 LFM 信号的适应能力。为提升干扰信号模拟设备对雷达信号的适应能力，应尽可能选择大带宽的信号进行计算或测量得到卷积调制用的 HRRP 信号，使得调制信号具有较高的分辨率，避免雷达信号分辨率高而假目标干扰信号分辨率低的情况。

下面讨论分析在 FPGA 上如何生成具有高分辨一维像特征的卷积调制干扰信号。假设 FPGA 的时钟频率为 300 MHz，那么其延时精度为 3.33 ns，对应的距离分辨率是 0.5 m。也就是说，如果假目标的两个散射点之间的距离差小于 0.5 m，就无法利用延时调制来把这两个散射点对应的回波信号区分开。基于延时调制的假目标干扰方法中，假目标的各个散射点在距离向的分布是以延时精度对应的距离分辨率为基准的，即每个散射点之间的距离差只能是该距离分辨率的整数倍。假如成像雷达发射的超宽带信号的瞬时带宽为 1 GHz，理论上其距离分辨率为 0.15 m，那么当 FPGA 的时钟频率为 300 MHz 时，对应的距离调制精度就不太能满足对超宽带雷达形成逼真假目标图像的要求。实际上，FPGA 的时钟频率为 300 MHz 时的程序设计已经较为困难，当干扰算法计算量大、调制步骤比较复杂时，进行干扰信号生成算法尤为困难。

现代高速 ADC 具有高采样频率、宽工作频带等特性，当干扰信号模拟设备完成对雷达信号的下变频处理后，利用 ADC 对中频雷达信号进行采集，并把采集的信号样本进行存储，这都不是难题，一个难点是如何以较低的 FPGA 时钟频率实现高采样频率条件下并行存储的数据样本的精确延时调制。前面分析指出，为实现对超宽带雷达的高分辨一维像假目标干扰，假目标各散射点之间的延时调制精度要等于雷达信号样本的采样周期间隔，如果能够以 ADC 采样时钟周期的整数倍对并行存储的雷达信号样本进行延时调制，则理论上可以模拟假目标的典型散射点的特征。

假设干扰信号模拟设备的 ADC 采样频率与 FPGA 时钟频率之比为 8∶1，FPGA 在每个时钟周期要处理 8 个雷达信号样本，若要实现 1 个 ADC 采样时钟周期的延时调制，则需要把当前一组 8 个信号样本中的最后一个样本取出来，放在下一组样本中的第一个，然后将当前组数据的其余 7 个样本依次向后移动一个样本位置。如果假目标的两个散射点之间

对应的时间间隔为 M 个 ADC 采样周期，那么 M 可以表示为

$$M = N \times 8 + L \quad (L < 8) \tag{4.33}$$

其中，L 表示需要在一组雷达信号样本内进行移动的样本个数，N 表示需要按照 FPGA 时钟周期进行延时调制的周期数。

　　FPGA 按照 ADC 的采样频率进行高精度延时调制的具体实现过程如图 4-17 所示。图中用不同颜色来表征不同时刻 FPGA 需要处理的信号样本。为了实现一个 ADC 采样时钟周期的延时调制，需要将并行排列的数据进行重组，将第一组并行数据的第一个样本补 0，将第 8 个样本移到下一时刻数据样本的第一个。对于 FPGA 而言，先对并行排列的 8 个数据整体延时 1 个时钟周期，然后利用未延时数据的前 7 个采样点和延时后的数据的第 8 个采样点进行重组，就能实现图 4-17 中的高精度时间延时调制。

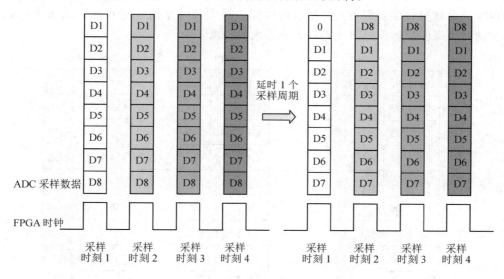

图 4-17　高精度延时调制的实现步骤

　　当需要调制的延时量等于 ADC 采样时钟周期的 1~7 倍时，按照上述方法取出对应的采样点进行重组即可。当延时量大于或者等于 8 个 ADC 采样时钟周期时，就要对数据进行 FPGA 时钟周期的整体延时以及数据重组的高精度延时，具体两个时钟频率下的延时值的取值方法见式(4.33)。

　　FPGA 按照其时钟周期对数据进行延时是很方便的，无论是采用 FIFO、RAM 或是寄存器均可以实现该调制。而按照 ADC 采样时钟周期进行数据延时调制则需要对每组并行数据样本进行重新组合，稍微有些难以理解，但是并不难实现。那么，按照这种设计思路，需要将假目标的每个散射点之间的距离换算为式(4.33)所示的延时值，然后就可以按照多假目标干扰信号的生成步骤，将每个散射点对应的回波信号进行延时调制、多普勒调制和时域叠加，就得到了具备一维像特征的假目标干扰信号。该方法的关键步骤有两步：一是对假目标的散射点进行精确建模，只有各散射点的距离分布特性与模拟目标的特性接近或一致，才能生成足够逼真的假目标；二是对截获的雷达信号进行高精度的延时调制。

　　延时、叠加方法生成高分辨一维像假目标干扰信号的原理简明易懂，但是当目标的运动带来散射点的空间位置变化时，就需要重新计算各个散射点的延时调制值，还需要考虑

散射点的 RCS 变化对干扰信号的幅度调制系数的影响。那么有没有一种更利于 FPGA 工程实现，同时又对干扰参数变化不敏感的较为通用的假目标干扰信号生成方法呢？由 3.2 节中介绍的卷积调制干扰信号可知，根据调制函数的特性，既可以形成多个假目标干扰效果，又能形成距离向压制干扰效果。借鉴多假目标干扰信号的调制函数的特性，将目标的多个散射点映射为调制函数，是不是就可以生成具备高分辨一维像特征的假目标干扰信号？

图 4-18 所示为卷积调制干扰信号的并行实现需求，将假目标的各个散射点的距离分布特性按照 ADC 的采样时钟周期映射为有限个数值的调制信号。图中以 C1～C24 这 24 个调制信号的采样点来举例说明。调制信号的数值体现了各个散射点对雷达信号的反射强度，调制信号的长度决定了目标的尺寸长度。利用 FPGA 实现卷积运算时，卷积运算的长度最好是确定的。如果目标的特性改变了，假如模拟的假目标的尺寸变短了，那么将调制信号的一部分数值设为 0 即可。因此以假目标的最大尺寸来决定卷积运算的最大点数时，FPGA 的计算资源要能满足最大卷积运算点数的需求。

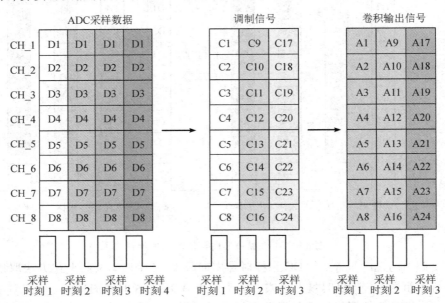

图 4-18　卷积调制干扰信号的并行实现需求

现在的难点就是如何在 FPGA 的一个时钟周期内计算得到 18 个卷积运算结果，这 18 个运算结果对应的采样频率等于 ADC 的采样频率。若能实现该步骤，就得到了与在 ADC 采样时钟周期下串行实现卷积运算相同的结果。FPGA 提供的卷积 IP 核大多是工作在串行模式下的，即 IP 核输入的数据率与 FPGA 的时钟频率一致，无法满足并行计算的需求，只能自行研发设计并行的卷积运算实现步骤。直观来看，第一反应是将 8 路并行存储的 ADC 采样数据与对应的调制信号进行卷积，这样的结果相当于将原始雷达信号的样本进行抽取，并与抽取后的调制信号进行卷积，从方法原理上就是不正确的。

根据卷积运算的特性，在进行数据反序与移位后，参与卷积运算的两个信号经过乘法和加法运算可以得到卷积运算的一个结果。对干扰信号模拟设备而言，雷达发射信号的脉冲宽度可能会发生变化，但是模拟的假目标的最大尺寸是确定的，也就是说参与卷积运算的其中一个信号的长度是确定的，那么就以假目标的散射点分布函数的样本长度来确定卷积运算的长度。FPGA 要将并行排列的雷达信号样本调整为串行排列，且只需要考虑雷达信号样本与调制信号重叠的那部分即可。经过样本移位后与调制信号不重叠的雷达信号样本，由于其已经完成卷积运算，因此可以丢弃。

　　至此，并行卷积运算的设计思路已经比较清晰。首先将并行存储的雷达信号样本调整为 8 路串行信号，并且将第 n 路信号的延时量设为 $n-1(n=1,2,\cdots,8)$ 个时钟周期，然后将这 8 路信号分别与调制信号进行卷积运算。对于每一路信号而言，卷积运算是在 FPGA 时钟频率下串行实现的，直接调用 IP 核或是自行编程设计均比较容易实现。之后对每一路的卷积运算结果进行 1∶8 抽取，再将每一路抽取后的结果按照每 8 个采样点组成并行数据。第 1 路计算结果是卷积运算结果的第 1，9，17，…个采样点，第 2 路计算结果是卷积运算结果的第 2，10，18，…个采样点，以此类推，第 8 路计算结果是卷积运算结果的第 8，16，24，…个采样点，这样就得到了与 ADC 采样时钟一致的、并行排列的卷积计算结果。后续根据假目标的空间位置需求，将这些计算结果进行整体延时调制后，再进行数/模转换就可以得到卷积调制干扰信号。考虑到对卷积运算结果的整数倍抽取，可以借鉴多相滤波器的设计，省去计算那些被丢弃的采样点。并行多相滤波器的设计见本书 8.2 节中的介绍。

　　卷积调制干扰信号的并行实现步骤如图 4-19 所示。首先将采样得到的并行数据转为串行数据，然后设置第 1 路信号的延时值为 7，第 2 路信号的延时值为 6，以此类推，第 8 路信号的延时值为 0。同时，将调制信号也调整为串行排列，并复制得到 8 路相同的调制信号，与输入的 8 路信号分别做卷积运算。接着，将卷积运算结果进行 1∶8 抽取，然后将抽取后的数据组成并行数据，见图 4-19 中 A1～A8 组合而成的并行数据，此时就得到了与 ADC 采样频率相对应的卷积运算结果，实现了以较低的 FPGA 时钟频率对高采样频率数据的处理。

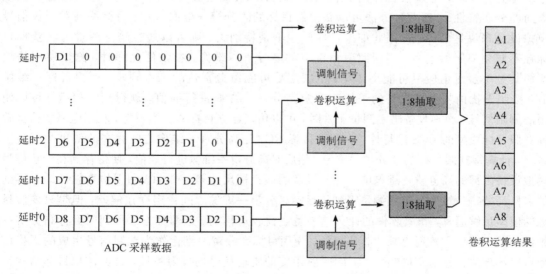

图 4-19　卷积调制干扰信号的并行实现步骤

　　具体地，图 4-20 中以第 1 路(CH_1)和第 2 路(CH_2)的卷积运算实现步骤来说明并行卷积运算的特点。每路卷积运算使用的调制信号都是相同的，为假目标的高分辨一维像。由于卷积运算的结果只与两信号的时域重叠的那部分相关，因此本节将卷积运算的长度设置为调制信号的长度。对于第 1 路和第 2 路信号，从图 4-20 中可见，两者之间的数据错开了 1 个采样点，即延时之差为 1 个 ADC 采样时钟周期。将卷积运算的两个信号在时域的重叠部分相乘，再将乘积结果加和就完成了一次卷积运算。

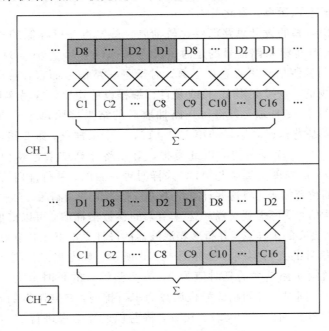

图 4-20 第 1 路和第 2 路卷积运算实现步骤

攻克并行卷积运算这一难题后，现在的关键问题是如何构建卷积运算所需的调制信号。调制信号需能体现假目标的形状和结构特征（主要是假目标的若干个等效散射点在距离向的分布特性）。有两种方法可以获得假目标的高分辨一维像。由于目标特性对干扰信号模拟设备来说是已知的，因此如果目标尺寸不是特别大，则可以通过暗室测量方法获得目标在不同频率照射信号、不同照射角度下的高分辨一维像。在条件允许时，测量使用的频率源其频率步进值应尽可能小，频率范围应尽可能覆盖雷达的工作频段。获得目标一维像后，按照干扰信号模拟设备的采样频率对高分辨一维像进行插值，就得到卷积运算可以使用的调制信号。当不具备暗室测量条件时，可以仿真建立目标的三维模型，利用电磁场仿真软件对假目标模型的 RCS 进行计算，利用目标 RCS 与高分辨一维像之间存在的傅里叶变换关系[3]，计算得到假目标的高分辨一维像。然后对高分辨一维像进行插值，使得存储在干扰信号模拟设备内部的高分辨一维像的尺寸与设定的假目标尺寸是一致的。利用仿真软件计算得到的目标高分辨一维像与暗室测量得到的目标高分辨一维像之间肯定存在偏差，但是只要假目标的模型足够逼真，仿真软件的计算结果就是比较可信的。这两种方法得到的目标高分辨一维像都优于用个别散射点来代替假目标，使用目标高分辨一维像作为调制信号生成的干扰信号可以体现假目标对不同频率、不同照射角度的雷达信号的反射特性，还能体现目标结构自身的遮挡对回波信号的影响，具有散射点构建假目标模型不具备的诸多优点。

干扰信号模拟设备在进行卷积运算之前，应对假目标的姿态进行设定，选取一定入射角度范围内的高分辨一维像作为调制信号。选取的高分辨一维像应能在一段时间内体现目标相对于雷达视线的姿态变化，不能任意选取不同角度下的一维像，这样可能无法生成假目标图像。

图 4-21 所示为产生高分辨一维像假目标干扰信号的卷积调制过程示意图。调制信号是假目标的高分辨一维像，预先测量得到的高分辨一维像存储在干扰信号模拟设备中。当干扰信号模拟设备截获雷达信号后，只需要将高分辨一维像和雷达信号作卷积运算就可以得到干扰信号。在实际应用时，雷达发射信号的频率可能发生变化，信号带宽也可能会变化，在不同分辨率的雷达信号的作用下，雷达获得的假目标高分辨一维像应是不同的。那么，干扰信号模拟设备可以存储目标在不同频率照射信号、不同入射角度下的 RCS，通过侦察测量获得雷达信号的频率范围后，从 RCS 数值中选取对应频率的那部分数据，再利用傅里叶逆变换得到当前雷达信号频率特性下假目标的高分辨一维像。卷积运算得到的干扰信号的幅度包络会出现起伏，这是假目标的多个散射点回波信号加和的结果。此外，干扰信号的脉冲宽度也会增加，近似等于雷达信号的脉冲宽度与调制信号的脉冲宽度之和。最后，还需要考虑卷积运算对数据位宽的影响。随着数据同相加和带来的幅度增大，卷积运算结果的数据位宽很有可能大于雷达信号样本的数据位宽。考虑到干扰信号模拟设备的 DAC 的量化位宽是固定的，要对假目标干扰信号进行截位后才能确保位宽匹配，保留干扰信号样本的高数据位是比较保险的方法，可以保证各个假目标的散射点之间的幅度相对大小。

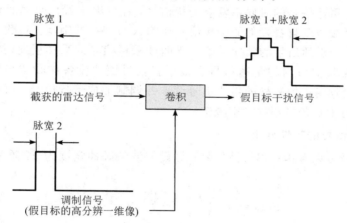

图 4-21　卷积调制过程示意图

利用 FPGA 对截获的雷达信号与调制信号作卷积运算，可以保证干扰信号的连续输出，使得干扰信号模拟设备可以工作在边接收边发射模式下，这对实时性要求较强的干扰策略具有显著意义。此外，当干扰信号模拟设备需要模拟不同假目标时，只需要改变调制信号，不需要根据假目标的散射点分布来计算延时参数、幅度调制参数等，这对降低干扰信号的工程实现难度有益。

最后分析并行卷积调制生成假目标干扰信号对 FPGA 计算资源的需求。调制信号（目标的高分辨一维像）的长度决定了卷积运算的点数，对于 FPGA 而言，要按照最大点数来设计卷积运算的逻辑电路。假设调制信号的点数为 M，卷积运算的乘法和加法均采用硬件乘法器来实现，FPGA 的时钟频率和 ADC 的采样频率为 1:8，那么硬件乘法器的数量为 $8 \times (2M-1)$。假设 $M=128$，则需要 2040 个乘法器。

如果采用延时叠加的方法生成假目标干扰信号，假设假目标的散射点的个数是 N，需要对每个散射点对应的回波信号进行幅度调制，则需要 N 个乘法器。将 N 个散射点的回波信号进行相加，需要 $N-1$ 个加法器。这两个步骤需要 $2N-1$ 个乘法器。由于 FPGA 在每个时钟周期要处理 8 个采样点，因此乘法器的数量要再乘以 8，即 8×(2N−1)。可见，延时叠加方法和卷积运算方法对硬件乘法器的资源需求量是相等的。此外，延时叠加方法还需要用到存储单元对延时的数据进行缓存，由于延时量比较小，因此可以用逻辑资源来实现，这部分资源量消耗不大，可以忽略不计。虽然不会用 N 个散射点中的每一个来模拟假目标，但是考虑到干扰信号模拟设备需要生成不同类型的假目标，FPGA 要兼顾考虑散射点的位置变化的情况，因此无法针对假目标模型中个别散射点幅度为 0 的情况减少运算资源。

4.5 间歇采样干扰信号

间歇采样技术自提出到如今已经过 10 余年的发展[2]，其理论和工程应用已非常成熟，这里先对间歇采样的技术原理进行简单介绍。间歇采样技术是一种收发分时的雷达相参干扰技术，最初的设计目的是解决干扰信号模拟设备的接收天线和发射天线的隔离度不够的问题，通过在接收雷达信号的时候不发射干扰信号，在发射干扰信号的时候不接收雷达信号，避免了设备因接收到自身发射的干扰信号而陷入"自激"的困境。间歇采样的工作原理如图 4-22 所示。当雷达信号的脉冲宽度大于间歇采样信号的采样周期（接收窗口）时，只有在时域上位于接收窗口内的雷达信号会被干扰信号模拟设备接收与采集。在发射窗口内，设备将前一接收窗口内采样的雷达信号读取并调制形成干扰信号，再进行数/模转换、上变频等处理后将干扰信号辐射到空域中。

1. 间歇采样信号的特性分析

间歇采样信号可以看作一串方波信号，假设方波的脉冲宽度为 τ，重复周期为 T_s，其表达式为

$$p(t) = \mathrm{rect}\left(\frac{t}{\tau}\right) \otimes \sum_{n=-\infty}^{+\infty} \delta(t - nT_s) \tag{4.34}$$

其中，$\otimes$ 表示卷积运算；$\mathrm{rect}(t)$ 在 $|t| \leqslant 1/2$ 时输出 1，否则其值为 0；$\delta(\cdot)$ 为 Dirac delta 函数。

间歇采样信号的时域波形如图 4-23 所示，为一个重复的脉冲形式的方波信号。将该信号与雷达信号相乘后，得到的采样信号即得方波信号为高电平时对应的那部分雷达信号。

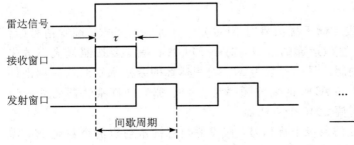

图 4-22 间歇采样的工作原理

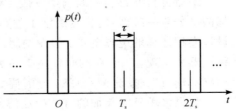

图 4-23 间歇采样信号的时域波形

根据方波信号和 Dirac delta 函数的傅里叶变换结果，间歇采样信号的频域表达式可以写为

$$P(f) = \sum_{n=-\infty}^{+\infty} \tau \cdot f_s \cdot \mathrm{Sa}(\pi n f_s) \cdot \delta(f - nf_s) = \sum_{n=-\infty}^{+\infty} a_n \delta(f - nf_s) \qquad (4.35)$$

其中，$a_n = \tau \cdot f_s \cdot \mathrm{Sa}(\pi n f_s)$；$\mathrm{Sa}(x) = \sin x / x$；$f_s = 1/T_s$，为方波信号的重复频率。

由式(4.35)可知，间歇采样信号在频域上是离散的多根谱线，谱线的幅度受到方波信号脉冲宽度 τ、重复频率 f_s 的调制。由间歇采样信号的频谱特性可知，雷达信号经由间歇采样信号采样存储后，得到的信号样本的频谱等于原雷达信号的频谱在频域多次搬移后的叠加结果，频率搬移的间隔为 f_s。

由图 4-22 可知，如果发射窗口的时长小于接收窗口，那么前期接收存储的雷达信号只能部分被发射；如果发射窗口的时长大于接收窗口，则发射完前期存储的雷达信号后还有时间余量，在此期间可以多次读取存储的雷达信号样本进行循环发射；当发射窗口的时长等于接收窗口时，在发射周期内刚好发射完毕前期存储的雷达信号样本，然后转入下一个接收窗口。

发射窗口的时长与间歇采样信号的周期的比值称为间歇采样信号的占空比。间歇采样技术的典型应用场景常采用 50% 占空比，此时 $T_s = 2\tau$，那么间歇采样信号变为占空比 50% 的方波信号，则式(4.35)可以写为

$$P(f) = \sum_{n=-\infty}^{+\infty} \frac{1}{2} \cdot \mathrm{Sa}\left(\frac{n\pi}{2}\right) \cdot \delta(f - nf_s) \qquad (4.36)$$

由式(4.36)可见，当 n 为非 0 偶数时，式(4.36)中各谐波的频谱分量的幅度为 0。当 $n = 0$ 时，0 频率分量具有最大幅度，其幅度值为 1/2；当 $n \neq 0$ 且 n 为奇数时，各频率分量的频率值为 nf_s，其幅度按照 Sa 函数特性进行变化。也就是说，按照间歇采样信号的时序对雷达信号进行采样后，得到的信号样本的频谱中既包含了原雷达信号的频谱，也包含对原雷达信号的频谱进行频域搬移的结果。原始雷达信号的频谱的幅度最大，随着移频量增大，高次移频后的频谱分量的幅度逐渐变小。

Sa 函数的幅度特性如图 4-24 所示。当 $n = 0$ 时，函数值为 1；当 $n = \pm 1$ 时，函数值为 0.637；当 $n = \pm 3$ 时，函数值为 -0.212；当 $n = \pm 5$ 时，函数值为 0.127。可见，当间歇采样信号的占空比为 50% 时，采样后信号的频谱的高次移频分量的幅度衰减很快。根据 LFM 信号的匹配滤波处理特点，移频后的匹配滤波输出信号的幅度会降低，移频量越大，则衰减越大。考虑到 Sa 函数的幅度衰减特性，干扰信号的频谱中的 $n \leqslant 5$ 次频谱移频分量可能会对雷达起到干扰作用。

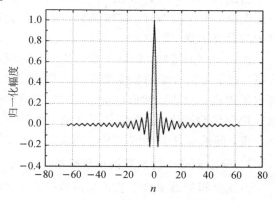

图 4-24　Sa 函数的幅度特性

2. 间歇采样干扰信号的特性分析

当干扰信号模拟设备接收到雷达信号后，先对雷达信号进行下变频处理，使其变换为

中频信号,然后由信号处理机完成信号的接收、采样、存储、调制和发射。根据间歇采样的技术原理,干扰信号模拟设备按照接收一部分信号、发射一部分信号的工作模式对雷达信号进行采集与转发,那么发射的干扰信号的表达式为

$$s_j(t) = \delta(t - \tau) \otimes (s(t) \cdot p(t)) \tag{4.37}$$

其中,$s(t)$ 表示截获的雷达信号。需要指出,干扰信号的前沿相比于接收到雷达信号的前沿时刻,其延时值为 τ,即接收窗口的时间长度。

间歇采样干扰信号经过匹配滤波处理后的输出信号为

$$I(t) = s(t) \cdot p(t) \otimes h(t) \tag{4.38}$$

其中:

$$h(t) = s(-t)^* \tag{4.39}$$

表示匹配滤波处理参考信号,$*$ 表示取共轭。这里没有考虑干扰信号的延时量。

将式(4.38)转换到频域,可得

$$
\begin{aligned}
I(f) &= S(f) \otimes P(f) \cdot H(f) \\
&= S(f) \otimes \sum_{n=-\infty}^{+\infty} a_n \cdot \delta(f - nf_s) \cdot S^*(f) \\
&= \sum_{n=-\infty}^{+\infty} a_n \cdot S(f - nf_s) \cdot S^*(f)
\end{aligned}
\tag{4.40}
$$

由式(4.40)可知,间歇采样干扰信号相当于截获的雷达信号的移频调制结果的加和。对雷达信号移频结果的匹配滤波处理结果,可以借助模糊函数来分析。LFM 信号的模糊函数的表达式[4]为

$$A(t, f_d) = \left(1 - \frac{|t|}{T_p}\right) \cdot \left| \frac{\sin[\pi(f_d + \gamma t)(T_p - |t|)]}{\pi(f_d + \gamma t)(T_p - |t|)} \right| \qquad (-T_p \leqslant t \leqslant T_p) \tag{4.41}$$

其中,T_p 是 LFM 信号的脉冲宽度,f_d 是多普勒频率,γ 是 LFM 信号的调频率。

由式(4.41)可知,当 LFM 信号的多普勒频率 f_d 为 0 时,模糊函数的幅度在 $t=0$ 时刻取最大值;当 $f_d \neq 0$ 时,模糊函数的幅度最大值的出现时刻在时域上会有偏移,并且幅度最大值也会下降。

由式(4.40)可知,间歇采样干扰信号的频谱包含不同多普勒频率的原雷达信号的频谱分量,每个频谱分量的幅度受系数 a_n 的调制。经过匹配滤波处理后,每个频谱分量在时域都被压缩成一个窄脉冲输出信号,这些窄脉冲的幅度最大值出现的时刻不同。根据匹配滤波处理的线性特性,间歇采样干扰信号的匹配滤波处理结果是这些窄脉冲的线性加和。也就是说,间歇采样干扰信号可以形成多个幅度不同、间隔不同的假目标。

3. 间歇采样干扰信号的仿真分析

下面分析间歇采样干扰信号的特性。仿真设定雷达发射 LFM 信号,其带宽为 20 MHz,脉冲宽度是 10 μs,脉冲重复周期是 1 ms,间歇采样信号的周期是 2 μs,占空比为 50%,得到间歇采样信号的时域波形如图 4 - 25 所示。

当干扰信号模拟设备检测到雷达信号的脉冲前沿时,控制间歇采样信号使其高电平的前沿与雷达信号的脉冲前沿对齐,然后对接收窗口内的雷达信号进行接收。由于发射窗口具有一定的延时,因此干扰信号相当于延时量为 τ 的雷达信号且其 50% 的波形为低电平。

间歇采样技术生成的干扰信号的波形如图 4-26 所示。由图 4-26 可见，干扰信号的波形在时域上具有间歇性，是断续出现的，在干扰信号的脉冲内，干扰信号占 50%，对干扰信号设备而言，假设发射的干扰信号的幅度等于接收的雷达信号的幅度，由于干扰信号幅度不为 0 的样本只有雷达信号样本的一半，因此从能量角度阐述了间歇采样技术生成的干扰信号经过雷达处理后幅度至多为同幅度下目标回波信号的 25%。

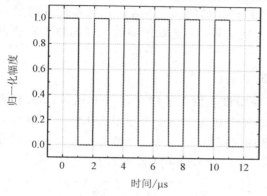

图 4-25　周期为 2 μs、占空比为 50% 的
间歇采样信号的时域波形

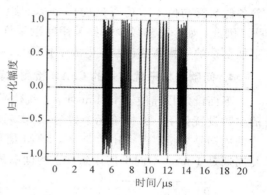

图 4-26　间歇采样技术生成的
干扰信号的波形

接下来分析间歇采样干扰信号经过匹配滤波处理后的特性。首先，由于间歇采样技术需要先接收一段雷达信号再进行发射，因此会造成最大幅度的干扰信号在距离向上滞后于干扰信号模拟设备所在位置。间歇采样干扰信号和目标回波信号的匹配滤波结果如图 4-27 所示。目标出现在 0 m 处，而干扰信号的幅度最大值出现为 150 m 处，这与间歇采样干扰信号的延时值 1 μs 是对应的。

其次，间歇采样干扰信号形成了多个假目标，各个假目标在距离向上等间隔分布。由图 4-27 可见，在最大幅度的假目标两侧

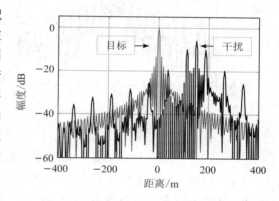

图 4-27　间歇采样干扰信号和目波回波信号的
匹配滤波结果

对称分布着多个假目标，这是间歇采样干扰信号最基本的干扰效果。在此基础上衍生出了诸多调制方法来拓展干扰信号的覆盖距离或更改假目标的距离分布特性。由于间歇采样技术对截获的雷达信号附加了多个频率调制，相当于对雷达信号进行了多次移频，因此根据 LFM 信号的匹配滤波处理的时频耦合特性，间歇采样干扰信号经过匹配滤波处理后，会在距离向生成多个假目标。由于频率调制量是呈倍数变化的，因此假目标之间的间隔也是相等的。定义式(4.40)中雷达信号频谱的 n 次移频量产生的假目标为第 n 阶假目标，第 0 阶假目标与第 1 阶假目标之间的距离间隔为 37.5 m，第 1 阶与第 3 阶假目标之间的间隔为 75 m。因为偶数阶的假目标幅度为 0，所以在图中显示不出来。

再次，移频量为负频率值时生成的假目标均位于第 0 阶段假目标的前方，且移频量为负频率的第 7 阶段假目标已经位于真目标的前方。但是由于高阶假目标的幅度衰减较大，

与真目标之间存在明显差异，因此雷达可能会识别出该假目标。

最后，在仿真中，间歇采样干扰信号和目标回波信号均作了归一化处理，经过匹配滤波处理后，目标回波信号的幅度为 0 dB。与目标回波信号相比，50%的干扰信号其幅度为 0，因此干扰信号生成的最大幅度的假目标其信号功率会减少 6 dB。由图 4 - 27 所示的结果可见，间歇采样干扰信号形成的假目标其特征非常明显，假目标之间等间隔分布，并且随着各假目标与位于零位置处的假目标的距离偏移量的增加，各假目标的幅度衰减量也变大。因此，如今已经较少直接采用间歇采样干扰信号，而是基于间歇采样的技术原理进行更加复杂的干扰算法调制，生成干扰信号。

4. 间歇采样干扰信号的 CFAR 检测仿真

下面设定目标位于 10 km 处，干扰信号模拟设备位于目标前方 100 m。CFAR 检测器的参数设置如下：保护单元个数为 8，参考单元个数为 16，虚警率设为 10^{-4}，间歇采样信号的周期是 2 μs，占空比为 50%，LFM 信号的带宽为 20 MHz，脉冲宽度是 10 μs，脉冲重复周期是 1 ms。不同干信比条件下的间歇采样干扰信号的干扰效果如图 4 - 28 所示。

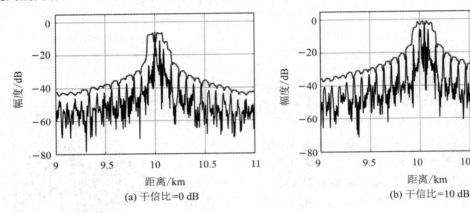

(a) 干信比=0 dB　　　　　　　　　(b) 干信比=10 dB

图 4 - 28　间歇采样干扰信号的干扰效果(间歇采样周期=2 μs)

干扰信号模拟设备位于目标前方 100 m，而 1 μs 发射延时造成 0 阶段假目标落后 150 m，这两个因素综合考虑后，0 阶假目标位于真目标后方 50 m 处。LFM 信号的距离分辨率的理论值为 7.5 m，第 n 阶和第 $n+1$ 阶假目标的距离是 75 m，且 CFAR 在计算检测门限时选取了前后 16 个距离单元内的信号幅度，因此这些假目标的存在使得干扰信号覆盖距离范围内的 CFAR 门限有所提高。随着干信比提高至 10 dB，0 阶假目标和 1 阶假目标的幅度与真目标的幅度几乎相等，但是 CFAR 检测器仍然能正确地检测到目标。

接下来改变间歇采样信号的周期为 4 μs，其余参数保持不变，得到该条件下的干扰效果如图 4 - 29 所示。间歇采样信号的周期增大后，假目标在距离向的延迟更加明显，发射

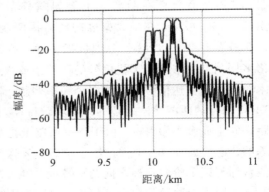

图 4 - 29　间歇采样干扰信号的干扰效果(间歇采样周期=4 μs)

延时对应 300 m 的距离延迟，与设备前置 100 m 综合考虑后，0 阶假目标位于 200 m 处。此时，CFAR 检测器对真目标和假目标均能正确检测。因此，当设备与目标之间的间距较小时，应采用重复周期较小的间歇采样信号，以确保形成的干扰信号在目标附近。基于间歇采样技术调制生成其他样式的干扰信号时，均要考虑间歇采样干扰信号的延时特性。

当 LFM 信号的参数不变时，间歇采样技术生成的假目标之间的距离间隔取决于间歇采样信号的重复周期。一般而言，其周期为几微秒到十几微秒。间歇采样信号的采样周期不能太小，否则会造成发射干扰信号的脉冲宽度太小，而且接收机频繁在接收与发射状态间切换。一方面收发开关及链路的频繁切换，会对设备的电磁兼容产生一定影响；另一方面，开关切换的上升沿和下降沿会进一步减少干扰信号的能量。采样周期也不能太大，太大的采样周期会造成干扰信号的脉冲前沿比接收到的雷达信号的脉冲前沿滞后太多，当干扰信号模拟设备与目标位于同一载体平台时，干扰信号总是位于目标回波信号的后方，从而可能导致干扰失效。一般而言，间歇采样信号的频率为零点几到几兆赫兹，对带宽为数十兆赫兹的 LFM 信号而言，间歇采样干扰信号生成的假目标的间隔为几十米。

5. 不同占空比的间歇采样干扰信号的仿真

根据前面介绍的间歇采样的原理，可以调整间歇采样信号的占空比。通常令接收窗口小于发射窗口，否则存储的部分雷达信号无法被转发，造成时间资源的浪费。当占空比为 75% 时，循环转发的间歇采样干扰技术的时序如图 4-30 所示。当接收完毕一段雷达信号后，在发射窗口内将这段信号循环发射 3 次，然后转入下一个接收与发射周期。直观来看，对一个片段的雷达信号延时发射多次，理论上能形成多个假目标，假目标的个数与循环发射的次数相同，假目标的距离间隔由接收窗口的时间长度决定。由于发射的只是一小片段的雷达信号，因此这部分信号生成的假目标的幅度明显小于完整雷达脉冲对应的目标的幅度。

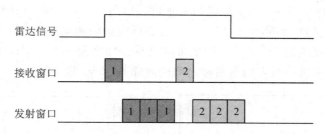

图 4-30　循环转发的间歇采样干扰技术的时序

设定间歇采样干扰信号（见图 4-31）的周期为 2 μs，占空比为 75%，干信比为 0 dB，干扰信号模拟设备与目标处于同一距离位置，其余仿真参数均不变，得到间歇采样循环转发干扰信号的匹配滤波结果如图 4-32 所示。从图 4-32 中可见，在距离向上生成了十多个假目标，假目标的幅度较大，且距离间隔没有明显规律。这是循环转发与间歇采样调制两个因素综合产生的效果。循环转发每发射一个片段的雷达信号，就会形成 1 个假目标，在每个间歇采样的周期内，循环转发了 3 次。间歇采样信号的频率是 0.5 MHz，则间歇采样调制产生的假目标之间的距离间隔为 37.5 m。当间歇采样信号的占空比为 75% 时，第 0 阶、第 1 阶、第 2 阶假目标的幅度均比较大，经过匹配滤波处理后可以明显呈现。因此，在针对 LFA 信号时，循环转发形成的假目标个数由间歇采样信号的周期和循环转发的次数共同决定，可以生成数量较多的假目标。

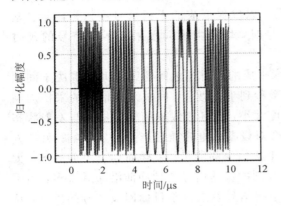

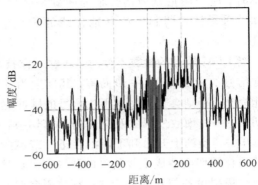

图 4-31　占空比为 75% 的间歇采样
干扰信号

图 4-32　间歇采样循环转发干扰信号的匹配
滤波结果（间歇采样周期=2 μs）

　　为了直接分析循环转发对假目标的影响，仿真设定间歇采样信号的周期为 10 μs，等于雷达信号的脉冲宽度，占空比为 75%。这样一来，在雷达信号脉冲持续时间内，干扰信号采样一次雷达信号片段，然后循环发射 3 次，此时间歇采样信号的调制作用不体现在干扰信号中，可以直观分析循环转发的干扰效果。此时，干扰信号的匹配滤波处理结果见图 4-33。此时，接收窗口的时间长度为 2.5 μs，对应的距离偏差为 375 m，因此，循环发射 3 次。形成的假目标其间隔为 375 m，理论分析与图 4-33 中的仿真结果一致。此外，由于转发的每个片段的干扰信号在时间长度上等于雷达信号脉冲宽度的 25%，因此匹配滤波处理后输出信号的幅度减小且主瓣宽度会变宽。

　　接下来设定间歇采样信号的周期为 5 μs，此时会对两个时间段的雷达信号进行采样并转发，每一个片段样本转发 3 次，形成的干扰效果如图 4-34 所示。在间歇采样的一个周期内，3 次转发样本的时间间隔为 1.25 μs，对应距离向的距离偏差是 187.5 m，对应图 4-34中 3 组假目标的间隔均是 187.5 m。间歇采样信号的频率是 0.2 MHz，对应的距离偏差为15 m，与图 4-34 中每一组内的假目标之间的间隔是 15 m 相一致。

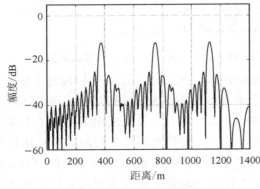

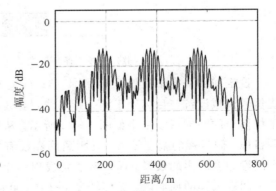

图 4-33　间歇采样循环转发干扰信号的匹配
滤波结果（间歇采样周期=10 μs）

图 4-34　间歇采样循环转发干扰信号的匹配
滤波结果（间歇采样周期=5 μs）

6. 间歇采样干扰信号的工程实现

间歇采样调制一方面使得干扰信号模拟设备可以工作在收发分时体制下，解决收发天线隔离度不够的问题；另一方面利用了 LFM 信号匹配滤波处理的时频耦合特性，可以生成多个距离向假目标。对于现代干扰技术而言，很少直接利用间歇采样技术来生成假目标干扰信号，而是以间歇采样的工作时序为基础，进一步调制生成复杂波形的干扰信号。

间歇采样干扰信号的时序控制单元的设计框图如图 4-35 所示。由图 4-35 可见，主要通过逻辑控制间歇采样信号的接收窗口与发射窗口的转换来生成基准控制时序，在接收窗口和发射窗口的切换过程中，要持续监测雷达信号脉冲是否结束。该过程主要由计数器控制，由雷达信号检测功能单元实现，之后干扰信号模拟设备在基准控制时序的驱动下，在接收窗口内对雷达信号进行采样和存储，在发射窗口内对存储的雷达信号进行读取并发射。

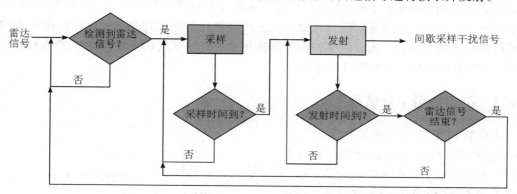

图 4-35　间歇采样干扰信号的时序控制单元的设计框图

间歇采样干扰信号可以用 DRFM 体制的干扰信号模拟设备来生成，这里选取 Xilinx FPGA 作为 DRFM 的控制和处理单元，结合高速 ADC、DAC 完成雷达信号的采集和干扰信号的生成。间歇采样信号的占空比设为 50%，基于 DRFM 的间歇采样干扰信号的实测波形如图 4-36 所示。由波形包络可以看出，干扰信号是断断续续输出的，在接收窗口时间段内，干扰信号模拟设备的发射机保持关闭，只有处于发射窗口内才生成干扰信号。干扰信号包络的高电平和低电平的时间基本相等，这验证了间歇采样干扰信号实现的正确性。

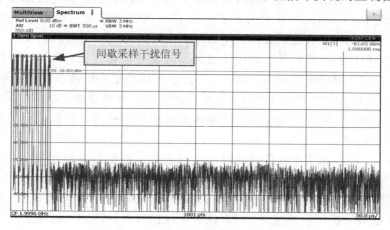

图 4-36　间歇采样干扰信号的实测波形

4.6 拖引干扰信号

拖引干扰信号也是一种常见的欺骗式干扰，通常用于自卫式干扰场景中。在这种场景中，干扰信号模拟设备与被保护目标位于同一载体平台，通过辐射干扰信号以阻止雷达探测到被保护目标。为了阻止对方雷达检测到己方目标，干扰信号模拟设备通过发射时序、频率变化的干扰信号，以生成在距离向、速度域有所偏离的假目标干扰信号，使得雷达的注意力转移到假目标，从而达到保护真目标的目的。

在距离向上逐渐偏离的假目标信号称为距离拖引干扰信号。一般而言，当干扰信号成功将雷达波门拖离特定位置（可以是干扰信号模拟设备自身的位置）后，可以持续产生假目标干扰信号，使得雷达持续对假目标跟踪；也可以停止发射干扰信号，使得雷达丢失假目标后再次转入搜索阶段。拖引信号如此周而往复地工作，在成功干扰时会使雷达不断地重复搜索、锁定假目标、丢失假目标这个过程。

4.6.1 距离拖引干扰信号

距离拖引干扰信号的工作原理见图4-37。假设干扰信号模拟设备与目标位于同一个载体平台，则在任意时刻，在不考虑干扰信号的发射延时的条件下，干扰信号与目标回波同时返回到雷达接收机。距离拖引信号的工作过程分为4个阶段，分别是启动阶段、拖引阶段、保持阶段和关机阶段。其中，关机阶段不是必需的，可以让干扰信号稳定保持在一定距离位置处，然后直接进入启动阶段。

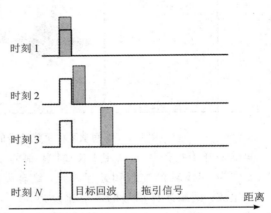

图4-37 距离拖引干扰信号的工作原理

在启动阶段，拖引信号和目标回波信号位于同一距离位置。由于目标和干扰信号模拟设备的运动轨迹相同，因此干扰信号模拟设备接收到雷达信号后直接对其存储并发射即可，这里假设可以工作在收发同时模式下。为了让雷达捕获到距离拖引干扰信号而不是目标回波信号，一般使得干扰信号的幅度比目标回波信号的幅度大。目标回波信号的幅度到底是多大，干扰信号模拟设备是不知道的，只能在采用侦察手段获取雷达位置信息（即参数信息）的基础上利用雷达方程来粗略估计，然后根据该估计值设置干扰信号的幅度。如果雷达信息是完全未知的，则距离拖引信号的幅度可以根据干扰信号模拟设备的最大输出功率乘以一个系数来确定。

在拖引阶段，距离拖引干扰信号在时间上与目标回波信号逐渐错开。由于距离拖引干扰信号是基于截获的雷达信号调制生成的，因此该信号难以位于目标回波信号的前方。要实现前拖引较为困难，可以借鉴导前假目标干扰信号的设计思路来实现。为简单起见，这里重点介绍后拖引干扰信号的实现。距离拖引干扰信号可以理解为距离变化的假目标干扰信号，其产生原理与假目标干扰信号的生成原理是类似的，只是在干扰信号发射的时序控制上有所不同。为了模拟生成在距离的上位于干扰信号模拟设备后方的假目标，干扰信号模拟设备需要对截获的雷达信号进行延时调制后再发射，这样产生的距离拖引信号会逐渐偏离目标的位置。需要说明的是，距离拖引信号在时域上的延时体现了其与目标距离之间的相对位置关系。

进入保持阶段后，距离拖引干扰信号相对于截获的雷达信号的脉冲前沿而言，其延时值是固定的。对雷达而言，距离拖引干扰信号形成了一个稳定位于目标后方且与目标之间的相对距离保持不变的假目标。距离拖引干扰信号希望雷达的注意力重点在其生成的假目标上，从而降低对真目标的关注程度。假设雷达对所有距离单元的回波信号都进行检测，那么即使在距离拖引干扰信号存在的条件下，目标仍然可以被雷达检测到。当雷达只对某一段距离内的目标感兴趣，只处理一定距离波门内的回波信号时，如果距离拖引干扰信号成功将雷达波门吸引到设定的位置，则可以对目标形成保护。

当保持阶段结束后，可以选择停止发射距离拖引干扰信号，这样使得雷达重新转入对目标的搜索阶段。由于雷达没有稳定实现对目标的跟踪，因此其对目标的威胁也就降低了。现代雷达大多具有多目标跟踪能力。如此看来，即使存在距离拖引信号，现代雷达仍然对目标具有威胁。这在雷达技术与雷达对抗技术的发展中是常见的，雷达抗干扰能力提升了，干扰技术就需要进行创新才能应对。但是，雷达抗干扰能力的提升使其成本增加，同时也对操作员的专业能力提出了要求，因此，距离拖引干扰信号作为一种典型的干扰信号是进一步理解其他复杂干扰手段的基础，仍然值得讨论和学习。

根据距离拖引干扰信号与目标回波信号之间的时间差的变化特性，可以将距离拖引分为线性距离拖引和非线性距离拖引。在线性距离拖引模式下，距离拖引干扰信号和目标回波信号之间存在稳定的时间差变化率，造成两者之间的距离变化为线性的。在非线性距离拖引模式下，距离拖引干扰信号和目标回波信号间的时间差变化率是变化的，造成两者之间的距离差是非线性变化的。典型的场景是目标作匀速运动，而距离拖引干扰信号作匀加速运动，两者之间的距离满足二次函数表达式。

线性距离拖引干扰信号的干扰效果示意图如图 4 - 38 所示。对于干扰信号模拟设备而言，需要设定拖引距离 Δd 和拖引各阶段的持续时间，从拖引阶段开始直到关机阶段，距离拖引干扰信号与目标间的距离差按照线性从 0 变为 Δd，然后保持为 Δd 直到保持阶段结束。

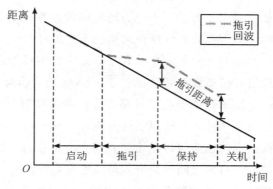

图 4 - 38　线性距离拖引干扰信号的干扰效果示意图

在线性距离拖引模式下,由拖引距离 Δd 和拖引移动时间 T 就可以得到距离拖引干扰信号的距离变化率 $\Delta d/T$。再由距离变化率与相邻两个雷达脉冲之间的时间差就可以得到距离拖引干扰信号与目标之间的相对距离,之后将距离转为相应的延时值,最终通过控制距离拖引干扰信号的发射延时来实现距离拖引干扰。

根据雷达脉冲的重复周期 PRI,距离拖引干扰信号与目标之间的相对距离 d_t 为

$$d_t = \frac{\Delta d}{T} \cdot \text{PRI} \tag{4.42}$$

式中,T 是拖引移动时间,由干扰信号模拟设备设定。

当干扰信号模拟设备和目标位于同一位置时,计算得到当前时刻的拖引距离后,按照 $2d_t/c(c$ 为光速)换算为距离拖引干扰信号的发射延时,然后将截获的雷达信号进行延时发射即可。对于距离拖引干扰信号的时序控制而言,进入拖引阶段后,从截获第一个雷达信号脉冲的前沿开始计数,到下一次接收到雷达脉冲时读取计数值,将之间的计数时长代入式(4.42)替换 PRI,则可以知道当前时刻距离拖引干扰信号的发射延时。假设空域中只存在一个雷达信号,那么计数值即为 PRI 的测量值,两者近似相等。当存在多个雷达信号时,若仍然按照某一个雷达信号的 PRI 测量值来控制时序,则会造成错误。

接下来仿真分析距离拖引干扰信号。由之前的理论分析可知,干扰信号模拟设备可以通过对截获的雷达信号进行延时来得到向后的距离拖引干扰信号。首先计算目标和雷达之间的距离,在任意 t 时刻目标和雷达之间的距离 y_t 表示为

$$y_t = y_0 - v \cdot t \tag{4.43}$$

式中,v 表示目标的速度,y 是初始时刻目标与雷达间的距离。仿真中设定目标是匀速朝向雷达运动的,那么目标和雷达之间的距离随着时间按照线性变化。

线性距离拖引干扰信号和目标之间的距离随着时间是线性变化的,直到达到设定的距离(拖引距离设定值)后,线性距离拖引干扰信号和目标之间的距离保持不变。

在仿真中,干扰信号模拟设备需要实时知道自身以及目标所在的位置,在此基础上,对截获的雷达信号附加相应的延时值,以产生向后的距离拖引干扰信号。那么,距离拖引干扰信号和目标之间的距离关系可以表示为

$$y_j = y_t + \Delta d \tag{4.44}$$

其中,y_j 表示距离拖引干扰信号的距离。当 Δd 随时间线性变化时,距离拖引干扰信号表现为线性距离拖引干扰信号,否则为非线性距离拖引干扰信号。

仿真设定拖引距离为 200 m。图 4-39 所示为仿真实验中线性距离拖引干扰信号和目标的距离变化。设定干扰信号模拟设备和目标位于 10 km 处,且两者的运动特性相同。在拖引开始阶段(0~50 ms),距离拖引干扰信号和目标的距离位置是相同的,以相同的速度朝向雷达运动,因此两者与雷达的距离按照线性变化。在 50~150 ms 时间范围内开始进行距离拖引,距离拖引干扰信号的速度与目标速度相反,距离拖引干扰信号向远离雷达的方向运动,距离拖引干扰信号和目标之间的距离差是线性变化的。在 150~200 ms 时间段内,距离拖引干扰信号和目标之间的距离稳定保持在 200 m,至此完成了距离拖引。距离拖引干扰信号在一段时间内保持该距离差,然后停止发射,使得雷达丢失目标而重新进入搜索

阶段。之后距离拖引干扰信号再从目标位置处开始，进行下一个周期的距离拖引，如此循环往复。

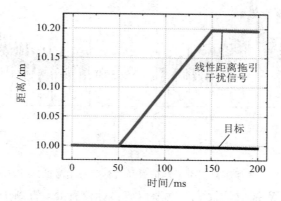

图 4 - 39　线性距离拖引干扰信号和目标的距离变化

由于距离拖引干扰信号只改变了干扰信号的发射延时，没有对干扰信号的多普勒频率进行调制，因此只在距离向赋予了拖引信号的运动变化特征，没有在频域体现拖引信号的运动特性。如果从多普勒域分析距离拖引干扰信号和目标的速度特征，会发现两者的速度是一样的，这与真实存在的物理现象是相悖的，可能会引起雷达方的警觉。

根据以上分析进行仿真实验，雷达发射 LFM 信号，载频为 10 GHz，脉冲宽度为 20 μs，带宽为 20 MHz，脉冲重复周期为 200 μs。干扰信号模拟设备和目标位于同一载体平台，初始位置位于 10 km 处，以 20 m/s 的速度匀速向雷达运动。距离拖引数值为 200 m，距离拖引干扰信号和目标之间的距离按照线性变化。拖引时间参数与图 4 - 39 中对应的参数相同，距离拖引干扰信号与目标回波信号的干信比设为 6 dB。

仿真得到不同时刻距离拖引干扰信号和目标回波信号的匹配滤波处理结果，如图 4 - 40 所示。以第一次发射距离拖引干扰信号的时刻作为 0 时刻，此时，距离拖引干扰信号和目标回波信号在时域上是对齐的（忽略干扰信号的发射延时），均位于 10 km 处。由于距离拖引干扰信号和目标回波信号叠加，因此会增强目标位置处的信号幅度。对于雷达方而言，更容易捕获目标的位置。为了避免这个问题，距离拖引干扰信号可以设定一个初始延时值，使得在捕获阶段距离拖引干扰信号位于真目标的后方。后面为了介绍距离拖引干扰信号的原理与效果，仍假设距离拖引干扰信号一开始与目标位于同一位置，不再说明。

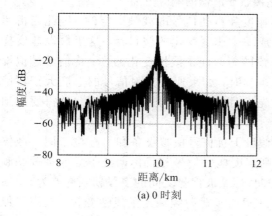

(a) 0 时刻

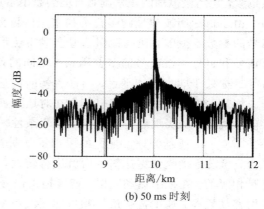

(b) 50 ms 时刻

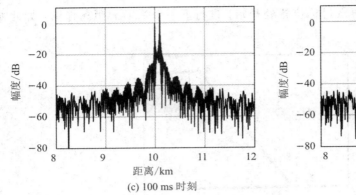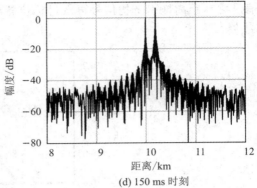

(c) 100 ms 时刻   (d) 150 ms 时刻

图 4 - 40 线性距离拖引干扰信号和目标回波信号的匹配滤波结果

从 50 ms 开始,距离拖引干扰信号逐渐偏离目标位置处,直到 150 ms 时刻,距离拖引干扰信号和目标之间的距离差为 200 m。在此期间,目标、距离拖引干扰信号朝向雷达运动。由于距离拖引干扰信号不断调整其发射延时,因此最终距离拖引干扰信号位于目标后方,且在拖引保持阶段与目标稳定保持该距离差。在仿真的 200 ms 时间内,目标运动了4 m,因此该时间段内的匹配滤波结果难以准确呈现目标运动带来的距离偏移。

4.6.2 速度拖引干扰信号

速度拖引干扰信号(简称速度拖引信号)用于在速度维干扰雷达,目标的速度值在雷达处理领域体现为目标回波信号的多普勒频率。速度拖引信号通过对截获的雷达信号附加随时间变化的频率调制信号,产生与目标多普勒频率具有一定相似度的干扰信号,以干扰雷达对目标速度的测量。速度拖引信号和目标回波信号之间的频率差是随着时间变化的,在拖引保持阶段,该频率差是一个固定值,代表着速度拖引信号与目标回波信号之间的恒定速度差。

由于雷达对目标速度的估计大多是基于目标回波信号的多普勒频率的,因此干扰信号模拟设备需对截获的雷达信号进行多普勒频率调制,且该多普勒频率值是随着时间变化的。常见的空中目标,如直升机、飞机、火箭、导弹等,其速度差异较大,从几十米/秒到几千米/秒不等。假设目标的速度范围是 100~2000 m/s,雷达信号的载波频率为 4~12 GHz,那么各种目标的多普勒频率的范围是 2.67~160 kHz。因此,速度拖引信号的频率调制范围应为 kHz数量级,超出该范围的频率调制可能会超出雷达接收滤波器的响应范围。

由于目标回波信号的多普勒频率是由目标速度和雷达信号的载频决定的,因此当雷达信号的参数不变时,速度拖引信号会对雷达形成一个速度变化的假目标。这里假设速度拖引信号和目标回波信号的多普勒频率之间的差值随着时间是线性变化的。干扰信号模拟设备与目标处于同一载体平台,当平台朝向雷达运动时,如果速度拖引信号的速度大于目标回波信号的速度,则速度拖引信号在时域上就先于目标回波信号返回雷达处,这需要用到导前干扰技术,实现起来具有一定的复杂性。

图 4 - 41 所示为速度拖引的原理示意图。假设干扰信号模拟设备和目标位于同一载体平台,当设备接收到雷达信号后就进行转发,则速度拖引信号和目标回波信号的多普勒频率是相等的。在拖引启动阶段,速度拖引信号和目标回波信号之间的多普勒频率差为 0。在拖引移动阶段,速度拖引信号和目标回波信号之间的多普勒频率差呈线性变化。在拖引保

持阶段，速度拖引信号和目标回波信号之间的多普勒频率差保持定值。在拖引关机阶段，不输出速度拖引信号。

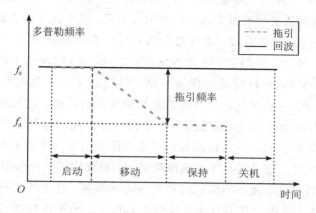

图 4-41　速度拖引的原理示意图

图 4-41 中，假设载体平台作匀速运动，当雷达信号的参数不变时，目标回波信号的多普勒频率为恒定值。在拖引移动阶段，速度拖引信号的多普勒频率逐渐减小，直到进入拖引保持阶段后，速度拖引信号和目标回波信号之间的多普勒频率差为定值，该值即为设定的拖引频率，拖引频率体现了速度拖引信号与目标回波信号之间的多普勒频率的差值。在关机阶段，干扰信号模拟设备不发射速度拖引信号，直到关机阶段结束，再次进入下一个拖引周期的拖引启动阶段。

在拖引移动阶段，速度拖引信号和目标回波信号之间的多普勒频率差值随时间是线性变化的，称速度拖引信号为线性速度拖引信号，如图 4-42 所示。由于干扰信号模拟设备和目标回波信号的运动特性相同，因此，其对截获的雷达信号进行多普勒频率调制后，该频率调制量导致速度拖引信号和目标回波信号的多普勒频率不再相等。在拖引启动阶段，速度拖引信号和目标回波信号之间的频率差逐渐增大，直到拖引保持阶段，两者的多普勒频率差保持不变。因此，无论载体平台处于何种状态，速度拖引信号主要体现的是其与目标回波信号之间的多普勒频率的差异特性，当设备与目标的运动相同时，设备只需要对截获的雷达信号附加频率变化的多普勒频率调制信号即可。

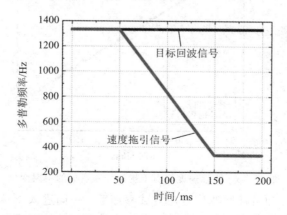

图 4-42　线性速度拖引干扰信号和目标回波信号的多普勒频率

仿真设定目标速度为 20 m/s，当雷达信号载频为 10 GHz 时，目标回波信号的多普勒频率是 1.33 kHz。设定目标为匀速运动，因此对同一个雷达信号来说，当雷达信号的载频不发生变化时，目标回波信号的多普勒频率也保持不变。设定速度拖引信号为线性拖引，拖引频率为 1 kHz，在拖引保持阶段，速度拖引信号的多普勒频率变为 1333 Hz − 1000 Hz = 333 Hz，如图 4-42 所示。从图 4-42 中可见，在 0~50 ms 时间范围内，速度拖引信号的速度（体现为多普勒频率）和目标速度保持一致，目的在于让雷达捕获速度拖引信号。在 50~150 ms 时间范围内，速度拖引信号的多普勒频率开始减小，表示速度拖引信号的速度逐渐减小，且在拖引移动阶段内，速度拖引信号和目标回波信号的多普勒频率差值随着时间是线性变化的。在 150~200 ms 时间段内，速度拖引信号的多普勒频率保持不变，那么速度拖引信号和目标回波信号的速度差也保持恒定，至此完成一个拖引周期。

由于速度拖引信号只对截获的雷达信号进行频率调制，且干扰信号模拟设备和目标是一起运动的，因此在不考虑干扰信号发射延时的条件下，干扰信号和目标回波信号在时域可以视作是同步的。因此，当雷达对速度拖引信号和目标回波信号进行距离向处理后，只会在目标位置处检测到一个信号；雷达只有在频域对目标进行检测时，才会区分速度拖引信号和目标回波信号。距离拖引信号和速度拖引信号均有明确的应用场景，需针对雷达的特点选择合适的干扰信号。

仿真设定雷达发射 LFM 信号，载频为 10 GHz，脉冲宽度为 20 μs，带宽为 20 MHz，脉冲重复周期为 200 μs。干扰信号模拟设备和目标位于同一载体平台，初始位置位于 10 km 处，以 20 m/s 的速度匀速向雷达运动。速度拖引信号的多普勒频率为 1 kHz，按照线性变化。拖引时间参数与图 4-39 中的相同，速度拖引信号与目标回波信号的干信比设为 6 dB。由前面分析可知，由于速度拖引干扰信号没有进行发射延时调制，因此其经过匹配滤波处理后，与目标的运动轨迹一致。经过 200 ms 的仿真时间，目标运动距离为 4 m。图 4-43 所示为目标和速度拖引信号的距离与初始位置的差值，数值为负数，表明两者朝向雷达运动。

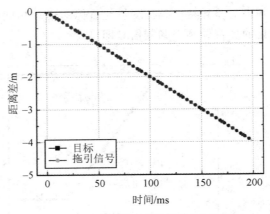

图 4-43 线性速度拖引干扰信号和目标的距离变化

线性速度拖引信号和目标回波信号在空域叠加后，一同进入雷达接收机进行匹配滤波处理，得到的处理结果如图 4-44 所示。速度拖引信号和目标回波信号的叠加可能会合成幅度更大的信号。从雷达方来看，目标位置处的回波信号的功率增强了，更容易探测到目标。在拖引启动阶段，在不考虑发射延时的条件下，速度拖引信号和目标回波信号的延时值、多普勒频率均相同。在拖引保持阶段，速度拖引信号和目标回波信号的多普勒频率是不相同的，其相位之间的不同步会造成叠加后的信号幅度比拖引启动阶段的信号幅度略小。从图 4-44 中的结果来看，由于速度拖引信号的延时值未作调制，因此在速度拖引全过程中，雷达只在目标位置处检测到目标。

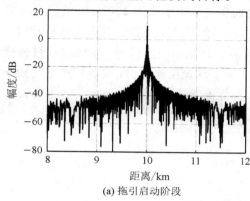

(a) 拖引启动阶段

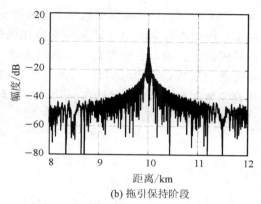

(b) 拖引保持阶段

图 4-44　线性速度拖引信号的匹配滤波结果

在拖引启动阶段，雷达对接收到的信号进行多普勒频率测量，得到的结果如图 4-45 所示。图 4-45 中速度拖引信号的多普勒频率的测量值为 1328 Hz。由于雷达脉冲信号的脉冲重复频率为 5 kHz，因此对 256 个回波脉冲进行频域分析时，多普勒频率分辨率的理论值为 5000/256=19.53 Hz。考虑到测量误差，图 4-45 中对速度拖引信号的多普勒频率的测量值是正确的，验证了速度拖引信号设计的正确性。

在拖引保持阶段，目标回波信号的多普勒频率与速度拖引信号的多普勒频率的差值为 1000 Hz，这两个信号的多普勒频率的测量结果如图 4-46 所示。速度拖引信号的多普勒频率测量值为 332 Hz，目标回波信号的多普勒频率测量值为 1328 Hz。

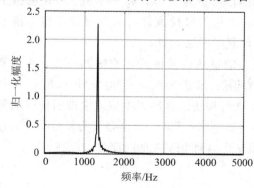

图 4-45　线性速度拖引信号的多普勒
频率(拖引启动阶段)

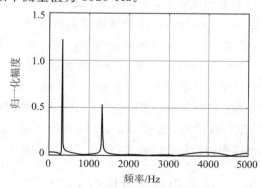

图 4-46　线性速度拖引信号的多普勒
频率(拖引保持阶段)

上述内容以速度拖引信号的多普勒频率逐渐比目标回波信号的多普勒频率减小为例来说明，主要是考虑到速度拖引信号的速度大于目标速度时会造成速度拖引信号要位于目标回波信号之前，实现起来颇有难度。如果单从速度维度来考虑，则速度拖引信号的速度可以设置为大于或小于目标速度。为了实现速度拖引信号的多普勒频率变小，需要对转发的雷达信号附加负频率的调制信号，反之则附加正频率的调制信号。从频域来看，目标的速度信息只体现在目标回波信号的多普勒频率上，因此可以灵活设置速度拖引信号的调制频率来实现超前或是滞后的速度拖引。

图 4-47 所示为速度拖引信号的速度超过目标速度时雷达对接收到的信号的频域处理结果。从图 4-47 中可以观察到两个不同频率值的信号，频率值为 1328 Hz 的信号对应目标速度，频率值为 2324 Hz 的信号对应速度拖引信号的速度。当目标朝向雷达运动时，干扰信号模拟设备对截获的雷达信号附加正频率的多普勒频率调制信号，生成超过目标速度的速度拖引信号；反之，当目标远离雷达运动时，为实现速度前拖引，设备应产生负频率的多普勒频率调制信号。对雷达方来说，其重点关注逐渐接近的目标，因此本书主要讨论的是目标朝向雷达运动。

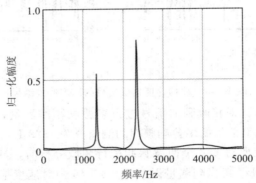

图 4-47 线性速度拖引干扰信号的多普勒频率（速度前拖引）

生成速度拖引信号时，关键步骤是按照速度拖引阶段对截获的雷达信号进行多普勒频率调制。由于速度拖引移动阶段的持续时间以及拖引频率值是预先设定好的，因此根据拖引频率值的变化率，可以计算出任意时刻速度拖引信号的相对多普勒频率值。在速度拖引全过程中，多普勒频率调制信号要保持相位连续。干扰信号模拟设备在发射速度拖引信号时，需要把多普勒频率调制信号与雷达信号样本作复数乘法运算。

FPGA 在进行多普勒频率调制时，首先将截获的雷达信号进行正交解调处理，得到复数形式的雷达信号样本，然后计算得到雷达信号的相位。多普勒频率调制信号可以用 DDS 技术实现，得到多普勒相位值后，与雷达信号的相位进行加法运算即可生成速度拖引信号的相位。这样就避免了复数乘法运算。之所以避免进行复数乘法运算，一方面是因为复数乘法运算对硬件乘法器的消耗较多，另一方面是因为复数乘法运算对 PPGA 的时序要求较高。

4.6.3　速度距离联合拖引干扰信号

无论是速度拖引信号还是距离拖引信号，均只在一个维度进行干扰调制。如果雷达在距离维度和速度维度联合展开目标特性分析，则有可能剔除速度与距离变化特性不相关的假目标。因此，在生成拖引信号时也要考虑拖引信号的速度变化引起的距离变化。本质上，将拖引信号理解为运动的假目标信号也可以，只是该假目标信号在拖引的不同阶段具有不同的样式特征。

对于速度距离联合拖引干扰信号(以下简称联合拖引信号)而言,其距离变化量与速度之间是相关的。只考虑联合拖引信号为匀速运动和匀加速运动的条件下,其速度与距离之间共有 4 种组合关系。

(1) 设定距离拖引值,且距离拖引值与时间呈线性关系。

在拖引移动阶段,联合拖引信号的速度与目标速度之差为恒定值。联合拖引信号的速度为

$$v_{\mathrm{j}} = \frac{\Delta d}{T} \tag{4.45}$$

其中,Δd 为拖引距离的设定值,T 为拖引移动时间。

v_{j} 用于计算联合拖引信号的多普勒频率,也用于计算任意时刻联合拖引信号的发射延时。以拖引移动开始时刻为 0 时刻,则联合拖引信号相对于目标的距离差为

$$d_{\mathrm{t}} = \frac{\Delta d \cdot t}{T} \tag{4.46}$$

换算为联合拖引信号的发射延时为

$$\tau_{\mathrm{j}} = \frac{2\Delta d \cdot t}{cT} \tag{4.47}$$

为简单起见,本节只讨论联合拖引信号滞后于目标回波信号的情况,此时 $\tau_{\mathrm{j}} > 0$,则联合拖引信号的速度要小于目标速度,才能实现联合拖引信号慢慢位于目标后方的情况。

仿真设定 0~200 ms 为拖引启动阶段,200~1200 ms 为拖引移动阶段,1200~1700 ms 为拖引保持阶段,雷达信号的载波频率为 10 GHz,目标速度为 20 m/s 且朝向雷达运动,拖引距离为 10 m,联合拖引信号的多普勒频率为 1 kHz。仿真中拖引移动时间为 1000 ms,如果设置较大的拖引距离,则拖引速度会变得非常大,在千米/秒的量级,与目标的物理运动特性相差太过明显,因此设定的拖引距离和拖引信号的多普勒频率其数值均不能太大。

当联合拖引信号设置为拖引距离按线性变化时,目标和联合拖引信号的距离变化如图 4-48 所示,联合拖引信号的多普勒频率变化如图 4-49 所示。由图 4-48 可见,进入拖引移动阶段后,联合拖引信号慢慢落后于目标后方,两者的距离差按照线性变化且逐渐增大,直到进入拖引保持阶段,两者间的距离差稳定保持在 10 m。

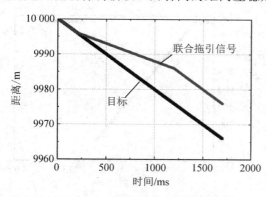

图 4-48　目标和联合拖引信号的距离变化
(拖引距离按线性变化时)

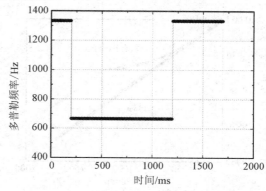

图 4-49　联合拖引信号的多普勒频率变化
(拖引距离按线性变化时)

在拖引启动阶段和拖引保持阶段，由于联合拖引信号和目标之间的距离差是恒定的，因此它们的速度是相等的。在拖引移动阶段，由于两者的距离差是线性变化的，因此联合拖引信号的速度发生了跳变。只有联合拖引信号的速度比目标的速度慢时，联合拖引信号才能逐渐落后位于目标后方，因此在拖引移动阶段，联合拖引信号的多普勒频率变小了，如图 4-49 所示。

（2）设定距离拖引值，且距离拖引值与时间呈二次函数关系。

由于拖引距离随着时间是按照二次函数变化的，因此联合拖引信号应作匀加速运动，在任意时刻，拖引距离为

$$d_t = v_0 t + \frac{1}{2} a t^2 + d_0 \tag{4.48}$$

其中，v_0 表示联合拖引信号的初始速度。由于在 0 时刻，联合拖引信号和目标回波信号之间的距离差为 0，因此式（4.48）中的初始距离 d_0 为 0，当 $t = T$ 时，$d_t = \Delta d$，求得

$$a = \frac{2(\Delta d - v_0 T)}{T^2} \tag{4.49}$$

进一步地，将式（4.48）写为

$$d_t = v_0 t + \frac{(\Delta d - v_0 T) \cdot t^2}{T^2} \tag{4.50}$$

前面提到过，联合拖引信号的距离和速度均是相对于目标而言的。假设在拖引移动阶段的 0 时刻，拖引速度与目标速度相等，那么式（4.50）中的 v_0 即为 0，则式（4.50）可以简化为

$$d_t = \frac{\Delta d \cdot t^2}{T^2} \tag{4.51}$$

此时，联合拖引信号和目标回波信号之间的距离差按照二次函数变化。

如果在拖引移动阶段的 0 时刻，希望联合拖引信号的速度值和目标的速度值之间存在一定差异，即 $v_0 \neq 0$，则可以根据式（4.50）计算任意时刻联合拖引信号与目标的距离差，然后转换为延时值，用于控制联合拖引信号的发射时间。

当联合拖引信号设置为拖引距离非线性变化时，目标和联合拖引信号之间的距离变化如图 4-50 所示，联合拖引信号的多普勒频率变化特性如图 4-51 所示。进入拖引移动阶段后，联合拖引信号和目标距离差按照非线性变化，联合拖引信号逐渐落后于目标。进入拖引保持阶段后，联合拖引信号和目标之间的距离差不再变化。

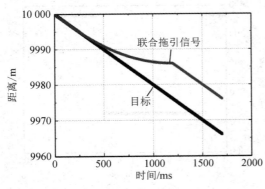

图 4-50　目标和联合拖引信号的距离变化
（拖引距离按二次函数变化）

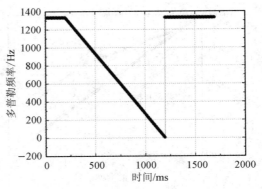

图 4-51　联合拖引信号的多普勒频率变化
（拖引距离按二次函数变化）

由于距离差按照二次函数变化，因此联合拖引信号和目标的速度差按照线性变化，且拖引速度逐渐减小，才能使得联合拖引信号在时域上滞后于目标回波信号。进入拖引保持阶段后，联合拖引信号和目标的距离差不再变化，说明两者的速度是相等的。因此，在拖引启动阶段，联合拖引信号的多普勒频率与目标回波信号的多普勒频率一样；在拖引移动阶段，联合拖引信号的多普勒频率按照线性减小；直到拖引保持阶段，联合拖引信号和目标回波信号的多普勒频率再次相等。对于联合拖引信号而言，其多普勒频率存在一次明显的频率跳变。

（3）设定多普勒频率拖引值，且多普勒频率拖引值与时间呈线性关系。

在拖引移动阶段，联合拖引信号相对于目标作匀加速运动，此时联合拖引信号的距离随着时间按照二次函数变化。在拖引移动阶段，任意时刻联合拖引信号的速度为

$$v_t = \frac{\Delta v \cdot t}{T} \tag{4.52}$$

Δv 为设定的多普勒频率值 Δf_d 对应的速度值。由于由多普勒频率值计算速度需要用到雷达信号的载波频率 f_0 的估计值，因此将 f_0 和 Δf_d 代入式（4.52），得

$$v_t = \frac{\Delta f_d \cdot c \cdot t}{2f_0 \cdot T} \tag{4.53}$$

由于在 0 时刻，联合拖引信号与目标速度相等，因此两者间的相对速度为 0，此时拖引距离也为 0。那么，任意时刻联合拖引信号与目标之间的距离差为

$$d_t = \frac{\Delta v \cdot t^2}{2T} = \frac{\Delta f_d \cdot c \cdot t^2}{4T \cdot f_0} \tag{4.54}$$

当联合拖引信号设置为拖引速度线性变化时，目标和联合拖引信号的距离变化如图4-52所示，联合拖引信号的多普勒频率变化特性如图4-53所示。从图4-53中可以看出，在拖引移动阶段，联合拖引信号的多普勒频率按照线性减小，对应地，联合拖引信号和目标之间的相对速度不为零且按线性变化。那么，联合拖引信号和目标之间的距离差按照二次函数变化，体现为联合拖引信号逐渐落后于目标后方。到拖引保持阶段后，联合拖引信号和目标的相对速度保持为恒定值，那么，联合拖引信号和目标之间的距离差仍会逐渐增大，且距离差按线性变化。

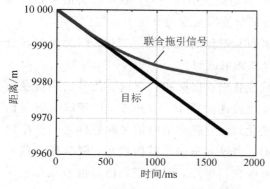

图 4-52　目标和联合拖引信号的距离变化
（拖引速度按线性变化）

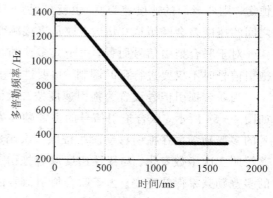

图 4-53　联合拖引信号的多普勒频率变化
（拖引速度按线性变化）

通过与设置距离拖引量的联合拖引方法对比可知,设定多普勒频率的联合拖引信号的速度变化是连续的,不会出现跳变情况,因此,当雷达从速度、距离域对联合拖引信号展开分析时,联合拖引信号的变化更加符合物理规律。

(4)设定多普勒频率拖引值,且多普勒频率拖引值与时间呈二次函数关系。

在拖引移动阶段,联合拖引信号相对于目标作变匀加速运动,此时联合拖引信号的距离随着时间按照三次函数变化。在拖引移动阶段,任意时刻联合拖引信号的速度为

$$v_t = \frac{1}{2}at^2 + bt + c \tag{4.55}$$

由于在 0 时刻,联合拖引速度值为 0,得到式(4.55)中 $c=0$。此时,可由多普勒频率拖引值得到 $t=T$ 时的速度值。求解式(4.55)中的参数 a 和 b 还缺少一组数值。在 $0 \sim T$ 时间段内的任意时刻,设定 v_t 的取值,就可以改变二次函数曲线的变化特征,实现不同变化率的速度拖引效果。

为简单起见,设置二次函数在 0 时刻的取值为 0,则式(4.55)中 $b=0$,将式(4.55)写为

$$v_t = \frac{\Delta v \cdot t^2}{T^2} = \frac{\Delta f_d \cdot c \cdot t^2}{2f_0 \cdot T^2} \tag{4.56}$$

由于 0 时刻,联合拖引信号和目标之间的距离差为 0,因此对式(4.56)在时域积分可以得到任意时刻联合拖引信号的目标之间的距离差:

$$d_t = \frac{\Delta f_d \cdot c \cdot t^3}{6f_0 \cdot T^2} \tag{4.57}$$

综上,无论是设置拖引距离或是设置多普勒频率拖引值,联合拖引信号在不同阶段的一些特征是相同的。具体而言,在拖引启动阶段,联合拖引信号和目标的速度是相等的,且两者之间的距离差为 0。在拖引移动阶段,联合拖引信号和目标之间的速度差从 0 逐渐增大,体现在其多普勒频率差按照线性变化或是按照二次函数变化。在拖引保持阶段,根据设定的多普勒频率拖引量和距离拖引量的不同,联合拖引信号和目标之间的相对关系略有区别。当设定多普勒频率拖引量时,若联合拖引信号和目标之间的速度差保持恒定,则两者间的距离差逐渐增大;当设定距离拖引量时,若联合拖引信号和目标之间的速度差保持恒定,则两者间的速度差为 0。也就是说,当设置为距离拖引模式时,联合拖引信号和目标之间的速度差会经历从 0 增大,或是直接跳变为某个值后又变为 0 这个过程。

对于联合拖引信号而言,由于其多普勒频率和发射延时均会发生变化,因此生成联合拖引信号时不仅要进行延时调制,也要进行多普勒频率调制。

当联合拖引信号设置为拖引速度按二次函数变化时,目标和联合拖引信号的距离变化如图 4-54 所示,联合拖引信号的多普勒频率变化特性如图 4-55 所示。由于联合拖引信号的多普勒频率在拖引移动阶段按照二次函数变化,因此联合拖引信号和目标之间的距离差按照三次函数变化。与线性速度联合拖引类似,当进入拖引保持阶段后,联合拖引信号的多普勒频率保持不变。由于联合拖引信号的速度比目标小,因此联合拖引信号逐渐位于目标后方。

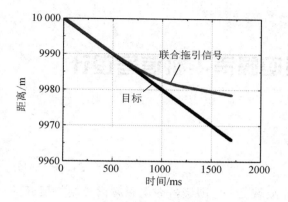

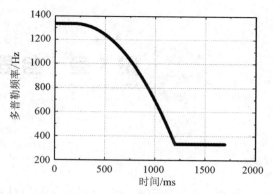

图 4 - 54　目标和联合拖引信号的距离变化　　　　图 4 - 55　联合拖引信号的多普勒频率变化
　　　　　（拖引速度按二次函数变化）　　　　　　　　　　　　（拖引速度按二次函数变化）

本章参考文献

［1］　朱红，张德平，王超，等. 采用卷积调制与间歇采样的多假目标干扰方法［J］. 电子设
　　　计工程，2012，20(16)：89 - 91，95.

［2］　WANG X S, LIU J C, ZHANG W M, et al. Mathematic principles of interrupted-
　　　sampling repeater jamming（ISRJ）［J］. Science in China Series F：Information
　　　Sciences，2007，50(1)：113 - 123.

［3］　ZHAO B, ZHOU F, SHI X, et al. Multiple targets deception jamming against ISAR
　　　using electromagnetic properties［J］. IEEE Sensors Journal，2015，15(4)：2031 - 2038.

［4］　RICHARDS M A. 雷达信号处理基础［M］. 2 版. 邢孟道，王彤，李真芳，等译. 北
　　　京：电子工业出版社，2017.

第 5 章　自适应噪声干扰信号设计

现如今，电磁频谱成为现代战争的关键作战域之一，围绕争夺电磁频谱控制权展开的电子战在半个多世纪内也取得了长足发展。从电子战、信息战、电磁频谱战、马赛克战[1-4]这些概念来看，在电磁信号层面的对抗技术的发展方向应该涵盖了电子信息设备的可重构设计、优化设计以及多智能体集群设计。

自软件无线电[5-6]的概念被提出以来，现代电子信息设备大多具有信号处理能力，且具有可重复编程、预留拓展接口、预留软件升级空间等特点，电子信息设备的软件定义可重构几乎已经成为标配。然而，软件定义可重构大多只能针对单体设备进行，不同设备之间可能存在接口定义不同、接口形式不同、结构特性不同等问题，当系统级功能需求改变时，这些不同标准的设备不一定能被有机地整合成一个新系统。当单体设备具备可编程、可重构特性后，近年来围绕着集群设备展开的研究主要有个体智能化、集群策略、集群智能化、集群可重构（马赛克）等方向。从国外公开发布的成果来看，研究人员正在将人工智能技术和可重构技术朝着落地应用的方向推进。

马赛克战作为未来战争中一种可能的形式，从其概念来看，其关键技术应包含低成本的无人集群技术、分布式的组网协同技术、更先进的可重构技术。现在的可编程电子设备是软件可重构的，甚至是部分软件可重构的，因为一部分软件的功能取决于硬件特性，所以当硬件不满足系统功能升级的要求时，软件功能的拓展能力也会受限。而马赛克战将单体设备以不同的方式组合，可形成具有不同功能的作战系统，且更加偏向于软件和硬件均可重构。若马赛克战能实现，则必将大大提高各单体设备的利用率，节约研发成本。从发挥的能效来看，当今的各类型设备像一片一片的拼图，组合在一起可形成具有特定功能的图案，但是这个图案的特性是不能改变的。而马赛克更像是"乐高"一样的积木，通过对各基本功能单元进行排列组合，形成具有不同功能的作战系统。这样看来，马赛克战的作战装备将是物理可重构、软件可重构的综合体，甚至是个体可重构、群体可重构、体系可重构的综合体。

为了适应复杂变化的电磁环境，干扰信号模拟设备在具备传统的信号侦察能力的基础上[6]，要进一步对电磁环境进行分析和适应，以期生成最优的干扰信号。伴随该应用需求，认知电子战原理与技术成为了近些年的研究热点[7-8]。参考文献[9]和[10]从基本概念出发，介绍了认知电子战的优势、认知电子战系统框架和认知电子战系统的工作流程，从理论层面详细介绍了认知电子战系统应该具备怎样的能力、应该怎样运用。但是，如何对信号处理系统进行设计或模拟构建何种电子战波形，才能赋予电子信息设备认知的能力呢？具体到雷达干扰信号的模拟与设计，有下面两个问题要明确：

（1）如何才能生成与环境相适应的干扰信号？

（2）干扰信号模拟设备需要经过哪些处理步骤，才能建立干扰信号的生成与闭环反馈链路？

本章针对雷达线性调频（LFM）信号的参数变化对干扰信号的干扰效果的影响，介绍利用智能优化算法对干扰信号进行优化的方法，并给出判断干扰信号是否最优的解决思路。

5.1　优化算法简介

干扰信号优化的关键在于如何采用优化算法对选定的干扰参数展开优化。传统的非线性优化算法包括遗传算法、模拟退火算法、粒子群算法等。遗传算法（GA）是美国密歇根大学教授 Holland 等人于 1975 年根据达尔文生物进化论中"优胜劣汰、适者生存"的思想和遗传学中生物进化的思想开创的一种全局搜索方法和理论。遗传算法是指从一个可能满足问题条件的集合（种群）开始，用染色体代表种群内的个体特征，用个体适应度（Fitness）和选择函数（Selection Function）对种群进行选择、淘汰并进行交叉（Crossover）、变异（Mutation）等操作，从而不断循环产生新的"更优"种群的过程。

1. 遗传算法的数学描述

（1）染色体编码。染色体作为特征的描述方式，在一定意义上代表了问题的解。染色体编码是指将特征进行编码表示，以使其在后续的变异、交叉中更易操作。常见的编码方式有二进制编码、浮点数编码、变换编码等。

（2）适应度函数。适应度函数是遗传算法的选择标准，其表征着个体的好坏，即对所期望的解的趋近程度。适应度函数的具体形式需要结合问题确定。适应度函数值越大，适应度函数所对应的基因遗传到下一代种群的概率就越大；反之就越小。一般常使用轮盘赌选择方法来确定适应度函数值，这是因为个体被选中的概率和适应度的大小成正比，一般表示成 $P_i = f_i / \sum f_j$，其中 f_i 表示第 i 个个体的适应度函数值。

（3）选择函数。选择函数用来对种群进行选择、淘汰。

（4）交叉算子。交叉算子是指对两个相互配对的染色体依据交叉概率相互交换其部分基因，从而形成新的个体的运算符号。常用的交叉方法有单交叉点法、双交叉点法、顺序交叉法、循环交叉法等。

（5）变异算子。变异是指依据变异概率将个体编码串中的某些基因值用其他基因值来替换，从而形成一个新的个体。在实际操作中，要适当选取变异概率的大小，若变异概率过大，则对最佳基因的搜索近似于随机搜索，降低了算法收敛的速度和效率；若变异概率过小，则降低了算法的搜索能力。

2. 遗传算法的基本流程

图 5-1 为遗传算法的基本流程。从图 5-1 中可以看出，遗传算法的运行过程是一个典型的迭代过程，其所要完成的工作内容和步骤有如下几个方面：

（1）通过选择恰当的编码策略，将参数集合域转换为相应的位串结构空间。

（2）定义满足待解问题需求的适应度函数。

（3）确定所要选择的遗传策略，其中包括种群规模，选择、交叉、变异等方法，以及确定合适的遗传参数，包括交叉概率、变异概率等。

（4）随机生成初始种群。

（5）计算初始种群中个体的适应度值，评价每个个体。

（6）按照所确定的遗传算法策略对种群进行选择、交叉、变异等操作，产生新一代种群。

（7）判断种群适应度是否满足待解问题的要求，或者已经达到事先设定的进化代数，若满足，则算法结束；若不满足，则返回步骤（6），或者修改相应的遗传策略后再返回步骤（6）。

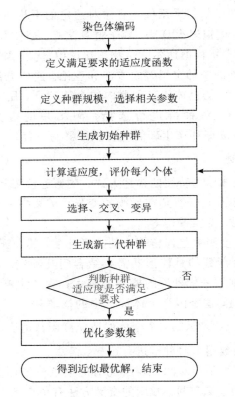

图 5-1　遗传算法流程图

复杂的电磁环境中可能包含不同参数的雷达信号或者未知辐射源信号，因此需要针对不同雷达信号进行干扰信号优化。本章利用遗传算法对 3.1 节介绍的相参噪声干扰信号和 3.2 节介绍的噪声卷积干扰信号进行优化。干扰信号模拟设备既要考虑自身、掩护目标和雷达之间的位置关系，还要考虑干扰信号参数对干扰效果的影响，以针对不同样式的雷达信号展开针对性的干扰信号优化。利用遗传算法分析不同干扰参数对干扰效果的影响，有望得到限定条件下的最优干扰信号。利用遗传算法进行干扰信号优化的一个关键步骤是确立合适的优化目标函数，该优化目标函数用于计算种群的适应度。就雷达干扰信号优化问题来说，根据干扰效果确定优化目标函数是比较合理的。受干扰后的雷达的工作状态对干扰方来说是未知的，因此可通过对雷达信号的特性进行分析来推断雷达工作状态的变化，但是推断结果的准确性还需要进一步验证。若在错误的推断结果的基础上进行干扰信号优化，那么优化结果有可能是完全相反的。

本章选取现代雷达中广泛使用的线性调频信号作为研究对象进行干扰信号优化，需要解决以下两个关键问题：

（1）选取哪些干扰参数进行建模分析；

（2）如何在干扰效果未知的条件下确立优化目标函数。

雷达在检测目标时常采用恒虚警率（CFAR）检测技术，即利用待检测单元前后若干距离单元内的信号幅度之和，并结合目标特性、恒虚警检测概率等因子来确定待检测单元的门限值。对于压制式干扰来说，为使得掩护目标所在距离单元处的 CFAR 检测门限上升，干扰信号经过匹配滤波处理后的主要幅度应位于掩护目标附近，而且具有较大幅度的干扰信号要覆盖一定的距离范围。如果干扰信号的幅度很大，但是占据的距离范围太小，那么出现在掩护目标位置附近的干扰信号反而可能暴露目标的真实位置。

5.2　相参噪声干扰信号的设计

1．优化目标函数的确定

针对相参噪声干扰信号的特点，本节将优化目标函数设置为经过匹配滤波处理后，目标位置前后一定距离范围内的干扰信号的幅度之和最大。之所以没有将匹配滤波处理后输出的干扰信号的幅度最大作为优化目标函数，是因为在信号功率不变时，目标回波信号经过匹配滤波处理后会获得最大幅度（这是匹配滤波处理技术的特点）。当优化后的相参噪声干扰信号与目标回波信号类似时，其经过雷达处理后会形成一个假目标，从而无法达到提高真目标附近 CFAR 检测门限的目的，失去了对掩护目标的保护效果。综上，本节基于单元平均 CFAR（CA-CFAR）检测原理，将优化目标函数设定为经过匹配滤波处理后，目标位置附近 −100～100 m 范围内的干扰信号的幅度之和最大。干扰信号的幅度越大，理论上干扰信号覆盖距离范围内 CFAR 检测门限就会越高，则目标回波信号的幅度就很有可能小于 CFAR 检测门限。在确定优化目标函数时，目标位置附近的距离范围数值大小可以设定，不同数值对应着不同的优化函数值，下面的讨论按照距离范围为 −100～100 m 展开。

根据单元平均 CFAR（CA-CFAR）检测原理，待检测单元前后若干距离单元内的信号幅度之和会影响 CFAR 检测门限，那么优化目标函数设置的区域范围应该小于或者等于 CFAR 检测器计算门限时使用的距离单元个数对应的距离值。如果选取的距离范围大于 CFAR 检测器检测的距离范围，那么当干扰信号中具有较大幅度的那部分偏离目标位置时，优化目标函数仍然能获得较大的函数值，但是 CFAR 检测时，目标位置附近的干扰信号的幅度之和有可能不是最大的。由于 CFAR 检测器使用的距离单元个数对干扰方来说是未知的，因此优化过程中只能根据 CFAR 检测时选取的距离单元个数的典型数值来设置用于计算优化目标函数值的距离单元个数。此外，干扰信号在雷达接收机中的处理过程对于干扰方而言也是未知的，但是匹配滤波处理作为相参体制雷达检测目标时常用的处理手段之一，可以反映目标在距离向的分布特性。为此，干扰信号模拟设备可以根据自身位置、掩护目标的位置构建一个 CFAR 检测场景。虽然目标和雷达之间的绝对距离可能是未知的，但是干扰信号模拟设备和掩护目标之间的相对距离是可以得到的，而优化的目的之一是将干扰信号的幅度调整到目标位置附近。通过仿真构建干扰信号和雷达信号的辐射场景，并基于干扰信号的距离分布特性进行干扰参数优化处理，使得优化后的干扰信号幅度尽可能分布在目标位置附近，以达到提高雷达 CFAR 检测门限的目的。

如果优化后的干扰信号在较小的距离单元内获得较大的幅度，从而被雷达认为是一个潜在的假目标，那么干扰信号无法在一定距离范围内提高雷达目标检测门限。综上，根据 CA-CFAR 检测原理，设定优化目标函数为目标位置附近 $-100 \sim 100$ m 距离范围内的干扰信号的幅度之和最大，且优化目标函数的数值越大，说明干扰信号在该距离范围内的幅度之和越大，进而对应着更大的 CFAR 检测门限。

2. 干扰信号参数的选择

优化目标函数确定后，根据相参噪声干扰信号的特性，本节设定优化的干扰信号参数包括伪随机序列的码元宽度、伪随机序列的长度、干扰信号的幅度和干扰信号的转发延时。由 3.1 节伪随机序列调相干扰信号的特性可知，码元宽度决定了伪随机序列信号的频谱宽度以及主要带宽内的频谱幅度。相参噪声干扰信号的干扰原理是利用扩频调制后的 LFM 信号在距离向形成覆盖一定范围的干扰信号。根据 LFM 信号的匹配滤波处理特性可知，当 LFM 信号的调频率变化时，经过匹配滤波处理后的干扰信号的覆盖范围也会改变。当干扰信号模拟设备与掩护目标之间的相对位置不发生改变，而 LFM 信号的参数发生变化时，随着干扰信号的覆盖范围发生变化，从而可能造成目标位置附近的干扰信号的幅度下降。为此，干扰信号也要相应调整参数，才有可能实现对目标的掩护。接下来分析选择相参噪声干扰信号的这 4 个参数进行优化的依据。

由于伪随机序列的长度是固定的，如果雷达信号的脉冲宽度大于伪随机序列的重复周期，那么干扰信号中就包含了周期性的频率调制量。该频率周期可能会使得在不同距离处均出现干扰信号，从而对干扰信号的匹配滤波结果造成影响。一般而言，在不考虑干扰源暴露的情况下，压制式干扰信号的幅度越大，干扰效果越好。这里选取干扰信号的幅度作为优化参数一方面是为了确认智能优化算法的优化结果与传统认知是否相一致，另一方面是为了确认优化过程是否正确。由于干扰信号模拟设备和掩护目标之间的相对距离会发生变化，因此一般认为干扰信号模拟设备位于目标的前方(前方指距离上更靠近雷达)。如果干扰信号模拟设备接收到雷达信号后就对其进行采集和发射，那么等同于对截获的雷达信号进行了一次转发，当转发延时很小且接近 0 时，就会在干扰信号模拟设备位置处形成一个假目标。对基于频率调制、相位调制得到的干扰信号来说，其经过雷达处理后输出的干扰信号是以干扰信号模拟设备自身位置为基础的。根据不同的干扰调制原理，干扰信号出现的位置会有一定偏差。因此，当干扰信号模拟设备位于目标的前方时，需要根据设备和目标之间的距离来调整干扰信号的转发延时，使得干扰信号的主要幅度尽量位于目标位置附近，这样一方面可以在时域上覆盖目标回波信号，另一方面可以提高目标位置的 CFAR 检测门限。

这里需要说明的一点是，相参噪声干扰信号是通过对截获的雷达信号进行调制得到的，经过匹配滤波处理后，干扰信号的主要幅度分布在一定区域范围内，这与非相参噪声干扰信号的距离向均匀分布是不一样的。相参噪声干扰信号通过在重点保护区域形成较大幅度的干扰遮盖带，使得在干扰信号功率一定的条件下，可以更有效地提高对目标位置的

CFAR 检测门限，从而获得比非相参噪声信号更好的干扰效果。

　　首先分析相参噪声干扰信号各参数对干扰效果的影响。假设雷达发射 LFM 信号，信号带宽为 20 MHz，脉冲宽度为 10 μs，脉冲重复间隔为 1 ms。掩护目标位于距离雷达 10 km 处，干扰信号模拟设备位于距离雷达 8 km 处，干扰信号模拟设备和目标均处于雷达信号照射范围内。本节不考虑干扰信号模拟设备在发射信号和接收信号时的收发隔离度问题，且假设干扰信号模拟设备可以一边接收雷达信号，一边发射干扰信号。

　　假设干扰信号的转发延时为 0.1 μs，伪随机序列长度为 511，干扰信号幅度与目标回波信号幅度之比为 6 dB。干扰信号和目标回波信号在空域叠加后一同进入雷达接收机，雷达接收机采用匹配滤波技术对回波信号进行处理。当用于调制生成干扰信号的伪随机序列的码元宽度为 0.4 μs 时，雷达接收机对目标回波信号和干扰信号的匹配滤波处理结果如图 5-2(a) 所示；当码元宽度为 0.1 μs 时，得到雷达接收机的处理结果如图 5-2(b) 所示。根据目标回波信号的幅度特性对匹配滤波结果进行幅度归一化处理，使得目标回波信号匹配滤波输出的最大幅度为 1。从图 5-2 中可以看出，若伪随机序列的码元宽度不同，则干扰信号的主要幅度和距离覆盖范围均不相同。

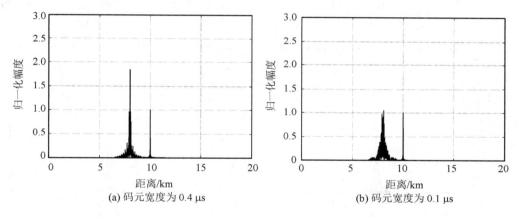

图 5-2　不同码元宽度下的干扰信号匹配滤波结果

　　与前文理论分析一致，当干扰信号模拟设备截获雷达信号后就将采样存储的雷达信号进行发射，则干扰信号的主峰近似位于干扰信号模拟设备所在的位置，即图 5-2 中的 8 km 处。此时，干扰信号的转发延时为 0.1 μs，这会使得经过匹配滤波处理后输出的干扰信号在距离上向后移动 15 m。由图 5-2 中结果可见，改变伪随机序列的码元宽度后，经过匹配滤波处理后得到的干扰信号的幅度特性也相应改变。若伪随机序列的码元宽度减小，则干扰信号的最大幅度增大，但是主瓣的覆盖距离较小；反之，则干扰信号的最大幅度减小，而主瓣的覆盖距离较大。当干扰信号的幅度较大，但是覆盖距离范围很小时，有可能无法有效提高目标位置处的 CFAR 检测门限，此时目标就仍有可能被雷达检测到。因此，需要对相参噪声干扰信号采用的伪随机序列的码元宽度进行优化调整，以期有效提高雷达接收机的 CFAR 检测门限。

　　接下来分析当保持码元宽度为 0.1 μs 时干扰信号的转发延时对干扰效果的影响。令转发延时分别为 1 μs、8 μs、13.3 μs 和 16 μs，其余参数不变，得到干扰信号的匹配滤波结果如图 5-3 所示。由仿真结果可知，随着干扰信号转发延时的逐渐增大，干扰信号逐渐向掩护目标位置处靠拢。由于相参噪声干扰信号经过雷达处理后的信号幅度近似呈现对称性，因此当干扰信号的主峰与目标位置重合时，CFAR 检测器在计算目标位置处的检测门限时会得到较大的检测门限结果，这可能使得目标的幅度小于检测门限而无法被雷达检测到。基于以上分析，干扰信号模拟设备要根据其与目标之间的距离，动态调整干扰信号的转发延时，使得干扰信号的主峰位于目标位置附近。干扰信号模拟设备和掩护目标之间可以通过信息交互来获得两者之间的距离，进而为干扰信号优化提供信息输入。

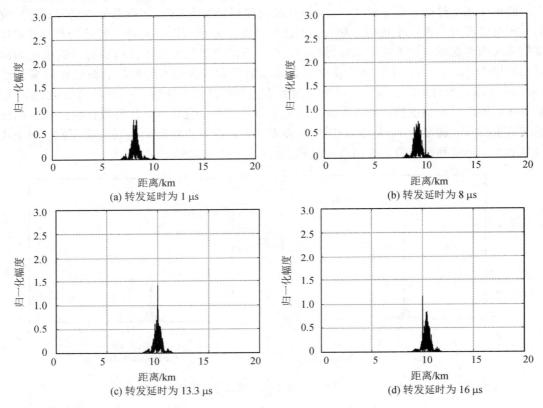

图 5-3 改变转发延时条件下干扰信号的匹配滤波结果

干扰信号优化过程中的一个重要步骤是，干扰信号模拟设备仿真构建了雷达接收机对目标回波信号和干扰信号的匹配滤波处理过程，将目标位置附近一定区域范围内的经过匹配滤波处理后输出信号的幅度之和作为优化目标函数，从而使整个优化过程向着幅度之和最大化的方向进行。雷达受到干扰后的状态以及雷达接收机的具体处理步骤对干扰信号模拟设备来说均是未知的，甚至是无法获取的。但是，雷达对目标回波信号进行匹配滤波处理的基本原理和步骤是已知的，CFAR 检测的基本原理也是可以参考的，基于此建立的干扰信号优化仿真场景可以在一定程度上反映出干扰效果。虽然干扰信号模拟设备在模拟这些处理步骤时，与实际中雷达采取的处理方式和设置的处理参数之间必然存在差别，但是可以体现干扰信号经过典型雷达接收机处理后的输出特性，为干扰信号的优化设计提供参考。此外，干扰信号模拟设备构建的目标回波信号和真实目标回波信号之间也必然存在差别，可以预先对己方目标的雷达散射面积（RCS）进行测量，提高对目标回波信号模拟的准确度，使得干扰信号优化结果更加可信。由于目标回波信号经过匹配滤波处理后占据的距离单元的个数比较少，远小于干扰信号所覆盖的距离单元总数，因此仿真构建目标回波信号的误差对干扰信号优化的影响比较小。

对基于数字射频存储器（DRFM）架构的干扰信号模拟设备来说，进行雷达信号的截获、接收和采集存储以及干扰信号的调制生成都是可行的。此外，干扰信号模拟设备的信号处理机应具备较强的处理能力，可以构建干扰信号的匹配滤波处理过程，进而实现干扰信号优化的迭代过程。基于以上分析，干扰信号优化过程的主要处理步骤如图 5-4 所示。优化过程中需要的关键信息支援包括目标特性参数和干扰信号模拟设备与掩护目标在雷达视线上的距离，这些信息支援用于对干扰信号的转发延时参数进行优化。由于掩护目标对干扰方而言是已知的，因此可以通过在暗室测量目标的 RCS 来构建目标特性库。综上，当干扰信号模拟设备进行干扰信号优化仿真时，其结合掩护目标的位置，构建干扰信号和目标回波信号的匹配滤波处理过程，以目标位置附近的干扰信号幅度之和最大化作为优化目标函数，利用遗传算法来实现优化过程。

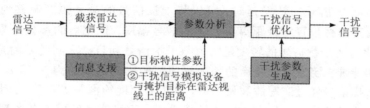

图 5-4　干扰信号优化过程的主要处理步骤

3. 干扰信号优化的仿真

下面仿真分析干扰信号优化过程，仿真设定雷达发射的 LFM 信号的带宽为 20 MHz，脉冲宽度为 10 μs，脉冲重复周期为 1 ms。掩护目标位于距离雷达 10.5 km 处，干扰信号模拟设备位于距离雷达 10 km 处。相参噪声干扰信号各参数的范围设定为：伪随机序列的码元宽度范围为 0.05～10 μs，干扰信号的幅度范围为 1～20（假设目标回波信号的幅度为 1），干扰信号的转发延时范围为 0.1～20 μs，伪随机序列的长度范围为 3～511。

将遗传算法的种群数量设为 300，最大进化代数设为 200，精英群体的概率设为 0.06，交叉概率设为 0.6，变异概率设为 0.02。在该参数设定条件（仿真场景 1）下，得到优化目标函数的进化曲线如图 5-5 所示。可见，当初始种群设立后，随着优化过程的迭代，优化目

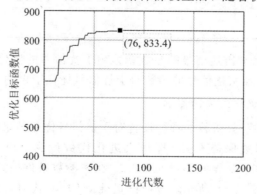

图 5-5　在仿真场景 1 下得到的优化目标函数的进化曲线

标函数值整体呈现上升趋势，并当种群进化到约 76 代时，优化目标函数的数值不再增加。优化目标函数值越大，说明在目标位置附近的干扰信号的幅度之和越大，该曲线的变化趋势与优化目标是一致的。

在仿真场景 1 下对干扰信号进行优化，得到优化后的干扰信号参数如表 5 - 1 所示，该表中列出了优化目标函数值最大的 5 个数值对应的干扰参数。从结果来看，干扰信号的幅度均为设定范围内的最大值，即 20，这与对常规噪声干扰效果的认知相一致，即干扰信号的幅度越大，干扰效果越好。干扰信号的转发延时约为 3.22～3.29 μs，换算成距离延迟为 483～493.5 m，该数值与干扰信号模拟设备和掩护目标之间的距离（500 m）较为接近。根据伪随机序列对 LFM 信号的调制特性，当转发延时为 0 时，干扰信号经过匹配滤波处理后，输出的信号近似对称分布在干扰信号模拟设备位置附近。由 CA-CFAR 检测原理可知，目标位置处的检测门限值是根据其前后距离单元内信号的幅度之和计算的，如果干扰信号的主要幅度逐渐偏离目标，那么目标位置处的 CFAR 检测门限值也会相应减小。采用优化后的延时值作为干扰信号的转发延时，可以将干扰信号的最大幅度调整到掩护目标位置处，这样可以提高目标位置附近距离单元内的信号幅度。优化后的参数结果表明，利用遗传算法迭代优化后的干扰信号的转发延时值与干扰信号和目标之间的距离是对应的，这与前述理论分析结果是一致的。优化后的伪随机序列的码元宽度约为 0.55 μs，在当前 LFM 信号参数下，干扰信号经过匹配滤波处理后，其主要幅度约覆盖 272.7 m。优化目标函数选取的距离范围之和为 200 m，从本次仿真结果来看，干扰信号的幅度范围覆盖了目标函数的距离范围。

表 5 - 1　在仿真场景 1 下得到的优化后的干扰信号参数

序　号	伪随机序列的码元宽度/μs	伪随机序列的长度	干扰信号的幅度（归一化幅度）	干扰信号的转发延时/μs
1	0.5573	268	20	3.2216
2	0.5573	268	20	3.2216
3	0.5573	268	20	3.2216
4	0.5573	384	20	3.2996
5	0.5573	384	20	3.2996

改变遗传算法的参数和雷达信号的参数会影响干扰信号的优化结果，下面仅分析改变种群数量、交叉概率，以及雷达信号的参数对干扰信号优化结果的影响。

1）改变种群数量对优化结果的影响

改变遗传算法的参数，分析算法参数设置对干扰信号优化结果的影响。增大种群数量，将该值设为 500，其他参数保持不变，即最大进化代数设为 200，精英群体的概率设为 0.06，交叉概率设为 0.6，变异概率设为 0.02。在该参数条件（仿真场景 2）下，得到优化目标函数的进化曲线如图 5 - 6 所示。当种群进化到约 56 代时，优化目标函数的数值不再增加。

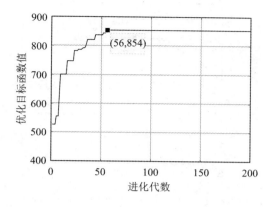

图 5-6　在仿真场景 2 下得到的优化目标函数的进化曲线

在仿真场景 2 下对干扰信号参数进行优化，得到优化后的干扰参数如表 5-2 所示。与图 5-4 中的优化目标函数值曲线和表 5-1 中的干扰信号参数优化结果相比可知，增大种群数量后，伪随机序列的码元宽度、干扰信号的幅度和干扰信号的转发延时的优化结果基本一致，唯一的区别是伪随机序列的长度不相同。

表 5-2　在仿真场景 2 下得到的优化后的干扰信号参数

序　号	伪随机序列的码元宽度/μs	伪随机序列的长度	干扰信号的幅度（归一化幅度）	干扰信号的转发延时/μs
1	0.5573	189	20.00	3.2996
2	0.5573	189	20.00	3.2996
3	0.5573	189	19.92	3.2996
4	0.5573	189	19.92	3.2996
5	0.4792	476	20.00	3.2996

对于仿真场景 1 和 2 来说，优化后的伪随机序列的长度均可以保证在干扰信号持续时间内，伪随机序列不发生重复，只用了伪随机序列的一部分来生成干扰信号。因此，干扰信号的频谱特性主要还是由伪随机序列的码元宽度决定的。在干扰信号的持续时间内，只要伪随机序列的码元值发生变化，那么被调制信号的频谱就会被拓展。当伪随机序列的长度不同时，虽然调制得到的信号的频谱特性有细微差别，但是其频谱宽度和幅度最大值的变化不大。因此，在这两个仿真场景下得到的不同伪随机序列长度均是可以使用的。

2）改变交叉概率对优化结果的影响

接下来分析交叉概率对优化结果的影响。降低交叉概率并将其值设为 0.4，其他参数与仿真场景 1 中的保持一致，即种群数量设为 300，最大进化代数设为 200，精英群体的概率设为 0.06，变异概率设为 0.02。在该参数条件（仿真场景 3）下，得到优化目标函数的进化曲线如图 5-7 所示。当交叉概率变小时，需要较多的进化代数（88 代）才能达到一个较为稳定的阶段。

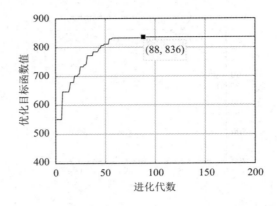

图 5-7   在仿真场景 3 下得到的优化目标函数的进化曲线

与在仿真场景 2 下得到的结果相比，优化目标函数趋于收敛所需要的进化代数略微增多，交叉概率的大小在一定程度上决定了种群的进化速度。一般而言，交叉概率越大，优化目标函数收敛越快。与仿真场景 1 和 2 相比，表 5-3 所示的在仿真场景 3 下得到的伪随机序列的码元宽度发生了较为明显的改变，约为 0.44 μs，此时，干扰信号的主要覆盖距离约为 340.9 m。从优化目标函数的数值来看，仿真场景 1～3 对应的函数值均相差不大，这说明此时优化得到的伪随机序列的码元宽度也能使得在设定的距离范围内干扰信号的幅度之和较大。但是最优的伪随机序列码元宽度的数值可能并非只有一个，从这 3 种场景下的优化结果来看，干扰信号的覆盖范围均超过了优化目标函数选取的距离范围。由于遗传算法初始值设定后，在优化过程中可能会陷入局部最优解，因此交叉概率的设定要合理。

表 5-3   在仿真场景 3 下得到的优化后的干扰信号参数

序 号	伪随机序列的 码元宽度/μs	伪随机序列的 长度	干扰信号的幅度 （归一化幅度）	干扰信号的 转发延时/μs
1	0.4402	467	20	3.2996
2	0.4402	467	20	3.2996
3	0.4402	467	20	3.2996
4	0.4402	467	20	3.2996
5	0.4402	467	20	3.2996

仿真场景 4 中增大了交叉概率并将该值设为 0.8，其他参数与仿真场景 1 中的保持一致，即种群数量设为 300，最大进化代数设为 200，精英群体的概率设为 0.06，变异概率设为 0.02。在该设定场景（仿真场景 4）下，得到优化目标函数的进化曲线如图 5-8 所示。从优化函数的进化曲线可以看到，种群进化到 44 代后，优化目标函数值基本不再增加，增大交叉概率可以加快种群的进化速度。

表 5-4 列出了增大交叉概率后得到的干扰信号参数优化结果，相比于表 5-3 中的结果，此时伪随机序列的码元宽度值略微增大，且与在仿真场景 1 和 2 下得到的伪随机序列码元宽度的数值较为接近。伪随机序列的长度也不尽相同，说明该参数的最优解也不唯一。基于在仿真场景 1～4 下得到的干扰信号参数优化结果，可以推测最优的伪随机序列码元

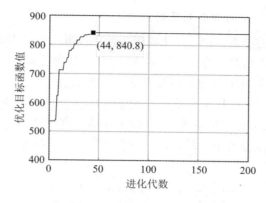

图 5-8　在仿真场景 4 下得到的优化目标函数的进化曲线

宽度应该是一个数值区间，基于这些码元宽度值调制生成的干扰信号均可以使得在当前设定距离范围内干扰信号的幅度之和较大。

表 5-4　在仿真场景 4 下得到的优化后的干扰信号参数

序　号	伪随机序列的码元宽度/μs	伪随机序列的长度	干扰信号的幅度（归一化幅度）	干扰信号的转发延时/μs
1	0.5182	191	19.8439	3.2996
2	0.5182	191	20.0000	3.2996
3	0.5182	191	20.0000	3.2996
4	0.5182	425	20.0000	3.3776
5	0.5182	425	20.0000	3.2996

　　在每一代进化时，较大的交叉概率可以使得基因交换的个体增多，可充分探索不同特性个体对环境的适应性。一般来说，增大交叉概率可以促使优化目标函数加快收敛。如果干扰信号模拟设备的工作场景对干扰信号生成的实时性或干扰算法优化的速度有要求，则可以适当设置较大的交叉概率。而交叉概率也不宜设置太大，要考虑对当代优势个体的保留，因为交叉后产生的下一代个体不一定比父辈更适应环境。如果设置遗传算法在达到进化最大代数后终止，那么当种群个数确定后，该算法的运行时间基本是不变的。对于干扰信号参数的优化问题来说，当干扰信号模拟设备截获雷达信号后，首先对该信号特性进行初步判断，确保在一定时间段内能稳定地接收到同一雷达信号；然后分析确定是否针对该雷达信号和当前场景展开干扰信号优化；其次在雷达信号参数分析结果的基础上，根据其他辅助信息构建干扰信号优化场景，直到优化计算过程完毕；最后更新干扰参数并发射优化后的干扰信号。在优化算法运行过程中，干扰信号模拟设备可以保持静默（即不发射干扰信号），也可以发射默认参数的干扰信号或上一次优化结果对应的干扰信号。较为复杂的问题是在参数优化结果计算完毕之前，雷达信号的参数发生了变化，这时得到的优化结果可能无法适应已经变化了的电磁环境。为了提升干扰信号模拟设备生成干扰信号的时效性，就需要进一步减小优化算法的计算时间，可以将遗传算法的终止条件设定为经过多少代进化后，优化目标函数值没有明显的改变。这样一来，通过适当地增大交叉概率或更改其他优化参数可以缩短优化过程的计算时间。

3）改变雷达信号的参数对优化结果的影响

下面改变雷达信号的参数，此时优化场景发生了变化，在此基础上分析干扰信号参数是否也会得到不同的优化结果。仿真设定 LFM 信号的带宽为 40 MHz，脉冲宽度为 10 μs，脉冲重复周期为 1 ms。假设干扰信号模拟设备位于距离雷达 10 km 处，掩护目标位于距离雷达 10.5 km 处，干扰信号优化参数范围与前述仿真场景 1～4 中的保持一致。遗传算法的种群数量设为 300，最大进化代数设为 200，精英群体的概率设为 0.06，交叉概率设为 0.6，变异概率设为 0.02。在该参数设定场景（仿真场景 5）下，得到优化目标函数的进化曲线如图 5-9 所示。

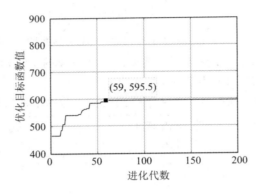

图 5-9　在仿真场景 5 下得到的优化目标函数的进化曲线

在场景 5 下，优化目标函数的数值发生了明显变化，收敛后目标函数值明显小于仿真场景 1～4 中的数值。与前述仿真参数相比，增大 LFM 信号的带宽并保持脉冲宽度不变，相当于增大了 LFM 信号的调频率，同时也增大了 LFM 信号的时宽带宽积，而匹配滤波处理增益的理论值与该时宽带宽积是相关的。由于优化目标函数选择的距离范围不变，因此干扰信号需要具有更大的带宽，才能使干扰信号在距离向的分布范围增大。在仿真场景 5 下得到的优化后的干扰信号参数如表 5-5 所示。由于干扰信号模拟设备、掩护目标与雷达之间的相对距离没有发生变化，因此优化结果中的干扰信号的转发延时与之前结果中的较为一致，而伪随机序列的码元宽度变小，这是为了使相参噪声干扰信号具有更大的调制带宽。伪随机序列的码元宽度的优化结果与前述理论分析是一致的。

表 5-5　在仿真场景 5 下得到的优化后的干扰信号参数

序　号	伪随机序列的码元宽度/μs	伪随机序列的长度	干扰信号的幅度（归一化幅度）	干扰信号的转发延时/μs
1	0.2451	473	20.00	3.3776
2	0.2451	473	20.00	3.2996
3	0.2451	473	20.00	3.2996
4	0.2451	473	19.92	3.2996
5	0.2451	473	19.92	3.2996

将 LFM 信号的带宽改为 10 MHz，脉冲宽度为 10 μs，此时，减小了 LFM 信号的时宽带宽积，在该参数设定场景（仿真场景 6）下得到优化目标函数的进化曲线如图 5 - 10 所示，在该场景下得到的优化后的干扰信号参数如表 5 - 6 所示。通过对比图 5 - 8、图 5 - 9 和图 5 - 10 中优化目标函数的数值可以发现：LFM 信号的时宽带宽积越小，优化目标函数的数值越大。由表 5 - 4、表 5 - 5 和表 5 - 6 中伪随机序列码元宽度的数值可见，伪随机序列的码元宽度与 LFM 信号的时宽带宽积成反比。再次回到本节设定的优化目标函数的特性上，在目标位置附近 0～200 m 范围内，令干扰信号的幅度之和最大作为进化方向。当 LFM 信号的带宽增大，相应的调频率也增大时，需要码元宽度较小的伪随机序列来调制得到干扰信号。从优化目标函数的数值来看，伪随机序列的码元宽度越小，0～200 m 距离范围内的干扰信号的幅度之和也越小，这与伪随机序列频谱幅度随着码元宽度的变化特性相关，是伪随机序列的固有特性。总体来看，伪随机序列的码元宽度越大，LFM 信号的时宽带宽积越小，优化目标函数的数值越大。

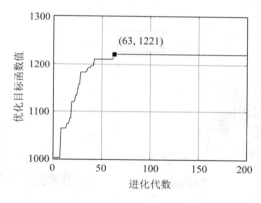

图 5 - 10　在仿真场景 6 下得到的优化目标函数的进化曲线

表 5 - 6　在仿真场景 6 下得到的优化后的干扰信号参数

序　号	伪随机序列的 码元宽度/μs	伪随机序列的 长度	干扰信号的幅度 （归一化幅度）	干扰信号的 转发延时/μs
1	0.9865	201	20.00	3.2996
2	0.9865	201	20.00	3.2996
3	0.9865	201	20.00	3.2996
4	0.9865	201	20.00	3.2996
5	0.9865	201	20.00	3.2996

以上仿真结果表明，利用遗传算法对相参噪声干扰信号进行优化，使得干扰信号模拟设备可以适应雷达信号参数变化的场景，并得到当前场景下的最优干扰信号。图 5 - 11 给出了当 LFM 信号的带宽不同时，优化后的干扰信号的雷达匹配滤波处理结果以及对应的 CA-CFAR 检测门限，设定 CA-CFAR 的虚警率为 10^{-4}，检测单元个数为 64，保护单元个数为 8。从仿真结果可以看出，在无干扰时，CA-CFAR 检测门限小于目标信号的幅度，雷达可以检测到该目标，如图 5 - 11(a) 所示。干扰信号的幅度明显大于接收机噪声的幅度，

且优化后的干扰信号的主要幅度分布在目标附近,其干扰效果是让目标信号附近的信号的幅度显著升高。由 CA- CFAR 检测器计算得到的检测门限值可知,目标位置附近的检测门限大于这些距离单元内的信号幅度,雷达就检测不到目标,因此干扰信号实现了对目标的有效掩护。

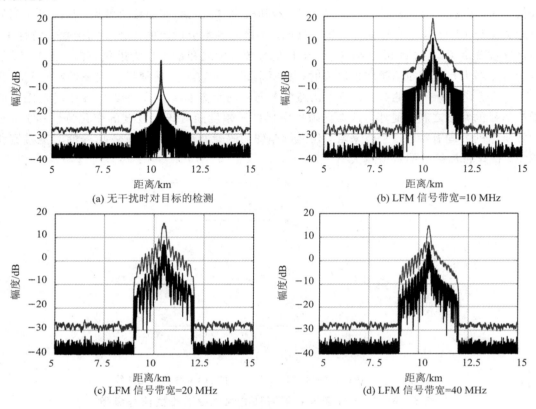

(a) 无干扰时对目标的检测

(b) LFM 信号带宽=10 MHz

(c) LFM 信号带宽=20 MHz

(d) LFM 信号带宽=40 MHz

图 5-11 优化后干扰信号对应的 CA-CFAR 检测门限

在以上仿真中,设定 LFM 信号的脉冲宽度不变,因此相参噪声干扰信号的脉冲宽度也不变,从图 5-11 中可见,干扰信号的幅度明显大于噪声的幅度,且干扰信号的总距离覆盖范围基本都是相等的。图 5-11 中各图的主要区别是,干扰信号的最大幅度部分所占据的距离范围有所区别,这是因为用于调制生成干扰信号的伪随机序列的码元宽度不同。当 LFM 信号的调频率比较小时(对应在以上仿真中,即 LFM 信号的带宽较小,因为 LFM 信号的脉冲宽度均相等,因此调频率与带宽成正比),伪随机序列的码元宽度较大,可以令相参噪声干扰信号的主瓣具有较大幅度。经过雷达匹配滤波处理后,干扰信号的主瓣幅度越大,在设定的距离范围内的干扰信号的幅度之和也越大。图 5-11(b)中目标位置处的 CA-CFAR 检测门限最大,故干扰有效的成功率最高。

需要说明的是,在干扰信号参数优化过程中选取的距离范围是根据 CA-CFAR 检测单元个数的经验值设定的,与真实雷达处理时采用的参数有一定差异,最终可能造成真实干扰效果与仿真结果存在误差。如果优化选取的距离范围太小,那么可能无法有效提高 CA-CFAR 检测门限;如果距离范围设置得过大,那么可能无法令干扰信号的最大幅度尽可能地靠近目标位置。考虑到干扰失效的可能性，距离范围可以选取得稍微大一些。此外，根据伪随机序列的调制特性，可以分析干扰信号的主瓣覆盖距离与优化设置距离之间的关系，研究是否存在最优的距离范围参数。

5.3　噪声卷积干扰信号的设计

由 3.2 节中噪声卷积干扰信号的特性可知，为了对掩护目标实现有效保护，干扰信号经过雷达接收机的匹配滤波处理后，应在目标位置附近形成幅度较大的干扰信号。与 5.2 节中相参噪声干扰信号的优化处理思路类似，这里首先列出可以优化的噪声卷积干扰信号的参数，即干扰信号的转发延时、带限高斯噪声信号的脉冲宽度、带限高斯噪声信号的带宽和干扰信号的幅度（归一化幅度）。

噪声卷积干扰信号由干扰信号模拟设备对截获的雷达信号和调制噪声信号进行卷积运算得到，带限高斯噪声信号的带宽和脉冲宽度以及幅度分布特性的不同，输出的干扰信号的幅度包络特性会发生变化。根据卷积运算的特点，干扰信号的幅度可能会大于截获的雷达信号的幅度，而且使用不同带限高斯噪声信号调制，会得到包络起伏特性不同的干扰信号。为了保证干扰信号的正确性，利用现场可编程逻辑门阵列（FPGA）对干扰信号进行截位时，要确保干扰信号的最大幅度不超过模数转换器（DAC）的量程范围，一般对中间过程的计算结果进行高位截取，因此幅度较小的那部分干扰信号可能被丢弃。为与工程实现结果尽可能相一致，确保干扰信号的幅度都在 DAC 动态范围内，仿真计算结果首先对噪声卷积干扰信号的幅度进行归一化处理，然后根据参数优化结果对输出的干扰信号的幅度进行控制，使得在不同参数下得到的干扰信号均在 DAC 量化位宽范围内。

1. 噪声卷积干扰信号的优化仿真

下面仿真分析噪声卷积干扰信号的优化过程，设定雷达发射的 LFM 信号的带宽为 10 MHz，脉冲宽度为 10 μs，脉冲重复周期为 1 ms。掩护目标位于距离雷达 12 km 处，干扰信号模拟设备位于距离雷达 10 km 处。噪声卷积干扰信号各参数的范围设定为：带限高斯噪声信号的脉冲宽度范围为 0.1～20 μs，带限高斯噪声信号的带宽范围为 1～10 MHz，干扰信号的归一化幅度范围为 0.1～20（假设目标回波信号的幅度为 1），干扰信号的转发延时范围为 0.1～20 μs。在优化过程中，为了避免高斯噪声信号的不同对优化结果有所影响，每一次仿真实验均读取预先生成的高斯噪声信号，在生成带限高斯噪声信号时对原始高斯噪声信号做低通滤波即可。这样一来，在优化算法的每一次迭代过程中，原始高斯噪声信号不发生变化，并以此为基础计算每一次优化目标函数值。

将遗传算法的种群数量设为 300，最大进化代数设为 200，精英群体的概率设为 0.06，交叉概率设为 0.6，变异概率设为 0.02。优化目标函数为经过雷达接收机匹配滤波处理之后，目标位置附近 −750～750 m 范围内匹配滤波输出信号的幅度之和最大。在上述参数条件（仿真场景 7）下，得到优化目标函数的进化曲线如图 5 - 12 所示。

在仿真场景 7 下得到的噪声卷积干扰信号优化参数见表 5 - 7。从表 5 - 7 中的干扰信号参数优化结果来看，用于调制的带限高斯噪声信号的最优脉冲宽度约为 18.44 μs，带限高

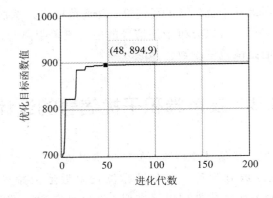

图 5 - 12　在仿真场景 7 下得到的优化目标函数的进化曲线

斯噪声信号的带宽约为 1.29 MHz，干扰信号的转发延时约为 3.46 μs，干扰信号的幅度为 20。与 5.2 节中相参噪声干扰信号的优化参数结果相比可知，两种干扰信号经过优化后的幅度值均为 20，即为干扰信号模拟设备所能输出的干扰信号的最大幅度。噪声卷积干扰信号和目标回波信号一同进入雷达接收机，其匹配滤波处理结果和对应的 CA-CFAR 检测门限分别如图 5 - 13(a) 和图 5 - 13(b) 所示。目标位于距离雷达 12 km 处，从图 5 - 13(b) 可知，目标位置处的信号的幅度低于 CA-CFAR 检测门限，此时雷达无法检测到目标，说明干扰信号对目标起到了较为有效的保护。

表 5 - 7　在仿真场景 7 下得到的噪声卷积干扰信号优化参数

序号	带限高斯噪声信号的 脉冲宽度/μs	带限高斯噪声信号 的带宽/MHz	干扰信号的 转发延时/μs	干扰信号的幅度 （归一化幅度）
1	18.4438	1.2903	3.4557	20.00
2	18.4243	1.2903	3.4557	20.00
3	18.3660	1.2903	3.4557	20.00
4	18.3660	1.2903	3.4557	20.00
5	18.3660	1.2903	3.4557	20.00

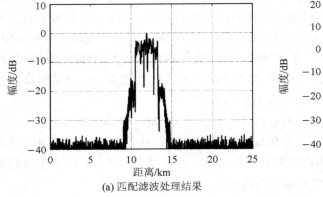

(a) 匹配滤波处理结果

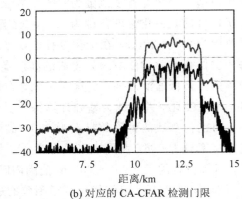

(b) 对应的 CA-CFAR 检测门限

图 5 - 13　在仿真场景 7 下得到的噪声卷积干扰信号

干扰信号的转发延时对应的距离偏移量是 518.4 m，干扰信号模拟设备和目标之间的距离是 2 km，以目标位置为中心，选取的优化目标函数是 11.25～12.75 km 对应距离单元内的干扰信号幅度之和最大。干扰信号经过转发延时后，约从 10.52 km 距离处开始形成幅度较大的干扰信号，该起始距离位置与优化目标函数选取的起始距离位置较为接近。由噪声卷积干扰信号的特性可知，干扰信号经过匹配滤波处理后的距离覆盖范围主要取决于调制噪声信号的脉冲宽度，脉冲宽度为 18.44 μs 时对应的距离是 2.77 km，此时干扰信号的距离覆盖范围是 10.52～13.29 km。以上分析表明，在优化目标函数选取的距离范围内均有干扰信号存在，噪声卷积干扰信号的优化方向应是使得优化目标函数选取的距离范围尽可能被干扰信号所覆盖。

从表 5-7 中的干扰信号参数优化结果可见，优化后带限高斯噪声信号的带宽值较接近优化范围的最小值。为分析带限高斯噪声信号的带宽范围对干扰信号参数优化结果的影响，将带限高斯噪声信号的带宽范围设为 0.1～10 MHz，其余参数不变，在该参数设定场景（仿真场景 8）下，得到优化目标函数的进化曲线如图 5-14 所示。基于优化得到的干扰参数生成干扰信号，该干扰信号的匹配滤波处理结果和对应的 CA-CFAR 检测门限分别如图 5-15(a) 和图 5-13(b) 所示。对比图 5-13 和图 5-15 的结果可知，从干扰效果来看，没有特别明显的区别。

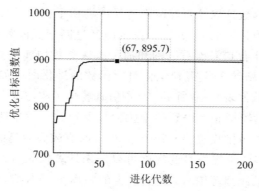

图 5-14　在仿真场景 8 下得到的优化目标函数的进化曲线

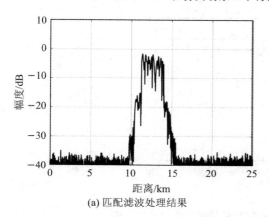

(a) 匹配滤波处理结果

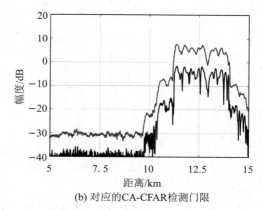

(b) 对应的CA-CFAR检测门限

图 5-15　在仿真场景 8 下得到的噪声卷积干扰信号

在仿真场景 8 下得到的噪声卷积干扰信号参数优化结果如表 5-8 所示，与表 5-7 中的结果进行对比可以发现，优化后的干扰信号参数变化不大。从这两次仿真结果可以推断，带限高斯噪声信号的带宽较小，带限高斯噪声信号的脉冲宽度和转发延时相互配合，使得干扰信号覆盖目标优化函数选取的距离范围。与常规认知一致，干扰信号的幅度为干扰信号模拟设备所能输出的幅度的最大值。

表 5-8 在仿真场景 8 下得到的噪声卷积干扰信号优化参数

序号	带限高斯噪声信号的 脉冲宽度/μs	带限高斯噪声信号的 带宽/MHz	干扰信号的 转发延时/μs	干扰信号的幅度 （归一化幅度）
1	18.4632	1.3097	3.4557	20.00
2	18.4632	1.3097	3.4557	20.00
3	18.4632	1.3097	3.4557	20.00
4	18.4632	1.3097	3.4557	20.00
5	18.3854	1.3000	3.4557	20.00

2. 优化目标函数对优化结果的影响

下面分析优化目标函数选取的距离范围对噪声卷积干扰信号优化结果的影响。将优化目标函数改为目标位置附近 $-500 \sim 500$ m 范围内经过匹配滤波处理后输出的信号的幅度之和最大。LFM 信号、干扰信号参数范围和遗传算法参数均和仿真场景 8 的参数相一致，在该参数设定场景（仿真场景 9）下得到优化目标函数的进化曲线如图 5-16 所示，优化后的噪声卷积干扰信号参数如表 5-9 所示。与在仿真场景 7 和仿真场景 8 下得到的优化参数结果进行对比可知，仿真场景 9 下得到的干扰信号参数没有发生明显的变化。但是，优化目标函数的最大值比距离范围设置为 $-750 \sim 750$ m 时有较为明显的下降，这是因为设定的距离范围越大，就有更多的干扰信号的幅度可以用来计算优化目标函数值。因此，优化目标函数值的大小与设定的距离范围有关，当设定的距离范围不相同时，不能通过简单地比较优化目标函数值来认定哪种干扰信号参数较优。

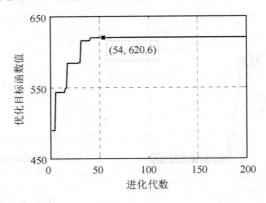

图 5-16 在仿真场景 9 下得到的优化目标函数的进化曲线

表 5 - 9　在仿真场景 9 下得到的噪声卷积干扰信号优化参数

序号	带限高斯噪声信号的脉冲宽度/μs	带限高斯噪声信号的带宽/MHz	干扰信号的转发延时/μs	干扰信号的幅度（归一化幅度）
1	18.4632	1.3000	3.4557	20.00
2	18.5411	1.3000	3.4557	20.00
3	18.2687	1.2710	3.4557	20.00
4	18.2687	1.2710	3.4557	20.00
5	18.2687	1.2710	3.4557	20.00

3. 位置偏差对优化结果的影响

下面改变干扰信号模拟设备和目标之间的相对位置。令干扰信号模拟设备位于距离雷达 10 km 处，目标位于距离雷达 13 km 处，令优化目标函数选取的距离范围为－500～500 m。在该参数设定场景（仿真场景 10）下得到优化目标函数的进化曲线如图 5 - 17 所示，对应的噪声卷积干扰信号参数优化结果见表 5 - 10。增大目标和干扰信号模拟设备之间的距离后，优化后的干扰信号的转发延时也增大了。目标和干扰信号模拟设备之间的距离增大 1 km，干扰信号的转发延时增大了约 6.63 μs，该差值对应的距离为 994.5 m，与目标和干扰信号模拟设备之间的距离的变化量几乎相等，这说明优化方向是干扰信号向目标位置靠近。

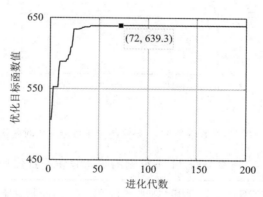

图 5 - 17　在仿真场景 10 下得到的优化目标函数的进化曲线

表 5 - 10　在仿真场景 10 下得到的噪声卷积干扰信号优化参数

序号	带限高斯噪声信号的脉冲宽度/μs	带限高斯噪声信号的带宽/MHz	干扰信号的转发延时/μs	干扰信号的幅度（归一化幅度）
1	18.4438	1.3097	10.0890	20.00
2	18.4438	1.3097	10.0890	20.00
3	18.4438	1.3097	10.0890	20.00
4	18.4438	1.3097	10.0890	20.00
5	18.4438	1.3097	10.0890	20.00

4. LFM 信号的带宽对优化结果的影响

下面改变 LFM 信号的带宽，设带宽为 15 MHz，脉冲宽度为 10 μs，脉冲重复周期为 1 ms。将优化目标函数选取为目标位置附近－500～500 m 范围内经过匹配滤波处理后输出的信号的幅度之和最大。干扰信号模拟设备位于距离雷达 10 km 处，目标位于距离雷达 12 km 处，其他参数与仿真场景 9 中的参数保持一致。在该仿真条件（仿真场景 11）下，得到优化目标函数的进化曲线如图 5－18 所示，优化后的噪声卷积干扰信号参数优化结果如表 5－11 所示。和表 5－9 中的结果比较后可以发现，此时带限高斯噪声信号的带宽减小，且干扰信号的转发延时也有一定的减小。对比图 5－18 和图 5－17 中的优化目标函数进化曲线可知，优化目标函数值随着 LFM 信号带宽的增加有所降低。这是因为 LFM 信号的带宽增加后，噪声卷积干扰信号的幅度最大值增加，经过幅度归一化处理后相当于整体降低了干扰信号的幅度，使得经过匹配滤波处理后干扰信号的幅度同步减小。此外，因为目标位置附近的干扰信号的幅度之和改变了，所以优化后的干扰信号参数可能也会发生变化。

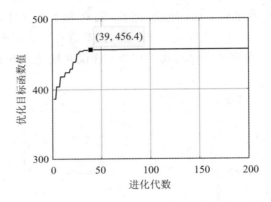

图 5－18　在仿真场景 11 下得到的优化目标函数的进化曲线

表 5－11　在仿真场景 11 下得到的噪声卷积干扰信号优化参数

序号	带限高斯噪声信号的脉冲宽度/μs	带限高斯噪声信号的带宽/MHz	干扰信号的转发延时/μs	干扰信号的幅度（归一化幅度）
1	18.6772	0.1000	2.7533	20.00
2	18.6772	0.1000	2.7533	20.00
3	18.6772	0.1000	2.7533	19.00
4	18.6772	0.1000	2.7533	19.00
5	18.6578	0.1000	2.7533	19.00

为进一步分析 LFM 信号的参数变化后，噪声卷积干扰信号优化结果的不同，以及优化目标函数值发生明显变化的原因，接下来令干扰信号模拟设备位置、目标位置等空间信息

参数和干扰信号参数保持不变，分析噪声卷积干扰信号的幅度最大值和经过匹配滤波处理后输出信号的特性。仿真设定干扰信号模拟设备位于距离雷达 10 km 处，目标位于距离雷达 12 km 处。干扰信号参数设定为：带限高斯噪声信号的带宽为 1.31 MHz，带限高斯噪声信号的脉冲宽度为 18.44 μs，干扰信号的转发延时为 3.46 μs。令 LFM 信号的参数取不同的带宽和脉冲宽度，得到噪声卷积干扰信号的幅度最大值如表 5 - 12 所示。

表 5 - 12   噪声卷积干扰信号的幅度最大值

带宽/MHz	脉冲宽度/μs			
	10	15	20	25
10	17.22	21.59	28.12	36.03
15	16.03	17.47	20.53	22.27
20	14.16	16.42	17.68	19.99
25	12.60	15.35	16.87	17.60
30	11.62	14.00	16.01	16.93

表 5 - 12 中用噪声卷积干扰信号取了复数的模值作为幅度值，为确保干扰信号的幅度位于 DAC 的动态范围内，干扰信号模拟设备先对该信号的幅度进行归一化处理，然后再乘以优化后的干扰信号的幅度。在进行干扰信号的幅度归一化处理之前，卷积噪声干扰信号的幅度最大值越大，干扰信号整体被缩小的比例越大。从表 5 - 12 中结果可见，当调制用的带限高斯噪声信号不变时，噪声卷积干扰信号的幅度最大值与 LFM 信号的脉冲宽度成正比，与 LFM 信号的带宽成反比。直观来看，干扰信号的幅度最大值越大，对其幅度进行归一化处理之后，整体幅度被削减得越多，经过雷达匹配滤波处理后得到的干扰信号的幅度越小。

为分析干扰信号的幅度最大值和其匹配滤波输出信号的幅度之间的对应关系，图 5 - 19 给出了在相同干扰信号参数下，由不同参数的 LFM 信号生成的噪声卷积干扰信号经过匹配滤波处理后的结果。进入雷达接收机的干扰信号是根据其幅度最大值作了归一化处理后的信号。从匹配滤波处理结果来看，干扰信号的幅度分布特性、距离覆盖范围基本一致，只是当 LFM 信号的参数不同时，干扰信号的整体幅度大小不同。只有当 LFM 信号的参数的改变情况与表 5 - 12 中相对应时，干扰信号的幅度最大值越大，经过归一化处理后，其匹配滤波输出信号的幅度越小。当 LFM 信号的脉冲宽度不变而带宽增加时，噪声卷积干扰信号的幅度最大值减小了，但是此时其经匹配滤波后输出的信号的幅度也减小了，这与前文分析不相符。观察归一化的干扰信号发现，增加 LFM 信号的带宽后，干扰信号的幅度整体下降，虽然其幅度最大值被归一化为数值 1，但是整体来看，其他采样点处的干扰信号的幅度也出现了不同程度的下降。因此，根据干扰信号的幅度最大值判断干扰信号经过匹配滤波处理后输出的信号的幅度大小，只适用于 LFM 信号的带宽不变而脉冲宽度变化的情况。

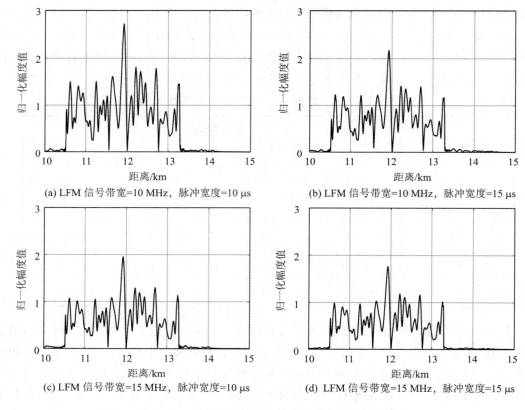

(a) LFM 信号带宽=10 MHz, 脉冲宽度=10 μs   (b) LFM 信号带宽=10 MHz, 脉冲宽度=15 μs

(c) LFM 信号带宽=15 MHz, 脉冲宽度=10 μs   (d) LFM 信号带宽=15 MHz, 脉冲宽度=15 μs

图 5-19　噪声卷积干扰信号的匹配滤波处理结果

综上, 当 LFM 信号的参数改变后, 噪声卷积干扰信号的优化结果也改变, 以适应新的电磁环境。

图 5-20 给出了针对不同带宽的 LFM 信号进行干扰信号优化后, 干扰信号的匹配滤波处理结果和对应的 CA-CFAR 检测门限。只有当目标回波信号存在时, 图 5-20(a)中目标位置处的 CA-CFAR 检测门限小于经匹配滤波后输出的信号的幅度, 因此雷达可以检测到目标。当噪声卷积干扰信号和目标回波信号一同进入雷达接收机后, 经匹配滤波后输出的信号是覆盖一定距离范围的具有较大幅度的信号。图 5-20(b)所示为 LFM 信号的带宽为 10 MHz 时的匹配滤波处理结果, 此时, CA-CFAR 检测门限大于目标位置处信号的幅度, 因此雷达无法检测到目标。当 LFM 信号的脉冲宽度不变而带宽增大时, 针对不同 LFM 信号进行了噪声卷积干扰信号的参数优化, 得到噪声卷积干扰信号对应的匹配滤波处理结果和 CA-CFAR 检测门限如图 5-20(c)和(d)所示。从图中结果可知, 当 LFM 信号的带宽增大到 20 MHz 时, 优化后干扰信号的距离覆盖范围减小, 这是因为优化后调制用的带限高斯噪声信号的脉冲宽度减小了。由前文分析可知, LFM 信号的带宽增加后, 调制生成的干扰信号的整体幅度下降, 因此优化算法试图通过减小调制信号的脉冲宽度来提高干扰信号的整体幅度。

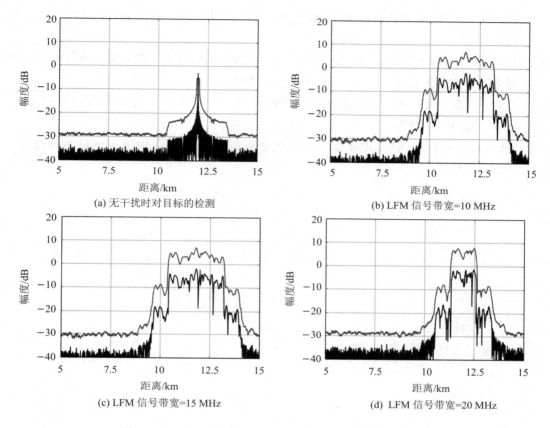

(a) 无干扰时对目标的检测　　　　　　　(b) LFM 信号带宽＝10 MHz

(c) LFM 信号带宽＝15 MHz　　　　　　　(d) LFM 信号带宽＝20 MHz

图 5-20　优化后噪声卷积干扰信号对应的 CA-CFAR 检测

　　综上，噪声卷积干扰信号的幅度特性以及经过匹配滤波处理后输出的信号的幅度特性
仍需要深入研究。

本章参考文献

[1]　郭建国，周敏，郭宗易，等. 马赛克战下的协同作战技术[J]. 航空兵器，2021，28
　　　(1)：1-5.

[2]　卢盈齐，范成礼，刘联飞，等. 马赛克战特色优势与制胜机理研究[J]. 航空兵器，
　　　2021，28(5)：7-11.

[3]　赵仁星，王玲，冯明月，等. "马赛克战"作战概念构想及对策分析[J]. 空天防御，
　　　2021，4(3)：48-54.

[4]　付翔，付斌，赵亮. "马赛克战"对装备体系试验鉴定的启示[J]. 国防科技，2020，41
　　　(6)：8-15.

[5]　白勇，胡祝华. GNU Radio 软件无线电技术[M]. 北京：科学出版社，2016.

[6]　熊冲. 认知电子战中侦察技术的研究[D]. 镇江：江苏科技大学，2017.

[7]　蒋江涛. 认知电子战的关键技术发展动态与分析[J]. 中国科技纵横，2019，4：241 - 242.

[8]　周波，戴幻尧，乔会东，等. 基于"OODA 环"理论的认知电子战与赛博战探析[J]. 中国电子科学研究院学报，2014，9(4)：556 - 562.

[9]　欧健，付东. 面向体系对抗的认知电子战发展趋势探析[J]. 军事运筹与系统工程，2019，33(1)：75 - 80.

[10]　张春磊，杨小牛. 认知电子战与认知电子战系统研究[J]. 中国电子科学研究院学报，2014，9(6)：551 - 555.

第 6 章　基于 System Generator 的干扰信号设计与实践

在进行干扰信号模拟生成设计时，首先要对干扰信号的表达式进行数学分析，对干扰信号的时、频域等特征以及经过雷达处理后的干扰效果展开分析；然后利用高级编程语言，如 Matlab、Python、C 语言等，对干扰信号的生成处理步骤进行建模，此时，可以用硬件描述语言可实现的处理步骤来代替高级语言编程开发环境中的函数指令等，以实现和硬件描述语言进行编程开发后的结果比对；最后在 DSP、ARM 或者 FPGA 开发工具中，使用硬件支持的语言进行干扰信号编程开发，并对干扰信号模拟设备输出的干扰信号进行测量与分析，以验证硬件编程设计的正确性。

对雷达干扰信号的干扰效果分析与评估一般是在高级编程语言开发环境下进行的，高级编程语言的各种资源库支持比较完备，开源的例子可以大大加快对干扰信号正确性的验证。对干扰信号模拟设备输出的信号进行采样和存储后，可以将数据导入计算机进行数据分析，进一步验证实测干扰信号的正确性。

本章对第 2～4 章介绍的典型干扰信号的 System Generator 编程开发进行详细介绍，选择噪声调频信号、宽带噪声信号、间断噪声信号、间歇采样干扰信号、多假目标干扰信号、阶梯波乘积干扰信号、卷积调制干扰信号等典型干扰信号进行建模与仿真，并给出如何在 FPGA 上进行干扰信号的编程开发的例子。

本章首先介绍噪声调频信号、宽带噪声信号、间断噪声信号三种常见噪声信号的 FPGA 编程设计。为实现对宽带雷达信号的有效干扰，噪声信号的带宽一般不小于雷达信号的带宽。本章介绍了如何利用 FPGA 并行编程以生成干扰信号，且生成的干扰信号可以充分利用高速 DAC 的宽频带特性。根据 Nyquist 采样定理，利用抽取算法产生的干扰信号的瞬时带宽应小于 FPGA 的时钟频率的一半。在处理和生成超宽带信号时，FPGA 的时钟频率往往小于 DAC 的采样频率，根据干扰信号算法的调制特性，如何并行地进行信号处理是非常关键的。本书将高斯噪声信号作为生成各种调制噪声信号的基础，对高斯噪声信号进行滤波处理就可以得到连续波形式的宽带噪声信号。在编程实现连续波宽带噪声信号的基础上，利用宽带噪声信号控制输出信号的频率，就可以生成噪声调频信号。FPGA 产生间断的时域调制信号后，利用时域调制信号对连续波宽带噪声信号进行选择输出，就生成了间断噪声信号。

接着介绍间歇采样干扰信号的编程设计，在该设计中，关键技术是编程实现用于信号接收和信号发射的逻辑控制电平。之后，FPGA 根据该逻辑控制电平完成对雷达信号的采集和干扰信号的生成，这样就得到了间歇采样干扰信号。

　　然后介绍多假目标干扰信号和卷积调制干扰信号的编程实现。根据雷达信号的瞬时带宽的大小，干扰信号模拟设备可以基于抽取后的雷达信号进行调制来生成干扰信号（针对窄带雷达信号），也可以根据原始的雷达信号来生成干扰信号（针对宽带雷达信号）。为直观展示 FPGA 处理窄带和宽带雷达信号的技术特点，多假目标干扰信号基于抽取后的雷达信号样本，按照 FPGA 的时钟频率来调制生成；卷积调制干扰信号利用多相滤波处理技术，按照 ADC/DAC 的采样频率在 FPGA 内并行实现。FPGA 通过灵活控制参与卷积运算的调制信号的特性，可以生成噪声卷积干扰信号或高分辨一维像假目标干扰信号。

　　最后给出阶梯波乘积干扰信号的编程实现。乘积调制干扰信号是一种部分相参的干扰信号，阶梯波乘积调制的原理是利用 LFM 信号的匹配滤波处理的时频耦合特性。阶梯波乘积干扰信号是通过对截获的雷达信号进行频率调制生成的，这样生成的干扰信号可以获得部分雷达处理增益。阶梯波乘积干扰信号可以对 LFM 雷达生成距离向假目标。当干扰信号模拟设备工作在宽带干扰模式下时，阶梯波乘积干扰信号生成步骤中的移频调制要并行实现，并行实现对 FPGA 的资源消耗较大，因此要先评估并行实现时的 FPGA 资源消耗，对阶梯波乘积干扰信号的生成步骤优化后再进行 FPGA 编程实现。

6.1　典型信号处理的实现

　　FPGA 作为一种可编程逻辑器件，在实时信号处理、阵列信号处理、高速信号处理等领域有着广泛应用。经过几十年的发展和技术进步，现代 FPGA 集成了信号处理中常用的硬件乘法器、存储器、高速数据接口、常用接口等，再加上片上系统（SoC）和软核系统的引入，实现了软件需求和硬件系统的完美结合[1]。可以说，一片高性能的 FPGA 几乎可以独立完成一个小型系统的绝大部分信号处理任务。

　　对 FPGA 这种高复杂度的可编程逻辑器件进行开发，在很大程度上需要电子设计自动化（EDA）软件来实现。根据系统功能需求，设计人员先利用 EDA 软件对封装好的电路功能模块进行搭建，然后进行功能仿真验证，借助 EDA 软件自动完成逻辑编译、综合和优化、布局布线、比特文件生成等操作，最后将编译好的文件下载到 FPGA 芯片上进行功能验证[2]。为了实现信号处理算法到功能电路的转换，设计人员不仅要了解信号处理的每个步骤，还要熟悉 FPGA 各计算资源的功能和特点，因此 FPGA 编程开发不是单纯的软件开发，还涉及硬件信号处理的特性。长期以来，对 FPGA 的编程开发是复杂和困难的。

　　为了降低 FPGA 编程开发难度，各厂商提供的 EDA 工具也在不断优化其程序开发流程、对各功能模块的支持以及对其他高级编程语言的支持。例如，Xilinx 公司提供的 EDA 工具 Vivado 增加了对 C 语言的支持[3]。为加速和简化 FPGA 的数字信号处理系统的设计难度，Xilinx 公司提供了 System Generator 这一系统建模工具，将该工具与 MathWorks 的 Simulink 平台进行有机结合，提供了一种适合硬件设计的数字信号处理建模工具[4,5]。

　　System Generator 编程开发环境如图 6-1 所示。该开发工具提供了信号处理研发所需要的大多数基础功能模块，如乘法器、加法器、累加器、快速傅里叶变换（FFT）模块、直接数字式频率合成（DDS）器等，设计人员只需要掌握信号处理的步骤流程，选择相应的功能模块一步步地实现信号处理过程即可。完成一个信号处理单元设计并保留对外数据接口后，可以将该单元包含的所有功能模块封装成一个 SubSystem(近似相当于子程序)，然后将其与其他处理单元进行数据交互便可继续搭建顶层信号处理系统。

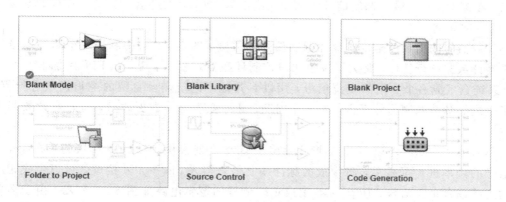

图 6-1　System Generator 编程开发环境

System Generator 开发环境采用模块化、图形化的编程思想，可以快速开发雷达信号采集、信号处理、干扰信号生成等功能。在进行干扰信号的 FPGA 编程开发前，首先理解前述章节中介绍的干扰算法和处理步骤及进行软件功能开发的需求分析。在了解了干扰信号的生成步骤和明确了信号处理的各个环节后便可进行干扰信号生成的编程开发。对于System Generator 各功能模块的介绍本书不再展开，感兴趣的读者可以查阅相关参考文献，如参考文献[2]、[5]等。接下来以干扰算法调制中常用的几个处理步骤来说明干扰信号生成的编程开发。

1. 脉冲调制信号的 FPGA 实现

利用 DDS 技术生成一个脉冲调制的正弦信号，这里需要用到两个功能单元，一个用于完成时域脉冲调制信号的生成，另一个用于完成正弦信号的生成。图 6-2(a)所示为 FPGA生成脉冲调制信号的逻辑电路，利用计数器(Counter)、比较器(Relational)和常量(Constant)来实现。首先将脉冲调制信号的重复周期和脉冲宽度换算为 FPGA 信号处理时

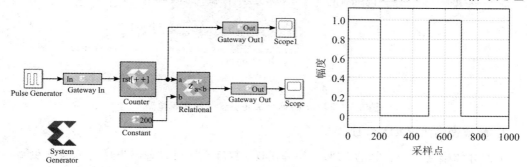

(a) FPGA生成脉冲调制信号的逻辑电路　　　　(b) 脉冲调制信号的逻辑电平值

图 6-2　脉冲调制信号的生成

钟对应的计数值，然后令计数器的计数最大值等于重复周期对应的计数值，以实现对重复周期的计数控制。比较器的输入为计数器的输出和常量，该常量即为脉冲调制信号的脉冲宽度对应的计数值。当计数器的输出数值小于该常量时，比较器输出高电平"1"，反之则输出低电平"0"。至此，比较器的输出逻辑电平就对应着脉冲调制信号，其结果如图 6-2(b)所示。在该例子中，脉冲调制信号的脉冲宽度设为 300，信号重复周期为 1000，单位是 FPGA 的时钟周期。

计数器的输出数值是生成脉冲调制信号的关键，图 6-2(a)中利用一个脉冲信号的高电平对计数器进行复位，是为了说明如何控制计数器。一般来说，在 FPGA 加电开始工作后，系统会生成一个专用的复位信号，用以对其他子系统需要复位的逻辑模块进行复位。对于生成的脉冲调制信号而言，当重复周期、脉冲宽度等参数更改后，需要对计数器进行复位。

System Generator 以 IP 核的形式给出了 DDS 功能模块，对 DDS 模块的采样频率、输出信号的频率进行配置后，将生成的脉冲调制信号接入 din_tvalid 接口就可以生成相应频率的正弦或者余弦信号。基于 DDS 生成正弦信号的逻辑电路如图 6-3 所示。由于需要生成脉冲调制的正弦信号，因此还需要对 DDS 输出信号进行数据选择，利用一个数据选择器（MUX）就可以实现该功能。当脉冲调制信号为高电平时，选择输出 DDS 信号，反之输出 0 数值。需要说明的是，在 FPGA 进行信号处理时，每个处理单元都会带来相应的处理延时，这时就需要用延时（Delay）单元对控制信号作不同时钟周期的延时，这样才能使控制信号和数据在时序上对应起来，这是 FPGA 进行信号处理时需要重点注意的。DDS 输出的脉冲调制的正弦信号的时域波形如图 6-4 所示。

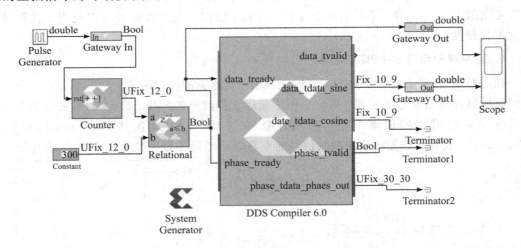

图 6-3　基于 DDS 生成正弦信号的逻辑电路

2. 幅度调制的 FPGA 实现

下面介绍幅度调制运算的 FPGA 编程实现。幅度乘法可以理解为最简单的乘积调制运算，乘法运算在 System Generator 中直接以 IP 核形式给出，在具体 FPGA 实现时，可以利用硬件乘法器或是查找表（LUT）来实现乘法运算。硬件乘法器具有更高的计算精度和运算速度，在高速信号处理应用中，优先使用硬件乘法器来实现乘法运算。乘法调制的 FPGA

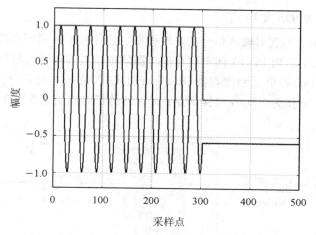

图 6-4　DDS 输出的脉冲调制的正弦信号的时域波形

实现电路如图 6-5 所示。在该电路中，以正弦信号作为调制输入信号，用两个乘法器分别对输入信号乘系数 0.5 和 1.5 来实现对信号的放大与缩小。

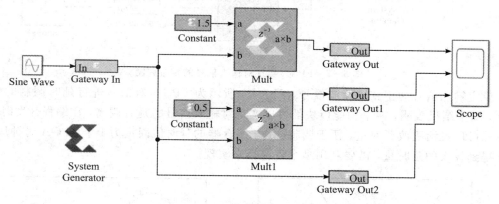

图 6-5　乘法调制的 FPGA 实现电路

　　幅度调制运算后输出的信号波形如图 6-6 所示。由于输入的正弦信号的幅度范围量化为 [-1，+1]，因此乘法系数为 0.5 的那一路输出信号的幅度应变为 0.5，对应地，另一路输出信号的幅度为 1.5。从图 6-6 中结果可以看出，利用乘法器可以便捷地实现对输入信号的幅度调制，这在多假目标干扰信号的幅度调制中非常有用。当输入数据的采样频率和 FPGA 的时钟频率相同时，FPGA 可以连续输出乘法运算结果，此时，对每一路信号的幅度调制只需要用到一个乘法器。如果输入信号的采样频率大于 FPGA 的时钟频率，那么对每一路信号的调制就需要用到多个乘法器，并行信号的处理在后续章节中会详细介绍。

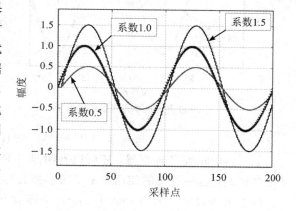

图 6-6　幅度调制运算后输出的信号波形

3. 延时调制的 FPGA 实现

本节最后一个例子实现对输入信号的延时调制。信号的延时调制本质上是对输入数据进行缓存后再读取输出，利用 FPGA 的不同存储资源均可以实现对输入数据的缓存。图 6-7 所示为分别利用延时(Delay)单元和寄存器(Register)对输入信号进行延时调制。延时单元可以设置不同的延时值，单位为 FPGA 时钟周期；寄存器的延时值固定为 1 个 FPGA 时钟周期。

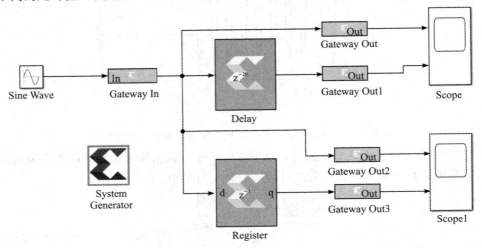

图 6-7　FPGA 实现对输入信号的延时调制

设定输入信号为正弦连续波信号，图 6-8 所示为 FPGA 对信号进行延时调制的处理结果。图中结果表明，两个功能模块都可以实现对输入信号的延时调制。在编程开发时，延时单元可以灵活更改延时量，便于调制；由于寄存器的延时值固定为 1 个 FPGA 时钟周期，为了得到较大的延时量，需要利用多个寄存器来实现。

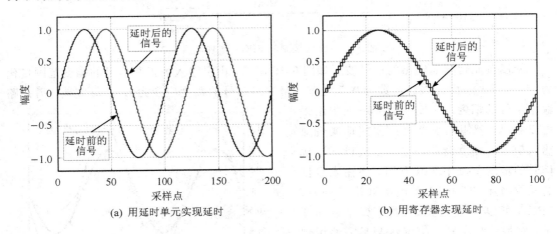

(a) 用延时单元实现延时　　　　　　(b) 用寄存器实现延时

图 6-8　FPGA 对信号进行延时调制的处理结果

除了延时单元和寄存器，还可以利用双口 RAM、FIFO 等存储资源实现较长时间的信号延时调制，这些资源的使用在 6.6 节多假目标干扰信号的设计实现时会详细介绍。

以上例子表明，在 System Generator 环境下可以便捷地产生幅度调制信号、时间延时调制信号、脉冲或连续波信号等，在此基础上，就可以加入时序控制、信号变换处理等复杂运算，以编程实现雷达干扰信号的生成。

6.2　噪声调频信号

　　本节介绍噪声调频信号的 FPGA 编程实现，由于是从频率着手进行信号生成的，因此可以利用 DDS 技术来实现。为了改变输出信号的频率，需要动态控制输出信号的频率控制字。当 DDS 的相位累加器完成对 $0\sim2\pi$ 范围内的相位累加后，信号输出一个完整周期的波形。由噪声调频信号的表达式(见式(2-4))可知，噪声信号在每个采样点都对输出信号的频率进行控制。如果采用 DDS IP 核来生成噪声调频信号，则需要连续改变频率控制字，相当于不断更改相位累加器的输入信号。另外，噪声调频信号还包含载频信号，载频信号的合成也需要用到一个 DDS IP 核。同时，两个信号的合成还用到复数乘法，因此，利用 DDS IP 核生成噪声调频信号有些复杂。

　　基于以上分析，下面从噪声调频信号的表达式出发分析如何进行干扰信号生成。由于噪声调频信号改变的是输出信号的瞬时频率，其与载频信号之间是独立的，因此载频信号的合成就可以按照 DDS 原理进行固定步长的相位累加。将载频信号的相位与噪声信号进行频率调制生成的相位进行相加，就得到了噪声调频信号的相位，再经过相位幅度转换处理得到干扰信号的时域波形。按照这个思路，在 System Generator 环境下搭建的 FPGA 生成噪声调频信号的逻辑电路如图 6-9 所示。由图可知，FPGA 生成噪声调频信号时主要包括生成带限高斯噪声信号、对带限高斯噪声信号进行累加、生成载频信号的相位、生成噪声调频信号的相位、相位幅度转换等几个主要处理步骤。

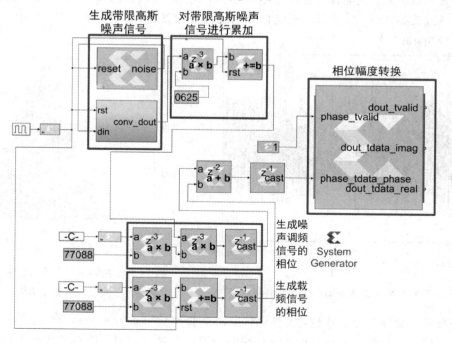

图 6-9　FPGA 生成噪声调频信号的逻辑电路图

计算得到噪声调频信号的相位后，使用 CORDIC IP 核完成相位到幅度的转换，利用查找表也可以完成该步骤。一般来说，查找表的处理延时比较小，在 2～3 个时钟周期内就可以得到计算结果，但是当数据地址（即 DDS 中的信号相位）较大时，需要占用较多的 FPGA 存储资源。CORDIC 算法的优点是不需要存储资源，为了保持计算精度，输入相位的位宽可以设置得比较大，但是该算法的计算延时稍大，通常在 20 个时钟周期以上。具体可以根据对输出信号的延时要求选择合适的相位幅度转换实现方法。下面具体介绍 FPGA 生成噪声调频信号的步骤。

（1）生成带限高斯噪声信号。分析噪声信号的生成模块，最简单的方法是在 Matlab 环境下计算得到一定样本量的带限高斯噪声信号，对其进行定点数量化后存入 FPGA 的 ROM 中；然后在需要生成噪声调频信号时读取 ROM 中的带限高斯噪声信号。根据干扰信号模拟场景需求的不同，可能需要产生不同带宽的带限高斯噪声信号，如果每更新一次干扰信号参数，都要重新在 Matlab 环境下生成带限高斯噪声信号，再重新编译 FPGA 程序，这无疑是比较麻烦的，灵活程度不够。由于带限高斯噪声信号的点数是有限的，因此当需要产生的噪声调频信号的点数超过带限高斯噪声信号的点数时，FPGA 只能从头再读取 ROM 中的带限高斯噪声信号，因此用于调制的噪声信号实际上是一个周期信号，会造成输出的噪声调频信号也变为周期信号，这与噪声调频信号的特性是不太符合的，故需选用其他能够支持连续生成带限高斯噪声信号的方法。如果生成的带限高斯噪声信号的重复周期足够大，且在干扰信号的作用时间范围内不发生重复，那么该带限高斯噪声信号在分析时间范围内也能被视作是非周期的。

高斯噪声信号的数字生成利用了参考文献[5]中介绍的 Box-Muller 方法，感兴趣的读者可以查看该文献，里面详细介绍了生成步骤，这里不再赘述。FPGA 生成的高斯噪声信号的时域波形如图 6-10 所示，对该信号的幅度分布统计结果如图 6-11 所示，仿真设定样本数量为 4096 个。

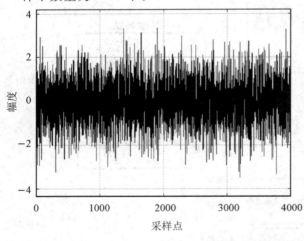

图 6-10　FPGA 生成的高斯噪声信号的时域波形

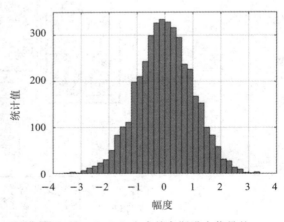

图 6-11　FPGA 生成的高斯噪声信号的幅度分布统计结果

根据噪声调频信号的特性，需要对带限高斯噪声信号进行积分运算。对图 6-10 中的高斯噪声信号进行低通滤波处理就可以得到带限高斯噪声信号。低通滤波处理过程在时域利用卷积运算来实现，卷积运算的优点是可以流水线输出滤波结果，其缺点是计算量与卷积运算点数成正比。设置低通滤波器的带宽为 20 MHz，滤波得到的带限高斯噪声信号的方差为 0.0076，带限高斯噪声信号的时域波形如图 6-12 所示，带限高斯噪声信号的频谱如图 6-13 所示。

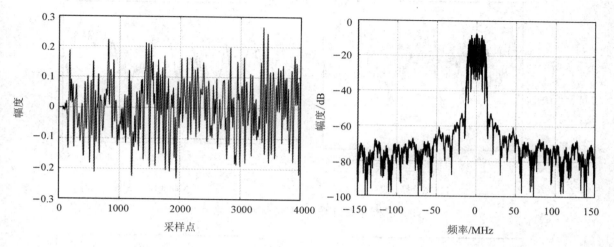

图 6-12　带限高斯噪声信号的时域波形　　　　图 6-13　带限高斯噪声信号的频谱

（2）对带限高斯噪声信号进行累加。对带限高斯噪声信号进行累加时对应着连续时间域下的积分运算，再将累加后的信号与噪声调频系数进行相乘，就得到了噪声调频信号中与噪声信号相关的那部分信号的相位。对带限高斯噪声信号的累加结果进行分析可知，累加后输出信号的幅度不会明显增大。由于信号相位在 0～2π 范围内具有周期性，因此对带限高斯噪声信号进行累加和相乘得到的相位数据进行截位，使得输出数据范围为[-1，+1)，代表的相位值在[-π，+π)范围内。

（3）生成噪声调频信号的相位。载频信号的相位是用于控制输出的噪声调频信号的中心频率。载频信号的相位随着时间是线性变化的，首先根据载频信号计算得到相位累加步长，然后用累加器对该相位累加步长持续进行累加就可以得到载频信号的相位。将带限高斯噪声信号进行累加和相乘后得到的相位与载频信号的相位进行加和，如果初始相位值不设置为 0，那么再加上初始相位值即可，至此得到了噪声调频信号的相位值。相位加和结果和输入数据的位宽是相等的，使超出范围的数据自然溢出就能确保相位值在[-π，+π)范围内。

（4）相位幅度转换。利用 CORDIC IP 核完成干扰信号的相位到幅度的转换，就可以生成噪声调频信号。由相位计算得到的信号幅度的包络是恒定值，因此，CORDIC IP 核输出的信号的量化位宽一般与 DAC 的量化位宽保持一致。噪声调频信号的样本再经过 DAC 完成数/模转换后，就得到了模拟的噪声调频信号。

生成噪声调频相位的相位时要用到带限高斯噪声信号。首先分析 FPGA 生成调制用的带限高斯噪声信号的正确性，利用 Box-Muller 算法生成高斯噪声信号，然后分别在 Matlab 和 FPGA 上进行低通滤波处理得到带限高斯噪声信号，再对带限高斯噪声信号的幅度进行积累，得到带限高斯噪声信号的幅度累加结果对比如图 6-14 所示。图中结果表明了 FPGA 进行低通滤波处理的正确性，说明两种环境下计算得到的用于积累的带限高斯噪声信号是一致的。仿真设定带限高斯噪声信号的带宽为 20 MHz，其方差为 0.0287，对噪声调频信号作快速傅里叶变换，得到不同调频系数下的噪声调频信号的频谱如图 6-15 所示。

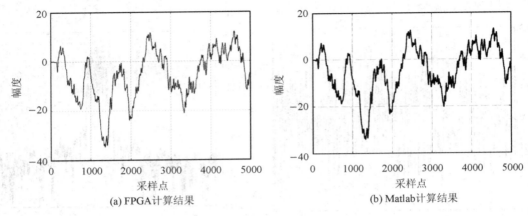

(a) FPGA计算结果 　　　　　　　(b) Matlab计算结果

图 6-14　带限高斯噪声信号的幅度累加结果对比

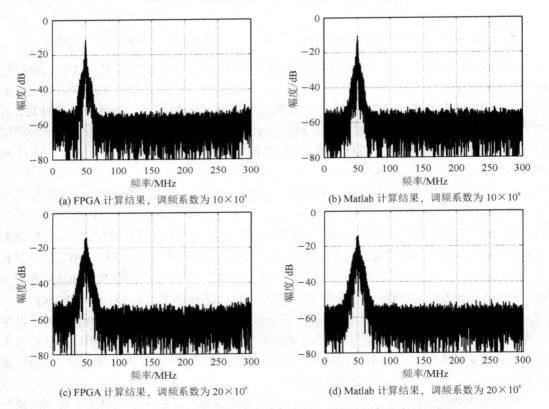

(a) FPGA 计算结果，调频系数为 10×10^6　　(b) Matlab 计算结果，调频系数为 10×10^6

(c) FPGA 计算结果，调频系数为 20×10^6　　(d) Matlab 计算结果，调频系数为 20×10^6

图 6-15　噪声调频信号的频谱（带限高斯噪声信号的方差为 0.0287）

从频谱结果可以看出，噪声调频信号的频谱主要位于载频信号的频率（50 MHz）位置处，随着调频系数的增大，频谱的宽度逐渐增大，同时频谱幅度会有所减小。利用 FPGA 和 Matlab 计算得到的噪声调频信号的频谱基本是一致的，这验证了 FPGA 编程开发的正确性。

改变带限高斯噪声信号的方差，对低通滤波输出的带限高斯噪声信号乘一个系数就可以实现幅度控制，进而改变带限高斯噪声信号的方差。当带限高斯噪声信号的方差为 0.1157 时，噪声调频信号的频谱结果如图 6-16 所示。在理论上，随着带限高斯噪声信号方差的增大，噪声调频信号的带宽也增加，图 6-16 中的结果也验证了这一点。与图 6-15 中的结果对比可知，当调频系数相同时，用于调制的带限高斯噪声信号的功率和方差越大，噪声调频信号的频谱宽度越大。由于信号的能量是不变的，因此当噪声调频信号的频谱变大时，其频谱的幅度会整体减小。当噪声调频信号用于实现压制式干扰效果时，其频谱宽度和功率大小是要统筹考虑的。

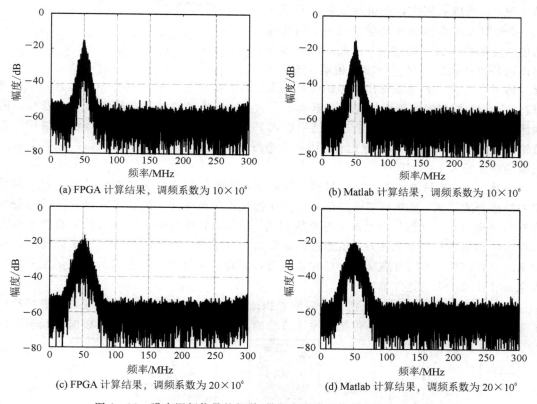

图 6-16　噪声调频信号的频谱（带限高斯噪声信号方差为 0.1157）

　　以上对比结果表明，FPGA 可以动态设置调频系数和带限高斯噪声信号的方差，并基于 DDS 技术从相位角度合成不同带宽的噪声调频信号。该例子主要给出了幅度调制、生成噪声调频信号等基本 FPGA 处理步骤，为后续其他干扰信号的设计与生成奠定基础。

6.3　宽带噪声信号

　　宽带噪声信号是在高斯噪声信号的基础上进行调制生成的，利用 Box-Muller 方法生成的高斯噪声信号理论上具有无限带宽，而宽带噪声信号的频率带宽可以根据需要设定在某个范围内，因此本例子中利用低通滤波器对高斯噪声信号进行滤波处理，得到带限高斯噪声信号，也就是宽带噪声信号。

　　FPGA 生成宽带噪声信号的逻辑电路如图 6-17 所示，该电路主要包括生成高斯噪声信号模块和低通滤波模块。高斯噪声信号的产生方法与 6.2 节例子中的一致，接下来主要介绍在 FPGA 上实现低通滤波处理。滤波处理是将输入信号与滤波器的响应函数进行卷积处理，可以编程开发卷积运算功能逻辑电路在时域实现，也可以利用快速傅里叶变换在频域实现。由于高斯噪声信号是持续生成的，而快速傅里叶变换的点数是确定的，因此必须对高斯噪声信号进行截取后再进行频域相乘，然后再

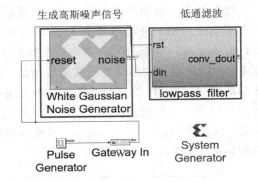

图 6-17　FPGA 生成宽带噪声信号的逻辑电路图

通过傅里叶变换得到滤波输出信号的时域结果。当积累足够多的高斯噪声信号样本后，可以将 FFT IP 核配置成流水线连续数据输入模式，然后将频域的高斯噪声信号与滤波器的频域表达式进行相乘，再将乘法运算结果输入 FFT 逆变换模块，就可以实现滤波结果的连续输出。由于 FFT 计算存在延迟性，因此在进行傅里叶逆变换时，要确保每一帧数据按照正确的顺序输入 FFT IP 核。

　　如此一来，连续波高斯噪声信号被分段处理，输出的带限高斯噪声信号也是每一段数据的拼接合成结果，虽然宽带噪声信号不存在相位连续的要求，但是对数据分段后再分别滤波与在模拟域实现信号低通滤波是有区别的。因此，对高斯噪声信号的低通滤波处理可以在时域利用卷积运算来实现。虽然卷积运算的计算量大，但是用卷积运算来滤波可以连续输出运算结果，不用对高斯噪声信号进行分段截取，并且经过一定的计算延迟后，可以实现滤波处理结果的连续输出。

　　图 6-18 所示为 FPGA 上搭建的时域卷积运算的逻辑电路图，限于篇幅，图中只给出了 4 点卷积运算对应的部分，包括对输入信号的流水延时、将流水线中的数据与低通滤波

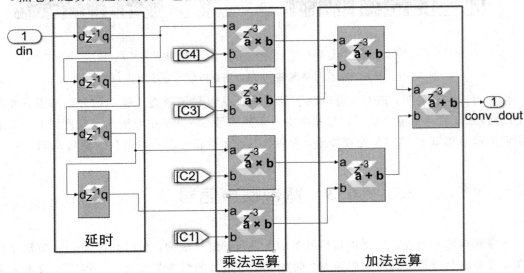

图 6-18　FPGA 上搭建的时域卷积运算的逻辑电路图

器系数进行相乘、将乘法运算结果进行加和等处理步骤。将卷积运算中的低通滤波器系数更换为调制信号就可以生成卷积调制干扰信号，卷积运算的具体编程实现见 6.7 节。

　　本节例子中设置卷积运算点数为 128 点，当需要生成不同带宽的宽带噪声信号时，只需要变更用于卷积运算的滤波器系数即可。在实际应用中，可以利用上位机计算好对应的滤波器系数并发送给 FPGA，也可以预先计算好多个滤波器系数，将其存储在干扰信号模拟设备的存储器上，然后根据设置的带宽选择对应的滤波器。这样一来，输出噪声信号的带宽只能在有限可选值范围内设定，可选滤波器越多，对存储空间容量的需求越大。卷积运算的点数由滤波器系数确定，当滤波器系数小于 128 点时，将滤波器系数末位补 0 即可。

　　FPGA 生成的高斯噪声信号的频谱如图 6-19 所示，其中设定输出信号的采样频率为 300 MHz。此时，噪声信号的频率范围覆盖了整个频率分析范围，体现了高斯噪声信号的无限带宽特性。实际上，利用数字方式生成的高斯噪声信号的频率范围受到中频滤波器的限制，不会具有无限带宽。

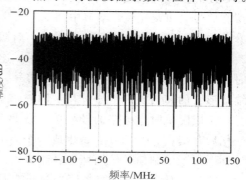

图 6-19　FPGA 生成的高斯噪声信号的频谱

　　接下来对高斯噪声信号进行低通滤波处理，设置滤波器的带宽为 20 MHz，得到此时宽带噪声信号的时域波形如图 6-20 所示，对应的频谱如图 6-21 所示。经过低通滤波处理后，高斯噪声信号的频率分布范围受到滤波器的频率响应特性的限制，其频谱宽度不再是无限大的，此时高斯噪声信号变为了带限高斯噪声信号，即为本节需要生成的宽带噪声信号。通过选取具有不同频率响应特性的滤波器，FPGA 生成的宽带噪声信号的带宽可以动态调整，达到了预期设计的目的。

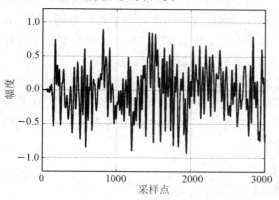

图 6-20　FPGA 生成的宽带噪声信号的时域波形

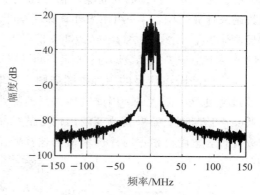

图 6-21　FPGA 生成的宽带噪声信号的频谱

6.4　间断噪声信号

　　根据 2.8 节间断噪声信号的理论分析可以得出，生成间断噪声信号的基本步骤为：首先利用 FPGA 生成高斯噪声信号，然后根据间断噪声信号的频率范围、脉冲宽度范围设置一个时序控制信号，以该控制信号来确定是否最终输出高斯噪声信号。间断噪声信号的输入可以是高斯噪声信号、带限高斯噪声信号或者其他形式的噪声信号，FPGA 编程开发的重点是如何生成时序随机变化的控制信号。

间断噪声信号类似于周期、脉冲宽度均变化的脉冲信号，其是不同周期、不同宽度的脉冲信号在时域的组合，并且相邻两个脉冲之间的周期、脉冲宽度一般都不相同，即用于控制周期和脉冲宽度的随机数在每生成一次控制信号后都要发生变化。随机数的更新时间随着控制信号的周期改变，实际上用周期来表述控制信号的变化是不准确的，周期表明了控制信号会重复出现，本节中周期的含义是控制信号当前高电平上升沿与下一个高电平上升沿的时间差。脉冲宽度是指在一个周期内，控制信号为高电平的时间。

当干扰信号模拟设备开始工作后，连续生成高斯噪声信号，且在控制信号为高电平的时刻，FPGA 输出对应的高斯噪声信号。这样一来，相当于利用随机变化的时序信号对连续波形式的高斯噪声信号进行了调制，得到在时域上断续输出的噪声信号。

生成随机时序电路的最简单方法是利用 Matlab 生成一组随机数，将该随机数进行归一化后存储在 FPGA 上。每生成一个周期的时序控制信号，就读取一个新的随机数，用来计算下一个控制信号的周期和脉冲宽度。当设定间断噪声信号的周期范围和脉冲宽度范围后，当前时刻随机时序控制信号的周期 PRI 和脉冲宽度 PW 的计算公式为

$$PRI = PRI_{min} + u \cdot (PRI_{max} - PRI_{min}) \tag{6.1}$$

$$PW = PW_{min} + u \cdot (PW_{max} - PW_{min}) \tag{6.2}$$

式中，PRI_{max} 和 PRI_{min} 分别为脉冲信号重复周期的最大值和最小值；PW_{max} 和 PW_{min} 分别是信号的脉冲宽度的最大值和最小值；u 是在 $0 \sim 1$ 间均匀分布的随机变量。

当采用同一组随机数计算周期和脉冲宽度时，时序控制信号的周期和脉冲宽度之间是耦合的。为了进一步提高间断噪声信号的包络的随机性，可以预先生成两组随机数，一组随机数用来计算周期，另一组用来计算脉冲宽度。最后判断脉冲宽度是否小于重复周期，如果不满足，则设置一个修改方案，在该冲突情况下令脉冲宽度为默认值，或者令脉冲宽度等于重复周期乘一个小于 1 的系数即可。至此，间断噪声信号的时序控制电路就设计完毕。

生成间断噪声信号的原理框图如图 6-22 所示。当输入信号为高斯噪声信号时，由于其频谱宽度是无限大的，因此直接对高斯噪声信号进行选择输出即可；当输入信号为带限高斯噪声信号时，如果要改变输出信号的频率，还需增加混频模块和滤波器来完成混频和滤波处理，然后再根据时序控制信号选择输出信号。

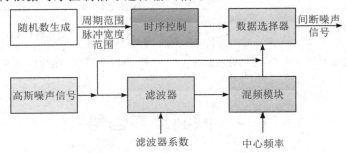

图 6-22　生成间断噪声信号的原理框图

图 6 - 23 所示为 FPGA 生成间断噪声信号的逻辑电路图，FPGA 生成的高斯噪声信号的时域波形如图 6 - 24 所示。本书中均采用 Box-Muller 方法生成高斯噪声信号，感兴趣的读者可以查阅相关参考文献，加深对采用数字方式生成高斯噪声信号的理解。

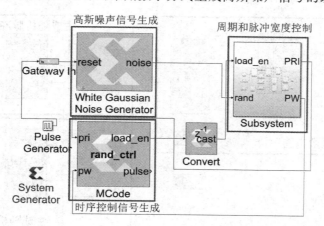

图 6 - 23　FPGA 生成间断噪声信号的逻辑电路

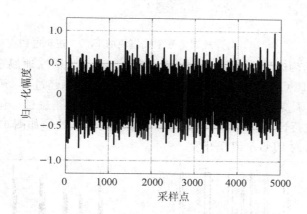

图 6 - 24　FPGA 生成的高斯噪声信号的时域波形

　　图 6 - 23 中一个重要的功能逻辑模块是时序控制信号生成模块，该例子中没有使用 Matlab 生成的随机数，而是将高斯噪声信号的幅度值进行归一化处理，作为计算时序信号的随机数。图 6 - 25 所示为时序控制信号生成模块的 FPGA 逻辑电路，设置重复周期的最大值为 1000 个时钟周期，脉冲宽度的最大值为 200 个时钟周期。当前一个周期的时序控制信号生成完毕后，生成随机数并读取控制信号，控制状态机进入下一个时序控制信号的状态。图 6 - 23 中的时序控制信号生成模块是通过 MCode 模块调用 Matlab 代码来实现的，其用于产生时序控制信号。

　　由于时序控制信号生成模块使用高斯噪声信号的幅度生成随机数，而利用数字方式生成的高斯噪声信号也是周期性的，因此控制信号经过一个较长的时间周期后就会开始重复。高斯噪声信号的周期越大，控制信号发生重复的时间间隔也就越长。如果说控制信号的周期在微秒量级，假设高斯噪声信号的重复周期为 2^{48} 个时钟周期，FPGA 的时钟频率为 300 MHz，那么控制信号发生重复的时间间隔约为 260 小时。假设在高斯噪声信号开始重复之前，控制信号经过一定延时后读取高斯噪声信号的幅度，那么控制信号的重复周期会大大延长。因此，在间断噪声信号的生成过程中，当高斯噪声信号的重复周期较大时，时序控制信号几乎不会重复。

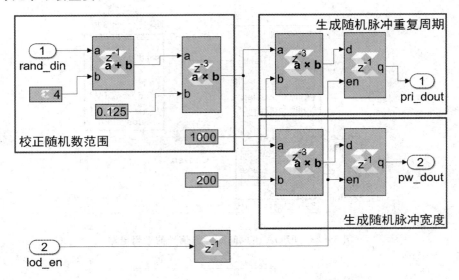

图 6-25　时序控制信号生成模块的 FPGA 逻辑电路

图 6-26(a)所示为时序控制信号的时域波形，为了较为清晰地展示该信号的特征，图中只给出了 5000 个 FPGA 时钟周期内的波形。可以看到，每经过一个周期，控制信号的周期、脉冲宽度都发生了变化，验证了 FPGA 时序控制功能的正确性。利用该控制信号对输入的高斯噪声信号进行选取，得到间断高斯噪声信号的时域波形如图 6-26(b)所示。至此，完成了间断噪声信号的 FPGA 编程开发。

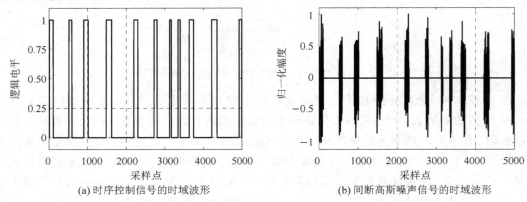

(a) 时序控制信号的时域波形　　　　　(b) 间断高斯噪声信号的时域波形

图 6-26　间断高斯噪声信号的生成

最后对间断噪声信号的特性进行简单分析。由于时序控制信号是在时域与高斯噪声信号相乘的，那么在频域，相当于根据控制信号的频谱特性将高斯噪声信号的频谱进行搬移。由于高斯噪声信号具有无限大带宽，因此输出的间断噪声信号的带宽也应该是无限大的。图 6-27(a)是时序控制信号的频谱，其频谱主要位于零频率附近，因此对被调制信号的频域搬移范围也很有限。图 6-27(b)所示为间断噪声信号的频谱，可以看到，间断噪声信号也具有无限大的带宽。

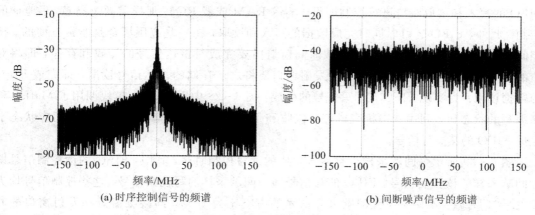

(a) 时序控制信号的频谱　　　　　　　　(b) 间断噪声信号的频谱

图 6 - 27　输出干扰信号的频谱

6.5　间歇采样干扰信号

本节介绍如何对典型的存储转发式干扰信号——间歇采样干扰信号进行 FPGA 编程开发。间歇采样技术的基本思想是将雷达信号的接收、存储和干扰信号的发射分时实现，在工程实现时，需要使用存储器和时序控制电路实现间歇采样。在 System Generator 环境下，FPGA 生成间歇采样干扰信号的逻辑电路如图 6 - 28 所示。

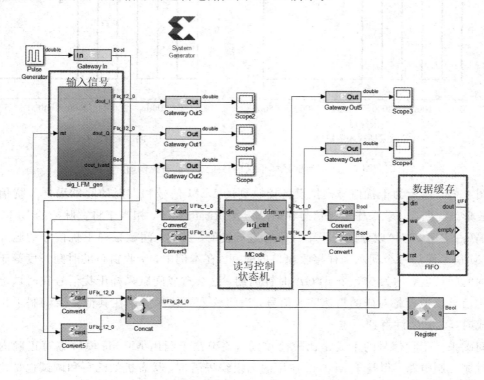

图 6 - 28　FPGA 生成间歇采样干扰信号的逻辑电路

在本例子中，用 FIFO 实现存储功能，FIFO 的控制和使用比较简单，FPGA 只需要对 FIFO 的写入和读取端口进行控制即可，不像 RAM 或者 ROM 那样需要进行读/写地址的控制。此外，FIFO 还可以同时完成数据的写入和读取，在一些应用场合是非常方便的。按照间歇采样的技术原理，在信号接收时间窗口内要完成对雷达信号的接收和存储，即将对应的信号写入 FIFO；在干扰信号的发射窗口要将之前存储的雷达信号读取，即完成 FIFO 的数据读取。为实现 FIFO 读、写信号的生成，图 6 - 28 中用 MCode 模块调用了 Matlab 程序编写的状态机，利用状态机完成信号接收和干扰信号发射状态的切换，并在相应状态下生成 FIFO 的读、写信号。

图 6 - 29 所示为间歇采样干扰信号生成的读写控制时序，其中，FIFO 的读控制信号即为间歇采样的读控制信号，FIFO 的写信号即为间歇采样的写控制信号，这些控制信号均为高电平"1"有效。本例中设置间歇采样信号的占空比为 50%，即接收窗口和发射窗口的时间长度是相等的，均为 500 个 FPGA 时钟周期。从图 6 - 29 可以看到，FIFO 的读控制信号、写控制信号为方波信号，读控制信号比写控制信号滞后 500 个时钟周期，这与程序参数设置是相符的。本例中假设接收到的雷达信号是宽带 LFM 信号，其脉冲宽度为 3000 个 FPGA 时钟周期，只有干扰信号模拟设备接收到雷达信号后才会生成 FIFO 的读、写控制信号，否则这两个控制信号均为低电平"0"。

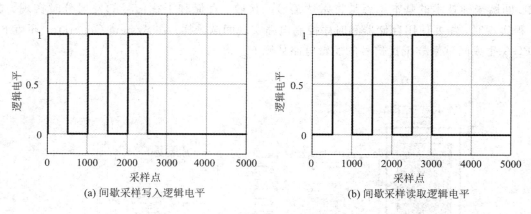

(a) 间歇采样写入逻辑电平　　　　　　　　(b) 间歇采样读取逻辑电平

图 6 - 29　间歇采样干扰信号生成的读写控制时序

图 6 - 30 所示为干扰信号模拟设备接收到的 LFM 信号和发射的间歇采样干扰信号的时域波形。首先，间歇采样干扰信号在时域上是间断出现的，相当于将宽脉冲的 LFM 信号等间隔（占空比 50%）地分成若干个片段后进行发射。其次，间歇采样干扰信号的脉冲前沿比 LFM 信号滞后一个间歇采样接收窗口的时间。在本例中，接收窗口的时间长度等于发射窗口的时间长度，均为 500 个 FPGA 时钟周期，这会造成间歇采样干扰信号在时域上滞后于干扰信号模拟设备对应的雷达回波信号，当间歇采样技术应用在其他复杂调制干扰信号的生成时，尤其要注意这一点。

间歇采样干扰信号的生成是比较简单的，关键在于利用 MCode 模块编写正确的信号处理时序控制电路。得益于 Matlab 使用的高级编程语言，状态机的编写和调试也是比较容易的。现如今，间歇采样干扰信号作为存储转发式干扰信号的一种，在有源电子对抗领域

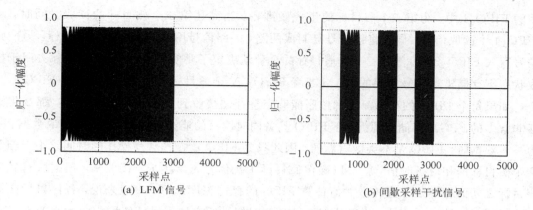

图 6-30　LFM 信号和间歇采样干扰信号的时域波形

中有着重要作用。根据间歇采样干扰信号生成的基本原理，可以通过改变接收控制信号和发射控制信号的时序来产生更加复杂多变的干扰信号。我们了解了如何利用 FPGA 对间歇采样干扰信号进行编程设计之后，就可以设计研发新的干扰信号样式。

6.6　多假目标干扰信号

生成多假目标干扰信号时需要对截获的雷达信号进行延时调制、幅度调制、多普勒频率调制等，其中延时调制需要用到存储资源，幅度调制和多普勒频率调制需要消耗硬件乘法器资源。如果每个假目标的幅度、多普勒、延时特性均不相等，那么这些计算资源的消耗量就会按照假目标的个数成倍增长。而且如果 FPGA 的时钟频率低于输入/输出信号样本的采样频率，那么需要的计算资源还与每个 FPGA 时钟需要处理的信号样本点数成正比。这样算下来，在针对超宽带雷达信号生成多假目标干扰信号时，对 FPGA 计算资源的消耗量是非常大的。因此在进行多假目标干扰信号的 FPGA 编程开发时，要分析 FPGA 芯片是否能够提供足够的计算资源。

在产生多假目标干扰信号时，干扰信号模拟设备要对截获的雷达信号进行存储，然后根据各假目标之间的相对距离关系分时段读取存储的雷达信号。如果两个假目标之间的距离对应的延时值（距离乘以 2 除以光速）小于雷达信号的脉冲宽度，那么这两个假目标干扰信号在时域上是存在重叠的。如果采用 RAM 对雷达信号进行存储，那么当需要同时读取不同地址的数据时就有冲突；如果采用 FIFO 来存储信号，那么当第一个假目标信号读取了 FIFO 中的数据后，下一个假目标就无数据可用。当雷达信号的脉冲宽度小于相邻两个假目标之间的距离对应的延时值时，使用一个 RAM 就能胜任该工作场景。但是考虑到现代雷达具有发射大脉冲宽度信号的能力，多假目标干扰信号要能适应大脉冲宽度雷达信号的场景。

本节例子介绍如何利用 FIFO 存储资源来生成多个假目标干扰信号。从假目标干扰信号的生成原理分析对 FIFO 存储资源的需求，在生成干扰信号时，首先读取存储的雷达信号，然后将该信号复制成两路，一路信号用于产生第一个假目标，另一路信号再写入延迟用的 FIFO_1 中，为第二个假目标的生成做准备；当到达第二个假目标的读取时间时，从 FIFO_1 中读取信号，同样将该信号复制成两路，一路信号用于产生第二个假目标，另一路信号写入 FIFO_2 中。这样一来，假目标的个数就决定了要使用多少个 FIFO，除去用于接收状态下存储雷达信号使用的 RAM 或者 FIFO，N 个假目标要求使用 $N-1$ 个 FIFO。

如果每个 FIFO 的存储深度都按照能够完整存储接收到的雷达信号来设计，那么将消耗非常多的 FPGA 存储资源。由于 FIFO 具备同时读写的能力，当 FIFO 一边读取数据、一边写入数据时，FIFO 是不会被写满的。因此只要 FIFO 读操作和写操作的时间差小于相邻两个假目标的相对延时值，就可以确保假目标干扰信号正常生成。接下来，根据所有相邻假目标之间的相对延时值的最大值估算 FIFO 的存储深度即可。一般来说，各假目标之间的相对延时应该灵活可控。为简化 FPGA 设计，假设所有的假目标使用相同大小的 FIFO，则任意相邻两个假目标之间的相对延时值可以在 0 到最大延时值这个范围内灵活设置。

根据以上分析，在 System Generator 环境下，FPGA 生成假目标干扰信号的逻辑电路如图 6-31 所示，图中给出了两个假目标干扰信号生成的编程结果。单个假目标干扰信号的生成步骤包括 FIFO 读信号、写信号的生成，对输入信号的延时调制、多普勒频率调制和幅度调制等。首先分析最简单的距离向假目标干扰信号的生成，因此图 6-31(a)所示的单个假目标干扰信号的生成步骤中并未包含多普勒频率调制和幅度调制。读、写信号控制模块主要根据相邻两个假目标的延时关系产生需要的 FIFO 读信号，FIFO 写信号是上一个假目标信号的有效标志位，因此计数器在 FIFO 写信号的前沿进行清零并开始计数。当计数达到延时值时，令 FIFO 读信号有效，FIFO 读信号的持续时间等于雷达信号的脉冲宽度。FIFO 输出的信号就是经过延时调制的雷达信号，该信号再经过幅度调制后就是假目标干扰信号。简单起见，设定各假目标之间的相对延时值为 500 个 FPGA 时钟周期。两个假目标干扰信号的时域波形如图 6-32 所示，从图中结果可见，第一个假目标干扰信号的脉冲前沿大约位于第 500 个采样点处，第二个假目标干扰信号的脉冲前沿约在第 1000 个采样点处。从干扰信号的波形特征可以验证 FPGA 编程结果的正确性。

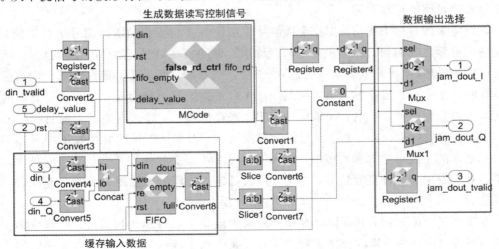

(a) FPGA 生成单个假目标干扰信号的逻辑电路

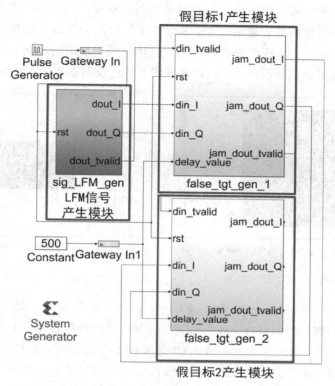

(b) FPGA 生成两个假目标干扰信号的逻辑电路

图 6 - 31　FPGA 生成假目标干扰信号的逻辑电路

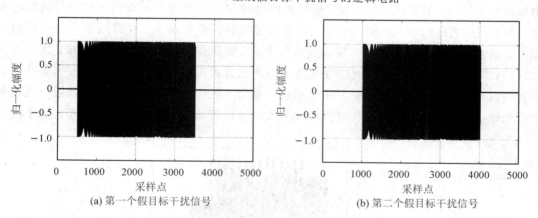

(a) 第一个假目标干扰信号　　　　　　　　(b) 第二个假目标干扰信号

图 6 - 32　两个假目标干扰信号的时域波形

　　假设空间中存在两个目标，这两个目标的回波信号在空间进行叠加后返回雷达接收机处，雷达再利用信号处理手段对两个目标的信息进行提取。为了模拟不同反射系数的假目标对雷达信号的反射能力，每个假目标干扰信号的功率（对应着幅度）应该有所区别，因此 FPGA 对 FIFO 延时输出的每个假目标干扰信号再次进行幅度调制后才能提高最终生成的假目标的逼真度。

幅度调制后的两个假目标干扰信号的时域波形如图 6 - 33 所示。本例子中，延时输出的雷达信号均已经按照满量程输出，接下来对各个假目标干扰信号的幅度进行比例缩小即可。幅度调制主要是为了体现各个假目标对雷达信号反射能力的不同。在 FPGA 上对假目标干扰信号的幅度进行调制后，就可以确定各假目标的反射系数之间的相对关系。

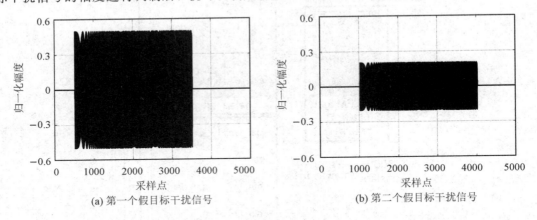

(a) 第一个假目标干扰信号 　　　　　　(b) 第二个假目标干扰信号

图 6 - 33　幅度调制后的两个假目标干扰信号的时域波形

将经过幅度调制后的假目标干扰信号进行叠加，形成的假目标干扰信号的时域波形如图 6 - 34 所示。从图中可以看出，从第 1000 个采样点开始，两个假目标干扰信号相加后，输出信号的幅度进一步增大。经过叠加后，假目标干扰信号的最大幅度与每个假目标干扰信号的脉冲宽度、在时域中交叠的假目标干扰信号的个数均有关系，且有交叠的假目标干扰信号的个数越多、每个假目标干扰信号的脉冲宽度越大，叠加后假目标干扰信号的幅度增加得越明显。一般来说，每个假目标干扰信号的脉冲宽度等于截获的雷达信号的脉冲宽度。各假目标之间的相对延时值越小，雷达信号的脉冲宽度越大，在时域中有交叠的假目标干扰信号的个数就越多。在进行参数测量之前，雷达信号的脉冲宽度是未知，且由雷达方控制，但是假目标之间的相对位置关系是由干扰方设定的，当获取雷达信号的脉冲宽度后就可以对交叠的假目标干扰信号的个数进行估算，然后据此对加和后的假目标干扰信号进行截位。这样设计的目的是在对假目标干扰信号进行截位后，幅度较小的假目标干扰信

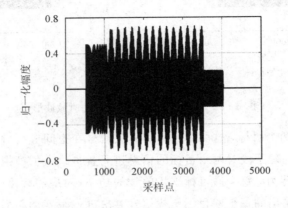

图 6 - 34　叠加后的假目标干扰信号的时域波形

号仍然保留足够的有效位。如果按照固定的高位截取方法对假目标干扰信号进行截位，那么实际叠加后的假目标干扰信号可能没有达到满量程，这样一方面造成数据有效位的浪费，另一方面导致幅度较小的假目标干扰信号经过截位后幅度下降得太剧烈。

我们知道，只有当两个信号的相位相同时，加和后信号的幅度达到最大；当两个信号的相位不相同时，加和后信号的幅度逐渐减小。由于每个假目标干扰信号的相对延时值不同，因此假目标干扰信号相加后输出信号的幅度总体来说会变大，但是很有可能达不到量化位宽的满量程。假如所有假目标干扰信号的最大幅度为 A_{max}，有交叠的假目标干扰信号的个数为 N，为了确保叠加后的假目标干扰信号的数据不溢出，则计算结果的量化位宽为 $N \cdot A_{max}$。实际上，一般不会设置每个假目标干扰信号的幅度相等且均为最大值，且由于延时后假目标干扰信号的相位不同步，也不是每个假目标干扰信号都能按照最大值进行叠加，因此叠加后生成的假目标干扰信号的幅度一般达不到设置的最大量程。这时候，如果对假目标干扰信号进行高位截取，那么最高位甚至是次高位都有可能是常数，反而整体削弱了假目标干扰信号的幅度，尤其是一些幅度很小的假目标干扰信号，甚至可能被清除掉。因此，如何进行数据位宽截取以使得假目标干扰信号的位宽和数模转换器（DAC）的量化位宽相一致，需要做大量的测试工作。通过仿真设定不同参数的雷达信号，观察和统计假目标干扰信号的幅度特性，最终确定如何进行数据位宽截取。最后要说明的是，如果对假目标干扰信号采取固定的截位方式，那么对假目标干扰信号的功率控制就可以利用衰减器来整体控制；如果对假目标干扰信号采用动态、可变的截位方式，那么在控制衰减器的衰减量时，还需要考虑截位对假目标干扰信号的功率的影响，将这两个功率控制步骤统筹结合起来。

上述例子介绍了距离向假目标的 FPGA 编程实现过程，利用 FIFO 对截获的雷达信号进行延时后再读取，以模拟假目标之间的空间距离造成的干扰信号延时差。基于以上处理步骤生成的干扰信号，经过雷达信号处理之后可以形成按照不同距离分布的多个假目标。如果要动态调整假目标的位置关系，可以通过控制 FIFO 的读信号来实现。雷达利用匹配滤波处理可以获取假目标的距离信息，此外，还可以通过提取目标回波信号的多普勒频率来对目标的速度进行估计。FPGA 利用延时调制生成假目标干扰信号，只能通过延时控制来调整假目标的位置，这使得干扰信号中不包含与假目标的速度相对应的多普勒频率。如果雷达把目标的速度信息和距离信息综合起来进行判断，那么有可能将与速度和距离不相关的目标判定为干扰，从而采取抗干扰手段对假目标进行剔除。

接下来对假目标干扰信号进行多普勒频率调制。FPGA 生成附加多普勒频率调制的假目标干扰信号的逻辑电路如图 6-35 所示。如果假目标是匀速运动的，那么其多普勒频率是一个固定值，可以利用 DDS 技术生成假目标的多普勒频率调制信号。如何将多普勒频率调制信号附加到假目标干扰信号上，还需要根据延时读取输出的信号格式确定。假设存储的雷达信号是实数信号，为了抑制多普勒频率调制时引入的镜像频率，需要对雷达信号进行正交解调，然后将复数形式的雷达信号与多普勒频率调制信号进行复数乘法。如果存储的数据是雷达信号的相位，那么对雷达信号的正交解调是在存储操作之前完成的，因为相位的计算需要用到正交信号。

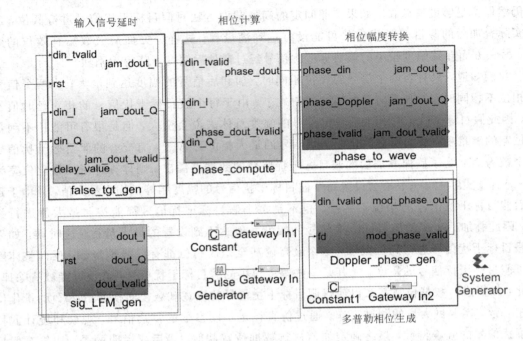

图 6-35 FPGA 生成附加多普勒频率调制的假目标干扰信号的逻辑电路

　　FIFO 读取输出存储的相位数据后，再加上多普勒频率调制信号的相位，就得到了一个假目标干扰信号的相位，将该相位转换为幅度后就可以进行多个假目标干扰信号的叠加。将相位转为幅度后，输出信号和输入信号的幅度关系就不存在了，本例子中的 FPGA 进行假目标干扰信号生成时，只考虑了各个假目标之间的相对幅度大小关系，假目标干扰信号的绝对功率由外部衰减器控制。因此，干扰信号模拟设备需要对截获的雷达信号的幅度信息进行存储，结合设定的假目标与雷达之间的空间位置关系，动态控制衰减器来实现假目标干扰信号的功率控制。

　　图 6-36(a)所示为第一个假目标干扰信号的相位，由于雷达信号是 LFM 信号，故其相位随着时间是按照二次函数变化的。图 6-36(b)是多普勒频率调制信号的相位，设定假目标为匀速运动，所以这部分信号的相位随着时间是线性变化的。接下来，将读取的雷达信号的相位与多普勒频率调制信号的相位加和，就得到了假目标干扰信号的相位，如图 6-36(c)所示。

　　假目标干扰信号的相位到幅度转换使用 CORDIC IP 核实现，如图 6-37 所示。由于假目标干扰信号持续的时间长度是有限的，而相位为零值时余弦信号会输出幅度的最大值，因此还要根据雷达信号的脉冲宽度对假目标干扰信号进行截取，在把图 6-36(c)中调制后假目标干扰信号的相位转换为幅度时，需以该相位有效标志位的延时值作为判断条件，用数据选择器实现对 CORDIC 输出信号的选择。按照雷达信号脉冲宽度的大小，当不需要输出假目标干扰信号时，使数据选择器输出数据 0 即可。

　　最终，得到第一个假目标干扰信号的时域波形如图 6-38 所示。随着假目标和雷达之间相对位置的改变，假目标干扰信号的延时值也随之变化，这样才能正确体现假目标的运

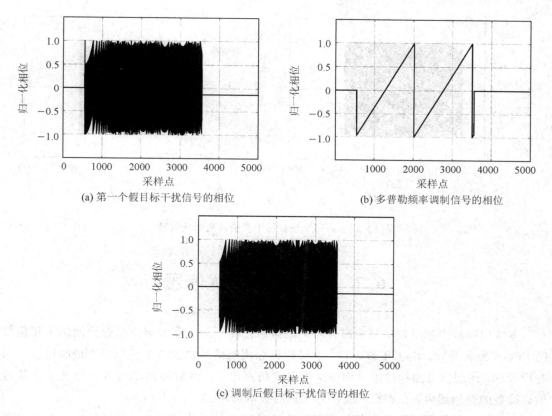

(a) 第一个假目标干扰信号的相位

(b) 多普勒频率调制信号的相位

(c) 调制后假目标干扰信号的相位

图 6-36 假目标干扰信号的相位

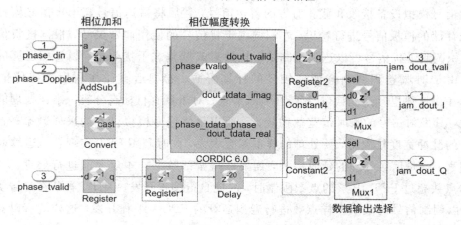

图 6-37 FPGA 编程实现相位幅度转换

动特性。实际上,假目标位置的变化量是由其速度决定的,在生成假目标干扰信号时,要根据设定的假目标的速度以及相邻两次发射假目标干扰信号之间的时间间隔(一般等于雷达信号脉冲的重复周期)推算出假目标的相对位移,然后将相对位移转换成延时值后再对假目标干扰信号进行调制。因此,要生成高逼真度的假目标干扰信号,需要精准的延时控制、多普勒频率调制和幅度控制。

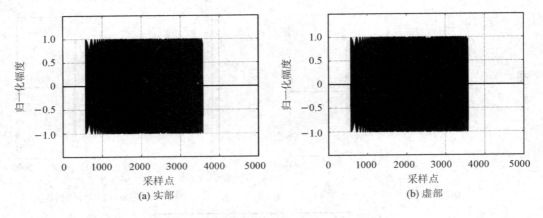

图 6-38 第一个假目标干扰信号的时域波形

6.7 卷积调制干扰信号

本节以噪声卷积干扰信号和高分辨一维像假目标干扰信号为例介绍卷积调制干扰信号的 FPGA 编程开发。由 4.4 节可知，进行假目标调制信号构建和干扰信号生成时可以采用卷积调制，调制信号的构建需采用测量手段或仿真建模，然后将调制信号存储在干扰信号模拟设备的存储器内，在进行干扰信号生成时读取即可。

高分辨一维像假目标干扰信号可以认为是卷积调制干扰信号的一种，其生成原理是利用干扰信号模拟设备接收和截获对方的雷达信号，然后将雷达信号与干扰信号模拟设备内部预先存储的模板信号进行卷积。卷积调制干扰信号的使用非常灵活，根据模板信号的特性，卷积调制干扰信号可以达到压制式干扰效果或欺骗式干扰效果。当卷积运算的点数较多时，由于时域卷积调制会消耗较多的计算资源，卷积运算往往利用快速傅里叶变换（FFT）和快速傅里叶逆变换（IFFT）在频域实现。对于具有目标高分辨一维像处理能力的雷达来说，其发射信号的瞬时带宽往往较大，要求干扰信号模拟设备的采样频率较高。当雷达信号的脉冲宽度较大时，要处理的样本点数太大，此时利用 FFT 实现卷积运算时要考虑两个因素：一是信号处理的延时太大，需要获得全部数据样本后才能进行处理；二是当信号样本点数超过 FFT IP 核的点数限制时，只能自行编程开发。因此，本节在时域实现卷积调制，以调制信号的最大采样点数进行卷积运算的 FPGA 编程开发，这样就可以对脉冲宽度未知的雷达信号进行调制。

卷积运算的原理如图 6-39。卷积运算的处理步骤包括信号延时、相乘和相加，这些处理步骤非常适合 FPGA 的编程实现，即 FPGA 首先对输入信号进行流水线延时处理，然后将不同采样时刻对应的数据进行相乘和相加即可完成卷积运算。但是现有的卷积运算 IP 核使用起来比较麻烦，而且也存在灵活性不够等缺点，无法灵活地控制参与卷积运算的调制信号的特性。因此，在 FPGA 上自行编程设计的卷积运算可以方便地修改调制信号的形式，便于实时调整干扰信号的参数。

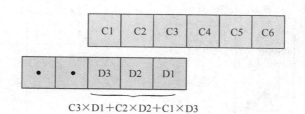

$$C3 \times D1 + C2 \times D2 + C1 \times D3$$

图 6-39　卷积运算的原理

接下来介绍卷积调制干扰信号在 System Generator 环境下的编程开发过程。首先，在 Matlab 中生成调制信号，调制信号的样本长度决定了卷积调制的运算量。由 3.2 节中对噪声卷积干扰信号的讨论分析可知，用于调制的噪声信号的数据样本越多，生成的干扰信号的时长越大，经过匹配滤波处理后，干扰信号在距离向的覆盖距离也就越大。与高分辨一维像假目标干扰信号一致的是，调制信号的样本长度决定了 FPGA 实现时的资源消耗，较长的调制信号需要更多的计算资源。并且，由于卷积运算使得输出信号的幅度大于输入信号的幅度，还要保证干扰信号的幅度不能超过 DAC 的量化位宽范围。因此，噪声卷积干扰信号的覆盖距离越大，每个距离单元处的干扰幅度反而有可能越小。

确定了调制信号的样本长度后，在 FPGA 实现时就需要按照该样本长度确定乘法器的个数、流水线的长度、加法器的个数。在实际应用中，当使用不同样本点数的调制信号时，对该信号样本进行补零即可。根据图 6-39 中的卷积运算原理，假设 C1，C2，… 是调制信号样本，D1，D2，… 是截获的雷达信号样本，那么，卷积运算输出的第一个有效非 0 数据为 C1×D1，第二个有效输出数据为 C2×D1+C1×D2。雷达信号样本数据随着时间源源不断输入卷积处理单元，根据卷积运算原理，只有当两个信号之间在时域有交叠时才会有运算结果输出。同时，卷积运算的结果不仅与当前输入值有关，还与之前输入值的乘积结果有关。因此，在 FPGA 上进行编程时要利用寄存器对输入的雷达信号样本进行流水延迟，然后将数据流水线中与调制信号在时域交叠的那部分样本进行相乘，最后将所有乘法运算的结果进行加和，这样就可以得到当前时刻的卷积运算结果。

在进行噪声卷积干扰信号和高分辨一维像假目标干扰信号的 FPGA 编程开发时，设定 FPGA 的时钟频率为 300 MHz。首先编程开发 32 点的卷积运算，FPGA 编程设计的 32 点卷积运算的逻辑电路如图 6-40 所示。在图 6-40(a) 中，将输入的调制信号进行锁存，每次改变调制信号时，应在干扰信号生成之前完成数据锁存。图 6-40(b) 是输入数据流水线和相乘、相加单元，由于篇幅原因，图中只显示了 4 个采样点的处理过程，包括数据流水延时、乘法运算和加法运算。32 点卷积运算单元作为卷积运算的一个基本处理单元，可以将流水延时后的数据作为下一个卷积运算处理单元的输入数据，用多个基本处理单元构成更长点数的卷积运算处理电路，这样可以复用已经设计好的模块，减小 FPGA 开发难度。

在噪声卷积调制干扰信号对应的 FPGA 逻辑电路中，128 点卷积运算可以利用 4 个卷积运算单元级联而成，每个卷积运算单元完成 32 点卷积运算，卷积调制级联框图如图 6-41 所示。由于 FPGA 的时钟频率为 300 MHz，那么 128 点的调制信号对应的时间长度为 0.42 μs，噪声卷积干扰信号经过雷达处理后形成的干扰带的距离覆盖范围的理论值为 64 m。

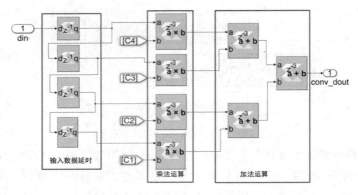

(a) 读取调制信号并锁存

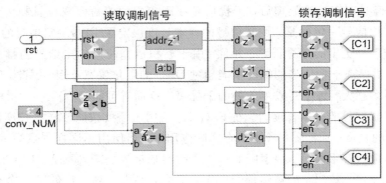

(b) 输入数据流水线和相乘、相加单元

图 6-40 FPGA 编程设计的 32 点卷积运算的逻辑电路

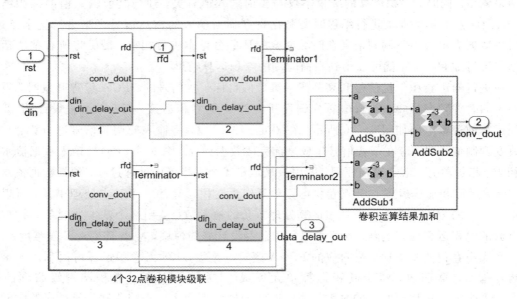

图 6-41 卷积调制级联框图

卷积运算的输出结果是输入信号与调制信号相重合部分数据的乘积加和，当输入信号的样本点数大于调制信号的样本长度时，最大重合的点数就等于调制信号的样本长度。为了保证计算结果的数据不溢出，可以根据调制信号的点数以及幅度特性确定如何对输出信号进行数据截位。对于输入的信号样本，一方面进行了乘法运算，另一方面该数据进入流水线延时单元，加和单元将各级延时数据的乘法运算结果进行相加，至此完成卷积运算。时域卷积处理的优点在于采用了流水线设计，提高了数据的吞吐量，并且设计的基本运算为乘法和加法，现代 FPGA 有专用的硬件乘法器实现乘法和加法运算，比较容易满足编程时序的要求。

　　噪声卷积干扰信号的调制信号由 Matlab 产生，调制信号的样本长度固定设为 128 点，对调制信号进行定点量化和归一化处理后存入 FPGA 中，作为卷积运算的一路信号输入。为便于验证 FPGA 编程结果的正确性，假设输入信号为单频的正弦波信号，将 FPGA 处理后得到的输出信号数据和 Matlab 仿真结果数据进行对比，卷积干扰信号的时域波形如图 6-42 所示。直观来看，FPGA 卷积运算结果与 Matlab 仿真结果是较为吻合的。输入的单频信号的幅度最大值归一化为 1，从结果可见，噪声卷积干扰信号的幅度是大于 1 的，因此，合理设置卷积运算中用于加和的每级加法器的位宽是很重要的。仿真设定输入的单频信号的量化位宽为 10 bit，当不考虑乘法运算的位宽要求时，经过 128 点卷积运算后，为保证最大输出数据不溢出，结果需要 17 bit 量化。由于用于调制的噪声信号的幅度是随机的，且在 −1～+1 之间是均匀分布的，因此该噪声信号和参与卷积运算的另一信号进行乘法运算后，理论上计算结果的位宽不需要增加（截位处理后）。卷积运算结果采用 17 bit 量化是确保经过 128 点数据加和后计算结果不会溢出。实际上，由于噪声信号、输入信号的幅度有正数、有负数，一部分数据的加和有可能使得输出信号的幅度变小，而且并不是每个样本都具有最大幅度，所以在经过多次测试后确保数据不溢出的前提下，合理地对卷积运算输出的信号进行数据截位。一般来说，干扰信号模拟设备的 DAC 位宽是确定的，常用的有 14 bit 和 16 bit 量化位宽，要通过数据截位使得干扰信号的量化位宽与之相一致。

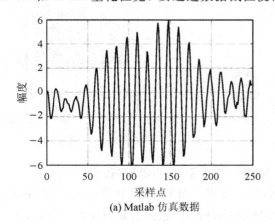

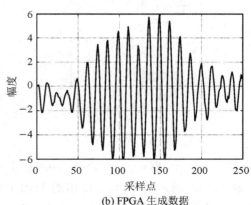

(a) Matlab 仿真数据　　　　　　　　(b) FPGA 生成数据

图 6-42　卷积干扰信号的时域波形

　　接下来介绍如何在 FPGA 上编程实现高分辨一维像假目标干扰信号的生成。调制信号在 Matlab 环境下仿真生成，设定假目标一维像调制信号的采样频率为 300 MHz，样本长度为 512 点。将 Matlab 计算得到的调制信号存储到 FPGA 的存储资源内,用于生成干扰信号,由于 FPGA 使用定点数量化,因此对 Matlab 中计算得到的浮点数量化的高分辨一维像(HRRP)信号进行量化。仿真设定雷达发射的 LFM 信号的带宽为 100 MHz,脉冲宽度为 40 μs,采用 4.4 节介绍的卷积调制干扰算法生成干扰信号。为验证 FPGA 编程的正确性,将 Matlab 仿真计算结果和 FPGA 信号处理结果进行对比,为此,首先分别在 Matlab 和 FPGA 中生成参数一致的 LFM 信号作为雷达发射信号,然后分别在 Matlab 环境和 FPGA 上生成干扰信号,再对两个生成的干扰信号进行对比分析。FPGA 可以利用 DDS 技术生成 LFM 信号,然后将该 LFM 信号与 HRRP 信号进行卷积运算。前文已经编程实现了 32 点卷积运算单元,接下来将 32 点卷积运算单元进行级联以实现 512 点卷积运算。根据高分辨一维像假目标干扰信号的生成原理,卷积运算的一个输入信号是截获的 LFM 信号,另一个信号是 FPGA 内部存储的 HRRP 信号。

  FPGA 生成高分辨一维像假目标干扰信号的逻辑电路如图 6-43 所示。用于调制的假目标的高分辨一维像(HRRP)信号采用实数进行表征,而输入的 LFM 信号是经过正交解调处理的复信号,根据卷积运算的特性,将 LFM 信号的 I 路和 Q 路分别与 HRRP 信号进行卷积运算,因此图 6-43 中针对复信号构建了两个卷积运算单元。

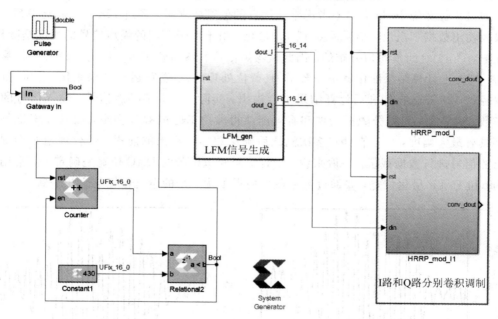

图 6-43 FPGA 生成高分辨一维像假目标干扰信号的逻辑电路

  图 6-44 所示为 FPGA 使用的 HRRP 信号的波形,如果 HRRP 信号的采样频率与 FPGA 输出信号的采样频率(与 DAC 采样频率相等)不相等,那么需要对 HRRP 信号进行插值处理。一般来说,干扰信号模拟设备的 ADC/DAC 的采样频率是固定不变的,可以利用上位机实现 HRRP 信号的插值处理。

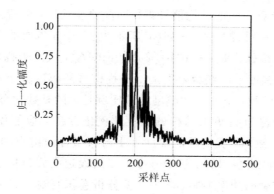

图 6－44　FPGA 使用的 HRRP 信号的波形

　　图 6－45 所示为 Matlab 和 FPGA 的计算结果对比图，图中所示分别为卷积调制后输出的信号的实部和虚部。利用 Matlab 计算 HRRP 信号时进行了归一化处理，且把该信号存储到 FPGA 时又进行了整数倍放大和取整。此外，FPGA 在卷积计算完毕后又对输出信号进行了比例缩小，所以两种环境下计算得到的干扰信号在幅度上略有差异。要使 FPGA 计算结果与 Matlab 计算结果的幅度一致，FPGA 只需在对卷积运算结果进行比例缩小时选择合适的系数进行除法运算即可。直观地从输出信号的时域特征来看，FPGA 计算得到的干扰信号与 Matlab 计算结果应该是一致的。

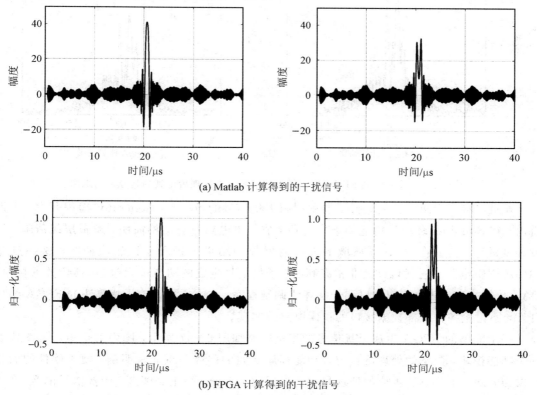

图 6－45　干扰信号生成的结果对比

接下来对 FPGA 计算得到的干扰信号进行匹配滤波处理,分析干扰信号是否能够生成正确的假目标的高分辨一维像。图 6-46(a)所示为 Matlab 生成的干扰信号经过匹配滤波处理后得到的高分辨一维像,图 6-46(b)所示为 FPGA 生成的干扰信号经过雷达处理后的高分辨一维像,两者在幅度上的细微差别是由干扰信号的幅度大小不同造成的。为简单起见,FPGA 中一般采取整数位截取,故幅度缩放比例是 2 的整数次幂。进一步地,当 FPGA 对卷积运算后输出的信号进行更加精确的幅度比例缩放后,应能使得干扰信号的幅度与 Matlab 计算结果的相一致。干扰信号的幅度大小与假目标散射点的反射系数成正比关系,在实际应用中,可以根据侦察到的雷达信号参数以及设定的假目标的散射点的反射系数等对干扰信号进行更加准确的功率控制。本节主要分析卷积调制生成干扰信号的 FPGA 编程实现是否正确,干扰信号的功率控制不在讨论范围内。从图 6-46 中假目标的高分辨一维像的幅度特性和距离分布特征来看,FPGA 生成的干扰信号对应的高分辨一维像与 Matlab 计算结果得到的高分辨一维像是基本一致的,两者之间的区别主要是幅度差异,该差异可以通过对 FPGA 生成的干扰信号进行幅度调制来消除。从整体结果上来看,无论是干扰信号的时域特性还是经过雷达处理后形成的假目标高分辨一维像的特性,均验证了 FPGA 生成的干扰信号是正确的。

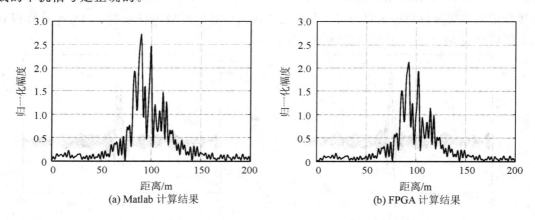

(a) Matlab 计算结果   (b) FPGA 计算结果

图 6-46　Matlab 和 FPGA 生成的干扰信号经过处理后得到的高分辨一维像

至此,本节用两个实例进行了卷积调制干扰信号的 System Generator 编程开发,可以看出,在 Simulink 环境下构建的干扰信号生成逻辑电路具有结构简明、逻辑层级清晰、开发难度低等特点。在 Matlab 环境下进行数据处理结果分析和验证较为便捷,这一点对 FPGA 逻辑电路的迭代调试是非常有利的。干扰信号生成的功能单元包括 ADC 数据接口、DAC 数据接口、其他控制接口和干扰算法调制程序,本书主要讨论干扰算法的 FPGA 编程开发,不讨论各种外部数据接口的逻辑电路的实现。

一个完整的 FPGA 生成干扰信号的逻辑电路如图 6-47 所示,图中每个矩形框图代表一个功能模块,数据的处理流程与各功能程序之间的层级关系非常明确,便于软件的后续研发与升级。干扰算法生成的处理步骤还包括数字下变频、正交解调、干扰信号的数/模转换。如果 FPGA 处理数据的瞬时带宽小于 ADC/DAC 的瞬时带宽,还可以利用多相滤波技术实现数据的抽取和插值。

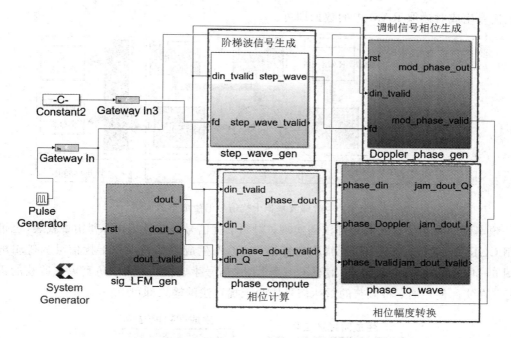

图 6 - 47　FPGA 生成干扰信号的逻辑电路

　　相比于传统的 FPGA 开关环境，如 ISE 或 Vivado 等，System Generator 开发环境对研发人员的调试是非常友好的，使研发人员可以便捷地实现数据的交互、分析与验证，从而加快研发速度。通过对比 Matlab 仿真的干扰信号和 FPGA 生成的干扰信号，可以验证图形化编程开发的正确性。以上例子表明，在 System Generator 环境下进行干扰信号生成的图形化编程开发，可以对信号处理过程中各个阶段的数据进行分析和错误排查，从而提高编程开发的效率。当逻辑电路经过仿真测试后，就可以在 System Generator 环境下自动完成图形化代码到比特文件的转换，最终在 FPGA 芯片上进行功能验证，完成嵌入式系统的开发。

6.8　阶梯波乘积干扰信号

　　本节介绍阶梯波乘积干扰信号的 FPGA 编程实现。首先根据干扰算法的原理划分 FPGA 逻辑电路的功能模块，这些功能模块包含阶梯波生成模块、频率调制模块、信号幅度相位转换模块、信号相位幅度转换模块等。阶梯波乘积干扰信号的生成步骤框图如图 6 - 48 所示，图中还加入了余弦调相信号的生成，余弦调相信号的加入可以实现不同的相位调制效果。频率调制和相位调制的基础是获得输入信号的相位，要得到输入信号的相位，先计算其 I 路和 Q 路信号的幅度，再利用 CORDIC 算法实现 arctan 计算，这样就可以得到相位。由于 CORDIC IP 核要求的输入信号幅度量化格式与 ADC 采样的量化方式是不同的，因此 FPGA 可以使用查找表来完成格式转换。CORDIC IP 核输出的相位范围为 $-\pi\sim$ $+\pi$，也可以是归一化的 $-1\sim+1$，将信号相位存储在 FPGA 的储存单元 RAM 里，在后续干扰信号生成时读取 RAM 中的数据即可。

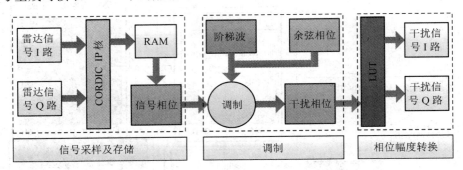

图 6-48 阶梯波乘积干扰信号的生成步骤框图

频率调制和相位调制利用加法器实现，得到干扰信号的相位后，再利用查找表（也可以使用 CORDIC 算法）实现相位到幅度的转换。FPGA 生成阶梯波乘积干扰信号的逻辑电路如图 6-49 所示。在该例子中，编写了一个 LFM 信号生成模块，用于仿真模拟截获的雷达信号，在实际使用时，将截获的雷达信号作为干扰算法的输入即可。

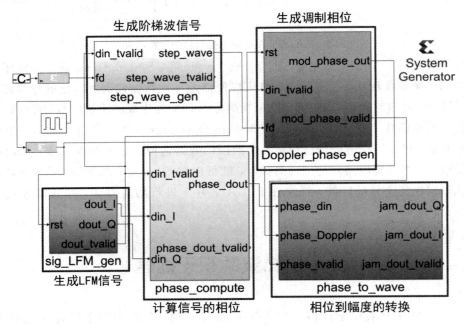

图 6-49 FPGA 生成阶梯波乘积干扰信号的逻辑电路

1. 生成阶梯波信号

首先生成阶梯波信号，简单起见，设置阶梯波按固定时间间隔进行等幅度变化，然后将阶梯波信号与设置的移频量相乘。设置阶梯波信号的幅度范围是[-1，+1]，阶梯波信号采用有符号数量化。在生成干扰信号的脉冲前沿时刻，设置阶梯波信号的初始幅度为-1或者+1，然后根据设置的幅度切换时间对阶梯波信号的幅度与幅度变化量进行累加，FPGA 生成阶梯波信号的逻辑电路如图 6-50 所示。由于阶梯波信号的幅度值包含正数和负数,因此幅度累加器的输入信号和输出信号均应设置为有符号数形式。

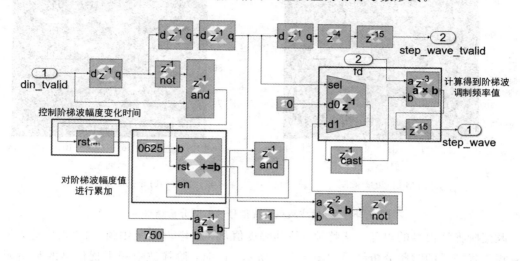

图 6-50　FPGA 生成阶梯波信号的逻辑电路

为使得阶梯波乘积干扰信号的频率范围在雷达匹配滤波器的频率范围内,阶梯波信号的幅度变化趋势要和 LFM 信号的频率变化趋势相反。也就是说,干扰信号模拟设备对截获的雷达信号(只考虑 LFM 信号)进行初步分析后才能确定如何生成阶梯波信号,因此,干扰信号脉冲前沿的滞后量大于或等于为确定 LFM 信号的频率调制特性所消耗的时间。

将阶梯波信号的幅度与设置的最大调频量相乘,得到不同时刻对应的频率调制值。由阶梯波信号的幅度特性可知,频率调制值在一小段时间内是稳定不变的,这样就可以将该频率调制值换算为 DDS 需要的相位累加步长。阶梯波信号的幅度变化使得相位累加步长变化后,直接对变化后的相位累加步长进行累加即可,相位累加器无需复位。如此一来,得到了阶梯波频率调制信号的相位,接下来求解截获的雷达信号的相位,将两个信号的相位进行相加就可以得到经过阶梯波频率调制后的干扰信号的相位。将干扰信号的相位转换为幅度就完成了阶梯波乘积干扰信号的生成。

对截获的雷达信号进行阶梯波频率调制,得到的干扰信号可以生成距离向假目标。本例子中生成了时间、幅度均匀变化的阶梯波信号,因此生成的每个假目标的幅度是相等的,且距离间隔也是相等的。设置阶梯波频率调制值为 10 MHz,阶梯波信号共有 4 个幅度值,且阶梯波信号的脉冲宽度与 LFM 信号的脉冲宽度相等。

仿真设定 LFM 信号的频率范围是 75~85 MHz,其信号频率随时间是线性增加的。当阶梯波信号的幅度变化趋势与输入的 LFM 信号的频率变化趋势相同时,得到阶梯波乘积干扰信号的时频分析结果如图 6-51 所示。从图可以看到,阶梯波乘积干扰信号的时频曲线分成了 4 条不连续的线段,每条线段对应着一个 LFM 信号。由于阶梯波信号的四个幅度值为 -1、$-1/3$、$+1/3$ 和 $+1$,对应的频率调制量为 -10 MHz、-3.33 MHz、$+3.33$ MHz 和 $+10$ MHz,因此阶梯波乘积干扰信号的起始频率变为 $75-10=65$ MHz,终止频率变为 $85+10=95$ MHz。图 6-51(b)中的时频曲线特性与理论分析保持一致,验证了 FPGA 实现阶梯波频率调制的正确性。

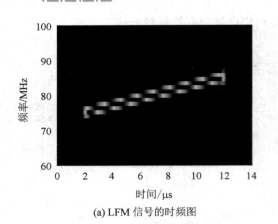 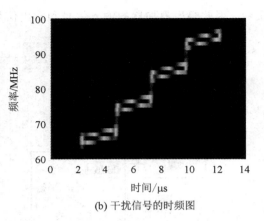

(a) LFM 信号的时频图　　　　　　　　　(b) 干扰信号的时频图

图 6-51　阶梯波乘积干扰信号的时频分析结果 1

改变阶梯波信号的幅度变化特性，使其幅度值从＋1 均匀地变化到－1，相应地，阶梯波乘积干扰信号的时频分析结果如图 6-52 所示。此时，阶梯波乘积干扰信号的起始频率为 75＋10＝85 MHz，终止频率为 85－10＝75 MHz。这样一来，经过阶梯波频率调制后的每一段 LFM 信号的频率范围均在原始 LFM 信号的频率范围内，不会因为阶梯波乘积干扰信号的频率超出雷达匹配滤波器的频率范围而造成阶梯波乘积干扰信号的幅度损失。

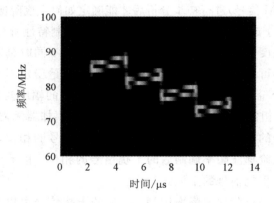

图 6-52　阶梯波乘积干扰信号的时频分析结果 2

以上分析表明，阶梯波信号的幅度变化特性会影响阶梯波乘积干扰信号的频率范围，使得在脉冲前沿和后沿处后的阶梯波乘积干扰信号的频率超出雷达匹配滤波器的频率范围，从而造成假目标的幅度减小。因此，优先设置阶梯波信号的幅度变化趋势与 LFM 信号的频率变化趋势相反。如果在确定阶梯波信号的参数之前不知道 LFM 信号的脉冲宽度，那么就无法保证阶梯波信号的幅度均匀地从－1 变到＋1，同样，也无法保证每个阶梯波信号的幅度对应的频率调制信号都能附加在截获的 LFM 信号之上，从而最终影响生成的假目标的数目。干扰信号模拟设备在第一次截获某个雷达信号后，可以按照默认参数设置并生成阶梯波信号。当第一个阶梯波干扰信号发射完毕后，理论上就可以测量到雷达信号的脉冲宽度，在后续针对同一雷达信号生成干扰时，就可以正确地设置阶梯波信号的参数。

2. 生成余弦调相信号

下面介绍余弦调相信号的 FPGA 编程实现。首先产生余弦信号（利用 DDS 技术生成单频信号的具体步骤在之前章节已经详细介绍过，读者此时应该已经熟练掌握利用 DDS 技术生成单频信号的步骤）；然后将该余弦信号与调相系数相乘，就得到了余弦调相信号的相位；最后将该相位转换为幅度就可以得到余弦调相信号。实际上，得到余弦调相信号的相位后就可以继续生成干扰信号，将余弦调相信号的相位与阶梯波频率调制后的雷达信号的相位相加，就得到了干扰信号的相位，最后，将该相位转换为幅度就完成了干扰信号生成。FPGA 生成余弦调相信号的逻辑电路如图 6-53 所示。

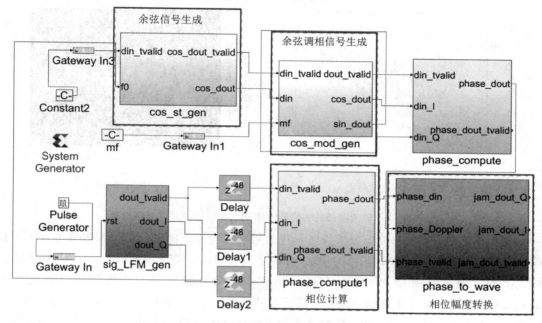

图 6-53　FPGA 生成余弦调相信号的逻辑电路

设置余弦信号的频率值为 1 MHz，调相系数为 1，FPGA 生成的余弦调相信号的频谱如图 6-54 所示。从图中可见，余弦调相信号具有多个等频率间隔分布的离散谱线，且谱线间隔为 1 MHz，这基本验证了 FPGA 信号处理的正确性。

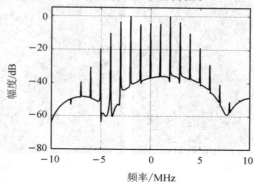

图 6-54　FPGA 生成的余弦调相信号的频谱

对余弦调相后的阶梯波频率调制干扰信号的特性进行分析，设置阶梯波有 4 个幅度值，最大移频量为 1 MHz，余弦调相信号的频率是 1 MHz，余弦调相系数等于 1，得到余弦调相后的阶梯波乘积干扰信号的时频图如图 6 - 55 所示。可以看出，干扰信号的频率变化范围大体上是 75～85 MHz，与输入的 LFM 信号的频率范围相同。除此之外，干扰信号的时频曲线的变化特性与正弦信号的有些类似。余弦调相的调制效果是将载频信号的频谱搬移到若干个离散的频率位置处，生成的干扰信号的时频分析结果相当于多个 LFM 信号时频曲线的叠加。通过和图 6 - 55(a)Matlab 计算得到的干扰信号的时频图对比可知，两个时频图没有明显差别，这验证了 FPGA 信号处理的正确性。

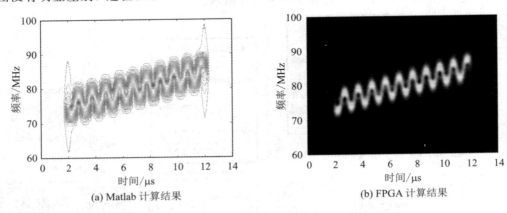

(a) Matlab 计算结果 (b) FPGA 计算结果

图 6 - 55　余弦调相后的阶梯波乘积干扰信号的时频分析结果

接下来使用示波器和频谱分析仪对干扰信号模拟设备产生的余弦调相阶梯波乘积干扰信号进行测量。设置 LFM 信号的中心频率为 100 MHz，带宽为 20 MHz，脉冲宽度为 48 μs，则其频率范围是 90～110 MHz。余弦调相阶梯波乘积干扰信号的时域波形如图 6 - 56 所示，余弦调相阶梯波乘积干扰信号的脉冲宽度与 LFM 信号的脉冲宽度一致。从图 6 - 56(b)可以看出，余弦调相阶梯波乘积干扰信号的相位是不连续的，这是因为阶梯波信号的幅度变化使得调频信号的频率值发生改变，从而造成余弦调相阶梯波乘积干扰信号的相位跳变。两个相邻相位跳变点之间的时间长度等于阶梯波信号的幅度变化周期。

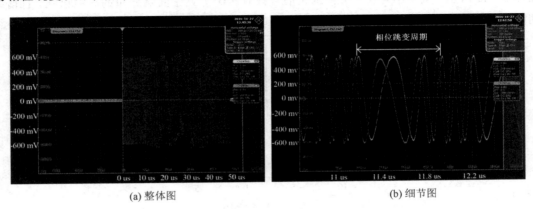

(a) 整体图 (b) 细节图

图 6 - 56　余弦调相阶梯波乘积干扰信号的时域波形

图 6-57 所示为余弦调相阶梯波乘积干扰信号的频谱测量结果。经过余弦调相调制后，输出的干扰信号的带宽会有所拓展，尤其是对 LFM 信号这种宽带信号来说，频谱搬移后的叠加结果会拓展信号的带宽。当干扰算法的输入信号为 LFM 信号时，输出的干扰信号的频谱如图 6-57(b)所示；当输入信号为单载频信号时，输出的干扰信号的频谱如图 6-57(d)所示。当输入信号为单载频信号时，从干扰信号的频谱结果可以很清楚地观察到阶梯波频率调制、余弦调相调制对信号带宽的拓展调制效果，干扰信号频谱的幅度主要与余弦调相信号的频谱特性有关。作为一种扩频调制干扰技术，阶梯波频率调制和余弦调相技术可以应用在宽带噪声干扰信号生成中，以丰富压制式干扰信号的样式。

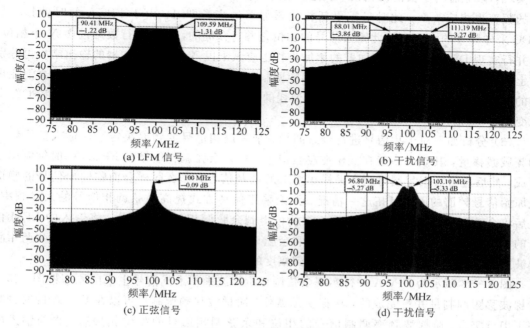

图 6-57　干扰信号的频谱测量结果

3. 生成阶梯波乘积干扰信号

下面讨论如何利用 FPGA 对超宽带雷达信号生成干扰信号，主要分析输入信号的采样频率大于 FPGA 的时钟频率时的信号处理方法。假设 FPGA 的时钟频率和输入/输出信号的采样频率之比为 $1:N$，那么在每个 FPGA 时钟周期内，FPGA 要同时处理 N 个信号样本。仍然以阶梯波乘积调制干扰信号的生成为例分析 FPGA 并行信号处理的特点。

（1）明确调制信号是按照 FPGA 的时钟频率生成的还是按照 ADC 的采样频率生成的。先看阶梯波信号生成这部分，由于阶梯波信号幅度的变化时间与雷达信号的脉冲宽度近似在一个数量级，均为微秒级或者百纳秒级。假设 FPGA 的时钟频率是 300 MHz，可以实现精度为 3.3 ns 的延时控制，因此阶梯波信号可以按照 FPGA 时钟频率生成。

（2）利用阶梯波信号生成频率调制信号，通过相位加法实现对输入信号的频率调制，那么频率调制信号的采样频率要与输入信号的采样频率相等。当阶梯波信号的幅度不发生变化时，频率调制信号可以视作一个单载频信号，其采样频率应与输入信号的采样频率相等，因此优先考虑采用并行 DDS 技术生成阶梯波频率调制信号。并行 DDS 技术利用了单载频信号相位的线性变化特性，通过增大相位累加器的步长，再对每一路信号分别加上不同的初始值来实现并行相位的生成,具体见 8.1 节。由于并行 DDS 技术会使 FPGA 计算资源成倍消耗,因此,在计算资源不够的条件下,可以使用较低的时钟频率生成阶梯波频率调制信号。此时,只要输出信号的频率与 FPGA 的时钟频率之间满足 Nyquist 采样定理,就可以通过对调制信号样本进行 N 倍复制来提高输出信号的采样频率。但是这样会改变输出信号的频谱特性,因为连续输出 N 个相同的数据样本等于对原信号进行了频率调制,但是这是一种折中的实现办法。

单载频移频调制可通过对信号附加线性变化的相位来实现,线性变化的相位可由累加器实现,累加器的步长由移频频率决定。当阶梯波信号的幅度改变时,并行 DDS 输出的信号的频率也相应改变,此时只需更新相位累加器的步长即可。由于 FPGA 的时钟频率是 ADC 采样频率的 $1/N$,因此输入信号的相位是并行存储的,每个并行数据包含 N 个相位。在并行实现 DDS 技术时,累加器的累加步长也应该乘以 N,之后累加器的输出结果再分别加上 N 个初始相位,这样就可以得到移频调制信号的相位值。因为并行信号处理会消耗更多的 FPGA 资源,相比于串行信号处理消耗的 FPGA 资源,并行信号处理消耗的 FPGA 资源变为了 N 倍。

(3)分析如何对干扰信号进行余弦调相。余弦调相信号的频率决定了对输入信号频谱的频域搬移量,其频率一般在几十兆赫兹以下。如果余弦调相信号在 FPGA 的时钟频率下生成,然后进行数据复制得到高采样频率下的调制信号,那么同样会面临输出信号的频谱是原始信号频谱的周期延拓这一情况。无论采用何种方式提高余弦调相信号的采样频率,之后将余弦信号的幅度与调相系数相乘就可得到余弦调相信号的相位。将输入的 LFM 信号的相位、阶梯波频率调制信号的相位和余弦调制信号的相位相加,就得到了余弦调相阶梯波乘积干扰信号的相位,再完成相位到幅度的转换就可以输出干扰信号。

图 6-58 所示为 FPGA 并行实现余弦调相阶梯波乘积干扰信号生成的原理框图,其中阶梯波移频调制是并行完成的,根据实际需要,阶梯波移频调制也可以在 FPGA 的时钟频率下串行实行。阶梯波频率调制信号的相位和余弦调相信号的相位相加后,再与输入的

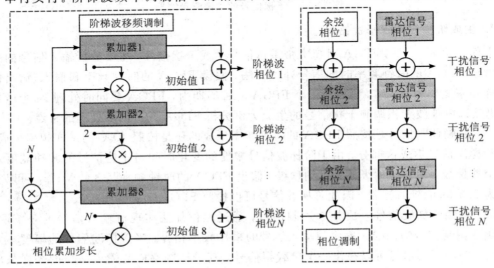

图 6-58 FPGA 并行实现余弦调相阶梯波乘积干扰信号生成的原理框图

LFM 信号的相位相加，就得到了余弦调相阶梯波乘积干扰信号的相位。最后通过查找表将余弦调相阶梯波乘积干扰信号的相位转为相应的 I 路和 Q 路信号，再通过 DAC 完成数/模转换。

设定 FPGA 的时钟频率为 300 MHz，ADC 采样频率为 1200 MHz，此时，FPGA 的时钟频率和 ADC 采样频率之比是 1∶4。为实现对高采样频率条件下（指输入数据的采样频率大于 FPGA 的时钟频率）数据样本的实时处理，需在每个 FPGA 时钟周期内同时处理 4 个样本。经过干扰算法处理后，在每个 FPGA 时钟周期内要同时输出 4 个干扰信号样本，且这些干扰信号样本要满足 DAC 对输入数据的格式要求。

图 6-59 所示为宽带 ADC 采样时，FPGA 生成阶梯波乘积干扰信号的逻辑电路图。为验证干扰算法对 LFM 信号的调制效果，需要利用仿真手段生成一个 LFM 信号。首先，编写高采样频率下的并行 LFM 信号生成模块，在每个 FPGA 时钟周期内生成 4 个样本数据；然后，利用 CORDIC 算法计算输入的 LFM 信号的相位，需要用到 4 个 CORDIC IP 核来并行处理。FPGA 并行处理的思路是利用多个计算资源同时处理对应的输入数据，由于处理算法都是相同的，相当于对同一个逻辑功能模块进行了多次复制，复制后的每一个逻辑功能模块对应处理一路输入信号，因此，FPGA 消耗的计算资源也就增加了。

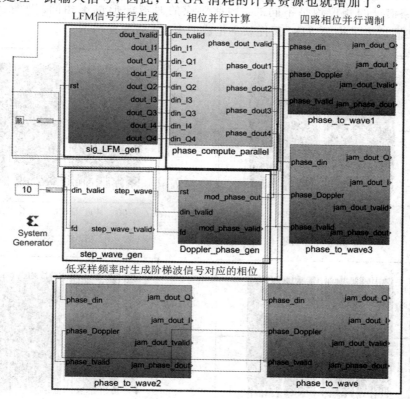

图 6-59　FPGA 生成阶梯波乘积干扰信号的逻辑电路

仿真设定 LFM 信号的中心频率为 600 MHz，带宽为 400 MHz，脉冲宽度为 3 μs，调频模式为上调频。为使采样后的信号样本不发生频谱混叠，将 FPGA 编写的 LFM 信号并行生成模块的采样频率设置为 1200 MHz，因此该模块并行输出 4 个信号样本。FPGA 生成的带宽为 400 MHz 的 LFM 信号的频谱如图 6-60 所示。从图中可以看出，LFM 信号的频率按照上调频模式变化，其变化范围是 400~800 MHz，这与设置的仿真参数相一致。

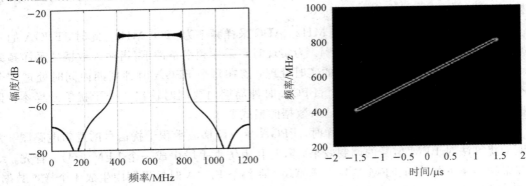

图 6-60　带宽为 400 MHz 的 LFM 信号的频谱

图 6-61 所示为四路并行输出的 LFM 信号的时域波形，每一路信号相当于按照 300 MHz 采样频率对原始 LFM 信号进行了欠采样。从图中结果可见，在每个 FPGA 时钟周期内，四路信号的相位均是不同的，因此对应的时域波形也不相同。四路并行输出的 LFM 信号共同组成了按照 ADC 采样频率生成的 LFM 信号。

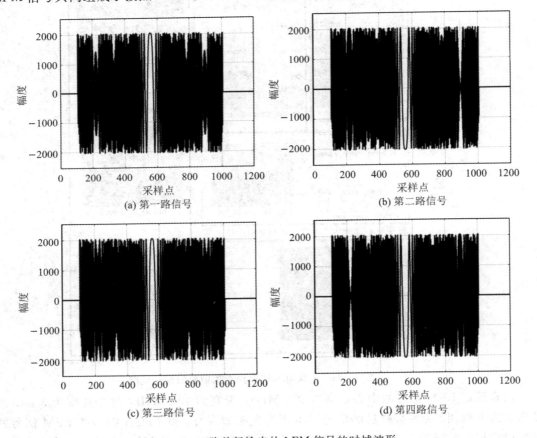

图 6-61　4 路并行输出的 LFM 信号的时域波形

根据前文分析，阶梯波信号按照 FPGA 的时钟频率生成，然后使用 4 个寄存器对阶梯波信号进行复制就得到用于计算干扰调制的相位。因此，在每个 FPGA 时钟周期内，阶梯波频率调制所使用的相位都是相等的。接下来，将每一路输入信号的相位与调制相位进行加和，以完成阶梯波频率调制运算，该步骤需要 4 个相位调制逻辑模块，如图 6-59 所示。每个相位调制逻辑模块的功能都是相同的，分别用来处理不同 ADC 采样时刻的数据样本，这样就能按照 ADC 的采样频率输出计算结果，这就是 FPGA 并行处理信号的优点，可以大大提升数据的吞吐量。

　　设置阶梯波信号的脉冲宽度与 LFM 信号的脉冲宽度相等，阶梯波信号包含 4 个离散幅度值，每个幅度值的持续时间均相等。由于阶梯波信号的幅度变化趋势与 LFM 信号的频率变化趋势相反，因此调制后会使得输出信号的总带宽变小。当阶梯波信号的移频量为 10 MHz 时，FPGA 计算得到的干扰信号的频域结果如图 6-62 所示。由于此时移频量相对于 LFM 信号的带宽来说不是很大，从干扰信号的时频曲线也可以看出这一点，干扰信号的带宽总共应减小 20 MHz。

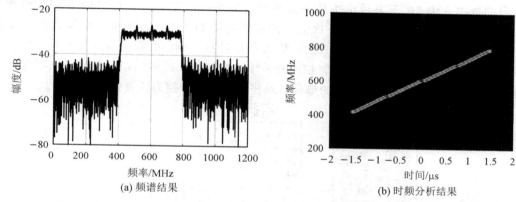

(a) 频谱结果　　　　　　　　　　　(b) 时频分析结果

图 6-62　频率调制量为 10 MHz 时阶梯波乘积干扰信号的频域结果(直接赋值)

　　前文提到，对数据复制会改变阶梯波频率调制信号的频谱特性，在图 6-62(a)中并没有看到明显的移频拓展后的频谱分量，这是因为此时 LFM 信号的频谱幅度较小，而调制信号中数据复制带来的频谱分量的幅度也较小。因为对数据复制是按照 1∶4 进行的，所以这部分调制对应的移频量为 1200/4＝300 MHz 的整数倍，从频谱分析范围来看，干扰信号的频谱应位于 0 MHz、300 MHz、600 MHz 和 900 MHz 频率处，只是这些频谱分量的幅度较小，不易观察。

　　为了清晰展示阶梯波频率调制的作用效果，设置移频量为 100 MHz，此时干扰信号的频域分析结果如图 6-63 所示。从频谱结果来看，阶梯波乘积干扰信号的带宽减小得很明显，其频谱幅度相应会增加，有效频谱主要位于 500～700 MHz 范围内。虽然阶梯波频率调制使得输出干扰信号的带宽减小，但是图 6-63(b)中每一小段频率分量信号都是一个 LFM 信号，且所有频率分量信号的频率均不超过雷达匹配滤波器的带宽，这避免了频率超出范围带来的处理增益损失。此时，数据复制带来的频谱拓展效果就清晰地展现出来，在 600 MHz 频率处的频谱对应着原始 LFM 信号，在 0 MHz、300 MHz、900 MHz 和 1200 MHz(等效于 0 MHz)处的频谱都是数据赋值所产生的。从图 6-63(b)中也可以观察到数据赋值带来的信号频谱搬移，验证了理论分析的正确性。

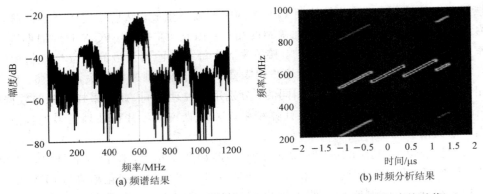

(a) 频谱结果　　　　　　　　　(b) 时频分析结果

图 6-63　频率调制量为 100 MHz 时阶梯波乘积干扰信号频域结果(直接赋值)

4. 并行生成阶梯波乘积干扰信号

对数据直接赋值以实现信号从低采样频率向高采样频率的转换是受制于 FPGA 计算资源有限的折中方法。接下来讨论按照高采样时钟频率并行生成干扰信号的 FPGA 编程开发，FPGA 并行生成阶梯波乘积干扰信号的逻辑电路如图 6-64 所示。阶梯波信号按照 FPGA 的时钟频率生成，因为它不直接对输入信号进行调制，由阶梯波信号产生调制相位时采用了并行实现，因此输出的调制相位的采样频率与输入的雷达信号相位的采样频率是相等的。最后，并行实现两个相位的加和以及将加和结果转换为幅度值即可。

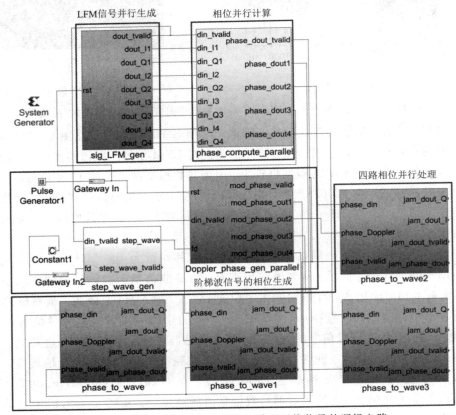

图 6-64　FPGA 并行生成阶梯波乘积干扰信号的逻辑电路

图 6-65 所示为阶梯波乘积干扰信号相位生成的并行实现。在阶梯波信号的幅度不发生变化的时间段内，频率调制信号是单载频信号，因此按照并行 DDS 的技术原理将相位累加步长扩大 4 倍，然后分别与 0 值、1 倍累加步长、2 倍累加步长和 3 倍累加步长进行加和，得到四路并行计算结果，该计算结果即为 ADC 采样频率下的频率调制信号的相位累加值，将频率调制信号的相位与雷达信号的相位相加后，就得到了阶梯波乘积干扰信号的相位。

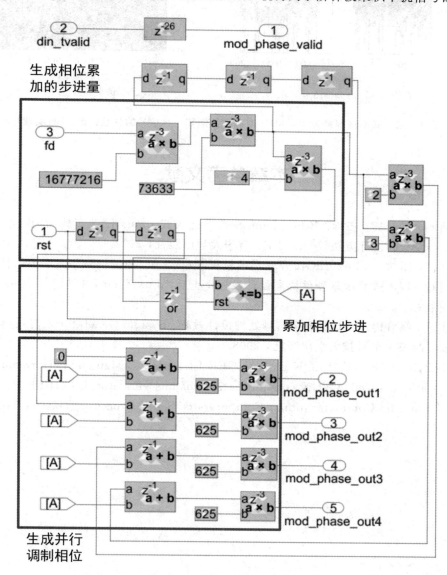

图 6-65　阶梯波乘积干扰信号相位生成的并行实现

　　并行生成阶梯波乘积干扰信号的相位就不存在数据复制带来的频谱搬移了，此时阶梯波乘积干扰信号的频域结果如图 6-66 所示。此时，阶梯波乘积干扰信号的频谱主要位于 500～700 MHz 频率范围内，不存在其他周期调制带来的频谱分量，FPGA 计算结果与设计思路相吻合。

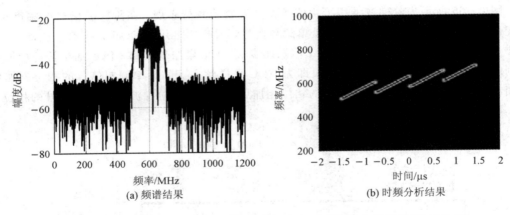

(a) 频谱结果　　　　　　　　(b) 时频分析结果

图 6-66　频率调制量为 100 MHz 时阶梯波乘积干扰信号的频域结果（并行实现）

本章参考文献

[1]　陆启帅，陆彦婷，王地. Xilinx Zynq SoC 与嵌入式 Linux 设计实战指南：兼容 ARM Cortex A9 的设计方法[M]. 北京：清华大学出版社，2014.

[2]　徐文波，田耕. Xilinx FPGA 开发实用教程[M]. 2 版. 北京：清华大学出版社，2012.

[3]　符意德. 嵌入式系统软硬件协同设计教程：基于 Xilinx Zynq-7000[M]. 北京：清华大学出版社，2020.

[4]　纪志成，高春能. FPGA 数字信号处理设计教程：System Generator 入门与提高[M]. 西安：西安电子科技大学出版社，2008.

[5]　GHAZEL A, BOUTILLON E, DANGER J L, et al. Design and performance analysis of a high speed AWGN communication channel emulator[C]. IEEE Pacific Rim Conference on Communications, Computers & Signal Processing, 2001：374-377.

第 7 章　干扰信号模拟设备的硬件架构

　　根据前述章节干扰信号生成的要求，本章介绍典型的干扰信号模拟设备的硬件架构，即基于数字射频存储器(DRFM)的硬件架构，并讨论在 DRFM 的中频信号处理单元内进行干扰信号模拟生成的方法与步骤以及常用的高速数据采集、传输和处理方法。

　　为生成前述章节中介绍的干扰信号，干扰信号模拟设备需要具备的功能包括雷达信号侦察与参数测量、信号采集与存储、高速信号处理、模/数转换和数/模转换等。按照对硬件架构的需求，本书介绍的干扰信号可以分为两类：第一类是利用信号处理机和 DAC 生成的干扰信号；第二类是利用信号处理机、ADC 和 DAC 生成的干扰信号。第一类干扰信号主要包括传统噪声干扰信号、宽带噪声信号、随机跳频信号、梳状谱信号、间断噪声信号、杂乱脉冲信号等；第二类干扰信号主要包括伪随机序列调相干扰信号、乘积调制干扰信号、卷积调制干扰信号、间歇采样干扰信号、假目标干扰信号、拖引干扰信号等。

　　对于基于 DRFM 架构设计的干扰信号模拟设备，其处理信号的步骤一般包括存储雷达信号、调制和发射干扰信号，在整个工作环节中需要强大的数字信号处理器来完成复杂的时序控制、大量数据存储、高速数据交换等。FPGA 拥有丰富的硬件资源、高速 I/O 接口、专用硬件乘法器，是干扰信号模拟设备理想的数字信号处理器之一。但是 FPGA 的编程开发是较为复杂的，研究人员不仅需要掌握硬件描述语言(HDL)，还需熟悉 FPGA 的各个计算资源。FPGA 编程开发不是纯软件开发，往往要结合其硬件资源的特性，因此程序开发难度较大、开发周期较长。

　　典型的干扰信号模拟设备主要由信号处理机、下变频接收机、上变频发射机、功率放大器、收发天线、电源模块等组成，其中信号处理机一般由数字信号处理芯片、高速 ADC、高速 DAC 和内存等存储模块构成。为了使干扰信号模拟设备具有对宽频段雷达信号的侦收能力，更好地适应瞬变的电磁环境，还可以引入瞬时测频接收机、测向接收机、发射功率控制单元、接收功率控制单元、无线数据传输单元等。

　　干扰信号模拟设备的一个重要指标是瞬时带宽，瞬时带宽越大，设备能处理的信号的频率范围越大，其生成的干扰信号的频率带宽也越大。为实现较大的瞬时带宽覆盖范围，信号处理机需要使用高采样频率的 ADC 和 DAC。现代高速 ADC 常用的采样频率可以配置为 2.4 GHz、3.2 GHz 或 4.8 GHz。ADC 的采样频率可以非常高，但是以该采样频率调制生成的干扰信号较难找到具有相同瞬时带宽的 DAC 进行数模转换，这是目前信号处理机恢复信号的一个技术瓶颈。受制于 DAC 的性能，高性能信号处理机的 DAC 的采样频率可以配置为 3.0～4.0 GHz，DAC 输出的信号的瞬时带宽约为 1.5～2.0 GHz，能覆盖 2.0 GHz 以上瞬时带宽的信号处理机并不多见。

当信号处理机具有较大的瞬时带宽时，一个显著的优势是当干扰信号模拟设备的工作频率范围较大时，可以减少射频下变频接收机的本振切换次数。一般而言，假设干扰信号模拟设备的工作频率是 $8.0 \sim 12.0$ GHz，当信号处理机的瞬时带宽为 0.5 GHz 时，理论上完整覆盖 4 GHz 的带宽需要射频本振切换 8 次；当信号处理机的瞬时带宽为 1 GHz 时，完整覆盖 4 GHz 的带宽需要射频本振切换 4 次。也就是说，当大瞬时带宽的干扰信号模拟设备在工作频段范围内搜索雷达信号时，可以具有更快的频率扫描速度，这对干扰频率捷变雷达信号而言是非常重要的。

但是，具有较大瞬时带宽的信号处理机要处理的数据量也比较大，从而对信号处理机的数据吞吐能力提出较高要求，使 FPGA 消耗更多的硬件资源，增加干扰信号设计与实现的工程难度。因为 ADC 和 DAC 的采样频率很高，而目前 FPGA 逻辑运算的时钟频率远低于该频率，所以用于 FPGA 信号处理的时钟的频率一般小于 300 MHz。为了实现高速 ADC 信号采集、干扰信号调制、DAC 信号输出的流水线处理，需要对所有的数字样本数据进行并行存储与处理，同时，干扰算法也必须具备并行实现能力。

一种折中的方法是对 ADC 的采样数据进行数字下变频与抽取，这样一来，信号处理机的瞬时带宽就与抽取系数有关。当对 ADC 数据进行 N 倍抽取后，瞬时带宽也变为原值的 $1/N$。干扰信号模拟设备相当于采用了较低采样频率的 ADC 和 DAC，此时干扰信号模拟设备能处理和生成的信号的最大带宽取决于抽取后的采样频率，那么高速 ADC 和 DAC 的宽频带优势就无法体现。

7.1 整机硬件架构

干扰信号模拟设备的信号处理机采用 DRFM 架构，理论上采用 ADC＋FPGA＋DAC 的结构就可以实现对雷达信号的采集、处理以及干扰信号的生成和发射。但是为了开展进一步研究和应对未来可能的硬件平台升级，在系统整机设计时对干扰信号模拟设备整机的数据接口、外部存储资源、功能拓展接口进行预留，通过设备升级，干扰信号模拟设备可以实现通信互联，其信号处理能力也能进一步加强。

本节介绍一种较为通用的干扰信号模拟设备的硬件架构，即干扰信号模拟设备采用 FPGA＋GPU＋VPX 的架构进行设计，利用 VPX 总线完成数据的高速传输、指令控制传输以及各功能板卡的级联互联。VPX 总线提供了高速数据传输的总线，使得 FPGA 和 GPU 之间、FPGA 和 FPGA 之间可以进行大容量数据的高速稳定传输，为干扰信号模拟设备开展基于 ADC 采样原始数据的信号处理提供可靠的数据传输支持，为多信号处理器之间协同处理提供数据通路。

经过多年的发展，VPX 总线已经可以满足航空、航天、军工等领域的苛刻环境要求，适合高稳定性、大数据带宽传输、多模块互联的应用场景。干扰信号模拟设备中信号处理机上的 FPGA 和其他模块之间通过 VPX 总线进行互联，通过高速数据传输、共享来共同完成干扰信号的生成。

信号处理机是完成干扰信号生成、射频信号上/下变频控制、高速数据传输的核心处理单元。为了使干扰信号模拟设备尽可能多地具备生成不同样式干扰信号的能力，应优先考虑计算资源较多、时钟频率更高、I/O 接口更丰富的 FPGA 型号。

干扰信号模拟设备主要由 FPGA 信号处理板卡、GPU 信号处理板卡、射频变频板卡、射频前端板卡、频率测量板卡、功率放大板卡、接收天线、发射天线、电源模块等组成，如图 7 - 1 所示。由 FPGA 和 GPU 组成的信号处理机具备高吞吐量的数据处理能力、并行信号处理能力，为干扰信号生成提供算例支持。随着人工智能技术的发展，开发具备推理能力、智能算法优化能力的干扰信号模拟设备是一个发展趋势。

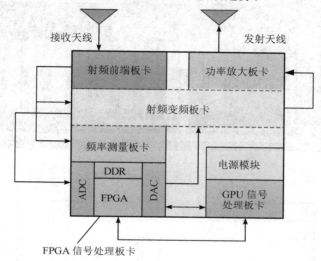

图 7 - 1　干扰信号模拟设备功能结构框图

干扰信号模拟设备的工作流程为：在接收阶段，接收天线接收到工作频率范围内的电磁信号后，射频前端板卡对信号进行放大后传给射频变频板卡，射频变频板卡将射频信号下变频为中频信号，该中频信号经 FPGA 信号处理板卡的 ADC 采样后变为数字信号，数字信号传输到 FPGA 后进行信号到达时间、幅度、脉冲宽度等参数测量，然后进行信号存储与调制、干扰信号生成等功能运算；在发射阶段，干扰信号通过 DAC 转换为模拟信号，再由射频变频板卡的上变频模块变换为射频干扰信号，射频干扰信号经过功率放大板卡、发射天线辐射到目标空域。

射频前端板卡主要完成对接收天线收到的电磁信号进行幅度预选，将微弱信号进行放大、对大功率的信号进行幅度控制，使得接收机处于线性工作状态，并对来自天线的电磁信号进行功分，一路信号传输到频率测量板卡进行频率测量，另一路信号传到下变频模块进行射频信号到中频信号的变换处理。频率测量板卡的作用是辅助干扰信号模拟设备设置接收本振频率，由于干扰信号模拟设备的工作带宽大于 FPGA 信号处理板卡的瞬时带宽，因此需要根据频率监测需求或自动搜索空域中存在的威胁电磁信号来设置相应的射频本振，完成射频信号到中频信号的变频处理。由于干扰信号模拟设备的工作带宽较大，一般可达 4 GHz 或 10 GHz 以上，因此在该带宽范围内进行的频率测量是比较粗略的，频率测量板卡一般能提供的测频精度为 5～20 MHz(均方根误差精度)。

干扰信号模拟设备采用 3U VPX 机箱装载各板卡，以实现板卡互联，干扰信号模拟设备板卡互联关系如图 7 - 2 所示。各信号控制、数据信号线等均通过 VPX 背板进行交互，FPGA 信号处理板卡和 GPU 信号处理板卡之间的大容量数据交互通过 VPX 总线来实现，该总线上的数据交互协议为 Rapid IO 交互协议。板卡之间的射频信号、中频信号之间通过 SMA 电缆进行传输。机箱上下为半加固结构，即中部为板卡区，板卡下部安装风扇，外部为导冷外壳，机箱整体采用风冷＋导冷结构设计，左右侧板上有通风孔。机箱支持 3U 板卡垂直插拔，且支持板卡由机箱前后部插拔。机箱内安装定制的 3U VPX 背板。

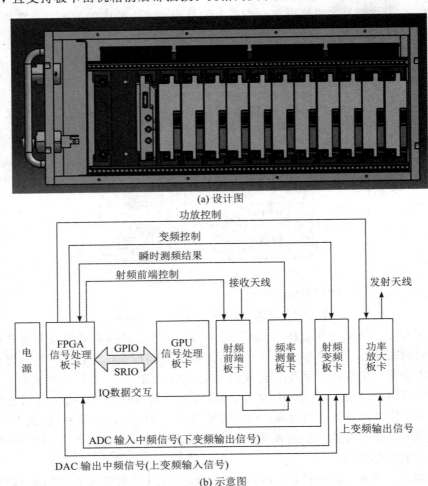

(a) 设计图

(b) 示意图

图 7 - 2 干扰信号模拟设备板卡互联关系

干扰信号模拟设备的机箱设计图及实物图如图 7 - 3 所示。机箱包含 14 个卡槽位，采用半加固型设计并安装机箱把手。机箱内放置电源板卡、FPGA 信号处理板卡、GPU 信号处理板卡、射频前端板卡、频率测量板卡、射频变频板卡、功率放大板卡。以 FPGA 信号处理板卡为核心，用 FPGA 信号处理板卡控制其余板卡，完成信号的采集和回放。目前机箱中的卡槽位一共使用了 11 个，剩下 3 个卡槽位预留，可以用于放置风扇。电源模块的输出电压为 12 V、5 V、3.3 V，额定功率为 1000 W，各路电源采用隔离设计。机箱同时具备风冷与导冷散热方式，机箱内部安装有多个大风量风扇，机箱主体金属材质较厚，机箱表面具有散热凹槽结构，可保障每个卡槽位最大 80 W 功耗的散热要求。机箱前面板提供 1 个电源开关、1 个电源接口、2 个信号接口。

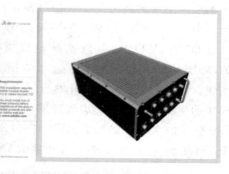

(a) 实物图　　　　　　　　　　　　　　(b) 设计图

图 7 - 3　干扰信号模拟设备机箱设计图与实物图

　　为便于硬件架构的后续升级与维护，根据不同功能将干扰信号模拟设备的各个功能组件进行划分，可使用不同的可插拔式板卡来实现。同时，可以根据实际应用搭载不同数量的板卡，以拓展干扰信号模拟设备的功能。例如，通过更换射频变频板卡使得干扰信号模拟设备工作在不同频段，通过增加数据侦察处理机来拓展干扰信号模拟设备对空域电磁信号的侦察、分选能力。目前，该机箱预留了 3 个卡槽位，并且在 VPX 总线上预留了 FPGA信号处理板卡与多个信号处理板卡高速交互的接口，便于后续干扰信号模拟设备的更新、升级，提升整机处理信号的能力。

　　为使干扰信号模拟设备将侦察到的电磁信号参数信息回传给操作人员，根据传输数据量，后续可以为干扰信号模拟设备增加无线通信和控制模块。该模块主要完成多个平台之间的组网通信和设备之间的小批量数据互传，为后续干扰信号模拟设备的小型化设计、无人机载设计提供技术支撑。

7.2　信号处理单元

　　在干扰信号模拟设备中，信号处理单元不仅完成中频信号的采集、存储和干扰信号的生成，还生成射频变频板卡、功率放大板卡等的控制指令。干扰信号模拟设备的信号处理单元包括 FPGA 信号处理板卡和 GPU 信号处理板卡，其中 FPGA 信号处理板卡主要完成实时性较强的信号处理运算和总线、信号控制等，GPU 信号处理板卡用于完成大容量数据处理、干扰信号优化生成等计算量较大的运算处理。

7.2.1　FPGA 信号处理板卡

　　高分辨雷达发射的雷达信号的瞬时带宽较大，为使干扰信号模拟设备可以对宽带雷达信号直接进行采集、存储、发射，ADC 和 DAC 的采样频率要尽可能高，FPGA 信号处理板卡的 ADC 和 DAC 采样频率设为 2.4 GHz。ADC 的分辨率为 10 位，DAC 的分辨率为 14位，可以满足典型干扰信号生成的需求。此时 FPGA 信号处理板卡可以适应瞬时带宽为1000 MHz 的电磁信号，为具有较大工作带宽的系统提供快速响应能力。

本节介绍一种典型的干扰信号模拟设备的 FPGA 信号处理板卡，其主要由高速 ADC、高速 DAC 和 FPGA 组成，FPGA 信号处理板卡的实物图如图 7-4 所示。ADC 选用 EV10AQ190AVTPY，其数据量化位宽为 10 bit，采样频率设为 2.4 GHz。DAC 选用 AD9739BBCZ，其数据量化位宽为 14 bit，采样频率为 2.4 GHz。结合干扰信号的 FPGA 编程实现，为简化科研人员的开发难度，干扰信号模拟设备在 System Generator 环境下对干扰算法的生成进行图形化编程开发，因此 FPGA 也要选取 Xilinx 公司的产品。FPGA 选用 Xilinx 公司的 XC7VX690T-2FFG1761I，其有 693 120 个逻辑单元和 3600 个硬件乘法器，块 RAM 资源为 52 920 Kb，分布式 RAM 资源为 10 888 Kb。

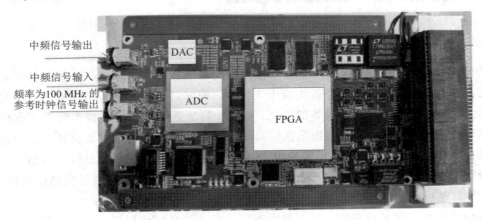

图 7-4　FPGA 信号处理板卡的实物图

FPGA 信号处理板卡主要包含 1 片高速 ADC、1 片高速 DAC 及其他辅助电路、1 片 Virtex-7 FPGA、1 个百兆网口及其他辅助电路。1 路中频信号经 SMA 型连接器进入电路板，经高速 ADC 采样后输入 Virtex-7 FPGA。1 路中频信号通过高速 DAC 回放后经 SMA 型连接器输出至前面板。ADC 和 DAC 的采样时钟信号通过本地时钟管理芯片产生，同时将频率为 100 MHz 的参考时钟信号经 SMA 型连接器输出至前面板。

对于 FPGA 的选型，除了考虑 I/O 引脚的数量要满足 ADC 接口、DAC 接口以及其他外设，对于干扰信号生成来说，主要考虑的计算资源是 DSP 个数以及块 RAM 的存储容量。DSP 硬件乘法器主要用于干扰算法中的各种乘法、加法、累加、卷积、滤波等处理步骤。块 RAM 主要用于对截获的雷达信号进行存储、延时等操作。为了使输出的干扰信号的脉冲前沿与截获的雷达信号的脉冲前沿的延时量尽可能地小，应使用 FPGA 的块 RAM 对信号进行存储及读取。

ADC 采样得到的数据通过高速接口传输到 FPGA，由于 FPGA 的时钟频率为 150 MHz，因此，在每个 FPGA 时钟周期内需要存储 16 个 ADC 样本，这样可以确保干扰信号模拟设备完整地接收采样量化后的雷达信号。

对于基于 DRFM 架构的干扰信号模拟设备而言，DAC 的采样频率与 ADC 的采样频率是相等的，均设为 2.4 GHz。AD9739[1] 与 FPGA 之间采用高速 DDR 串行接口，该 DDR 串行接口的时钟频率为 600 MHz。为了把 FPGA 生成的并行数据通过高速串行接口传输到 DAC 上，需要按照 DAC 数据率和格式要求对该并行数据进行处理。FPGA 信号处理板卡上的中频信号处理及数据传输过程如图 7-5 所示。一般而言，采用低电压差分信号

(LVDS)接口的高速 ADC 会将采样数据分成多路后并行输出,这样可以降低每一路数据的传输速率,且数据在 ADC 的输出时刻保持正确的相位、次序关系。但是经过板级走线传输后,每一路信号之间的相位可能会错开,因此 FPGA 需要对错开相位的数据进行校正。当 ADC 采样数据的数据传输速率为 300 MHz 时,数据被分为 a、b、c、d 四路,且在传输数据时钟的上升沿和下降沿均有效,即 ADC 的输出为 4 路双倍速率(DDR)数据。当 ADC 数据进入 FPGA 后,要将 DDR 数据变为单倍速率(SDR)数据。由于 FPGA 采用频率为 150 MHz 的时钟,该频率为 ADC 和 DAC 采样频率的 1/16,因此当 DDR 数据变为 SDR 数据后,在每个 FPGA 时钟周期内,数据处理模块(干扰信号生成模块)要处理 16 个 ADC 采样数据样本,这样才能保证不丢失输入的数据。

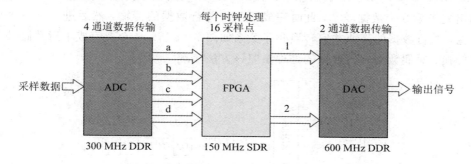

图 7-5　FPGA 信号处理板卡上的中频信号处理数据传输过程

对于图 7-5 中的 ADC 数据并行传输而言,由于传输线的长度不相等或 FPGA 时钟与 ADC 传输数据的时钟之间存在相位差,因此当 FPGA 接收到的并行数据的相位没有对齐时,就会造成采样数据错误,从而影响对中频信号的参数测量以及干扰信号的生成。由于 FPGA 可能读取到数据的变化沿,因此需要利用输入延迟资源(IDELAY)模块对输入数据进行延时微调,以确保读取数据的正确性。IDELAY 的参考时钟频率为 200 MHz,延时控制数值范围是 0~31 tap(1tap 延时约为 78 ps)。经过延时微调后的数据可以保持正确的时序关系,以正确地进行信号处理。

对 AD9739 而言,其接收数据为 2 路并行 DDR 数据,每一路数据的数据率为 600 MHz。为把 FPGA 计算好的 16 路数据转为 DAC 数据接口所需要的数据,FPGA 要编程实现相应的数据转换电路,即将 FPGA 计算好的 16 路数据按照奇数、偶数分为 2 组,每一组数据对应一路 DAC 的 DDR 数据接口。在FPGA 内计算好的数据样本是并行排列的,并行数据的重新组合如图 7-6 所示,图中仅画出奇数路的 8 路数据,每个采样点包含 14 bit 数据。因此,需要用 Xilinx FPGA 的专用并串转换接口 OSERDES,在每个 FPGA 时钟周期内,将 8 个采样点转为 DAC 数据通路需要的 DDR 数据。OSERDES 的输入数据为 8 个采样点组成的并行数据,输出为 DDR 串行数据。

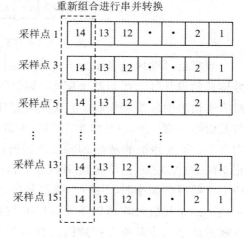

图 7-6　并行数据的重新组合

  FPGA 需要将并行存储的数据按照时间顺序转换为高速串行数据，那么按照 DAC 数据位宽将 8 个采样点的相同位组成一个新数据。DAC 采用 14 bit 量化位宽，在每个 FPGA 时钟周期内需要 8 个数据，每个数据为 14 bit。利用 14 个 OSERDES 分别对这 8 个数据进行 1∶8 并串转换。对每一个 OSERDES 来说，其输入为 8 bit 数据，输出为 8 个 1 bit 数据，而 14 个 OSERDES 输出的数据恰好构成 DAC 所需的 14 bit 数据，利用 OSERDES 实现并串转换的示意图如图 7 - 7 所示。通过 14 个 OSERDES 并行处理，可以将 150 MHz 时钟下的 8 路并行数据转化为 1 路数据率为 600 MHz 的 DDR 数据。从时间轴来看，在第一个 600 MHz 时钟的上升沿，14 个 OSERDES 输出的是第一个采样点的最高位、次高位直到最低位，即 DAC 需要的第一个数据样本；在 600 MHz 时钟的下降沿，输出第二个数据样本。直到输出完毕第 8 个数据样本，此时完成了一组并行数据的传输，然后进入下一个周期的数据传输，并行数据的高速并串转换时序关系如图 7 - 8 所示。至此完成了奇数路并行数据的并串转换，对偶数路并行数据的处理参照该方法实现。

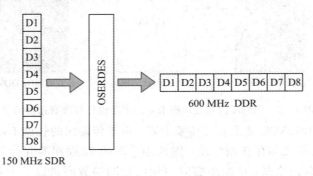

图 7 - 7 利用 OSERDES 实现并串转换的示意图

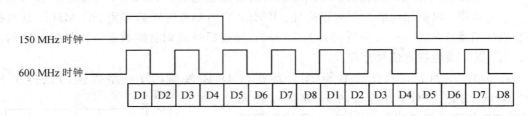

图 7 - 8 并行数据的高速并串转换时序关系

  数字信号处理板卡作为干扰信号模拟设备的数据处理单元和控制单元，其按照干扰信号样式的设计要求控制其余模块，如射频变频板卡、功率放大板卡、频率测量板卡等，完成对雷达信号的侦察与接收、下变频与存储、抽取与滤波以及干扰信号的调制生成、上变频与发射等步骤。图 7 - 9 给出了 FPGA 信号处理板卡实现中频干扰信号生成的步骤框图，图中的上、下变频指的是在 FPGA 内做的数字上、下变频处理。将 ADC 采样的实数信号变为正交的 IQ 信号便于开展频率调制、相位调制等运算。由于当 ADC 的采样频率远高于 FPGA 的时钟频率时，并行干扰信号的产生将消耗资源，实现起来也有难度，因此瞬时带宽较小的干扰信号均可以用抽取后的数据来生成。对抽取后的雷达信号进行干扰调制后，再通过数字上变频将干扰数据的数据率变换到 DAC 需要的数据率。

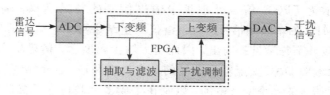

图 7 - 9　FPGA 信号处理板卡实现中频干扰信号生成的步骤框图

图 7 - 10 为 FPGA 信号处理板卡输出信号的时域波形。将信号源发射的单频连续波信号接入 ADC，ADC 采样样本经由 FPGA 处理后传输到 DAC 进行数/模转换，然后将输出信号接入示波器进行测量。从图中结果可以看出，FPGA 信号处理板卡可以正确地对信号进行采样和恢复。直观来看，FPGA 信号处理板卡输出的正弦波信号的质量是比较高的，但是其具体指标仍需要进一步测量，可以利用频谱仪对输出信号做进一步测量分析。

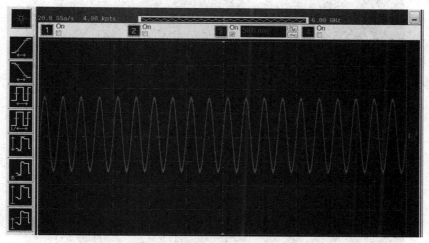

(a) ADC 采集频率为 100 MHz 的单载频信号时 DAC 恢复该信号后输出的波形

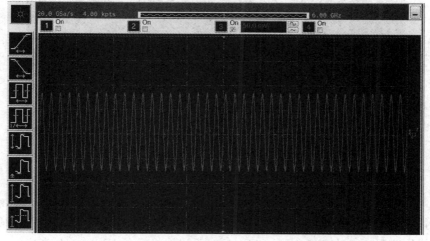

(b) ADC 采集频率为 200 MHz 的单载频信号时 DAC 恢复该信号后输出的波形

图 7 - 10　FPGA 信号处理板卡输出信号的时域波形

图 7 - 11 所示为 FPGA 信号处理板卡输出信号的频谱结果，输入信号是频率为 100 MHz 和 900 MHz 的单载频信号。从频谱仪测量结果可见，输出信号具有较高的信噪比。由于此时 DAC 并不是满量程输出，因此增大输出幅度后，信号功率还会进一步增大。FPGA 信号处理板卡的 DAC 所能输出信号的最大幅度和最小幅度决定了干扰算法所能够模拟的假目标干扰信号的功率动态范围，以及在生成多个假目标干扰信号时，所能表征的最大功率干扰信号和最小功率干扰信号之间的相对关系。FPGA 信号处理板卡所能输出的信号的最大瞬时带宽决定了其所能处理的雷达信号的最大带宽以及生成的干扰信号的最大带宽。为实现 FPGA 信号处理板卡对超宽带雷达信号（譬如成像雷达发射的宽带信号）的干扰，其 DAC 的采样频率要足够高，瞬时带宽要足够大。目前，干扰信号模拟设备对瞬时带宽为 1～2 GHz 的信号进行采样、存储、调制和恢复等处理，在技术上已经比较成熟。

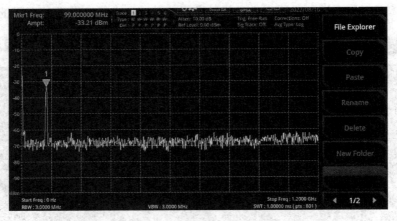

(a) ADC 采集频率为 100 MHz 的单载频信号时 DAC 恢复该信号后输出的频率

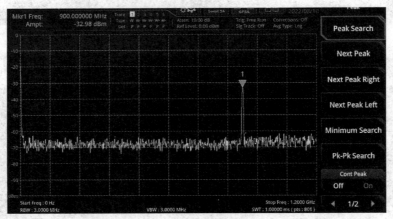

(b) ADC 采集频率为 900 MHz 的单载频信号时 DAC 恢复该信号后输出的频率

图 7 - 11 FPGA 信号处理板卡输出信号的频谱

为减小信号处理机的尺寸，实现高性能的数据采集、传输及干扰信号的生成，改进设计 FPGA 信号处理板卡的高速 ADC 和 DAC 时可以选择具备 JESD204B 高速串行接口协议的型号。由于传统的高速 ADC、DAC 采用 LVDS 接口，当该接口的数据传输时钟和数据之间不同步时，会造成 ADC 样本的数据错误，进而造成 DAC 输出信号的质量不佳。数字信号处理机 PCB 板上的布线应尽量做到数据线等长度，且需要在 FPGA 上通过 IODELAY 对输入数据、输出数据进行微调，使得传输时钟与输出数据之间保持正确的相位关系。近年来，随着高速串行接口逐步在集成电路芯片上的应用，数据接口的调试难度有所下降。因此，在设计干扰信号模拟设备的数字信号处理机时，可以使用支持 JESD204B 协议的 ADC 芯片或 DAC 芯片。

7.2.2　GPU 信号处理板卡

在认知干扰技术框架下，大量先验信息、历史数据被充分利用，因此对干扰信号模拟设备的计算处理能力和推理能力等提出更高的需求。再者，由于复杂电磁环境具有电磁信号种类繁多、信号密度大等特点，信号处理机要完成的数据处理量大大增多，处理算法日趋复杂，常规 DSP/FPGA 难以满足要求，因此需要具有强大非线性模拟能力的深度神经网络算法来提高算法性能。针对认知干扰技术的应用需求，干扰信号模拟设备利用 VPX 总线实现 GPU 信号处理板卡与 FPGA 信号处理板卡的高速互联，在保证架构开放性、硬件通用化及软件功能可重构等前提下，通过合理设计内部数据互联来有效降低通信代价，进一步提升系统的计算能力。

干扰信号模拟设备的另一个辅助信号处理单元是 GPU 信号处理板卡。由于 FPGA 要完成雷达信号采集、干扰信号生成以及各外围组件的初始化控制等，会用到较多的 FPGA 计算资源。而基于机器学习的雷达信号分选与识别算法一般基于卷积神经网络来实现，对 FPGA 来说该算法的实现较为困难。传统的优化算法（如遗传算法、粒子群算法等）也需要多次迭代来实现进化代数的更替，计算时间较长，而且循环迭代算法无法利用 FPGA 并行计算的优势，不适合放在 FPGA 信号处理板卡上实现。随着 GPU 芯片技术的发展，以及并行计算软件框架、高速网络及数据交换技术的应用，基于 GPU 的智能硬件架构替代传统干扰信号模拟设备的信号处理机将成为可能，但一些对实时性要求很强的处理步骤（如高速信号采集、数据传输等处理）仍需要 FPGA 来完成。GPU 的众核体系结构包含几千个流处理器，具有天然并行的硬件架构，擅长处理海量数据，可以大幅缩短计算时间，非常适用于并行算法的实现。因此，研究人员在干扰信号模拟设备上设计了 GPU 信号处理板卡，其具备运行卷积神经网络算法、智能优化算法的能力，可以大大减轻 FPGA 的运算负担。需要说明的是，由于嵌入式 GPU 信号处理板卡的计算能力有限，研究人员将干扰信号模拟设备设定为运行已经优化好的神经网络，而网络的训练过程则由上位机离线完成。

当 FPGA 和 GPU 之间实现数据互联后，有两种思路可能实现智能化、自适应的干扰技术。一是利用 FPGA 进行雷达信号的侦察和参数测量，将脉冲描述字传输给 GPU，GPU 基于这些信息进行雷达信号的态势感知，从而做出干扰决策判断；二是 FPGA 直接将采集到的雷达信号全部传输给 GPU，由 GPU 结合神经网络直接对原始雷达数据进行参数测量、态势感知、干扰决策。最终 GPU 将干扰参数或者干扰策略回传给 FPGA，由 FPGA 进行干扰信号的实时产生。一般而言，在较短的时间内，雷达信号的参数不会发生明显变化，因此雷达信号的参数分析与电磁态势感知对实时性的要求不高，适合在 GPU 内完成。

NVIDIA 公司提供了几款商业级/工业级的 GPU 计算模块产品。虽然这些产品在尺寸上无法更进一步进行小型化设计，但是 GPU 模块的驱动电路和外围组件是成熟、稳定的，这在一定程度上减少了 GPU 信号处理板卡设计的难度和风险。图 7 - 12 所示为 NVIDIA

Tegra X2 (TX2)模块级 GPU 产品，其尺寸约为 80 mm×54 mm。在设计干扰信号模拟设备的硬件时，需要考虑雷达信号参数测量算法以及干扰信号优化算法的复杂度，并评估一个 GPU 模块是否能够胜任，是否需要多个 GPU 模块进行协同工作。本书选取轻量级的、较为简单的智能优化算法，该算法可以在一个 GPU 模块内实现，避免了多个 GPU 模块并行处理的设计难度和风险。

(a) 模块级 GPU 产品

(b) TX2 核心板框图

图 7-12　NVIDIA TX2 模块级 GPU 产品

在雷达干扰信号生成与优化设计过程中，由于已经通过实验测试等手段在 GPU 信号处理板卡上实现了雷达信号分选，且在上位机上实现了干扰信号优化生成的神经网络训练，因此可以进一步在 GPU 信号处理板卡上进行网络的移植与测试。GPU 信号处理板卡通过分析雷达信号样式、参数的变化态势和预估雷达有可能采取的抗干扰措施来指导 FPGA 进行干扰信号参数的设定、干扰策略的选取和干扰信号样式的切换等，使得干扰信号可以对变化的电磁环境进行自适应。

　　接下来介绍基于 FPGA＋嵌入式 GPU 设计的信号处理板卡。GPU 信号处理板卡选取 NVIDIA 公司的性能强大的嵌入式计算模块 Jetson AGX Xavier 进行设计，该模块具有 512 个流处理器，其内存为 16 GB，主要参数如表 7 - 1 所示。Jetson AGX Xavier 是全球首台专为自主机器打造的计算机，其可支持视觉测距、传感器融合与定位、地图绘制、障碍物检测以及对下一代机器人至关重要的路径规划。该 GPU 模块是目前并行计算能力最强的嵌入式模块产品之一，其尺寸为 100 mm×87 mm，满足 3U VPX 板卡的尺寸要求，为系统提供了高达 32TOPS(Tera Operations Per Second)的峰值计算能力和 750 Gb/s 的高速 I/O 性能。该 GPU 模块的性能可与计算机工作站相比拟，但其尺寸远远小于工作站的，可以应用在配送和物流机器人、工厂系统和大型工业 UAV 等自主机器上。

表 7 - 1　NVIDIA Jetson AGX Xavier 主要性能参数[3]

参　数	技 术 规 格
GPU	NVIDIA Volta 架构，配备 512 个 NVIDIA CUDA Core 和 64 个 Tensor Core 20 TOPS［INT8］
CPU	8 核 NVIDIA Carmel Arm®v8.2 64 位 CPU 8 MB L2＋4 MB L3
UPHY	8×PCIe Gen4 3×USB 3.1 单通道 UFS
网络	10/100/1000 BASE-T 以太网
显示器	三个多模式 DP 1.2a/e DP 1.4/HDMI 2.0 a/b
其他 I/O	USB 2.0 UART、SPI、CAN、I2C、I2S、DMIC 和 DSPK、GPIO
功耗	20 W/40 W
规格尺寸	100 mm×87 mm 699 针接口 Molex Mirror Mezz 连接器 集成导热板
安全集群引擎	双 Arm Cortex-R5（同步）
显存	32 GB 256 位 LPDDR4x（ECC 支持） 136.5 GB/s
存储	64 GB eMMC 5.1

　　Jetson AGX Xavier 的功耗可预先配置为 10W、15W 和 30W，其低功耗特性满足嵌入

式系统的要求，其中工业版 Jetson AGX Xavier 的功耗可以配置为 20 W 和 40 W。这些可预先配置的功耗模式在运行时可切换，并可根据特定需求进行定制。当干扰信号模拟设备的数据处理量不大或者对每个模块的功耗有较高限制时，可以使 GPU 模块工作在低功耗模式下，功耗的降低会引起算力的下降。但是由于干扰信号波形优化算法的计算量不大，且对计算时间的要求不是特别严格，因此低功耗下的算力是可以满足计算需求的。Jetson AGX Xavier 提供了工业版模块，该模块具备高效而坚固的系统模组，为 AI 嵌入式工业和功能安全应用程序提供出色的性能。当干扰信号模拟设备的使用环境较为严苛时可以选择该组件，从而使干扰信号模拟设备在较为极端的使用环境下仍能发挥作用。

GPU 信号处理板卡主要包含 1 片 Virtex-7 FPGA XC7VX690T-2FFG1761I、一个 NVIDIA Jetson AGX Xavier 模块、一组 DDR3 存储芯片（2 GB）、1 个百兆网口及其他辅助电路。该板卡的 FPGA 与 VPX 总线之间通过 Rapid IO 协议建立高速数据传输通道，理论数据传输速率为 40 Gb/s，可满足该板卡和 FPGA 信号处理板卡之间进行的大容量数据传输。GPU 信号处理板卡的原理框图见图 7 - 13，实物图如图 7 - 14 所示。

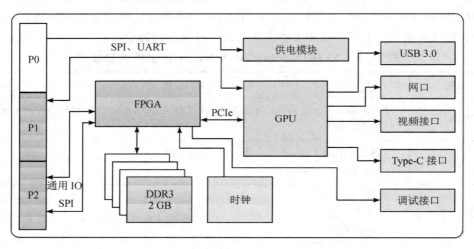

图 7 - 13　GPU 信号处理板卡的原理框图

图 7 - 14　GPU 信号处理板卡的实物图

GPU 信号处理板上可以运行 Linux 操作系统 Ubuntu18.04(JetPack DP 4.4)，如图 7-15 所示，在操作系统上可以开发干扰信号模拟设备使用的操作界面或控制程序。GPU 信号处理板卡具有丰富的人机交互接口，包括 USB 3.0 接口、HDMI 接口、百兆网接口、Type-C 接口等，这些接口使得 GPU 信号处理板卡便于外接显示屏幕及与其他设备之间进行数据交互与通信。

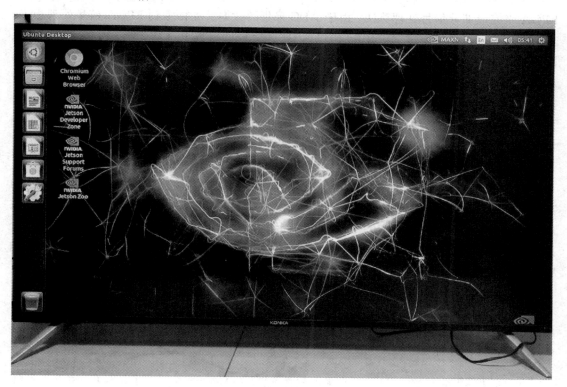

图 7-15　GPU 信号处理板卡运行的操作系统的界面

　　为了完成大量数据处理与运算工作，FPGA 与 GPU 模块之间需要进行高速、大容量的数据传输，当 FPGA 将采集的雷达信号全部传送给 GPU 时，对数据传输接口的速度提出了较高要求。GPU 信号处理板卡和 FPGA 信号处理板卡上的两个 FPGA 之间采用 Serial Rapid I/O (SRIO)接口实现数据互联。SRIO 接口是面向嵌入式系统开发提出的高可靠、高性能、基于包交换的高速互联接口，该接口主要面向串行背板、DSP 和相关串行数据的连接应用。SRIO 接口减少了数据传输接口的引脚数量，其采用 DMA 传输，支持复杂的可扩展拓扑和多点传输。SRIO 接口的速率可配置为 1.25 Gb/s、2.5 Gb/s、3.125 Gb/s 和 5 Gb/s，可以满足不同的应用需求，因此 SRIO 接口广泛应用于嵌入式系统。

　　目前的 GPU 模块(如 TX2 或 Xavier 等)均通过 PCIe 接口进行高速数据传输，两个 FPGA 之间可以通过 SRIO 接口进行数据传输，FPGA 和 GPU 之间通过 PCIe 接口进行数据传输。最大数据量由 ADC 采集的电磁信号的样本数量决定，由于采样频率为 2.4 GHz，每个样本量化位宽为 10 bit，在数据传输时要将 10 bit 数据扩充为 16 bit 数据，那么每秒的数据传输量为 38.4 Gb 即使这部分数据可以通过 SRIO 接口和 PCIe 接口进行高速传输，但是对数据的实时写入与存储是非常困难的，在没有固态硬盘用于存储的条件下，几秒内干扰信号模拟设备的内存就会被写满。因此，当针对截获的雷达信号进行参数测量与干扰信号优化时，只能选取脉冲持续时间内的一部分信号数据样本进行展开，并且要结合机器学习算法对输入数据样本的需求，在 GPU 信号处理板卡上加入适当容量的存储模块。

当 FPGA 信号处理板卡上的计算资源不够时，可以使用 GPU 信号处理板卡上的 FPGA 来完成部分信号处理算法。由于 ADC 采集的数据首先传输到 FPGA 信号处理板卡，若先将这些数据样本通过 Rapid IO 传输到 GPU 信号处理板卡进行运算，然后将计算结果回传到 FPGA 信号处理板卡进行数/模转换，则这期间的数据传输与控制均会消耗时间，从而降低干扰信号的实时性。因此，可以将不需要 ADC 数据就能生成的干扰信号（如宽带噪声信号、噪声调制信号等）放在 GPU 信号处理板卡上实现。对 GPU 信号处理板卡而言，只需要设置干扰信号的带宽、中心频率等参数后就可以进行计算。此外，在 GPU 信号处理板卡上实现卷积神经网络、优化算法等可使干扰信号模拟设备具备强大的信号处理能力以及干扰信号输出能力。

这里给出一个例子来演示和验证在 GPU 信号处理板卡上实现 FPGA 与 GPU 之间的高速数据传输、信号处理算法流程。首先在 FPGA 内生成某一频率的连续波正弦信号，该信号通过 PCIe 接口传输到 GPU 信号处理板卡中；然后在 GPU 内通过进行快速傅里叶变换计算得到其频谱，最终在操作系统的控制界面上显示 GPU 接收到的信号的时域波形和频谱结果，如图 7-16 所示。

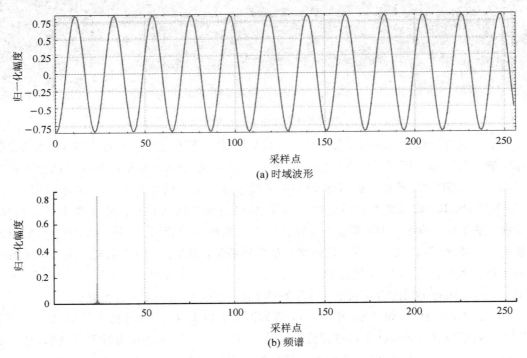

(a) 时域波形

(b) 频谱

图 7-16 FPGA 生成的正弦信号的时域波形和频谱结果

在进行干扰信号优化方法研究时,有两种思路可以借鉴。一是基于强化学习建立干扰信号波形决策器,研究基于强化学习的干扰信号优化设计方法;二是利用遗传算法等传统优化算法来展开干扰信号优化设计。在利用强化学习对干扰信号的波形进行优化时,利用Matlab 产生用于训练的数据和测试数据,采用深度确定性策略梯度算法来训练网络,用Python 语言编程开发网络模型,在训练网络时用 GPU 对算法进行加速。对于干扰信号模拟设备而言,用于波形优化的网络是在计算机上离线训练得到的,然后将该网络移植到嵌入式系统中进行使用,因此,虽然 GPU 信号处理板卡在硬件架构上只具有 512 核 GPU,但是相比于 FPGA 或 DSP,GPU 在浮点运算算力上具有非常明显的优势。因此,本节介绍的GPU 信号处理板卡的硬件架构支持基于强化学习的干扰信号波形优化方法的应用,具有非常大的自适应干扰信号生成的潜力。

第二种干扰信号优化采用了传统遗传算法,从遗传算法的原理可知,优化过程涵盖了参数编码、适应度函数计算、种群数量确定、染色体交叉变异等步骤,其中对每个种群的处理都可以独立、并行地实现,而适应度函数计算和种群迭代等步骤采用串行实现。在对每个种群进行适应度计算时可以利用 GPU 并行计算的优势,其余步骤也可以在 GPU 内完成,但是没有利用并行计算的加速优势。干扰信号的优化是较为耗时的,对于干扰信号模拟设备而言,不需要实时(针对每个雷达脉冲时刻)产生干扰信号,只需要识别出截获的雷达信号,再结合其自身和掩护目标之间的空间位置,将这些参数信息传输到神经网络的输入端,等待计算完毕后将计算结果回传到 FPGA 信号处理板卡,从而实现干扰信号参数或干扰信号的更新。在此期间内,干扰信号模拟设备可以按照预先设定的干扰策略发射相应干扰信号。因此,优化后的干扰信号的变化周期应是以 s 或者 ms 为单位的,具体取决于神经网络的运算时间开销。

综上,上述两种干扰信号优化方法均可以利用 GPU 的并行运算实现。由于嵌入式GPU 具备明显的并行计算速度优势,因此在其上实现智能算法、神经网络算法以及传统的需要多次迭代的信号处理算法,可以为设计新的干扰信号模拟设备注入动力,使其在应对瞬变的复杂电磁环境时具备更多的评估结果支撑,并具备输出与电磁环境相适应的干扰信号的能力。目前,对嵌入式 GPU 在干扰信号生成方面的应用还没有太多的实践积累。

7.3　多通道信号处理机

当干扰信号模拟设备需要能够同时对多路电磁信号进行采集,且具备多路信号输出能力时,选用的 FPGA 需具有较多的 I/O 引脚以接收和传输采样的数字信号样本,同时需具备足够多的计算资源以并行处理每一路采样的数据和并行生成多路 DAC 需要的干扰信号数字样本。为减小信号处理机电路板的大小,方便采集、传输高速数据及生成干扰信号,高速 ADC 和 DAC 应选择支持 JESD204B 接口协议的型号。如果采用传统的独立的 ADC 和DAC,那么信号处理机的体积会比较大,并且成本高昂,后期调试花费精力大。例如,构建8 通道的信号处理机需要 8 个高速 ADC、8 个 DAC 和 1 个高性能的 FPGA,并且这些独立

的 ADC、DAC 之间的同步控制是比较复杂的。

本节介绍的多通道信号处理机组成框图如图 7-17 所示。Xilinx RFSoC FPGA 构成系统的信号采集、回放和处理终端,DSP(TMS320C6678)和 GPU(Jeston Xavier NX GPU)模块构成辅助的信号处理模块,FPGA 和 DSP 之间通过 SRIO×4 高速接口进行互联,FPGA 和 GPU 之间通过 PCIe Gen3×4 接口进行互联。此外,该系统还包括丰富的外设接口,如 HDMI 显示接口、USB 接口、网络接口、光纤接口、GPIO 等,便于科研人员使用和调试。

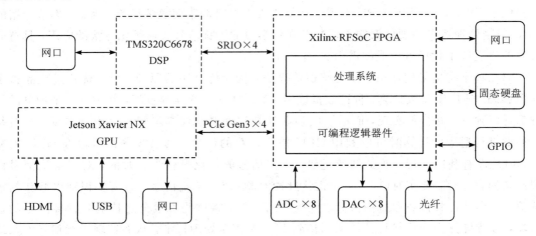

图 7-17 多通道信号处理机组成框图

从 Xilinx 官方资料可知,其 Zynq UltraScale+ RFSoC 系列的产品集成了 8 个 4.096 GSPS(GSPS 指完成一次模拟到数字转换所需时间的导数,是 ADC 常见指标之一)的12 bit(12 bit 指 ADC 采样量化后得到的数据的位宽)ADC 和 8 个 6.544 GSPS 的 14 bit DAC。该系列的高端产品还可以集成 16 个 2.5 GSPS 的 14 bit ADC 和 16 个 10.0 GSPS 的 14 bit DAC[4]。由 Xilinx RFSoC FPGA 组成的信号处理机可以同时接收和处理多个超宽带信号以及产生多个瞬时带宽大于 2 GHz 的信号,具备非常强的信号处理能力。

采用 RFSoC 这种高集成化、具备多路 ADC 和 DAC 的高性能 FPGA 芯片作为干扰信号模拟设备的中频信号处理机有非常多的优点。本书介绍的基于存储转发调制生成的干扰信号和基于 DDS 技术生成的干扰信号,均需要通过 DAC 完成数/模转换后才能变成中频的干扰信号。当干扰信号模拟设备只有 1 路 DAC 时,需要根据电磁环境的特征以及使用方的需求选择某一种干扰信号模型进行输出。当干扰信号模拟设备具有多路 DAC 时,可以同时生成多路干扰信号,然后将多路干扰信号合成一路信号后进行辐射。如此一来,不同类型的干扰信号的组合会对雷达形成复合的干扰效果,当一种干扰信号失效时,仍有另一种干扰信号存在,提高了成功干扰的概率。

但是,当射频发射机的输出功率恒定时,对于合成后的多个干扰信号,每一个干扰信号的功率都比不上只发射一种干扰信号时所能具备的最大功率。一般而言,在生成欺骗式干扰信号时,干扰信号的功率不能太大,因为明显超出目标回波信号功率的干扰信号会暴露干扰信号模拟设备的位置信息。当干扰信号模拟设备具备同时输出多种干扰信号的能力时，需要进一步考虑收发天线隔离度的问题。压制式干扰信号常采用连续波形式，此时干扰信号模拟设备不能因接收到自身发射的噪声信号而忽略对雷达信号的采集。

当采用传统的 ADC、DAC 和 FPGA 构成信号处理机时，首先要解决的一个问题是各个 ADC/DAC 之间的同步问题。单独对每个 ADC/DAC 的调试与测试非常消耗精力，且各ADC/DAC 芯片之间的同步对信号处理机的性能要求非常高。当采用 RFSoC 系列产品设计 ADC/DAC 芯片时，每个 ADC/DAC 都能独立配置，且这些功能芯片都封装在一块集成电路上，因此功能模块的升级、移植、复用设计是非常方便的，能大大减小系统设计的研发周期，减轻各功能模块测试的压力。

在生成多路干扰信号时，多通道信号处理机的优势就更加明显。多路干扰信号一般要求输入源为同一信号，而每一路干扰信号的相位之间存在差异，采用 RFSoC 进行设计时，可以确保在中频信号处理机上各个 DAC 输出信号之间保持严格的相位关系。RFSoC 系列产品具有丰富的计算资源。例如，XCZU27DR 芯片的逻辑资源为 930 300 个，块 RAM 的大小为 38.0 Mb，分布式 RAM 的大小为 13.0 Mb，Ultra RAM 的大小为 22.5 Mb，且具有4272 个 DSP 和 2 个 PCIe Gen3×16 高速接口。常用的 XC7VX690T 芯片的逻辑资源为693 120 个，块 RAM 的大小为 51.6 Mb，分布式 RAM 的大小为 10.6 Mb，且包含 3600 个乘法器和 3 个 PCIe Gen3×16 高速接口。从两者的资源来看，RFSoC 系列产品的计算资源不比 Virtex-7 系列产品的少。由于 RFSoC XCZU27DR 芯片额外具有 8 路 ADC、8 路 DAC以及 ARM 处理器，因此 RFSoC 具备更强的处理能力和更高的集成度。尤其是当干扰信号模拟设备需要输出多路干扰信号时，RFSoC 是较为理想的信号处理芯片。

图 7-18 所示为基于 RFSoC 设计的多通道信号处理机实物图，其主要由 Xilinx 公司的RFSoC XCZU27DR、NVIDIA 公司的 Jetson Xavier NX 模块和 TI 公司的 TMS320C6678DSP 芯片构成。

Jetson Xavier NX 的主要性能参数如表 7-2 所示，其外观如图 7-19 所示。JetsonXavier NX 的面积约为 NVIDIA Jetson AGX Xavier 的 36%，和一个笔记本内存条一样大，可使嵌入式 GPU 信号处理板卡的体积进一步减小。Jetson Xavier NX 小巧的外形、丰富的数据接口和出色的性能为嵌入式 AI 系统的进一步小型化设计提供新动力。Jetson XavierNX 可提供高达 21 TOPS（Tera Operations Per Second，是处理器运算能力的单位，1TOPS 表示处理器每秒可以进行一万亿次操作）（功耗为 15 W 或 20 W 时）或 14 TOPS（功耗为 10 W 时）的算力，其具有 384 个流处理器、48 个 Tensor Cores、6 块 Carmel ARMCPU 和 2 个 NVIDIA 深度学习加速器（NVDLA）引擎，具有约 59.7 GB/s 的显存带宽，并具有视频编码和解码等特性，因此 Jetson Xavier NX 能够并行运行多个神经网络，并能够同时处理来自多个传感器的高分辨率数据。

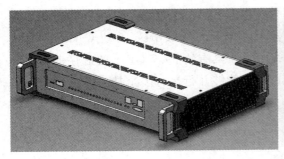

图 7 - 18　多通道信号处理机实物图[5]

图 7 - 19　NVIDIA 的 GPU 模块产品 Jetson Xavier NX 的外观[6]

表 7 - 2　Jetson Xavier NX 的主要性能参数[6]

参　数	技　术　规　格
AI 性能	21 TOPS
GPU	384-core NVIDIA Volta™ GPU 和 48 Tensor Cores
CPU	6-core NVIDIA Carmel ARM® v8.2 64 bit CPU 6 MB L2＋4 MB L3
内存	8 GB 128 bit LPDDR4× 59.7 GB/s
存储	16 GB eMMC 5.1
功耗	10 W/15 W/20 W
PCIe	1×1[PCIe Gen3]＋1×4[PCIe Gen4]，total 144 GT/s 最多 6 个摄像头(通过虚拟通道可以最多支持 24 个)
视频解码	2×8K30|6×4K60|12×4K30|22×1080p60|44×1080p30 [H.265] 2×4K60|6×4K30|10×1080p60|22×1080p30 [H.264]
显示	2 multi-mode DP 1.4/eDP 1.4/HDMI 2.0
深度学习加速器	2 个 NVDLA 引擎
视觉加速器	7 路 VLIW 视觉处理器
网络	10/100/1000 BASE-T Ethernet
结构尺寸	69.6 mm×45 mm 260 pin SO-DIMM connector

Jetson Xavier NX 具有丰富的 I/O 接口，包括高速 CSI 接口、PCIe 接口以及低速的 I^{2}C 接口和众多 GPIO 接口。出色的性能和功耗优势使得 Jetson Xavier NX 适用于无人机、便携式医疗设备、小型商业机器人、智能摄像头、高分辨率传感器、自动光学检测、智能工厂和其他 IoT 嵌入式系统等高性能 AI 系统[6]。虽然 Jetson Xavier NX 在算力方面与 NVIDIA Jetson AGX Xavier 相比较弱，但是其具有功耗更低、尺寸更小等特点，这为需要

提升性能来支持 AI 工作负载,同时受限于大小、重量、功耗或成本的嵌入式边缘计算设备敞开了大门。

多通道信号处理机将 Jetson Xavier NX 和 TMS320C6678 作为干扰信号生成的辅助计算处理器,其中 FPGA 与 TMS320C6678 之间利用 SRIO 接口建立高速数据通路,FPGA 与 Jetson Xavier NX 之间利用 1 路 PCIe Gen3×1 接口传输数据。虽然 Jetson Xavier NX 具有 1 个 PCIe Gen4×4 接口,但是 FPGA 采用的 XCZU27DR 的高速数据接口为 PCIe Gen3×16,因此需要使用 PCIe Gen3×1 接口。此时,在高速数据传输方面,多通道信号处理机的性能要比之前介绍的 Jetson AGX Xavier 的逊色一些,即无法对 ADC 采集的原始数据进行连续、实时的传输。因此,Jetson Xavier NX 主要用于实现信号分选、参数优化等轻量级运算以及需要少量 IQ 数据的轻量级神经网络算法。

接下来给出多通道信号处理机的部分性能测试结果。由于 ADC 和 DAC 的采样频率设为 2.4 GHz,因此信号源输出频率为 100~1100 MHz 的正弦连续波信号,然后分别用 8 个 ADC 对该信号进行采集,并分别将每一路 ADC 采集到的信号导入上位机专用软件进行分析,得到的多通路信号处理机的信号采集测试结果如图 7-20 所示。

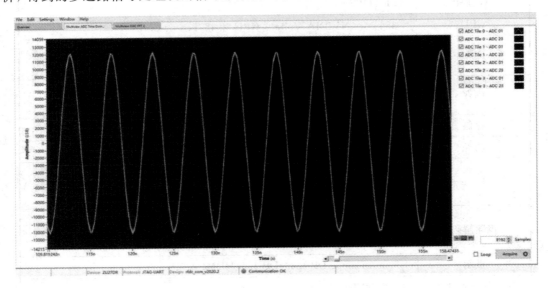

图 7-20   多通道信号处理机的信号采集测试结果

7.4   小型化干扰信号模拟设备

前述章节介绍的是一种宽带的干扰信号模拟设备,其在进行信号采集、传输和干扰信号生成时均需要并行实现,尤其是对干扰算法的并行要求限制了很多算法的应用。实际中,部分应用场景并不需要设备具有非常大的瞬时带宽,干扰信号模拟设备所处理的信号的频率范围可能也不是很大,因此可以在小型化、低成本的嵌入式系统上实现干扰信号模拟。

目前,射频(RF)收发机的设计和应用在国内外市场已经较为成熟,其主要应用在通信等领域。由于 RF 收发机的性能良好，因此可以将其引入干扰信号模拟设备的硬件架构研究中，以替代传统干扰信号模拟设备的中频信号处理＋射频变频器的架构，从而使干扰信号模拟设备进一步小型化，为今后无人机载干扰信号模拟设备的研究奠定技术基础。在直接变频收发机中，接收到的射频信号直接变频到基带，并分为 I 和 Q 两路正交的信号，然后 FPGA 对基带信号进行处理和调制。过去，这些器件的性能满足不了高性能系统的要求，但最新进展表明，此类 RF 收发机的频率范围可达 75～6000 MHz，非常适合应用在雷达对抗领域。

RF 收发机是一种高集成度的、小型化的收发机。例如，AD9371 或 ADRV9009 等 RF 收发机的工作频率可以设置为 300～6000 MHz，瞬时带宽可达 60 MHz、100 MHz 和 200 MHz，对于工作在该频率范围内的干扰信号模拟设备而言，可以考虑采用 RF 收发机来替代传统的模拟射频收发机。AD9371 是一款高集成度的宽带 RF 收发机，其具有双通道发射器、接收器和集成式频率合成器，并具有数字信号处理功能，该器件的工作频率范围为 300～6000 MHz，可以覆盖部分雷达的频率范围。并且，AD9371 用作收发机时可使干扰信号模拟设备的整体尺寸大幅度缩小。

当采取 RF 收发机＋FPGA 来构建小型化干扰信号模拟设备时，有以下两个技术难点需要解决。

（1）目前成熟的 RF 收发机的典型带宽为 100～200 MHz，即该架构的干扰信号模拟设备的单通道（RF 收发机一般由两个通道）能应对和处理的雷达信号的瞬时带宽最大为 100/200 MHz，这对常规的雷达而言是够用的。

（2）RF 收发机的工作频率需要通过配置寄存器控制，当雷达信号进行频率捷变时，RF 收发机的频率范围有可能不能满足雷达信号的频率变化范围。当雷达信号在 $[f_0 - B/2, f_0 + B/2]$（f_0 是 RF 接收机的中心频率，B 是 RF 收发机的工作带宽）频率范围内变化时，干扰信号模拟设备可以针对雷达信号产生相应的干扰信号；当雷达信号的频率变化范围超出上述频率范围时，单通道的 RF 收发机就不能应对超出频率范围的雷达信号，进而有可能造成干扰失效。

当雷达信号的频率变化范围超过 RF 收发机单通道的频率范围时，可以采取多个 RF 收发机集成的思路来拓展干扰信号模拟设备的收发频率范围。例如，当系统采用 AD9371 这款 RF 收发机时，一个 RF 收发机可以组成工作带宽为 100 MHz 的收发处理机；当采用多个 AD9371 时，理论上可以通过设定每个 RF 收发机工作在不同频率范围内来合成一个较宽的频率范围，以拓展干扰信号模拟设备的处理带宽。当采用多个 RF 收发机协同工作时，对宽带雷达信号的信道化接收、干扰信号输出的一致性设计也是一个技术难点。

当工作频率、接收增益、发射衰减等参数设定完毕后，RF 收发机将接收到的射频信号转换为零中频的 IQ 正交信号，然后通过 JESD204B 高速接口将量化后的数据传输到 FPGA。FPGA 可以直接对 IQ 数据进行处理，节省了进行数字正交化处理的时间开销和资源消耗。当 FPGA 完成干扰信号生成后，再将干扰信号数据回传到 RF 收发机，完成干扰信号的数/模转换、上变频处理及发射。由射频收发机的工作流程可知，其可以代替传统干扰信号模拟设备中的射频下变频模块、射频上变频模块、ADC 和 DAC，这对整机系统的小型化设计以及提高集成度和降低成本是有益的。

需要指出的是，采用 RF 收发机组建的小型化干扰信号模拟设备在灵敏度、瞬时带宽、置频时间等指标上比传统的射频分立器件要差一些，并且，每次切换工作频率时都需要对 RF 收发机的寄存器参数进行配置。参数指令的写入需要花费时间，且射频本振参考信号的置频时间较长，这样一来，小型化干扰信号模拟设备可能就不适用于某些需要快速切换输出信号频率的场景。但是，当雷达信号的频率捷变范围小于射频收发机的瞬时带宽或只需要对个别频率点的干扰信号进行模拟时，用 RF 收发机替代传统超外差接收机是没有问题的。

频率切换需要对 RF 收发机的多个寄存器进行配置，因此需要一个人机交互界面对工作频率、接收增益、发射衰减等参数进行配置。为使干扰信号模拟设备具有小型化、便携式等优点，可以在小型化干扰信号模拟设备的数字信号处理机上预留网口或无线收发模块，并与上位机建立数据通路，利用上位机实现网络接口、通信接口、RF 收发机寄存器的配置等操作，这样一来，FPGA 可以只负责干扰信号的生成。

为便于在无人机平台上搭载干扰信号模拟设备和开展无人机载干扰信号波形生成的测试与实验，干扰信号模拟设备的尺寸要小、重量要轻便，且易于携带，因此小型化干扰信号模拟设备的信号采集、数据处理芯片等均采用串行高速接口，以减少电路板的面积。针对频率跳变范围不大（瞬时带宽小于 100 MHz）场景下的小型化干扰信号模拟设备硬件架构的需求，可利用 RF 收发机芯片来代替传统射频上下变频模块和中频采样、信号恢复模块，这样可以大大缩减接收机和信号处理机的体积。

小型化干扰信号模拟设备采用 FPGA＋RF 收发机的架构进行设计，其中，FPGA 是核心信号处理单元，其控制完成对雷达信号的采集，实现干扰信号的生成。射频信号的下变频、采样与量化和中频信号的上变频、数/模转换等步骤均由 RF 收发机完成。

小型化干扰信号模拟设备优先选用商用的、模块化的 RF 收发机产品，本节我们选用 ADI 公司的 AD9371 芯片作为 RF 收发机，AD9371 芯片采取 JESD204B 协议进行数据传输，满足高速串行接口的设计要求。AD9371 具有两个接收和两个发送通道，具有高达 100 MHz 的接收和 250 MHz 的发射瞬时带宽，并具有较高的接收灵敏度、IP3 性能（三阶交调截取点）和较大的动态范围。

小型化干扰信号模拟设备的结构框图如图 7-21 所示。FPGA 根据雷达信号的参数测量结果或者人工设定的参数，将 RF 收发机的工作频率范围设定为雷达信号的频率范围，然后 FPGA 控制 RF 收发机完成对雷达信号的采集、调制和干扰信号的发射。此外，前文介绍的 GPU 信号处理板卡可以通过 VPX 总线与 RF 收发机的信号处理板卡进行互联，在设备空间体积够用的条件下提升小型化干扰信号模拟设备的信号处理能力。

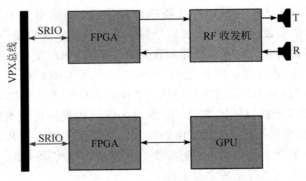

图 7-21　小型化干扰信号模拟设备的结构框图

对于根据图 7-21 设计的小型化干扰信号模拟设备，其工作频率范围、接收信号动态范围、发射信号动态范围全部取决于 RF 收发机的特性。对于存储转发类的干扰信号而言，第一步是截获和接收空域中的雷达信号，而雷达信号工作在哪个频段是未知的，因此小型化干扰信号模拟设备只能通过频率扫描侦察的方式来获取雷达信号。当干扰信号模拟设备能稳定接收到某个频段的雷达信号时，根据该雷达信号的特征生成对应的干扰信号；当设备无法再接收到该频段的雷达信号时，切换到频率扫描模式下并继续寻找潜在的雷达信号。

当存在两个或者多个雷达信号，且两信号的频率差超过 RF 收发机的瞬时带宽时，干扰信号模拟设备需要作出抉择，是持续针对某一个雷达信号生成干扰信号，还是通过分时复用的方式分时段分别对两个雷达信号进行响应。无论采用哪种方法，在某一个时间段内，总有一个雷达信号是没有受到干扰的。此外，由于雷达信号多是脉冲形式的，因此当设备进行频率扫描时，其在每个频段的驻留时间应该足够长，否则会出现不停地切换频率但是接收不到雷达信号的情况。

人们基于小型化干扰信号模拟设备的设计理论研制了射频信号直采处理机，射频信号直采处理机由高性能实时信号处理板卡（FPGA 信号处理板卡）和 RF 收发机子卡组成。其中，高性能实时信号处理板卡分为 FPGA 控制模块、DDR 模块、时钟模块、接口模块和电源模块；RF 收发机子卡主要分为采集模块、信号恢复模块、时钟模块和电源模块。

FPGA 选用 Xilinx 公司的 Zynq UltraScale+ MPSoC 系列产品，该系列产品包含可编程逻辑 PL(Programmable Logic)单元和可以安装操作系统的 PS(Processing System)单元，其中 PS 单元主要由 APU(Application Processing Unit)和 RPU(Real-Time Processing Unit)构成。APU 内含有一个 Quad-core ARM Cortex-A53 MPCore，RPU 内含有一个 Dual-core ARM Cortex-R5，研究人员可以根据信号处理的特点确定是选择 APU 还是 RPU 来完成信号处理。这些具备不同特征的处理器集成在一个芯片上，大大减少了不同处理器进行数据交互、指令交互的设计难度，增强了信号处理机的信号处理能力，满足了小型化干扰信号模拟设备对高性能数字信号处理机的要求。射频信号直采处理机的信号处理芯片为 Xilinx 公司的 Zynq UltraScale+MPSoC 系列产品中的 XCZU11EG-2FFVC1760I，其 PS 和 PL 各搭配 1 组容量为 1 GB 的 DDR4-2400 SDRAM(其中一个作为 ECC 校验)，PS 端还搭配了 2 个容量为 256 Mb 的 SPI Flash。PL 内含有可编程 I/O 模块、可配置逻辑模块、存储和信号处理模块、PCIe 模块等，具有 2928 个 DSP，块 RAM 的容量为 21.1 Mb。

射频信号直采处理机的主要功能结构框图如图 7-22 所示。射频信号直采处理机有一个标准 FMC 连接器和一个 FMC+连接器，可以同时支持 2 块标准 FMC 子卡。此外，该板卡还具有 M.2、eMMC、Micro SD 等存储接口，通用 GPIO 接口，多个串口调试接口，百兆网络接口，USB 3.0 接口，Mini DP 视频输出接口和 QSFP+光纤接口等，其中 QSFP+光纤接口可满足数据远距离传输的要求。RF 收发机子卡的电气与机械设计遵照 FMC 标准(ANSI/VITA 57.1)，通过一个高密度连接器(HPC)连接至射频信号直采处理机载板。前面板 I/O 装配 5 个 SSMC 同轴连接器，进行射频信号的接收、发送和时钟信号的引入等。

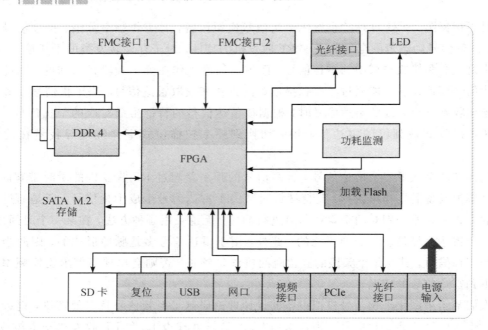

图 7-22　射频信号直采处理机的主要功能结构框图

　　射频信号直采处理机的实物图如图 7-23 所示。图 7-24 所示为射频信号直采处理机接收和经过下变频处理后得到的中频信号，射频输入信号的频率为 3001 MHz，RF 收发机的本振频率为 3000 MHz，则经过下变频处理后输出的单频信号的频率应为 1 MHz。从图 7-24(b) 中信号的频谱可知，射频信号直采处理机接收和采集的信号的正确性，结合输入的中频信号的时域波形来看，射频直采处理机信号接收与采集功能是正常的。由于射频下变频模块已经集成在 RF 收发机内，因此小型化的射频信号直采处理机可以应用在较多场合，如射频信号监测、信号合成等。

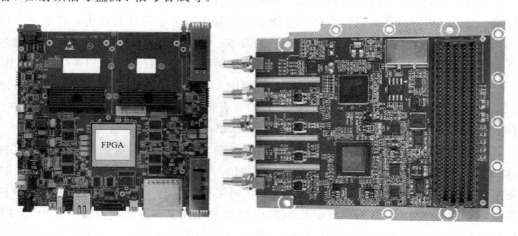

图 7-23　射频信号直采处理机的实物图

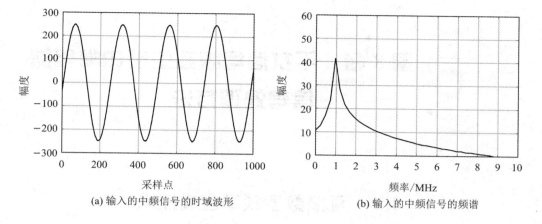

(a) 输入的中频信号的时域波形　　　　　　(b) 输入的中频信号的频谱

图 7 - 24　射频信号直采处理机对射频信号的采集处理结果

本章参考文献

[1]　Analog Devices，Inc. 14-bit，2.5 GSPS，RF digital-to-analog converter，AD9739 datasheet，Rev. E. 2018.

[2]　AMD XILINX. UltraScale architecture and produce data sheet：overview. DS890 （v4.3）datasheet，2022.

[3]　Analog Devices，Inc. Integrated，dual RF transceiver with observation path，AD9371 datasheet，Rev. B. 2017.

[4]　Analog Devices，Inc. Integrated dual RF transmitter，receiver，and observation receiver，ADRV9009 datasheet，Rev. B. 2019.

第 8 章 干扰信号模拟生成中常用的信号处理方法

8.1 直接数字频率合成技术

1. 基本概念

第 2 章介绍的几种噪声信号的生成都采用了直接数字频率合成（DDS）技术，这里对 DDS 的设计与实现进行简要介绍。DDS 技术是现在常用的一种频率信号合成方法。1971 年，美国学者首次提出了以全数字技术、从相位概念出发直接合成所需波形的一种新合成原理[1]。它的基本原理是根据采样定理，通过查表法产生波形，限于当时的背景和科学水平，此理论并未受到人们的重视。随着微电子技术的发展和大规模集成电路的出现，直接数字频率合成技术得到了迅速发展，它以有别于其他频率合成方法的显著优越性和特点成为现代频率合成技术的佼佼者。ADI 公司推出了许多高性能的 DDS 芯片，如 AD7008、AD9850、AD9954 等，促进了 DDS 技术的发展。这些芯片的出现简化了电路设计，提高了电路的稳定性和精度。

DDS 技术有如下性能特点：

（1）输出频率相对带宽较宽。理论上输出频率可达参考时钟频率 f_c 的 50%，考虑到实际应用中的影响和合成信号的质量，输出频率仍能达到 f_c 的 40% 左右。现有的 DDS 器件其合成信号带宽已经可以达到 GHz 级别，广泛应用于航空、雷达信号生成等领域。

（2）频率分辨率高。当接入的参考时钟频率不变时，系统的分辨率就取决于相位累加器的位数。只要增加相位累加器的位数，理论上就可以获得任意高的频率分辨率。

（3）相位连续变化。改变输出信号的频率，本质是改变了相位增量。对于改变频率的这一瞬间来说只是幅度改变，而相位函数还是连续的，从而保持了信号的相位连续性。

（4）输出波形种类多。只要在 DDS 波形 ROM 中存放不同的波形数据，就可以得到任意想要的波形，如方波、三角波甚至任意波，这是其他频率合成技术无法比拟的。

此外，DDS 还具有完全数控、频率转换时间短等优点。但是，它也有输出频率范围有限、输出杂散大等局限性。如何降低杂散来源是目前国内外学者研究的热点。

2. 频率控制字

DDS 是以数字方法生成信号的，在 DDS 技术中，采样过程已经发生并且信号幅度已经过量化，接下来是从这些离散序列中重建所需要的信号。假设信号的采样频率为 F_s，其频率控制字（FTW）的量化位宽为 N，则频率 f_o 的频率控制字的计算公式为

$$F_{\mathrm{TW}} = \frac{f_0}{F_s} \times 2^N \tag{8.1}$$

　　该频率控制字作为相位累加器的输入，之后 DDS 单元在每个时钟对相位进行累加。在查找表中存储的是相位值对应的 cos（余弦）信号或 sin（正弦）信号的幅度值，一般对相位累加结果进行高位截取后，将其作为查找表的输入地址。为了保证相位累加的精度，相位累加的位宽一般为 24 位或者更高，可达 32 位或者 48 位。如果查找表中要按照相位累加器的位宽来存储一个波形的完整周期，其需要的存储空间是非常大的，而且就输出信号的质量而言，没必要选择这么高的量化位宽。因此，可以截取相位累加器结果的高 10 位或者高 12 位。图 8-1 所示为 DDS 相位和输出波形的关系，该图直观地展示了 DDS 累加器的相位变化以及相位与输出波形的幅度之间的关系。

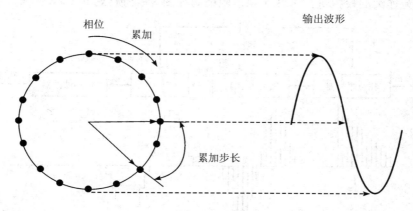

图 8-1　DDS 相位和输出波形的关系

3. 相位查找表

　　首先，DDS 需要建立相位到幅度的查找表，该查找表可以存储一个完整周期的余弦信号，或者根据余弦函数的周期特性，存储 1/4 周期或 1/2 周期的幅度值，然后判断当前相位位于哪个象限，通过调整查找表输出信号的幅度来构建完整周期的输出信号。DDS 需要输出的余弦信号的时域表达式为

$$s(t) = A\cos(2\pi f_0 t + \theta) \tag{8.2}$$

式(8.2)中 A 为信号幅度，θ 为初始相位。为了分析简便，令 $A=1$，$\theta=0$，则式(8.2)可改写为

$$s(t) = \cos(2\pi f_0 t) \tag{8.3}$$

此时信号相位 ϕ 与时间 t 的关系如下：

$$\phi(t) = 2\pi f_0 t \tag{8.4}$$

　　现在对式(8.3)中的信号进行采样，假设采样周期为 T_s，对应采样频率为 F_s，则可以得到信号的离散序列，如下：

$$U(n) = \cos(2\pi f_0 n T_s), \quad n = 1, 2, 3, \cdots \tag{8.5}$$

同时得到相位离散序列为

$$\phi(n) = 2\pi f_0 n T_s = n\Delta\varphi, \quad n = 1, 2, 3, \cdots \tag{8.6}$$

式中，$\Delta\varphi = 2\pi f_0 T_s$ 是连续两次采样之间的相位增量。

4．DDS 合成器的基本结构

根据 Nyquist(奈奎斯特)采样定理，当 $f_0 \leqslant F_s/2$ 时，可以从式(8.5)所示的离散序列无失真地恢复式(8.3)表示的模拟信号。由于相位函数的斜率与信号的频率大小有直接关系，因此可以通过控制相位增量 $\Delta\varphi$ 来控制合成信号频率的大小。在单位时间内，恢复波形的完整周期越多，合成信号的频率就越大。有了这些理论基础，接下来再分析 DDS 系统是如何合成波形的。

DDS 电路由相位累加器、波形查找表、DAC(D/A 转换器)和低通滤波器构成。在波形查找表中存放有波形的一个完整周期的幅度值，幅度值是量化后以二进制数存储的。DDS 的思想就是从相位概念出发，查找每一个相位点对应的波形幅度值，再通过 DAC 将幅度的数字值转化为连续的模拟量。DDS 实现步骤框图如图 8-2 所示。

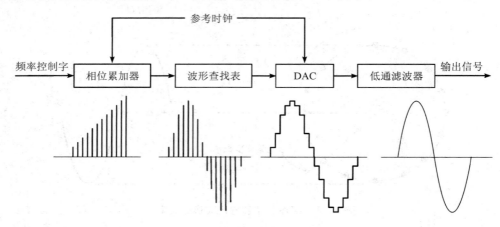

图 8-2　DDS 实现步骤框图

DDS 系统中的参考时钟一般由一个高稳定的晶体振荡器产生，作为整个系统各个部分的同步时钟。频率控制字实际上就是二进制的相位增量值，将它输入相位累加器。每到来一个参考时钟脉冲，相位累加器就将频率控制字累加一次，累加器的输出相应地增加一个步长的相位增量。此时，相位累加器一方面将累加的结果反馈到自身的输入端，以便下次继续进行累加；另一方面将输出的相位作为查询地址，送到波形 ROM 进行查表。波形 ROM 包含了一个完整周期波形的数字幅度值，每个相位地址都对应一个信号在 $0\sim2\pi$ 相位范围内的幅度值。波形查找表将相位地址映射成波形的幅度信号，此时产生的是离散的幅度序列。在系统时钟的作用下，相位累加器不断地累加，不断地查表。之后这些离散幅度序列经过 DAC 转化为模拟信号。若波形 ROM 中存放的是正弦波幅度量化值，那么此时DAC 输出的就是接近正弦波的阶梯波。最后此模拟信号再经过低通平滑滤波器滤除杂波分量，就可以得到所需频率的信号。

相位累加器累加到满量程时，就会产生一次累加溢出，这时波形 ROM 的地址也就循环一次，从而输出的波形循环一周。由此可见，相位累加器的溢出频率就是合成信号的频率。如果频率控制字变大，相位累加得就越快，输出信号的频率也就相应增大。

为了更好地理解上述内容，可以参考图 8-3 中不同相位增量时累加器的输出。其中横坐标为时间，纵坐标为相位值，当相位到达 2π 时可输出完整的波形。由此图可见，频率控制字越大（即相位增量越大），累加器溢出就越快，产生的信号的频率也就越高。图 8 - 4 为不同相位增量时输出信号的波形。

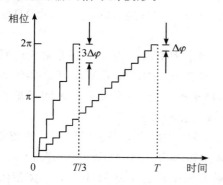

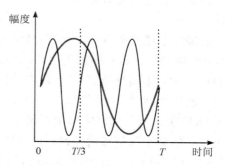

图 8 - 3　不同相位增量时累加器的输出　　图 8 - 4　不同相位增量时输出信号的波形

当频率控制字最小，即等于 1 时，输出信号的频率为

$$f_{min} = \frac{F_s}{2^N} \tag{8.7}$$

该频率为 DDS 能输出信号的最小频率，这也是系统的频率分辨率，该值既与 DDS 的采样频率 F_s 有关，也和相位累加器的位宽 N 有关，相位累加器位宽 N 越大，则输出的最小频率越低。而最大输出频率则要根据 Nyquist 采样定理，每周期至少采样 2 个点。实际上，每周期只采样 2 个样本恢复得到的信号质量是比较差的，目前 DDS 按照输出信号的频率不大于采样频率的 40% 来设定。

5. FPGA 编程实现

本书中利用 FPGA 来编程实现 DDS 技术。DDS 产生信号的主要功能单元包括频率累加器、相位累加器、加法器、乘法器和查找表（ROM）。DDS 产生信号的主要流程框图如图 8 - 5 所示。DDS 可以在工作频带内生成任意频率的信号，结合频率累加器、加法器和乘法器，可对生成信号进行快速的频率、相位和幅度调制，进而产生一定带宽的多频率信号。

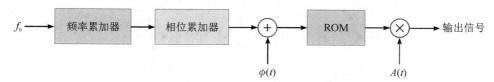

图 8 - 5　DDS 产生信号的主要流程框图

根据余弦函数的相位以 2π 为周期这一特点，累加器的输入、输出位宽设为相等即可，当相位累加器输出数据溢出时，说明 DDS 的输出信号已经经过了一个完整的波形周期。

当 FTW 为常量时，DDS 输出信号是单频信号。这时，可以控制 FTW 按照特定规律变化，就可以输出线性调频信号、扫频信号、跳频信号等，非常便捷。最后，再对查找表输出的信号进行幅度调制，进行一定周期、占空比的数据选通，就可以得到调幅信号、连续波信号或脉冲信号。

图 8 - 5 中 DDS 的相位计算是在每个时钟周期进行一次，则其输出信号也是每个时钟周期计算得到一个样本。该模式下输出信号的频率不会大于相位累加、查找表等模块的时

钟频率。以 FPGA 为例，输出信号的频率不会超过 FPGA 程序中驱动 DDS 各模块的时钟频率，一般而言，FPGA 程序可以稳定工作在 300 MHz 时钟以下，即单通道的 DDS 输出信号的瞬时带宽的理论最大值是 300 MHz，其输出的基带信号的频率在 0~300 MHz 范围内任意可设。

就现代集成电路的发展现况而言，300 MHz 在雷达领域已算不上是非常大的瞬时带宽指标。本书介绍的干扰信号模拟生成系统中采用的高速 ADC 和 DAC，其采样频率设定为 2400 MHz，此时，采用单通道 DDS 输出的信号就需要进行 1:8 插值，将 DDS 输出信号的采样频率变换到 2400 MHz，然后再进行 D/A(数/模)转换。

常规 DDS 生成信号的最大频率不超过 FPGA 时钟的 1/2，为了保证信号的质量，通常不超过 40%。假如干扰信号模拟设备的 ADC 采样频率为 2400 MHz，FPGA 稳定工作的时钟为 300 MHz，利用单通道 DDS 生成信号的最大频率约为 120 MHz，对应宽带噪声信号的瞬时带宽也约为 120 MHz，则 DAC 的高采样频率特性无法被最大化利用。为了产生瞬时带宽大于 300 MHz 的超宽带信号，就需要设计并行结构的 DDS，在每个 300 MHz 时钟周期下同时计算输出信号的 8 个采样点，就能最大限度地利用 DAC 的高采样频率特性。

图 8-6 所示为并行多通道 DDS 的技术原理。并行多通道 DDS 模式下输出信号的数据率等于 DAC 采样频率。并行多通道 DDS 的主要技术难点是在一个 FPGA 时钟周期内，要同时计算 DAC 所需的多个数据样本。图 8-6 中的 DDS 采用并行结构，在一个 FPGA 时钟下同时计算多个 ADC 相位，再并行将相位转换为幅度信息，得到并行排列的信号数据。FPGA 和 DAC 之间的 I/O 接口的速率通常非常高，并且 DAC 也支持并行或者串行的数据传输，这样一来，利用 FPGA 的并行处理特点以及 DAC 的高速接口，就可以最大化利用 ADC 和 DAC 的高采样频率。

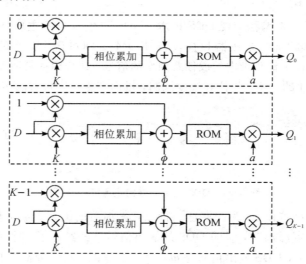

图 8-6 并行多通道 DDS 的技术原理

当 FPGA 时钟频率为 300 MHz 时，需要 8 个单通道 DDS 模块同时工作，实现 2400 MHz 采样频率时的数据输出。相邻两个 DDS 模块之间的相位步进量是相等的，对应着 DAC 采样频率时两个采样点之间的相位差。该并行结构的 DDS 可以最大产生约 1000 MHz 频率范围的信号。

在计算输出信号的频率控制字时,要根据 DAC 的采样频率来计算,计算好的频率控制字在图 8-6 中标记为 D,图中 $K=8$,表示包含 8 个 DDS 模块。此时,DDS 的相位累加器的输入值为 KD,与单通道 DDS 的区别是,并行模式下相位累加步长变为单通道模式下相位累加步长的 K 倍。然后第 $1\sim8$ 个 DDS 模块再依次加上 0、D、$2D$,直到 $7D$ 的初始相位累加值。从表 8-1 中的结果可见,从模块 1 到模块 8,计算得到的相位值是以 D 为公差的等差数列,满足单频信号的相位变化特点。再并行地将这些相位转换为幅度,就得到了满足 DAC 采样频率的数据样本,实现了低时钟频率下并行计算高采样频率数据。

表 8-1　并行 DDS 计算得到的相位值

序号	时钟周期 1	时钟周期 2	时钟周期 3
1	$8D$	$16D$	$24D$
2	$9D$	$17D$	$25D$
3	$10D$	$18D$	$26D$
4	$11D$	$19D$	$27D$
5	$12D$	$20D$	$28D$
6	$13D$	$21D$	$29D$
7	$14D$	$22D$	$30D$
8	$15D$	$23D$	$31D$

接下来将计算好的每个相位再加上初始相位 ϕ,然后用查找表对每个相位进行相位幅度转换,最后对查找表的输出信号进行幅度调制,就可以得到最终的输出信号。对于 FPGA 而言,并行计算、处理数据是它的优势,并行 DDS 结构输出的信号频率可以突破 FPGA 的时钟频率限制,但是相比于单通道 DDS 而言,它消耗的计算资源是单通道 DDS 的 K 倍。

图 8-6 中在每个单通道都对频率控制字进行了 K 倍累加,那么每个单通道都要使用一个累加器来完成该功能。对于每一个 FPGA 时钟周期而言,每个 DDS 通道使用的相位累加结果都是相等的,因此该累加器可以独立工作,将其累加结果赋值给所有通道的 DDS 即可,并行 DDS 的简化结构如图 8-7 所示。由并行 DDS 结构的特点可知,FPGA 需同时计算 DAC 输出信号所需的多个数据样本。

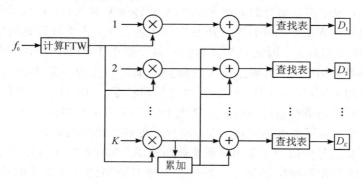

图 8-7　并行 DDS 的简化结构

8.2 正 交 解 调

为了便于干扰信号模拟设备更加灵活地对截获的雷达信号进行调制，主要是考虑到相位调制和移频调制的实现，本书介绍的干扰信号生成是基于复数信号进行处理的。复数信号的引入可以很好地抑制实数信号调制时带来的镜像频率，因此干扰信号模拟设备需要对ADC 采集到的实数信号的数据样本进行 IQ 正交解调处理。首先在 FPGA 内部产生正交的参考信号，参考信号可以利用 DDS 技术产生，相比于模拟方法生成的参考信号，数字信号可以保证更加准确的相位关系。参考信号的中心频率根据算法的不同可以灵活调整，当需要得到零中频信号时，参考信号的中心频率要对准截获的宽带信号的中心频率（通常针对LFM 信号而言）；否则参考信号的中心频率可以设定为固定值，从而得到中心频率不为零的中频信号。FPGA 实现信号正交解调的处理框图如图 8-8 所示，由于参考信号的中心频率可变，因此这里可以同步实现数字下变频的功能。

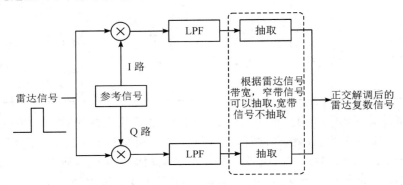

图 8-8　FPGA 实现信号正交解调的处理框图

由于干扰信号模拟设备的 ADC 的采样频率远高于 FPGA 的时钟频率，因此无论是采样信号样本，还是 FPGA 自身产生的参考信号，都要以并行数据格式进行处理，则对实时性要求较高的信号处理算法都需要考虑并行可实现性才能最终在 FPGA 芯片内实现。并行处理的要求限制了部分算法的应用，因此干扰信号模拟设备首先可以对接收到的雷达信号的频率进行测量，根据雷达信号的频率和 FPGA 时钟频率的关系，确定后续正交解调、干扰波形生成等处理步骤是采用并行实现还是串行实现。由于正交解调处理输出信号为相位差为 90°的 I 路和 Q 路信号，因此只要雷达信号的带宽小于 FPGA 的时钟频率，就可以利用抽取算法来降低数据率。并行雷达信号数据经过抽取后变为一路串行信号，此时FPGA可以利用串行处理来实现灵活的算法调制（如卷积调制等），并且能大大减少各种处理算法对硬件资源的消耗。如果雷达信号的带宽是大于 FPGA 时钟频率的，为了尽量保留信号的频域特征，FPGA 就需要采用并行方式进行信号处理和干扰算法调制。

在欺骗式干扰信号生成中会常用到频率调制技术，如假目标干扰信号中的多普勒频率调制、拖引信号的多普勒频率调制等，而频率调制需要用到复数形式的信号样本。例如，ADC 对中心频率为 f_0 的余弦信号进行采样，该信号的表达式为

$$s(t)=\cos(2\pi f_0 t) \tag{8.8}$$

当需要对式(8.8)附加频率为 f_d 的调制量时，首先想到的是生成一个频率为 f_d 的余弦信号，然后与被调制信号相乘，参照模拟混频器的方法来实现频率调制。相乘后的信号表达式为

$$s_r(t) = \cos(2\pi f_0 t) \cdot \cos(2\pi f_d t) = \frac{1}{2}\left[\cos(2\pi(f_0+f_d)t) + \cos(2\pi(f_0-f_d)t)\right]$$

$$(8.9)$$

式(8.9)表明，两个余弦信号相乘后，乘积运算得到的信号中包含 f_0+f_d 频率分量和 f_0-f_d 频率分量。就假目标干扰信号生成而言，使用该步骤来调制多普勒频率时，干扰信号同时包含了正频率和负频率的多普勒频率，这与物理常识相悖。

当 ADC 采样的信号样本经过正交解调处理后，假设其表达式为

$$s(t) = \exp(j2\pi f_0 t) \tag{8.10}$$

而频率调制信号也采用复数形式，仍将频率调制信号和复数雷达信号样本相乘，可以得到：

$$s_r(t) = \exp(j2\pi f_0 t) \cdot \exp(j2\pi f_d t) = \exp(j2\pi(f_0+f_d)t) \tag{8.11}$$

式(8.11)表明，复数形式的乘积运算的输出信号中只包含一个频率分量，符合设计的预期目标。

在只有一个模拟输出端口的情况下，辐射源发射的信号为实数信号，假设该信号的振幅为 A，载频为 f_c，中心频率为 f_0，则该信号的表达式可以写为

$$s_r(t) = \frac{A}{2}\left[\cos(2\pi f_c t) \cdot \cos(2\pi f_0 t) - \sin(2\pi f_c t) \cdot \sin(2\pi f_0 t)\right] \tag{8.12}$$

辐射源对其自身接收到的回波信号进行处理时，首先要去掉式(8.12)中的载频相。正交解调的技术原理是生成 $\cos(-2\pi f_c t)$ 和 $\sin(-2\pi f_c t)$ 两路参考信号，这两路信号源之间相位相差 $90°$，用这两路信号分别与式(8.12)相乘，得到：

$$s_I(t) = \frac{A}{4}\cos(2\pi f_0 t) + \frac{A}{4}\cos(4\pi f_c t)\cos(2\pi f_0 t) - $$
$$\frac{A}{2}\sin(2\pi f_c t) \cdot \sin(2\pi f_0 t) \cdot \cos(2\pi f_c t) \tag{8.13}$$

和

$$s_Q(t) = \frac{A}{4}\sin(2\pi f_0 t) - \frac{A}{4}\cos(4\pi f_c t) \cdot \sin(2\pi f_0 t) - $$
$$\frac{A}{2}\cos(2\pi f_c t) \cdot \cos(2\pi f_0 t) \cdot \sin(2\pi f_c t) \tag{8.14}$$

式(8.13)和式(8.14)中分别包含了中心频率 f_0 分量以及 $2f_c$ 频率分量和 f_0 的混频分量，由于载频 f_c 远大于 f_0，通过设置合理的低通滤波器截止频率，对式(8.13)和式(8.14)进行低通滤波，就可以得到只包含 f_0 的频率分量。

低通滤波后的两路信号分别为

$$s_I(t) = \frac{A}{4}\cos(2\pi f_0 t) \tag{8.15}$$

$$s_Q(t) = \frac{A}{4}\sin(2\pi f_0 t) \tag{8.16}$$

式(8.15)和式(8.16)表明，利用正交的参考信号对单通道接收机采样的数据进行混频

和低通滤波处理，可以得到一组频率相同、相位相差 90°的信号，将式(8.15)所示的信号作为实部，式(8.16)所示的信号作为虚部，构建得到的复数信号为

$$s_0(t) = \frac{A}{4}\left[\cos(2\pi f_0 t) + \mathrm{j}\sin(2\pi f_0 t)\right] = \frac{A}{4}\exp(\mathrm{j}2\pi f_0 t) \qquad (8.17)$$

以上步骤表明，复数信号的建立是通过两路正交的参考信号分别与接收到的信号进行混频，然后将两路低通滤波后的信号组合而成的，是通过数学方法建立的信号表达式。复数的引入会给频率调制、幅度计算、相位计算等信号处理步骤带来方便。

上述步骤中混频时需要生成与信号载波频率相等的参考信号，当载频频率非常高时，可通过模拟电路实现上述步骤。对于数字电路来说，在数字域生成的参考信号其频率不会超过 ADC 的采样频率(实际按照并行 DDS 也可以生成理论上任意高频率的信号，但是超过 ADC 采样频率的信号对数字混频没有意义)。接下来介绍在 FPGA 上实现正交解调处理的步骤。

假设 ADC 的采样频率是 F_s，针对信号频率范围是位于 Nyquist 第一区还是 Nyquist 第二区的情况，理论上数字混频的参考信号可以在 $0 \sim F_s/2$ 或者 $F_s/2 \sim F_s$ 范围内任意设定。混频参考信号可以利用 DDS 技术实现，生成任意频率的参考信号是需要消耗乘法器和存储资源的，根据 cos 信号的周期特性，假设参考信号的频率为 $F_s/4$，在 2π 相位周期范围内余弦函数和正弦函数的取值见表 8-2。

表 8-2　数字混频参考信号的幅度取值

函　数	相　　位			
	0	$\pi/2$	π	$3\pi/2$
cos	1	0	−1	0
sin	0	1	0	−1

从表 8-2 中的结果可见，$F_s/4$ 频率对应的 sin 信号和 cos 信号的取值只有 0、−1 和 +1 三种，这些值对数字下变频时的乘法运算和滤波运算均有益处。此时，乘法就可以用逻辑赋值或者取反来实现，当参考信号为 0 时，则乘法结果设为 0 即可。数字下变频的第二步是进行低通滤波，由于乘法运算后的数据中有 1/2 数据为 0 值，那么，当采用时域卷积方法实现滤波处理时，这部分数据在乘以滤波器系数时也可以省略。需要说明的是，一般对低通滤波输出的信号进行 2 的幂次抽取，在进行卷积运算时，在进行数据延时反转时只需要考虑延时量为 2 的幂次情况下的计算结果。当乘法输出信号的延时量为 2 的整数次幂值时，数据为 0 的值在时间轴上都是对齐的，因此可以很好地利用 1/2 数据为 0 这一特点设计滤波器，从而在卷积运算时约 1/2 的乘法器。

首先分析数据串行输入时的正交解调处理技术，然后再介绍正交解调处理的并行实现。数字解调的串行实现要求是 FPGA 时钟频率大于 ADC 采样频率，一般应用于采样频率低于 200 MHz 的情况。在图 8-9 所示的串行正交解调中，无论是混频的乘法运算，还是低通滤波的卷积运算，都可以按照一个 FPGA 时钟周期计算处理一个采样点来实现，这样比较直观，易于读者理解正交解调的技术特点。从图 8-9 中可以看出，首先在 300 MHz 时钟下完成混频和低通滤波处理，然后再按照 1∶2 抽取得到 150 MHz 的 IQ 数据。那么，能不能以 150 MHz 时钟来并行完成混频和滤波处理呢？如果可以，就不需要对滤波输出信号

进行抽取了。因为抽取会改变输出信号的采样频率，对 FPGA 而言，改变采样频率意味着数据要进行跨时钟域处理，处理不好会产生亚稳态，因此尽量在一个时钟域完成主要的信号处理步骤。混频处理的并行实现很好理解，生成并行的参考信号进行相乘计算即可。并行实现滤波处理需要用到多相滤波器结构，后文会详细介绍。

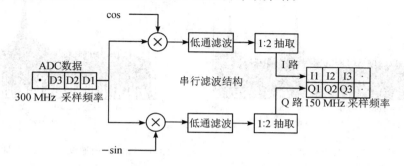

图 8 - 9　串行正交解调

假设 ADC 采样频率为 300 MHz，输入信号是频率为 100 MHz 的正弦信号，混频参考信号的频率为 −75 MHz，对 100 MHz 信号进行采样量化后的频谱如图 8 - 10 所示。由 Nyquist 采样定理和余弦信号的傅里叶变换特性可知，一个频率为 f_0 的信号经采样频率为 F_s 的信号采样后，采样样本中既包含了信号的原始频率，又包含了 $F_s - f_0$ 的频率分量，100 MHz 信号经过采样后的镜像信号的频率是 200 MHz。

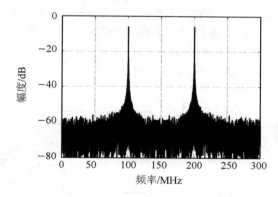

图 8 - 10　对 100 MHz 信号进行采样量化后的频谱

经过数字混频处理后输出信号的频谱如图 8 - 11 所示。从图中可以看到有两个频率分量，分别是 25 MHz 和 125 MHz。25 MHz 信号很好理解，它是由 100 MHz 的信号与 −75 MHz 参考信号混频得到的，而 125 MHz 的频率分量是镜像信号频率与参考信号混频后得到的。

低通滤波的作用之一就是滤除镜像信号的混频结果，当对低通滤波输出信号进行 1∶2 抽取后，可知输出信号的频率范围是 −75∼+75 MHz，那么理论上低通滤波器的截止频率可以设为 75 MHz。低通滤波并按 1∶2 抽取后输出信号的频谱如图 8 - 12 所示，此时只保留了 25 MHz 的频率分量，并且在 −75∼+75 MHz 范围内只有该频率分量，这就是正交解调引入复信号的优势之一，在频谱显示时可以直观地显示被测信号的频率。如果不采取正交解调，假设利用下变频后的数据生成频谱分析仪所需的数据，就会有两个频率分量，影响人们对观测信号频率特性的判断。

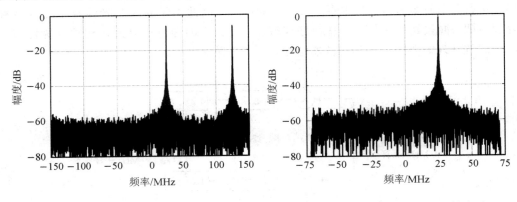

图 8-11 数字混频处理后 　　　　图 8-12 低通滤波并按 1:2 抽取后
输出信号的频谱 　　　　　　　　　输出信号的频谱

　　接下来介绍当 ADC 采样频率高于 FPGA 时钟频率时的数字正交解调方法，正交解调的并行实现框图如图 8-13 所示。图中 ADC 采样数据按照 2400 MHz 采样频率输入，首先与参考信号进行乘法运算，参考信号的采样频率与 ADC 采样频率相同，参考信号按照其周期（周期为 4）在 FPGA 内并行排列。当 FPGA 的时钟频率为 300 MHz 时，每个 FPGA 时钟周期内包含 8 个 ADC 采样周期的参考信号，即包括 8 个采样点。由于混频信号的特殊取值特性，混频处理的并行实现非常简单，以图 8-13 中 cos 信号对应的混频处理来说，将并行 ADC 数据的第 1 行直接赋值给输出信号，将 ADC 的第 2 行和第 4 行数据全部置 0，将 ADC 的第 3 行数据作取反运算后作为输出信号。对第 5~8 行数据的处理与第 1~4 行相同，同样，对应的 sin 信号混频处理也有类似特点。

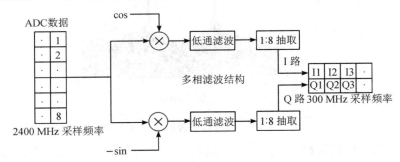

图 8-13 正交解调的并行实现框图

　　然后将混频后的数据进行滤波处理，并行信号的滤波处理要用到多相滤波结构，这里对多相滤波技术进行详细介绍。由于滤波处理后输出的信号还要按照一定比率进行抽取，因此在高采样频率条件下的卷积运算结果中，不是每个采样点都需要保留的。在 FPGA 并行实现下变频处理时，假设时钟频率为 300 MHz，那么 ADC 采集的数据进行滤波处理后，还需要进行 1:8 抽取，得到 300 MHz 采样频率的输出信号，每 8 个采样点的计算结果只保留一个，是不是可以只计算 1:8 抽取后的那一路信号呢？

　　首先分析对输出信号进行 1:2 抽取时的卷积运算处理过程。假设输入信号的采样频率是 300 MHz，对滤波结果进行 1:2 抽取，且 FPGA 的时钟频率设置为 150 MHz。简单起见, 假设滤波器的系数为 8 个, 则串行卷积运算的前 8 个采样点的计算过程如图 8 - 14 所示, 图中的时钟频率为 150 MHz。对于 150 MHz 时钟而言, 每个时钟周期包含了 2 个 300 MHz 时钟下滤波输出的采样点, 代表了 300 MHz 时钟下进行计算得到的滤波结果。在进行 1∶2 抽取时, 我们先看一下图 8 - 14 中的偶数采样点。

时钟1 D1×C1 D2×C1+D1×C2	时钟2 D3×C1+D2×C2+D1×C3 D4×C1+D3×C2+D2×C3+D1×C4

D5×C1+D4×C2+D3×C3+D2×C4+D1×C5　　　　　　　　　　　　　　时钟3
D6×C1+D5×C2+D4×C3+D3×C4+D2×C5+D1×C6

D7×C1+D6×C2+D5×C3+D4×C4+D3×C5+D2×C6+D1×C7　　　　　　时钟4
D8×C1+D7×C2+D6×C3+D5×C4+D4×C5+D3×C6+D2×C7+D1×C8

图 8 - 14　串行卷积运算的前 8 个采样点

由于输出信号的采样频率为输入信号采样频率的 1/2, 那么, 将输入数据并行排列为 2 组, 每个时钟对应 2 个采样点, 一组代表偶数采样点, 一组代表奇数采样点。将滤波器系数分别对应到奇数和偶数采样点上并且分为两组, 然后对两组数据进行卷积运算, 1∶2 抽取的多相滤波结构如图 8 - 15 所示。从图 8 - 15 中的结果可见, 当所有采样点都参与卷积运算后, 将两组数据进行加和就可以得到图 8 - 14 中时钟 4 的第 2 个采样点, 也就是对高采样频率下计算得到的滤波输出信号按照 1∶2 抽取后的结果。由于两个并行的卷积运算都是按照低速时钟运行的, 在 FPGA 中实现时就可以降低设计难度。

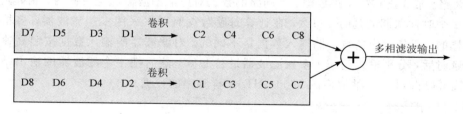

图 8 - 15　1∶2 抽取的多相滤波结构

1∶2 抽取的多相滤波结构只是一个特例, 实际上可以对高采样频率的数据按照任意比率进行抽取。在嵌入式系统中, 一般按照 1∶2、1∶4、1∶8 等比率进行抽取, 抽取倍数是 2 的整数次幂。假如要对数据进行 K 倍抽取, 则把高采样频率的数据分为 K 组, 将滤波器系数也分为 K 组, 按照原始滤波器系数按顺序分别放置在 K 组滤波器中。通用形式的 1∶K 抽取的多相滤波结构如图 8 - 16 所示。

从多相滤波器的原理可知, 其本质是将高采样频率下的卷积运算分为 K 个并行的卷积运算来实现, 然后将所有卷积运算结果进行加和来得到抽取后的数据。假设滤波器的系数为 L 个, 则串行实现卷积运算时需要 L 次乘法和 $L-1$ 次加法。将原始滤波器分为多相滤波结构后, 假设分为 K 组, 则每组滤波器系数为 L/K 个, 这里假设 L 能够被 K 整除。每

一组滤波器需要 L/K 次乘法和 $L/K-1$ 次加法，考虑到将 K 组滤波器输出结果进行加和需要 $N-1$ 次加法，则多相滤波器一共需要 L 次乘法和 $L-1$ 次加法。由此可见，卷积运算的乘法和加法次数没有改变，对于 FPGA 的硬件乘法器的需求没变。但是，多相滤波结构将原本要在高采样频率下计算的数据转换到低采样频率下实现，降低了设计难度，这种思想对 FPGA 进行高速数字信号处理是很重要的。

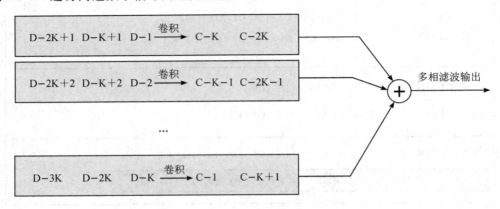

图 8-16 1:K 抽取的多相滤波结构

接下来讨论分析对数据进行抽取后，数据的采样频率仍然高于 FPGA 时钟频率时，如何设计与实现对应的多相滤波器。本书介绍的干扰信号模拟系统，ADC 的采样频率为 2400 MHz，经过正交解调处理以及 1:2 抽取后，得到的 IQ 信号的采样频率为 1200 MHz，当 FPGA 时钟频率为 300 MHz 时，仍需按照 1 个时钟周期处理 4 个 IQ 采样数据来设计，此时，正交解调时采用的多相滤波器需要稍作改变。

假设滤波器的系数为 8 个，图 8-17 所示为前 8 个卷积计算结果按照 1:2 抽取后的 4 个计算结果，保留了偶数采样点的数据。为便于描述，图中从上到下的每一行定义为第 1 路、第 2 路、第 3 路和第 4 路数据。不同路的数据对应的滤波器都是一样的，相邻路的数据之间有 2 个时钟周期的延时，那么，在计算每路数据时可以采用多相滤波器，多相滤波器都是一样的，但是对应的每一路输入数据是不同的。对滤波器的输入数据按照高速采样时钟进行延时后，分别输入到 4 个多相滤波器进行滤波，然后把 4 个滤波器的输出结果组合起来，就可以得到1:2 抽取后的 1200 MHz 采样频率的数据。

D2×C1+D1×C2+0×C3+0×C4+0×C5+0×C6+0×C7+0×C8

D4×C1+D3×C2+D2×C3+D1×C4+0×C5+0×C6+0×C7+0×C8

D6×C1+D5×C2+D4×C3+D3×C4+D2×C5+D1×C6+0×C7+0×C8

D8×C1+D7×C2+D6×C3+D5×C4+D4×C5+D3×C6+D2×C7+D1×C8

图 8-17 1:2 抽取后的前 4 个计算结果

I 路和 Q 路数据的处理过程都是一样的，结合前述多相滤波器的设计与实现，得到高采样频率条件下的 1∶2 抽取滤波的并行实现，如图 8-18 所示。需要说明的是，图中的延时是在高采样频率时钟下完成的，需要将并行排列的 ADC 数据重新组合，以满足图中对延时的要求。为实现图 8-18 中的正交解调，得到较低采样频率的输出数据，需要多个多相滤波器对不同延时的数据并行进行滤波，每个多相滤波器均是按照 1∶8 抽取率进行设计的，因此就需要更多的计算资源。图 8-18 使用了 4 个多相滤波器，再考虑对 I 路和 Q 路的处理，正交解调一共需要 8 个多相滤波器。当滤波器阶数较高时，并行滤波对乘法器资源的消耗是比较大的。

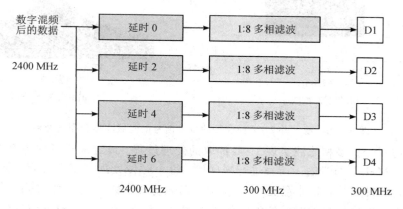

图 8-18　高采样频率条件下的 1∶2 抽取滤波的并行实现

　　接下来利用仿真实验来分析多相滤波实现 1∶2 抽取的处理过程。设定采样频率为 300 MHz，处理时钟为 150 MHz，即对输入信号进行采样后，每个时钟处理 2 个采样点。输入信号为载频 10 MHz 的脉冲信号，脉冲宽度为 10 μs，得到滤波处理前的输入信号的时域波形和频谱结果如图 8-19 所示。

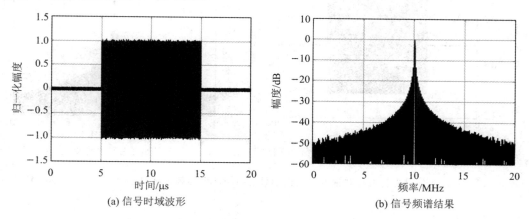

(a) 信号时域波形　　　　　　　　　(b) 信号频谱结果

图 8-19　滤波处理前的输入信号的时域波形和频谱结果(采样频率为 300 MHz)

　　设定 1∶2 抽取后的输出信号的采样频率为 150 MHz，滤波器的截止频率为 50 MHz，按照图 8-15 中的多相滤波处理方法对滤波器的系数进行并行排列。采样后的信号分成 2 路，每一路信号分别与并行排列的滤波器的系数进行卷积运算，然后将 2 路信号进行加和得到 1 路输出信号，此时输出信号的采样频率变为 150 MHz，得到滤波并 1∶2 抽取后的输出信号的时域波形和频谱结果如图 8-20 所示。由结果可见，滤波抽取处理后的输出信号的时域波形和频率特征均正确保留了信号的固有特征，验证了多相滤波处理仿真的正确性。

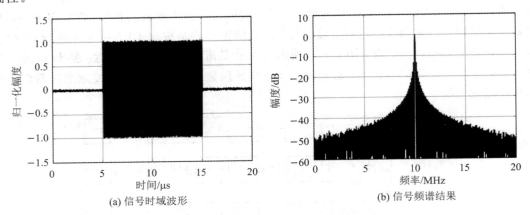

(a) 信号时域波形　　　　　　　　　　　　(b) 信号频谱结果

图 8-20　滤波并 1：2 抽取后的输出信号的时域波形和频谱结果

接下来仿真分析多相滤波实现 1：8 抽取的处理过程。设定采样频率为 2400 MHz，处理时钟为 300 MHz，即对输入信号进行采样后，每个时钟处理 8 个采样点。输入信号为载频 10 MHz 的脉冲信号，脉冲宽度为 10 μs，与前述仿真参数设定一致。对输入信号进行滤波和抽取后得到输出信号的时域波形和频谱如图 8-21 所示。无论输出信号的采样频率为 150 MHz 还是 300 MHz，输出信号的采样频率与输入信号的频率之间均满足 Nyquist 采样定理，因此从时域和频域来看，均能验证多相滤波处理的正确性。

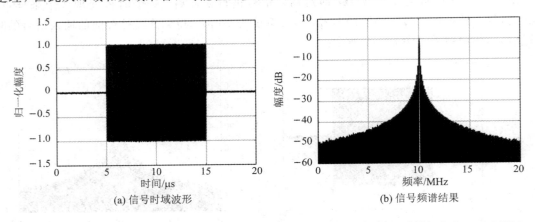

(a) 信号时域波形　　　　　　　　　　　　(b) 信号频谱结果

图 8-21　对输入信号进行滤波和抽取后输出信号的时域波形和频谱结果（采样频率为 2400 MHz）

8.3　卷　积　调　制

对于能模拟生成超宽带信号的干扰信号模拟设备来说，由于 ADC 的采样频率远高于 FPGA 的工作时钟频率，因此 FPGA 是将多个采样数据拼接形成并行数据后再进行存储和处理。当需要利用这些并行存储的信号进行卷积调制，并实现信号的流水线输出时，在

FPGA 中实现是有一定难度的。当截获的雷达信号带宽较小时，常规处理办法是对高采样频率数据进行混频、抽取和低通滤波，使高采样频率下获得的信号样本变为与 FPGA 时钟速率相匹配的串行信号，之后再与调制信号进行卷积运算得到干扰信号，串行实现的卷积运算流程如图 8-22 所示。

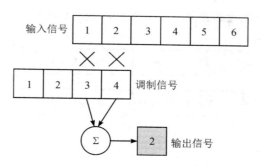

图 8-22　串行实现的卷积运算流程

　　由卷积运算原理可知，需要对参与卷积运算的一个信号进行时域翻转，同时对另一信号进行移位，再将两个信号在时域重叠的部分按对应位置先进行乘法运算，最后对乘法运算结果进行加和。对于卷积调制干扰信号而言，用于调制的信号是已知的，而截获的雷达信号可能时刻在变化，因此可以将调制信号进行时域翻转后存储在 FPGA 内，等待雷达信号到来后将其读取以进行卷积运算。图 8-22 中的 1、2、3 等数字指代的是输入信号或输出信号的第 1、第 2、第 3 个数据样本，以此类推。当两个信号在时域重叠时才会得到对应的卷积计算结果，因此图 8-22 中输出信号左侧的 2 指的是卷积运算得到的第 2 个计算结果样本，以上数字不代表真实数值。对于 FPGA 而言，卷积运算的点数需要确定下来，因为涉及对乘法器和加法器的分配。卷积运算的长度可以由调制信号的样本最大长度及 FPGA可用的乘法器资源来最终确定。当需要改变调制信号时，如果当前调制信号的样本点数小于卷积运算的最大长度，则对当前调制信号样本进行补 0 即可。

　　滤波抽取方法对单频雷达信号或者其他窄带雷达信号而言是可行的，但是从某种程度上讲，抽取后的信号等效降低了高速 ADC 的性能，使干扰信号模拟设备的瞬时工作带宽大打折扣。同时，如果雷达信号是大时宽带宽积信号（如宽带 LFM 信号），再对数据进行抽取，就无法高保真地存储、转发雷达信号，生成干扰信号的相参性会受到严重影响。

　　当卷积干扰信号针对的是宽带雷达信号时，需要对卷积调制运算方法进行设计，通过分析卷积运算的移位、相乘、叠加原理特性，结合 8.2 节介绍的并行多相滤波器结构，可以设计卷积调制干扰信号的并行实现结构。将并行多相滤波器结构中的滤波器系数替换为调制信号后，就可以实现卷积干扰信号的并行生成。之后根据 ADC 采样频率与 FPGA 时钟的比值来确定每次输入数据的移位量，即可实现并行的卷积调制运算。

　　由于不需要对卷积调制干扰信号的计算结果进行抽取，因此相邻两路输入信号之间的延时量为 1 个 ADC 采样时钟周期。当卷积输入/输出信号的采样频率与 FPGA 时钟频率之比为 K 时，需要将 ADC 采样的样本分成 K 路信号，第 1 路信号的延时量为 0，第 2 路信号的延时量为 1 个 ADC 采样时钟周期，第 K 路信号的延时量为 $K-1$ 个 ADC 采样时钟周期。然后将每路信号输入到 $1:K$ 抽取的多相滤波器，只不过该多相滤波器的系数是调制信号。对于 FPGA 而言，多相滤波器的实现也是并行的，只不过将 K 个并行计算的结果进行整合来得到并行卷积运算需要的计算结果。理解并行实现的设计理念，有助于在 FPGA 上实现不同的并行信号处理。当 FPGA 时钟频率为 300 MHz，ADC 采样频率为 2400 MHz 时，K 取值为 8，图 8-23 所示的卷积调制的并行实现结构在每个时钟周期可得到 8 个计算结果，则输出信号的采样频率为 2400 MHz，实现了宽带信号的流水线输出。在进行干扰信号模拟生成时，该特性有助于边接收边发射干扰信号，可以大大提升干扰信号的反应速度。

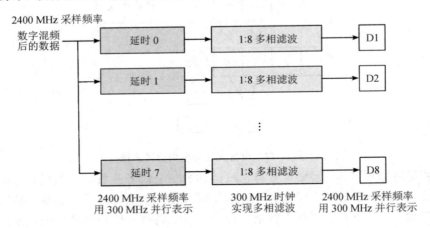

图 8-23 卷积调制的并行实现结构

由于卷积运算中同时进行的乘法运算次数与调制信号的长度有关，假设调制信号为 N 点，那么在一个时钟周期内，需要进行 N 次乘法运算，并对 N 次乘法输出结果进行加和运算。因此，当串行实现卷积调制干扰信号时，至少需要 N 个硬件乘法器。在并行实现时，根据 ADC 采样频率和 FPGA 时钟频率的比值，乘法器的消耗还要呈倍数增长。假设卷积调制信号的长度为 L，图 8-23 中的多相滤波器将 L 点信号分为 K 组，每一组包含 L/K 个信号样本。假设乘法和加法全部用硬件乘法器实现，则每个多相滤波器消耗的乘法器为 $2L-1$ 个。由于并行卷积需要同时处理 K 路信号，则总共需要 $(2L-1)K$ 个乘法器。

例如，当 $L=128$，$K=8$ 时，需要 2040 个乘法器。完成 128 点的并行卷积运算需要的乘法器个数，对 Xilinx FPGA 来说，需要选用 Virtex-7 系列或 UltraScale 系列中的高端型号才能满足需求。当 ADC 采样频率为 2400 MHz 时，128 点的调制信号对应的脉冲宽度为 0.053 μs，利用卷积调制实现压制式干扰时，理论上最大的距离覆盖范围是 8 m。因此，并行卷积调制干扰信号用于实现压制式干扰时，可能需要多个 FPGA 联立处理，通过增加调制信号的点数来拓展干扰信号的覆盖范围。考虑到常规雷达信号的带宽远小于 2400 MHz，应优先考虑滤波抽取方法来串行生成卷积调制干扰信号，来减少对乘法器资源的消耗。当雷达信号是超宽带信号时，需要用到并行卷积调制方法以生成超宽带卷积干扰信号，因此并行卷积结构的一个可能应用场景是欺骗式干扰场景。

8.4 移 频 调 制

考虑到雷达多采用 LFM 信号，由于该信号经过匹配滤波处理时存在时延、频率耦合特性，移频调制干扰信号常用来校正干扰信号在距离上的位置，通过对截获的雷达信号附加不同的频率调制,可以精确控制假目标的各个散射点的位置变化。相比于延时调制来改变假目标的距离而言,频率调制生成的干扰信号可以实现更加精细的距离控制,根据调制信号的频率大小,还可以实现假目标的前移和后移,这是延时调制所不能比拟的。当干扰信号模拟系统意图对假目标实现精确的速度控制和位移控制,以产生运动轨迹稳定的假目标时,延时调制的精度较难满足要求。干扰信号模拟系统的延时精度可以达到 ns(纳秒)级,比如 300 MHz 时钟可以提供 3.3 ns 的延时精度,对应距离精度为 0.5 m。当二维成像雷达对目标进行成像时,距离分辨率理论值可以达到 cm(厘米)级,此时利用延时调制来生成假目标图像是不够逼真的。

8.2 节介绍了实数信号混频调制的特征和正交解调的技术原理,对正交解调输出的复数信号,与复数信号形式的频率调制信号进行相乘,乘法输出信号的频率就等于两个信号的频率之和。实际上,由于复数乘法需要 4 次乘法和 2 次加法,即使简化后的运算也需要 3 次乘法和 2 次加法,至少需要 5 个硬件乘法器。由复数理论可知,两个复数$(a+bj)$和$(c+dj)$相乘其结果等于$(ac-bd)+(bc+ad)j$,最直观的 FPGA 实现形式就是用 4 个乘法器分别对雷达信号的 I 路、Q 路与调制信号的 I 路、Q 路进行相乘,再利用 3 个加法器对 4 个乘法结果进行分组相加,得到 I 路和 Q 路干扰信号。复数乘法实现移频调制的原理框图如图 8-24所示。

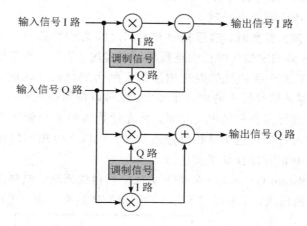

图 8-24　复数乘法实现移频调制的原理框图

当两个复数幅度相等时,复数乘法运算实际上对应着两个信号相位的加和,对于干扰信号模拟设备截获的雷达信号而言,对信号幅度展开测量可以用于分析接收到的雷达信号的功率大小,以及为假目标信号的幅度大小控制提供参考。既然假目标信号、噪声干扰信号以及其他干扰信号的幅度都需要进行调制,那么在对正交解调后的信号进行处理时,可以只保留信号的相位信息,从相位角度展开频率调制后,再将相位转换为干扰信号的时域波形进行输出。通过相位调制实现频率调制、相位调制等干扰信号是非常便捷的。利用相位调制方法对雷达信号进行移频调制的实现过程如图 8-25 所示,图中给出了利用 FPGA进行移频调制时对应的资源消耗。以 Xilinx FPGA 的资源为例,其专用硬件乘法器名称为DSP48E,存储资源有分布式随机存储器和块随机存储器等,其中块随机存储器即 BlockRAM,简称 BRAM。在软件编程开发阶段就要评估一段功能代码所需的硬件乘法器和存储资源,最终确定该代码能否在 FPGA 上实现。

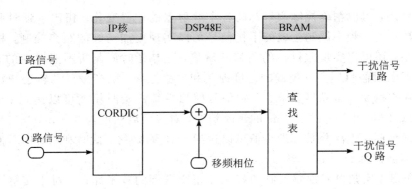

图 8 - 25　移频调制的 FPGA 实现

　　正交的 I 路和 Q 路信号可以表示为 $I=\cos\phi$ 和 $Q=\sin\phi$，其中 ϕ 表示信号相位，可以利用 arctan 函数计算得到该值，而 arctan 运算可以通过 CORDIC 算法实现，在 FPGA 内有 IP 核可供使用。根据对复数信号的频率调制特性，在 FPGA 内生成与调制频率相对应的调制相位，将调制相位和雷达信号样本的相位进行相加就完成了相位调制，加法运算结果即为频率调制后信号的相位。最后需要将信号相位转化为幅度值，既可以采用 CORDIC 算法实现 sin 函数值和 cos 函数值的计算，也可以构建相位、幅度查找表来实现，具体应根据 FPGA 的资源和计算速度要求来确定。

　　当调制信号的载频为常数时，信号相位与时间之间为线性关系，那么，线性调制相位的生成可以利用 DDS 对固定步长的相位进行累加来实现。从几种典型干扰信号的相位调制生成实例来看，相参噪声干扰信号的调制相位是按照伪随机数变化的，调制相位取值为 0 或者 π，将该相位与雷达信号样本的相位相加后，就可以得到相参噪声干扰信号的相位。在对多假目标干扰信号进行多普勒频率调制时，首先计算得到多普勒频率对应的相位值，然后将多普勒相位与延时后的雷达信号相位进行加和。由以上应用实例可知，从相位角度实现信号的频率调制是非常方便且易于实现的。

　　接下来给出在 System Generator 环境下实现信号相位调制的具体步骤。图 8 - 26 所示为信号幅度、相位转换模块，主要通过调用 CORDIC IP 核来实现。可以看到，在 I 路和 Q

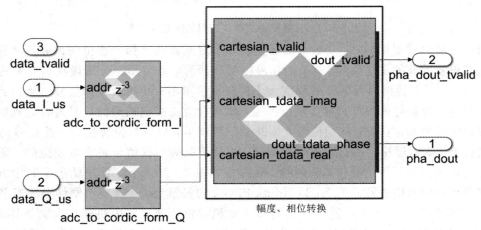

图 8 - 26　信号幅度、相位转换模块

路数据输入 CORDIC 模块之前还进行了数据预处理步骤，这是因为 ADC 采样数据、正交解调输出信号一般采用无符号数/有符号整数对信号进行量化表征，而 CORDIC IP 核要求输入数据为归一化后的、带有小数点位的数据。例如，假设正交解调输出信号和 CORDIC IP 核的数据均采用 8 bit 量化，正交信号将幅度最大的信号表示为"01111111"，而 CORDIC 要求的输入数据整数位包含 2 位，其余均是小数位，其将幅度最大的信号量化表征为"01000000"。由于两种数据的量化格式存在差异，因此图 8-26 使用查找表对输入信号进行格式转换，使其满足 CORDIC 对输入数据的格式要求。

　　假设数据样本的采样频率是 300 MHz，输入信号为单载频复数信号，其频率为 10 MHz，图 8-27 所示为载频为 10 MHz 的复数信号的频谱结果。输入信号的时域波形如图 8-28(a)所示，图 8-28(b)为利用 CORDIC IP 核计算得到的信号相位。在 System Generator 中将 IP 核配置为输出归一化的相位，-1～+1 数值代表 -π～+π。单频信号的相位是线性变化的，由于相位在 0～2π 范围内具有周期特性，所以图中相位呈现锯齿波的变化特性，这是因为相位值大于 π 以后，就将该数值减去 2π 使其位于[-π,0]区间。

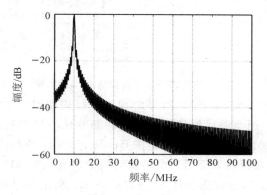

图 8-27　载频为 10 MHz 的复数信号的频谱结果

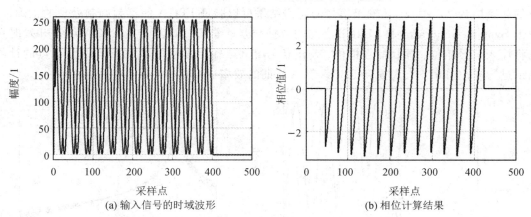

(a) 输入信号的时域波形　　　　　　　　　(b) 相位计算结果

图 8-28　载频为 10 MHz 的复数信号的相位计算结果

　　在对输入信号进行移频调制时，首先要设置需要的频率调制量，再将该频率值转换为 DDS 需要的频率控制字，即为频率调制信号的相位累加步长。当移频量是固定值时，对应的调制信号的相位是按照线性变化的，那么对应的相位累加步长是固定值，则调制信号的相位可以用累加器便捷地产生，也就是说利用 DDS 原理得到累加后的相位即可。线性调制相位的 FPGA 实现如图 8-29 所示，该例中，相位累加器的位宽设为 24 bit。累加器的输出同样也为 24 bit，当相位值累加到数据动态范围的最大值后，使其溢出即可。

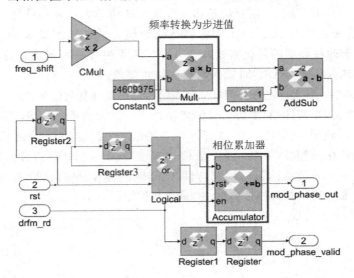

图 8-29　线性调制相位的 FPGA 实现

计算得到调制相位后，将其与输入信号的相位进行相加即可。由于移频调制量可能为正数，也有可能为负数，因此输入信号的相位和调制相位均采用有符号数。当加法运算的结果超出量化位宽时，考虑到相位的取值范围是 $[-\pi, +\pi)$，令加法结果溢出即可。

利用 FPGA 完成移频调制处理后，将调制后的信号导出到 Matlab 环境下进行频谱分析。移频调制输出信号的时域波形如图 8-30(a) 所示，输出信号的频谱如图 8-30(b) 所示。输入信号的频率为 10 MHz，移频调制量为 10 MHz，理论上经过移频调制后的输出信号的频率应为 20 MHz，从输出信号的频谱结果可以验证 FPGA 的移频调制处理的正确性。由于 System Generator 和 Matlab 之间的数据交互非常方便，因此在 FPGA 编程开发时可以将输入信号相位、调制信号相位、输出信号相位、输出信号时域波形等每个节点的计算结果进行导出分析，大大提高 FPGA 算法验证的效率。

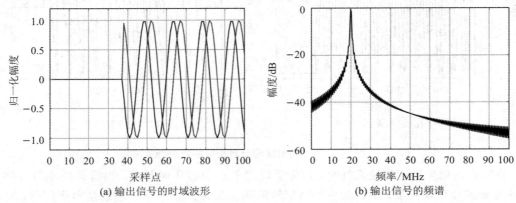

(a) 输出信号的时域波形　　　　　　(b) 输出信号的频谱

图 8-30　FPGA 进行移频调制处理后输出信号的波形和频谱

8.5　伪随机序列生成

伪随机数在干扰信号生成中有着重要作用,既可以用来生成相参噪声干扰信号,也可以控制假目标信号的幅度、间隔以及间断噪声信号的周期、脉宽等。对于数字调制生成的干扰信号而言,当无法使用干扰信号模拟设备中的模拟噪声源时,是无法生成随机数的,只能利用数学方法生成具有一定周期的伪随机数,但是这些伪随机数由于具有随机数的部分特性,因此在干扰信号模拟领域得到了重要应用。

对于伪随机数来说,其衡量指标主要包括均匀性、相关性和周期性[2]。均匀性是指伪随机数服从均匀分布,即每个数值出现的概率均相等。相关性用来衡量各个随机数之间是否相关。周期性是指伪随机序列经过多少个数值后开始重复。常见码伪随机序列包含巴克(Barker)码、M 序列码等,巴克码具有非常理想的非周期自相关函数,其主副瓣比等于压缩比,即序列长度,因此巴克码称为最佳二元序列[3]。但是巴克码的数目很少,其中序列的最大长度为 13,由于巴克码的数量太少,所以本书没有采用巴克码作为各种参数控制的伪随机源。

用于生成伪随机数的方法很多,包括线性同余发生器、非线性同余发生器、线性反馈移位寄存器(LFSR)等[3],考虑到 FPGA 生成伪随机数的工程实现难度,本书采用 LFSR 方法生成 M 序列。LFSR 包括移位寄存器和反馈函数,用于生成 M 序列的线性反馈移位寄存器如图 8-31 所示。LFSR 在使用之前需要初始化,初始化值可以是全"1"或者"1"和"0"的任意组合,而全"0"组合除外,因为此时会造成 LFSR 的输出数值一直为"0"。对 LFSR 而言,只有连接方式满足本原多

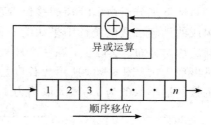

图 8-31　用于生成 M 序列的
线性反馈移位寄存器

项式时,才能输出最大长度的 M 序列。参考文献[3]给出了用于生成 M 序列的反馈输入的连接方式。M 序列的级数有很多,对本书来说,级数选择 8~13 级即可,可以生成长度为 255~8191 的 M 序列,满足多种干扰信号模拟生成的需求。

对 LFSR 来说,在时钟的驱动下,寄存器内的数据由低位向高位进行顺序移位,然后根据本原多项式的要求,对某几位的数据进行模 2 相加,将计算结果填入寄存器的最低位。此时,寄存器的高位输出即为 M 序列的码元值,根据二元序列的特性,只有 0 和 1 两个取值。需要说明的是,LFSR 的反馈输入连接可能不止一位,当反馈输入为 2 位时,可以用异或运算(XOR)代替模 2 运算,便于 FPGA 实现。

由于 M 序列在每个时钟只输出 1 bit 数据,直接用该值来生成相参噪声信号的调制相位是可以的,因为调制相位也只有两个取值,但是该值显然无法胜任对假目标间隔、幅度等参数的调制。一种简单的方法是从移位寄存器中连续取某几位组成一个二进制数,该数值经过归一化处理以及其他量化范围处理后,可以得到具有多个取值的伪随机数。但是,由于移位寄存器每移位一次,只有 1 bit 发生变化,这样生成的伪随机数之间具有较强的相关性,可能不满足随机数完全不相关的某些应用场合的要求。虽然该方法得到的伪随机数

有一定局限性，但是对于干扰信号模拟生成来说，干扰信号是多种参数制约条件下合成的信号，伪随机数在干扰信号生成过程中只起到一定的作用，不是影响干扰信号特性的决定性因素。并且，对于被干扰方而言，对干扰信号展开特性分析也是需要花费一定时间的，干扰信号的波形的随机性特征是大于其伪随机性特征的，在不消耗更多的计算资源用于生成优质的随机数时，采用 LFSR 来生成伪随机数是一种比较经济的方法。

利用 LFSR 生成的长度为 127 的 M 序列如图 8-32 所示。从时域波形来看，M 序列是取值在"0"和"1"之间伪随机跳变的二元序列，且"0"或"1"的持续时间有长有短，持续时间最长时对应的码元个数称为伪随机序列的游程。生成长度为 127 的 LFSR 包含 7 bit 的移位寄存器，该寄存器对应的二进制数转换为十进制数后，最大值即为移位寄存器全为"1"时，对应的十进制数为 127。由于移位寄存器不能全为"0"，所以对应的十进制最小取值是 1，而不是 0。

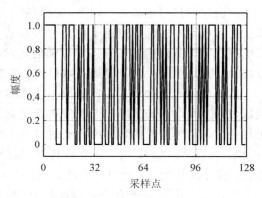

图 8-32　长度为 127 的 M 序列

接下来分析由 LFSR 的移位寄存器组成的伪随机数的统计特性，长度为 127 的 M 序列构成的伪随机数的统计结果如图 8-33 所示。从结果可见，在每个统计区间内，该伪随机数满足均匀分布。实际上，在一个序列周期内，移位寄存器对应的十进制数在 1～127 范围内只出现 1 次。图 8-34 所示为长度是 1023 的 M 序列构成的伪随机数的统计结果，该组伪随机数的最小取值为 1，最大取值为 1023，在 1～1023 取值范围内符合均匀分布。

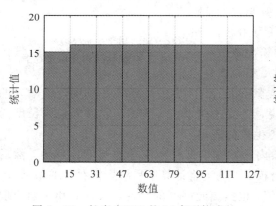

图 8-33　长度为 127 的 M 序列构成的
伪随机数的统计结果

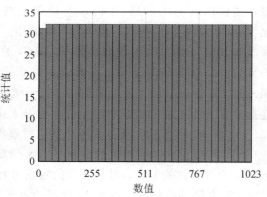

图 8-34　长度为 1023 的 M 序列构成的
伪随机数的统计结果

8.6　LFM 信号的时频耦合特性

在针对 LFM 雷达生成干扰信号时，常利用 LFM 信号在作匹配滤波处理时的时频耦合特性来对干扰信号的特性进行分析，因此本节主要介绍经过移频调制后的 LFM 的匹配滤波输出结果。首先从雷达信号的模糊函数着手展开分析，模糊函数不仅表示了雷达信号固有的分辨能力[5]，还表示了雷达发射该信号后所能获得的距离、速度的测量精度等，体现了某一类型信号的固有特征。

假设雷达信号为 $s(t)$，其模糊函数定义为[6]

$$\chi(\tau, \xi) = \int_{-\infty}^{+\infty} s(t)s^*(t - \tau)e^{-j2\pi\xi t} dt \tag{8.18}$$

模糊函数主要反映了信号与延时的、经过频率调制的、共轭的信号样本之间的关系。假设 LFM 信号的匹配滤波参考信号为 $h(t) = s^*(-t)$，式(8.18)经过变换后可以写为[6]

$$\begin{aligned}\chi(\tau, \xi) &= \int_{-\infty}^{+\infty} \left[s(t)e^{-j2\pi\xi t}\right] \cdot s^*(t - \tau) dt \\ &= \int_{-\infty}^{+\infty} s_j(t) \cdot h(t - \tau) dt \\ &= s_j(t) \bigotimes h(t)\end{aligned} \tag{8.19}$$

其中，$s_j(t) = s(t)e^{-j2\pi\xi t}$ 表示多普勒频率为 $-\xi$ 的目标回波信号，而 $\chi(\tau, \xi)$ 则视为该信号的匹配滤波处理结果。

由参考文献[5]可知，LFM 信号的模糊函数为

$$A(t, f_d) = \left(1 - \frac{|t|}{T_p}\right) \cdot \left|\frac{\sin[\pi(f_d + \gamma t)(T_p - |t|)]}{\pi(f_d + \gamma t)(T_p - |t|)}\right|, \quad -T_p \leqslant t \leqslant T_p \tag{8.20}$$

其中，T_p 是 LFM 信号的脉冲宽度，f_d 是多普勒频率，γ 是 LFM 信号的调频率。

LFM 信号的模糊函数的二维显示结果如图 8-35 所示，横坐标的相对时间延时量是时间延时与脉冲宽度的比值，纵坐标的相对频率偏移量是移频量和 LFM 信号的带宽的比值。可以看到，LFM 信号的移频量和时间延时量之间存在强耦合关系，对 LFM 信号进行移频调制后，会改变输出信号的幅度最大值出现的时间，当频率调制量为正数时，输出信号幅度最大值的时刻前移，反之则后移。

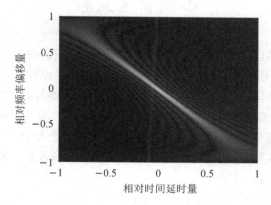

图 8-35　LFM 信号的模糊函数

图 8-36 所示为 LFM 信号的模糊函数在不同移频量时的包络，不同频率调制量会改变模糊函数幅度最大值输出的时刻及主瓣的宽度，只要频率调制量不为 0，则输出信号的主瓣宽度会展宽。从图中结果可见，移频量越大，则输出信号的幅度越小，主瓣宽度也越宽。当移频量超过 LFM 信号的带宽，或延时量超过信号的脉宽时，模糊函数的幅度为 0。

接下来通过匹配滤波处理来验证上述分析的正确性，假设 LFM 信号的带宽为

20 MHz，脉冲宽度为 20 μs，移频调制量分别为＋5 MHz 和－10 MHz，加上没有移频的一路信号，一共三种信号，得到不同移频量的 LFM 信号的匹配滤波输出信号如图 8－37 所示。从图中结果可见，没有移频调制的 LFM 信号经过匹配滤波处理后，输出信号的幅度最大值位于 0 时刻。两个移频调制后的 LFM 信号的匹配滤波输出信号的幅度最大值出现时刻均出现了偏移，与模糊函数的特性一致，移频量为正数时，造成移频匹配滤波输出信号的峰值位置前移，否则会后移。以移频调制量为＋5 MHz 的信号来分析，该移频量与 LFM 信号的带宽之比为 1/4，则匹配滤波输出信号的时间偏移量为 $20 \times 1/4 = 5$ μs，与图 8－37 中的结果一致。相应地，移频量为 10 MHz 的信号，对应的匹配滤波输出信号的时间偏移量为 $20 \times 1/2 = 10$ μs。

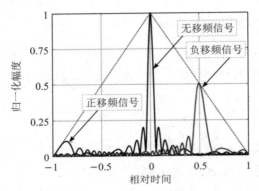

图 8－36　LFM 信号的模糊函数　　　　图 8－37　不同移频量的 LFM 信号的
　　　　在不同移频量时的包络　　　　　　　　匹配滤波输出信号

本章参考文献

[1] TIERNEY J，RADER C，GOLD B. A digital frequency synthesizer[J]. IEEE Transactions on Audio and Electroacoustics，1971，19(1)：48－57.

[2] 周文彬. 组合式伪随机数发生器的研究与设计[D]. 哈尔滨：哈尔滨工程大学，2013.

[3] 吴顺君，梅晓春. 雷达信号处理和数据处理技术[M]. 北京：电子工业出版社，2008.

[4] 狄欣. 高性能伪随机数发生器的设计[D]. 哈尔滨工业大学，2009.

[5] RICHARDS M A. 雷达信号处理基础[M]. 2 版. 邢孟道，王彤，李真芳，等译. 北京：电子工业出版社，2017.

[6] WANG X S，LIU J C，ZHANG W M，et al. Mathematic principles of interrupted-sampling repeater jamming（ISRJ）[J]. Science in China Series F：Information Sciences，2007，50(1)：113－123.

第 9 章　电磁信号侦察与参数获取

9.1　电磁信号侦察技术现状

　　由于用频设备的与日俱增，电磁空间呈现电磁信号类型多样、信号密度大、样式复杂多变等特征，通信、卫星导航、雷达、电磁干扰信号等在空域时间上交叠出现，为信号侦察和感知带来了不小的挑战。不同体制的雷达信号在调制样式上或许相同，但是在信号带宽、载频等参数上又可能略有差别，它们在时/频域上特性相似却又存在差异。为了针对不同雷达信号生成有效的干扰信号，干扰信号模拟设备需要先搜索、侦察、截获雷达信号，然后对接收到的信号进行区分和判别。

　　为解决常规脉冲雷达存在的探测距离与距离分辨率的矛盾，脉冲压缩雷达通过匹配滤波器将回波信号压缩成窄脉冲信号，一方面将发射信号的频率、能量分散在不同频段，减少某个频率被干扰的可能，另一方面在获得高距离分辨率的同时没有减少雷达信号的能量，获得了较远的探测距离。脉冲压缩雷达发射的是经过编码调制的宽脉冲，根据脉内调制方式的不同，可分为调频信号和调相信号。由于雷达信号参数种类多，脉内调制方式不再单一，使侦收工作面临巨大的挑战。在这种情况下，只有快速正确地识别信号，得到其内部调制特征，才有可能判别雷达的属性并采取针对性的干扰措施。信号脉内调制类型识别对侦察接收机至关重要，一般而言，信号调制类型识别需要在高信噪比下完成。因此，为保证信号识别的正确率，就要想方设法提高信噪比。信号种类的增多和复杂多变使得电磁空间内信号密度进一步增大，一些有用信号被淹没在噪声或其他干扰信号之中，在很多场景下，信号接收方不得不在低信噪比条件下进行目标信号的侦收。与此同时，低截获概率雷达信号的出现进一步增加了侦察接收机在复杂电磁环境下接收电磁信号的难度。因此，提高接收机的灵敏度是一个长期值得研究的问题，是未来电子战中能否成功截获非友方传递的高密信息的关键因素之一。

　　在信号侦察领域，采用专用侦察接收机来获取电磁信号，侦察接收机首先测量得到脉冲描述字（PDW），然后根据信号参数间的差异对其进行区分，完成侦收任务。面对信号种类繁多、信号样式复杂的电磁环境，为了尽可能多地截获空域存在的电磁信号，现代电子侦察接收机需要同时具备大瞬时带宽、高灵敏度和同时处理多个不同调制类型信号的能力。然而，接收机灵敏度与瞬时监测带宽之间是反比关系，为了获得更高的灵敏度，就要求更小的瞬时监测带宽。但是，当侦察接收机的瞬时监测带宽比较小时，需要通过扫频的方式完成大带宽频率范围的监测，如果侦察接收机停留在某个频段的时间不够长，就可能无法接收到某些脉冲信号。然而，如果停留时间过长，又有可能错过瞬时监测带宽外的某些信号。

信道化处理技术的应用，使得侦察接收机处理在时域重叠、在频域分开的信号成为可能，这种技术将接收机的瞬时监测带宽划分为若干个信道，每个信道对应一定的带宽和中心频率，然后对各个信道内接收到的信号进行处理。由于对每个信道都进行了下变频处理，因此信号处理机处理的都是基带信号。在宽带接收的前提下，通过下变频和低通滤波技术降低了每个信道的接收带宽，使得接收机可以区分开不同频率的信号，可以获得较高的接收灵敏度。信道化接收不仅满足了现代电子侦察接收机的高灵敏度要求，还可以实现对监测带宽内多信号的高概率截获。

随着高速 ADC 和数字信号处理技术的迅速发展，利用数字信号处理技术实现信道化接收的接收机在继承模拟信道化接收机的优点的基础上，融合数字处理技术的稳定性与灵活性，成为电子战、无线电通信、电磁频谱监测领域中不可或缺的重要组成部分。为了便于实现，通常设定信道带宽相等，各信道之间的中心频率偏差为固定值。相比于模拟信道化接收机通过本振置频来获得基带信号的处理方法，利用数字信号处理技术可以同时对各信道内信号进行处理，且数字本振可以进一步确保各信道的输出信号的相位的一致性；为了处理同时到达的多个信号，模拟信道化接收机每个信道的输出信号都要对应一个 ADC，数字信道化接收机只需要一个宽带高速 ADC，在信号采集的源头保证了采样数据的一致性；再者，模拟接收机采用的瞬时频率测量模块无法正确处理同时到达的多个不同频率的信号，因此测频模块往往处于信道化处理的后级，那么多个测频模块的应用就增加了成本。因此，数字信道化接收机在信号侦察领域得到了非常广泛的应用。

对于雷达干扰信号模拟生成来说，首先要对目标雷达的工作频率、信号特征作初步分析，因此对雷达信号的参数展开测量是必不可少的，需要测量的参数包括信号载频、带宽、幅度、脉冲宽度、重复周期、调制样式等。首先，干扰信号的频率范围要部分重合于雷达信号频率范围，否则干扰无从谈起。其次，对雷达信号的幅度测量有助于逼真实现对假目标信号的幅度特性模拟，否则假目标信号的幅度可能与真目标回波信号的幅度相差太大。另外，要生成导前假目标干扰信号，需要对雷达信号的脉冲重复周期进行测量。最后，对线性调频雷达信号的干扰信号展开干扰效果分析，要用到线性调频信号的调频参数，同样需要对线性调频雷达信号的参数展开测量。本章将对雷达信号参数测量的一些常用方法进行简要介绍，并给出这些参数测量方法的工程实践设计思路。

9.2 信号检测

9.2.1 信号检测方法

侦察接收机可以通过时域检测或频域检测方法，对工作频段内的电磁信号进行检测判别。频域检测方法需要获得电磁信号的正交 IQ 数据，对其作快速傅里叶变换（FFT）得到频谱结果，然后分析监测频段内信号的幅度大小和噪声特性，动态设定信号检测门限，在频域实现信号检测。传统调谐式接收机通过窄带滤波器组对一定频段范围内的信号进行频谱分析，其扫描时间较长，且瞬时带宽较小。侦察接收机可以采用实时频谱分析技术，利用 FFT 来实现频谱测量，具有瞬时带宽大、实时性强、高速测量、稳定的处理速度等优点。此外，基于实时频谱分析技术，可以对瞬变的信号频谱进行实时监测，也可以灵活设置触发模式。

当侦察接收机采用信道化技术时，所有信道的频率范围之和覆盖了整个监测带宽，在没有先验知识的情况下，只有通过逐个信道检测，找到被测信号占据的起始信道和终止信道，然后只对这些信道内的信号进行进一步处理，才能有效缓解后续信号处理的压力。一般而言，信号检测技术可分为时域检测和频域检测。频域检测是采用傅里叶变换(通常采用 FFT)计算信号的功率谱，其优点是在检测的同时可以将信号与噪声分离，缺点是 FFT 运算的计算量仍有些大，较长 FFT 计算点数的时间开销较大。时域检测可以采用幅度检测和自相关累加检测。幅度检测的优点是复杂度低，易于实现；缺点是对信噪比有一定要求。基于信号幅度的检测方法在低信噪比时性能较差，因此需要采用自相关积累技术对接收信号进行积累，利用积累增益提高侦察接收机在低信噪比环境下信号的检测能力。自相关检测的优点是能提高信噪比，可以实现对微小功率信号的检测，缺点是计算量与相关累加点数有关，不能适应信号脉冲宽度太窄的情况。

利用傅里叶变换将信号从时域变换到频域，等效于利用不同频率响应的滤波器，将位于不同频率的信号提取出来，因此信号的频域结果往往比时域结果具有更高的信噪比。下面利用一个简单的仿真例子来说明频域检测的优点。仿真设定输入信号为 100 MHz 的脉冲单载频信号，重复周期为 200 μs，脉冲宽度为 10 μs，输入信噪比为 12 dB，分别求解输入脉冲信号的时域和频域结果，如图 9-1 所示。从图中结果可见，当时域检测门限设定在 50～100 之间的一个合理数值时，可以正确实现信号幅度包络的过门限检测。从图 9-1(a)中观察信号幅度包络的最小值和噪声的幅度，其存在明显差别，但是可用于设置门限的数值范围不是特别大，一方面和信号的量化位宽有关，另一方面和输入信噪比有关。如果门限设置不当，就会造成对信号出现时刻、结束时刻的误判。

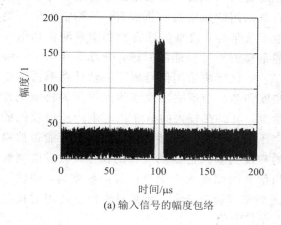

(a) 输入信号的幅度包络

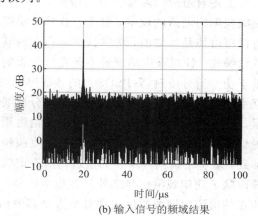

(b) 输入信号的频域结果

图 9-1　输入脉冲信号的时域和频域结果

从图 9-1(b)输入信号的频域结果可以看出，待检测信号与噪声之间的幅度比大约有 20 dB，信号和噪声之间的幅度差异十分明显，因此频域检测方法可以用于输入信号信噪比较低的检测场景。得益于 FFT 的处理增益，频域检测方法有望在较低信噪比条件下实现对小功率信号的检测，此时，频率测量的分辨率取决于 FFT 点数。频域检测可以获得输入信号的幅度，但是无法对脉冲信号的到达时间等参数进行测量，所以对信号的脉冲宽度、到达时间等参数的测量仍需要利用信号的时域波形。

9.2.2 频域自适应检测方法

本节首先介绍利用信号的功率谱数据在频域实现信号检测的方法。功率谱数据是频域信号检测的基础，当侦察接收机计算得到信号的功率谱数据后，采用固定门限检测法或自适应门限检测法均可以完成对信号的检测。固定门限检测法可以设置不同幅度的门限值，当信号频谱幅度小于门限值时，即认为该信号不存在，反之则认为检测到该信号，固定门限值对监测频段内的全部信号而言均是相等的。一般而言，侦察接收机工作频段较宽，不同频段的噪声和干扰信号的功率也不尽相同，而且不同频段的期望观测信号的功率大小可能也存在较大差异。因此，若采用固定门限可能会出现以下情况：在某个频段能检测到期望观测的信号，但是在另一个频段可能检测不到期望观测的信号，或是由于噪声和干扰信号的功率较大，造成较高的虚警概率。

利用自适应门限检测方法，使得侦察接收机可以在较大监测动态范围内对不同功率大小的信号进行检测，克服了固定门限值不能适应变化的信噪比的缺点。侦察接收机首先计算扫频工作模式下各个频段的信噪比，然后根据信噪比为每个频段设置不同的门限电平值，使得各个监测频段的门限电平值与输入信号的信噪比是自适应对应的，实现最优的系统检测概率值。其基本流程如下：

（1）在监测频段范围内，搜索确定可能存在信号的信道位置和信道个数。

（2）估算这些信道的信噪比。

（3）分析信噪比与检测门限电平值的关系，根据对应关系求解不同信噪比下的检测门限电平值。

上述自适应门限检测方法需要对信道的信噪比进行估算，信噪比估算的准确与否直接影响检测门限值的设定。对于干扰信号模拟设备采用的侦察接收机而言，被测雷达信号的特征很可能是未知的，考虑到空域存在的其他干扰信号，很难估算得到期望观测雷达信号的信噪比。针对噪声功率的不确定性会影响能量检测方法性能的问题，李真等介绍了一种基于功率谱分段对消（PSDSC）的频谱感知算法[1]，该算法采用信号周期图估计功率谱谱线互不相关的性质，以检测频带内一部分谱线幅度和与其余谱线幅度和的比值作为检验统计量，可实时鲁棒地感知监测频段的频谱占用情况，可以在较大的信噪比范围内获得较低的虚警概率和较高的检测概率，能有效克服噪声不确定度对检测性能的影响。信号能否被检测到，取决于该信号所在的信道内所有谱线的幅度与其余谱线幅度和的比值。假设监测频段内除了期望观测信号之外只有噪声信号，当信号的幅度大于噪声信号的幅度时，则信号所在的信道内谱线幅度之和总是大于其他信道的谱线幅度之和，那么只要设置合理的检测门限就能检测到该信号，而不是让噪声信号大于门限值。

本节对 PSDSC 方法原理进行简要介绍，详细步骤可以查阅参考文献[1]。在 H_0 假设（接收信号中只有噪声）下，接收噪声的功率谱密度谱线服从中心卡方分布；在 H_1（接收信号中有噪声和待检测信号）假设下，接收信号的功率谱密度谱线服从非中心卡方分布，PSDSC算法利用 H_0 和 H_1 假设下功率谱谱线分布的差异性，对被测信号是否存在进行检测。在

H_0 假设下，没有信号只有噪声；在 H_1 假设下，接收信号为发射信号和噪声的和[2]。

　　首先对接收信号进行采样，得到信号的离散样本序列，接着采用 PSDSC 方法实现信号检测，其流程如图 9 - 2 所示。

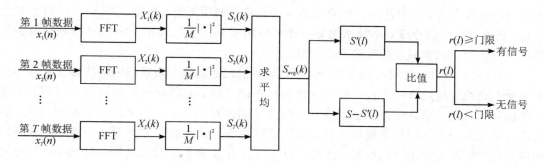

图 9 - 2　PSDSC 信号检测的流程图[1]

　　基于功率谱的信号检测流程如下：

　　(1) 将信号的离散样本按照采样顺序分为 T 组，每组包含 M 个采样点。记第 t 组数据为 $x_t(l)$ ($l=0, 1, \cdots, M-1$, $t=1, 2, \cdots, T$)，每组数据 $x_t(l)$ 的傅里叶变换为

$$X_t(k) = \sum_{l=0}^{M-1} x_t(l) \mathrm{e}^{-\mathrm{j}2\pi kl/M} \tag{9.1}$$

　　(2) 利用周期图法计算各组数据的功率谱结果。这里采用正交数据进行计算，所以得到信号的功率谱不包含对称的部分。式(9.1)中，应选择合适的窗函数对信号样本进行加窗处理。那么，得到每组数据的功率谱结果为

$$S_t(k) = \frac{1}{M} |X_t(k)|^2 \tag{9.2}$$

其中，$k=0, 1, \cdots, M-1$。

　　(3) 对计算得到的 T 帧周期图估计结果进行平均以减小信号功率谱的起伏。将式(9.2)计算得到的多帧功率谱数据进行相加，得到 T 帧功率谱的平均值为

$$S_{\mathrm{avg}}(k) = \frac{1}{T} \sum_{t=1}^{T} S_t(k) \tag{9.3}$$

　　(4) 定义式(9.3)中 $S_{\mathrm{avg}}(k)$ 所有谱线幅度之和为 S，$S_{\mathrm{avg}}(k)$ 中的一段谱线幅度之和为 S'，则

$$S = \sum_{k=0}^{M-1} S_{\mathrm{avg}}(k) \tag{9.4}$$

$$S'(l) = \sum_{n=0}^{M'-1} S_{\mathrm{avg}}(n + M' \cdot l) \tag{9.5}$$

其中，M' 为每个分段的采样点数，$L=M/M'$ 为分段个数，$l=0, 1, \cdots, L-1$。为了计算方便，L 应为整数。

　　(5) 将步骤(4)得到的 S 和每一个分段 S' 进行对消，对消的比值结果 $r(l)$ 为 PSDSC 算法的检验统计量。

$$r(l) = \frac{S'(l)}{S - S'(l)} \tag{9.6}$$

　　(6) 将 $r(l)$ 与预设门限进行比较，若第 l 组分段的对消比值大于预设门限，则判定在

分组内有信号存在，反之则认为该分组内没有被测信号。

功率谱分段对消频谱感知算法是针对能量检测算法受噪声影响严重而提出的一种算法，该算法的判决门限与参与运算的帧数、分段内的谱线数以及虚警概率有关，与噪声方差和噪声电平无关。该算法的一个重要输入量是信号的功率谱，可以借助 FFT 运算来快速实现。因此，功率谱分段对消频谱感知算法可应用于复杂电磁环境下的信号检测以及为干扰信号模拟生成提供截获信号的参数信息。

由式（9.6）可知，对每一个分段区间来说，对消比值是该分段区间内谱线幅度之和与区间外所有谱线幅度之和的比值。假如被测信号在该区间，而其他区间里可能只有噪声，那么该区间的对消比值肯定是大于其他只有噪声区间的结果的。只要预设门限设定合理，那么信号所在的分段区间就能被检测到。比较特殊的情况是在整个监测频段范围内，在不同的区间存在多个被测信号的情景。此时，相比于只有某一个区间存在信号的情形，有信号的区间的对消比值会减小，因为另外一个信号的存在使得区间外信号的谱线幅度和增大。但是对只有噪声存在的区间来说，噪声区间的对消比值会减小。那么，在存在多信号的检测场景下，检测门限要适当减小。检测门限的取值是基于大量测试数据获得的经验值，在检测进行过程中该值也是确定的，而不是像雷达恒虚警检测那样是变化的曲线。但是 PSD-SC 方法判断信号的有无取决于被测信号和噪声信号幅度的相对大小，与噪声的绝对强度无关，因此可以适应不同频段信噪比发生变化的检测场景。另外，PSDSC 方法的判别结果只能说明某个分段区间是否存在信号，通过区间的频率范围可以粗略估计信号的频率，无法实现对信号频率的精确测量。

当侦察接收机确认被测信号位于哪个分段区间后，可以重点对分段区间内的信号进行进一步处理，从而减轻后端信号处理的运算压力。结合信道化技术，可以将 PSDSC 方法的分段区间与信道化处理中的信道划分结合起来，当确认某个信道内存在信号后，侦察接收机可以对该信道输出的信号展开精确的参数测量。信号的频率测量可以在时域实现，利用 IQ 信号的相位差来推算被测信号的瞬时频率。信号的到达时间、结束时间、幅度等参数的测量，也需要用到信号的时域波形数据。因此，现代侦察接收机在信号的检测与参数测量中，可以采用时域与频域结合的方法。

9.2.3　信号功率谱计算

对信号进行频域检测的输入数据是信号的功率谱，经典的功率谱估计方法有自相关法、周期图（Periodogram）法、Welch 法等，以及参数模型谱估计、非参数模型谱估计等现代谱估计方法。本节简要介绍利用周期图法和 Welch 法计算信号的功率谱。周期图法利用傅里叶级数的幅度平方作为函数中功率的度量，这是经典谱估计的最早提法并沿用至今。其具体步骤是将采样得到的有限长序列 $x(n)$ 视作能量有限信号，对其进行 N 点离散傅里叶变换，再将傅里叶变换结果的模值进行平方后再除以 N，就得到 $x(n)$ 的功率谱估计。其表达式为

$$P(e^{j\omega}) = \frac{1}{N} \left| x_N(e^{j\omega}) \right|^2 \tag{9.7}$$

周期图法的主要优点是原理简明，计算效率高，不需要先估计自相关函数；缺点是谱估计不满足一致性估计条件，即方差不会随着样本长度 N 的增大而趋于零[4]。周期图法计

算信号的功率谱的步骤比较简洁，主要用到 FFT，然后就是平方、加和和除法运算，对于数字信号处理机的 FPGA 而言没有难度。

为改善周期图方法的性能，M. S. Bartlett 提出平均周期图法，将信号序列 $x(n)$ 分成互不重叠的若干段，对每个小段信号序列进行功率谱估计，然后再取平均作为整个序列 $x(n)$ 的功率谱估计[5]。P. D. Welch 在此基础上作出进一步改进，提出使用加窗处理、分段、平均处理结合的方法[6]。首先将信号 $x(n)$ 分成若干个长度相等的数据段，相邻两个段数据有 50% 是重叠的，即前一段数据的后半部分和下一段数据的前半部分是相等的。然后对每一段数据进行加窗处理，再按照周期图法进行功率谱估计。最后将每一段数据计算求得的功率谱结果进行加和平均。Welch 法的计算公式如下：

$$P(e^{j\omega}) = \frac{1}{L} \sum_{i=1}^{L} \frac{1}{N} | \mathrm{FFT}(x_i(n) \cdot W(n)) |^2 \tag{9.8}$$

式中，$W(n)$ 为窗函数，N 为 FFT 变换点数，L 为分段个数。

在经典谱估计方法的基础上，现代谱估计方法发展迅速，可以分为参数模型谱估计和非参数模型谱估计。对于干扰信号模拟设备来说，功率谱数据大多用于信号检测，而不是用来进行频率测量，因此不需要选择精度较高而实现步骤复杂的功率谱估算方法。本书选用 Welch 方法进行信号的功率谱估计，其具体实现步骤如图 9-3 所示。

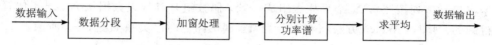

图 9-3　Welch 法计算功率谱的步骤

从图 9-3 中所示步骤可以看出，对输入数据进行分段后进行加窗处理，因此每个分段的数据长度和窗函数的长度是相等的。然后将每一段的功率谱计算结果进行加和平均，就得到了 Welch 方法的功率谱计算结果。从该算法处理过程来看，为了缩短算法的计算时间，最先想到的是并行计算每一个数据段对应的功率谱，那么分段数越多，计算功率谱的次数就越多，需要的硬件计算资源也相应增加。实际上，当信号处理机的时钟频率与输入数据的采样频率相等时，由于数据的输入和缓存是串行实现的，不需要针对每个分段都设置独立的计算资源。接下来以 Welch 方法中的重叠数据分段方法为例，介绍如何在 FPGA 上并行实现相应的处理过程。

对信号采样得到的离散样本进行的数据重叠的分段方法如图 9-4 所示，假设每个分段数据的采样点是 N，进行一帧功率谱估计需要 L 段数据，考虑到相邻两段数据有 50% 是重叠的，那么实际需要的离散样本的采样点数为

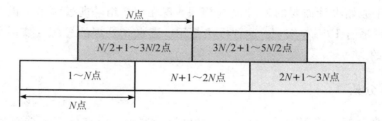

图 9-4　数据重叠的分段方法

$$N_{\text{total}} = \left(\frac{L}{2} + 0.5\right) \times N \tag{9.9}$$

图 9-4 中假设 $L=5$，由于数据有 50% 是重叠的，实际上需要 3 组不重复的数据（每组数据点数为 N）就够了。对于功率谱计算程序而言，每输入 3 组数据就可以计算得到一帧功率谱数据。在计算下一帧功率谱时，选择新的 3 组输入数据即可。在本书中，计算相邻两帧功率谱的数据之间没有重叠。

在实时信号侦察应用时，观测方总是希望能连续获取信号数据，且接收采样得到的信号都能够被连续、实时处理。分析 Welch 法的原理可知，对数据分段和加窗处理、FFT 处理都可以独立实现，然后将每一段数据的谱估计结果进行加和平均。那么，对每一段数据的处理步骤都采用独立的功能模块，就可以实现对输入信号样本的连续处理。这样一来，在 FPGA 进行 Welch 法功率谱估计处理时，加窗、FFT、平方和等运算步骤共需要 L 个相同的模块来实现同步处理。

分析图 9-4 中的数据分段原理可知，由于被测信号是串行输入的，当第一组分段数据准备好后，由于还缺失 50% 的数据所以不能形成第二组分段数据，此时，第一组数据可以按照周期图法进行估算。当第二组数据准备好后，此时第三组数据的前 50% 也已准备好，按照数据 50% 的重叠特性和串行输入的特点，可以把分段数据分成奇数路和偶数路，奇数路数据将信号序列按照每 N 个采样点组成一帧，偶数组是奇数组数据从 $N/2+1$ 位置开始采样得到的。此时，Welch 方法将数据分为奇、偶两路的时序关系如图 9-5 所示。

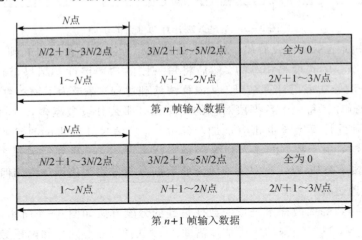

图 9-5　Welch 方法将数据分为奇、偶两路

按照图 9-5 将数据分成两路后，就可以用 2 组并行的功能模块对输入数据进行流水线处理了。相比于原始设计需要的 L 个功能模块，现在用 2 组功能模块就可以实现 Welch 方法，该结构非常适合 FPGA 实现，这种模块复用、流水线处理的思想在实时信号处理技术中是比较重要的。

9.2.4　仿真分析

接下来仿真分析利用 Welch 方法来获取信号功率谱，仿真设定采样频率为 80 MHz，FFT 点数为 512 点。信号 1 的中心频率为 10 MHz，归一化幅度为 1，为连续波信号；信号

2 的中心频率为−20 MHz，归一化幅度为 0.5，为连续波信号；噪声信号的归一化幅度为 1。选择 5 组相互重叠量为 50% 的数据，每组数据的点数等于 FFT 变换点数，即为 512 点。计算功率谱采用的 Hamming 窗的时域波形如图 9-6 所示。

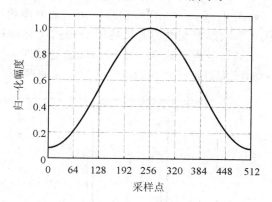

图 9-6 计算功率谱采用的 Hamming 窗的时域波形

该仿真条件设置的输入信号的信噪比是比较差的，噪声信号的幅度与被测信号相当或大于被测信号，用 Welch 方法计算得到的低信噪比条件下输入信号的功率谱如图 9-7 所示，得益于 FFT 的计算增益，输入信号和噪声信号的幅度存在明显差异。功率谱结果反映了输入信号、噪声和其他干扰信号之间的功率关系。按照传统的固定门限检测法，在噪声功率值和被测信号功率值之间设置合理的检测门限，就可以在频域上实现对信号的正确检测。当信噪比较低时，如果检测门限数值较小，就有可能把噪声误判为信号。当噪声信号是连续波时，侦察接收机一直认为接收到信号，影响对信号的正常检测。

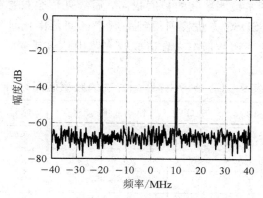

图 9-7 低信噪比条件下输入信号的功率谱

按照 PSDSC 的算法原理，将信号功率谱数据均匀分成若干个区间，每个区间的采样点数均相等，然后对每个区间内的谱线幅度进行加和，最后根据式(9.6)计算比值结果，并将比值结果与门限值比较得到信号检测结果。仿真分析将 512 点的功率谱结果分为 32 个区间，参考文献[1]对频率区间的划分如表 9-1 所示，每个区间包含 16 个采样点，将检测门限值设为 0.02，得到参考文献[1]的方法得到的信号检测结果如图 9-8 所示。从图中结果可见，利用 PSDSC 方法可以找到哪个区间存在信号。

在仿真分析时发现一个问题，即被测信号的谱线刚好位于某个区间的边界时，则可能会发生相邻的 2 个区间都认为检测到信号的情况，因为谱线的宽度不可能只占据一个单元格，在谱线位置的邻近单元格均存在较大幅度的谱线。这时，PSDSC 方法的检测结果就与检测门限值息息相关，如果门限值设定较小，就会在相邻的两个区间检测到信号，反之则在一个区间检测到信号。如图 9-8 所示，两个信号的频谱的峰值恰好位于两个检测区间的边缘位置，由于各区间在频率上没有交叠，如果被测信号的功率谱线刚好位于某一个区间的边缘，那么在下一步对被测信号进行数字下变频和低通滤波时，在确定数字本振的频率和低通滤波器的截止频率时就需要仔细考虑，不能让位于区间两侧的信号被滤除掉。

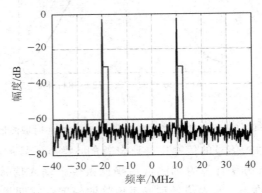

图 9-8 参考文献[1]的方法得到的信号检测结果

一般而言，当粗略知道被测信号位于哪个频率区间后，接下来设置下变频的参考信号的频率为区间的中心频率，那么滤波器的截止频率设置应使得稍微超出区间频率范围的信号也可以通过低通滤波器，使得刚好位于区间两侧的信号能被正确处理。对本书采用的侦察接收机而言，不要求频率检测区间的精度很高，后续处理会根据信号所处的区间进行下变频处理，那么就希望 PSDSC 方法检测得到的频率区间范围比被测信号的频谱宽度稍微大一些，避免出现由于功率谱线形态失真造成频率范围估算错误，在下一级处理时设置滤波器不当的情况发生。

表 9-1 参考文献[1]方法的频率区间划分

序号	频率范围/MHz	序号	频率范围/MHz	序号	频率范围/MHz
1	−40.0～−37.5	12	−12.5～−10.0	23	15.0～17.5
2	−37.5～−35.0	13	−10.0～−7.5	24	17.5～20.0
3	−35.0～−32.5	14	−7.5～−5.0	25	20.0～22.5
4	−32.5～−30.0	15	−5.0～−2.5	26	22.5～25.0
5	−30.0～−27.5	16	−2.5～0.0	27	25.0～27.5
6	−27.5～−25.0	17	0.0～2.5	28	27.5～30.0
7	−25.0～−22.5	18	2.5～5.0	29	30.0～32.5
8	−22.5～−20.0	19	5.0～7.5	30	32.5～35.0
9	−20.0～−17.5	20	7.5～10.0	31	35.0～37.5
10	−17.5～−15.0	21	10.0～12.5	32	37.5～40.0
11	−15.0～−12.5	22	12.5～15.0		

为了便于后续下变频处理时能更便捷地设置数字本振的中心频率，本节对参考文献[1]的检测方法进行改进，从第二个检测区间开始，当前区间与上一个区间之间的频率范围有 50% 是重叠的。如果在当前区间检测到信号，则在该区间设置检测到信号标志位，然后对下一个区间有无信号继续进行判断。由于相邻两个检测区间使用的数据有重叠，如果一个信号的功率谱线正好位于频率交叠带，则在连续两个区间都能检测到该信号，这样一来，最后一次检测到该信号的区间，能确保该信号的谱线最多占据该区间的一半频率范围。没有信号时的判别条件为，检测区间内所有谱线的幅度对消比值均小于检测门限。

　　为了使得参考文献[1]方法和改进方法的检测区间所代表的频率宽度是相等的，改进方法中用于检测的区间数量是 $2M-1$ 个，参考文献[1]中介绍的方法对区间划分的个数是 M 个。本节方法的区间划分如表 9-2 所示。在该仿真条件下，两种方法中每个区间的频率宽度都是相等的，均为 2.5 MHz。

表 9-2　本节方法的频率区间划分

序号	频率范围/MHz	序号	频率范围/MHz	序号	频率范围/MHz
1	−40.00～−37.50	22	−13.75～−11.25	43	12.50～15.00
2	−38.75～−36.25	23	−12.50～−10.00	44	13.75～16.25
3	−37.50～−35.00	24	−11.25～−8.75	45	15.00～17.50
4	−36.25～−33.75	25	−10.00～−7.50	46	16.25～18.75
5	−35.00～−32.50	26	−8.75～−6.25	47	17.50～20.00
6	−33.75～−31.25	27	−7.50～−5.00	48	18.75～21.25
7	−32.50～−30.00	28	−6.25～−3.75	49	20.00～22.50
8	−31.25～−28.75	29	−5.00～−2.50	50	21.25～23.75
9	−30.00～−27.50	30	−3.75～−1.25	51	22.50～25.00
10	−28.75～−26.25	31	−2.50～0.00	52	23.75～26.25
11	−27.50～−25.00	32	−1.25～1.25	53	25.00～27.50
12	−26.25～−23.75	33	0.00～2.50	54	26.25～28.75
13	−25.00～−22.50	34	1.25～3.75	55	27.50～30.00
14	−23.75～−21.25	35	2.50～5.00	56	28.75～31.25
15	−22.50～−20.00	36	3.75～6.25	57	30.00～32.50
16	−21.25～−18.75	37	5.00～7.50	58	31.25～33.75
17	−20.00～−17.50	38	6.25～8.75	59	32.50～35.00
18	−18.75～−16.25	39	7.50～10.00	60	33.75～36.25
19	−17.50～−15.00	40	8.75～11.25	61	35.00～37.50
20	−16.25～−13.75	41	10.00～12.50	62	36.25～38.75
21	−15.00～−12.50	42	11.25～13.75	63	37.50～40.00

本节方法得到的信号频域检测结果如图 9-9 所示，从图中结果可见，被测信号的谱线基本位于检测区间的中间位置。在信号检测过程中，当信号谱线位于某个区间的边缘部分时，则在下一个区间也能检测到该信号，相比于参考文献[1]使用不交叠检测区间的检测结果，本节方法得到用于表明信号存在的频率区间范围可能会有所增大。如果不使用其他测频方法，只用检测区间代表的频率范围来对信号进行频率测量时，表征信号存在区间个数的增多，则意味着的频率分辨率的下降，但是这样可以完整地检测出信号谱线，有助于后续下变频处理时合理设置下变频本振参考信号的中心频率和滤波器的截止频率。

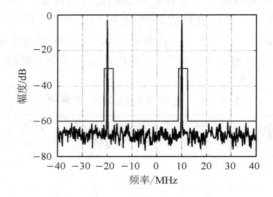

图 9-9　本节方法得到的信号频域检测结果

接下来分析输入信号为 LFM 信号时的检测结果，仿真设定 LFM 信号的中心频率为 20 MHz，带宽为 10 MHz，脉冲宽度为 5 μs，重复周期为 100 μs。检测门限设为 0.01，参考文献[1]方法设定检测区间的个数为 32，得到 PSDSC 方法对 10 MHz 带宽的 LFM 信号的检测结果如图 9-10(a)所示。对于 LFM 信号而言，由于其谱宽较宽，且其功率谱估算结果也不是严格的"矩形"，当信号频率接近范围边界时，谱线的幅度会逐渐降低。此时，LFM 信号频率范围边界处的谱线幅度按照对消比值公式的计算结果不能超过设定的检测门限值，利用参考文献[1]的方法得到的检测区间为 24～26 区间，代表的频率范围是 17.5～25.0 MHz。

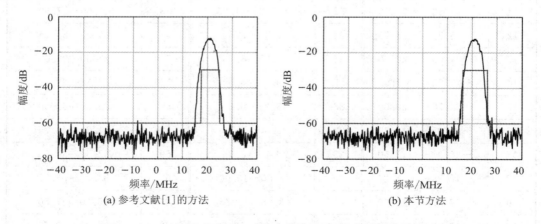

(a) 参考文献[1]的方法　　　　　　　　　(b) 本节方法

图 9-10　PSDSC 方法对 10 MHz 带宽的 LFM 信号的检测结果

为了使得两种方法中每个区间的频率宽度相等，改进方法将功率谱数据划分为 63

个区间，相邻两个区间之间的频率范围有 50% 是重叠的，此时得到对 LFM 信号的检测结果如图 9 - 10(b) 所示，在 46～52 区间检测到信号，代表的频率范围是 16.25～26.25 MHz。

图 9 - 10 中矩形框线用来指示频率区间范围内是否有信号，信号检测结果用逻辑电平"1"来表示存在信号，"0"表示不存在信号。为了更好地反映功率谱数据是否超过门限，图中将信号检测结果沿着纵轴进行了平移，并将数值进行比例放大。从图中对 LFM 信号谱线的检测区间所代表的频率范围来看，检测区间整体上与 LFM 信号的谱线宽度吻合，但是在频率数值测量结果上与被测信号的真实频率之间存在误差。

输入 LFM 信号的频率范围是 15～25 MHz，由于位于边带的功率谱谱线幅度下降，一部分频率信号所在区间被判定为无信号存在，造成两种方法的检测结果均不能完整地包含 LFM 信号的频率范围。无论是使用本节方法还是参考文献[1]的方法，其频率测量精度均为各区间的频率范围，大多数情况下，这两种方式测量得到的频率范围与信号真值之间的差异总是存在的，使用本节方法得到的区间频率范围要比参考文献[1]的方法得到的频率范围大。PSDSC 方法只能粗略地对信号进行频率范围测量，本章基于该测量结果设置合适的低通滤波器对信号进行下变频处理，因此初次判定信号所在的频率范围宁可大一些，也不能截取掉有信号存在的区间。

利用参考文献[1]的方法设置 32 个检测区间时，按照式 (9.6) 计算得到的区间 23～27 的 $r(l)$ 值，分别是 0.0080、0.3562、1.4836、0.1517 和 0.0002，这些区间代表的频率范围是 15.00～27.50 MHz，其余区间的计算值均在 10^{-6} 数量级。当门限值设为 0.01 时，可以确保在区间 24～26 检测到信号，但是区间 23 和 27 认为是没有信号存在的。实际上，输入 LFM 信号的频率范围位于 23～26 区间，如果适当下调检测门限，完全有可能在正确的区间检测到输入信号。

使用本节方法设置 63 个检测区间时，计算得到 44～53 区间的 $r(l)$ 值分别是 0.0003、0.0075、0.0732、0.3535、1.1862、1.474、0.5777、0.1564、0.0232 和 0.0002，这些区间代表的频率范围是 13.75～27.50 MHz，其余区间的计算值均在 10^{-6} 数量级。

通过对两种方法计算得到的对消比值结果进行分析，结合各区间所代表的频率范围，认为将检测门限值设置为 0.0005 是比较合理的。此时，参考文献[1]的方法在 23～26 区间内检测到信号，代表的频率范围是 15.00～25.00 MHz。本节方法在 45～52 区间检测到信号，这些区间代表的频率范围是 15.00～26.25 MHz。降低检测门限后，两种方法得到的检测区间频率范围都可以正确地包含输入信号。从以上分析来看，设定检测门限为 0.001，区间个数为 32 时，参考文献[1]的方法获得了对被测 LFM 信号的最佳检测结果，此时检测区间的频率范围刚好等于 LFM 信号的频率范围。

为了验证检测门限是否设置合理，接下来改变输入 LFM 信号的频率范围，设置输入 LFM 信号的频率范围是 14～26 MHz。参考文献[1]的方法在 23～27 区间检测到信号，该区间的频率范围是 15.00～27.50 MHz；本节方法在 44～53 区间检测到信号，该区间的频率范围是 13.75～27.50 MHz。PSDSC 方法对 12 MHz 带宽的 LFM 信号的检测结果如图 9 - 11 所示。此时，本节方法得到的检测区间可以完全包含输入信号的频率范围，而参考文献[1]的方法漏掉了一部分频率信号。

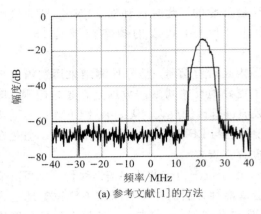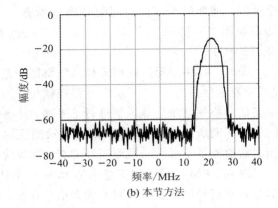

(a) 参考文献[1]的方法　　　　　　　　(b) 本节方法

图 9 - 11　PSDSC 方法对 12 MHz 带宽的 LFM 信号的检测结果

　　继续改变 LFM 信号的频率范围，设置输入 LFM 信号的频率范围是 13～27 MHz。参考文献[1]的方法在 22～27 区间检测到信号，该区间的频率范围是 12.50～27.50 MHz；本节方法在 43～54 区间检测到信号，该区间的频率范围是 12.50～28.75 MHz。PSDSC 方法对 14 MHz 带宽的 LFM 信号的检测结果如图 9-12 所示。此时，两种方法得到的检测区间均可以完全包含输入信号的频率范围。

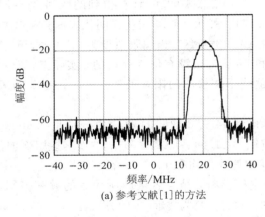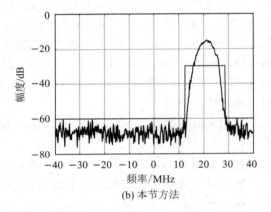

(a) 参考文献[1]的方法　　　　　　　　(b) 本节方法

图 9 - 12　PSDSC 方法对 14 MHz 带宽的 LFM 信号的检测结果

　　以上仿真结果表明，两种方法均可在频域对窄带、宽带输入信号进行检测，当检测区间个数确定后，每个区间的频率范围就决定了信号检测的精度，按照 PSDSC 方法对被测信号的频率范围进行测量，在测频精度要求不高时是可以采用的，该方法只能较为粗略地表明信号的频率范围。侦察接收机在确认某个频率范围内有信号存在时，进一步可以只对该频段内的信号展开分析，利用精度更高的频率测量方法对信号展开分析。

　　从频率区间检测结果来看，相比于参考文献[1]的方法，本节方法得到的频率范围更大些，这对后续进一步作信号特性分析是有益处的。根据检测结果的中心频率可以设置下变频处理的参考信号频率，将该频率区间范围内的信号搬移到零中频范围内。在下变频处理时，宁可滤波器带宽稍微大一些，也不要把原始信号的部分频谱滤除在外。

　　接下来改变 PSDSC 方法用于检测的区间个数，参考文献[1]中的区间设为 16 个，本节方法区间设置为 31 个，输入 LFM 信号的频率范围是 13～27 MHz，检测门限设置为

0.0005。参考文献[1]方法得到存在信号的区间频率范围是 10.00～30.00 MHz，本节方法得到的区间频率范围是 10.00～30.00 MHz。当区间个数减小后，每个区间内数据的采样点会增多，相应地根据式(9.6)计算得到对消比值 $r(l)$ 会增大。改变检测区间后 PSDSC 方法对 14 MHz 带宽的 LFM 信号的检测结果如图 9-13 所示。此时，两种方法得到的检测结果频率范围均能包含输入信号的频率范围，一方面是因为区间频率测量的精度降低了，只要判定某个区间存在信号，那么用于表征信号存在的频率范围就会增加一个区间所代表的频率值。由于本节方法使用的区间个数近似是参考方法的两倍，理论上具有更高的频率分辨率，完成一次信号检测也需要更多的运算量。以上仿真结果和分析表明，检测门限的设定也应该和区间个数是相关的，要根据区间个数、被测信号的特性来进行多次实验测量得到。本书认为，检测门限值可以适当设置得小一些，以保证宽带信号尽可能被多个检测区间所包含，因为 PSDSC 方法得到的检测区间不用来直接表征输入信号的频率。

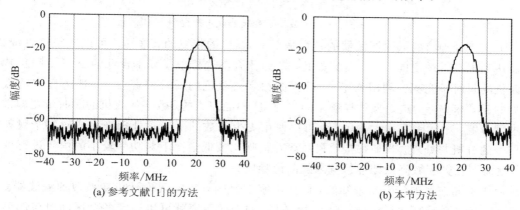

(a) 参考文献[1]的方法　　　　　　　　　(b) 本节方法

图 9-13　改变检测区间后 PSDSC 方法对 14 MHz 带宽的 LFM 信号的检测结果

对于固定门限检测方法而言，降低门限意味着噪声信号被误判为有效信号的概率增加了，因此检测门限的设定值不能太小。综上，不使用 PSDSC 方法对信号进行频率测量时，在设置相同的检测门限值的条件下，本节方法可以得到稍大的频率区间估算范围，该结果更适合用于下一步数字下变频处理。

9.3　数字下变频

本书介绍的干扰信号模拟设备的 ADC 的采样频率较高，瞬时带宽范围大，那么在截获某个窄带信号后，可以用数字下变频技术将该信号变换到基带进行进一步处理。变换到的基带的好处是减小了接收带宽，提高了接收机的信噪比，可以对功率较小的信号进行侦察截获。数字下变频的原理与 8.2 节中的正交解调原理是基本相同的，针对 ADC 的特性不同，需要区分输入信号是实数信号还是复数信号进行设计。本书介绍的宽带 ADC，如 7.2.1 节中使用的 EV10AQ190AVTPY，或者 7.3 节中使用的多通道信号处理机时钟的 ADC，均是对实数信号进行采样和量化。7.4 节介绍的 RF 收发机中集成的 ADC，由于采用了数字下变频处理，输出的量化样本已经分为正交的 I 路和 Q 路信号，组成了复数信号。因此，在具体的工程应用中要根据干扰信号模拟设备选取的 ADC 特性，来确定 FPGA 实现数字下变频的处理步骤，主要是在数字混频处理时有所不同。

由 PSDSC 方法确定被测信号所在的区间后，将该区间的中心频率取反后，设置为数字下变频本振参考信号的中心频率，为了避免混频带来的镜像，参考本振信号选择正交的 I 路和 Q 路组成的复信号。然后根据检测区间的频率范围，设置低通滤波器的截止频率稍微大于检测区间带宽的 1/2。数字下变频处理的具体步骤如图 9-14 所示。

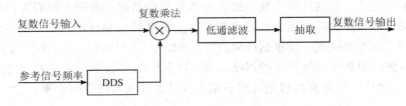

图 9-14   数字下变频处理步骤框图

下变频处理时的低通滤波器的带宽是小于 ADC 的带宽的，这样才可以减小接收带宽，从而达到提高灵敏度的目的。既然如此，那为什么不选择采样频率较低的 ADC，同步减小接收机的瞬时带宽呢？利用高速 ADC 提高数字接收机的瞬时带宽后，一般可以完整截获常见的超宽带信号，这是低采样频率的 ADC 所不能完成的。数字接收机的瞬时带宽即常说的中频带宽，中频带宽增大，意味着可以使用更少次数的下变频处理来完成对整个射频频段信号的分析与处理。当侦察接收机需要在信噪比较低情况下对功率较小的信号进行处理时，就需要在数字域降低处理带宽来提高信噪比。

由于被测信号的带宽是未知的，因此数字下变频处理需要设计可变系数的滤波器。当 PSDSC 方法的检测区间个数确定后，由 ADC 的采样频率就可以确定各个区间对应的频率范围。窄带信号最少占据一个检测区间，宽带信号会占据多个检测区间。如果输入信号的频率范围大于或等于所有检测区间对应的频率范围，那么在所有检测区间都会检测到有信号存在。假设 ADC 的采样频率是 F_s，由于进行功率谱估计时选用正交解调后的 IQ 数据，那么功率谱数据的频率范围是 $F_s/2$。假设 PSDSC 的区间个数为 L 个，那么下变频处理的低通滤波器的截止频率设为估算带宽的 1/2，即

$$f_{stop} = \frac{n \cdot F_s}{4L} \tag{9.10}$$

其中，$n=1, 2, \cdots, L$。

当超宽带信号的谱线在所有检测区间都存在时，就没必要进行数字下变频处理了。那么，滤波器的特性最多要求具有 L 组系数，这些系数可以提前计算好存储在侦察接收机内，通过动态加载实现对不同带宽的处理。对于 FPGA 实现滤波处理来说，当滤波器的阶数确定后，则在硬件计算资源、逻辑资源方面的消耗也就确定了。如果需要使用低阶滤波器，除非对 FPGA 的门电路进行重新编译，否则相应的计算资源无法被省略。侦察接收机需要根据被测信号的带宽实时调整低通滤波器的阶数，就要按照最高阶滤波器系数进行 FPGA 设计，当切换到低阶滤波器后，将其余系数设为 0 即可。

图 9-15 给出了信噪比为 10 dB 时，输入脉冲信号的时域、频域结果。仿真设定采样频率为 300 MHz，脉冲信号的载频为 50 MHz，重复周期为 20 μs，脉冲宽度为 4 μs。

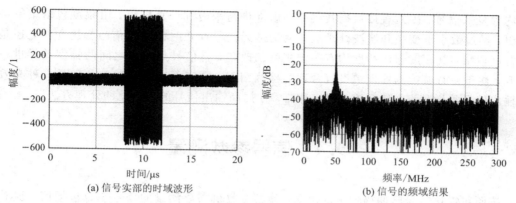

(a) 信号实部的时域波形　　　　　　　　　　(b) 信号的频域结果

图 9-15　输入脉冲信号的时域、频域结果

　　根据 9.1 节介绍的信号频域检测方法，侦察接收机通过门限判别可以得到输入信号的频率值或该信号所在的频率区间，然后对输入信号进行数字下变频和低通滤波，就可以得到频宽范围减小的输出信号，数字下变频处理后输出脉冲信号的时域、频域结果如图 9-16 所示。此时，数字下变频参考信号的频率设为 -45 MHz，低通滤波器的通带为 5 MHz。对比数字下变频处理前后的信号时域特征，可以看出经过下变频和低通滤波处理后，噪声信号幅度有了一定程度的减小。

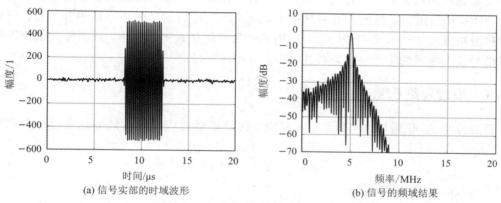

(a) 信号实部的时域波形　　　　　　　　　　(b) 信号的频域结果

图 9-16　数字下变频处理后输出脉冲信号的时域、频域结果

　　图 9-17 所示为对输入信号和滤波处理输出信号的幅度包络计算结果，由于输入、输

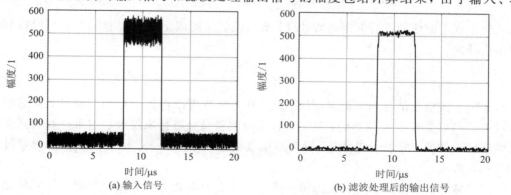

(a) 输入信号　　　　　　　　　　　　　(b) 滤波处理后的输出信号

图 9-17　输入信号和滤波处理输出信号的幅度包络计算结果

出均为复数信号，因此直接根据其实部和虚部进行平方和计算即可。由幅度包络结果可以看出，经过数字下变频和滤波处理后，无论是无信号存在时的噪声信号幅度包络，还是信号幅度包络，其幅度起伏特性均有一定程度的改善，且信号与噪声之间的幅度差异进一步提升，便于在时域检测处理中设置合理的检测门限。数字下变频和滤波处理是一种有效降低输出信号采样频率、降低接收机工作带宽、提高输出信号的信噪比的处理方法。

9.4　信号参数测量

按照对雷达信号脉冲描述字的定义，侦察接收机需要测量的信号参数包括信号到达时间、结束时间、中心频率、带宽、幅度、波达方向、调制方式等，本书介绍的干扰信号模拟设备在使用时，主要通过注入式方法对信号展开检测与测量，因此波达方向参数不作为被测参数之一。被测参数主要分为时域特征参数和频域特征参数，通过对信号的幅度包络曲线进行测量可以得到被测信号的幅度测量值。通过对幅度包络曲线进行过门限比较，可以得到用以表征脉冲信号的数字方波信号，对方波信号的上升沿和下降沿进行时间测量，就可以获得信号的到达时间和结束时间参数，进而计算得到信号的脉冲宽度。利用被测信号的正交解调输出信号进行自相关处理，或者通过相位差分法可以得到信号的瞬时频率测量曲线，计算得到该曲线的最大值和最小值，就能测量得到信号的中心频率和带宽。可以通过时频分析或基于信号功率谱形态对被测信号的调制样式进行判别，调制样式的识别可以参考信号侦察领域的专业书籍，本书对这部分不展开讨论。

9.4.1　幅度包络积累

首先分析 ADC 采样为实数信号的情况，假设侦察接收机截获的电磁信号是单载频信号，其表达式如下：

$$s(t) = A \cdot \cos(2\pi f_0 t) \tag{9.11}$$

其中，A 为信号的包络幅度值。

对式(9.11)所示信号进行平方计算可得：

$$s^2(t) = A^2 \cos^2(2\pi f_0 t) = \frac{A^2 \cos(4\pi f_0 t) + A^2}{2} \tag{9.12}$$

对上式中的信号进行低通滤波处理，低通滤波器的截止频率应小于 f_0，可以得到滤波输出信号为

$$I(t) = \frac{A^2}{2} \tag{9.13}$$

理论上该输出信号为常数固定值，通过开方运算可以得到信号的包络 A，考虑到接收机噪声、ADC 量化误差的影响，可以对包络值测量结果进行累加求平均来计算得到信号的包络幅度平均值，减小个别误差、噪声对幅度测量结果的影响。信号包络幅度测量过程如图 9 - 18 所示。

在时域对信号参数进行测量的第一步，是对信号的到来与否进行判断，如果检测不到信号，则后续的参数测量就无从谈起。当侦察接收机利用 ADC 采集的实数信号来进行信号

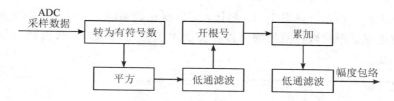

图 9 - 18　信号包络幅度测量过程

检测时，按照上述方法进行平方、滤波处理来进一步获得信号的包络幅度。当接收机的 ADC 采样输出的是正交的 IQ 信号时，则直接对该复数信号的实部和虚部分别求平方，然后对结果进行加和与开方运算，就能得到该信号的幅度值，其过程为

$$A = \sqrt{\mathrm{Re}[s(t)]^2 + \mathrm{Im}[s(t)]^2} \qquad (9.14)$$

其中，Re(·)表示取复数信号的实部，Im(·)表示取复数信号的虚部。

当被测信号是脉冲信号时，式(9.14)计算得到信号的包络幅度近似是一个方波信号；当被测信号是连续波信号时，则会计算得到一个近似恒定的电平值。受到噪声的影响，信号的包络幅度总会有数值起伏。

过门限检测技术是将计算得到的信号包络幅度值与设定好的检测门限值进行比较，超过门限值则认为信号存在，反之则信号不存在。门限值的设定与侦察接收机的灵敏度有关，检测门限的设定应使得期望接收到的最小功率信号可以被检测到，同时使得噪声信号以及功率小于接收机灵敏度的信号不被检测到。一般而言，检测门限值的设定是通过数值计算、多次测量得到的经验值，虽然其与 ADC 采集信号的幅度有一定关系，但是受到接收机内部噪声、外部噪声以及干扰信号的影响，门限值的设定需要大量的实验测试。

首先利用仿真分析输入脉冲信号时的时域检测结果，设定被测信号载频为 100 MHz，信号幅度与噪声幅度比为 2，即信噪比为 6 dB。ADC 对输入实数信号采取 8 bit 量化，得到仿真条件下的输入信号时域波形如图 9 - 19(a)所示。利用前述实数信号平方运算和低通滤波方法计算信号的包络，设置低通滤波器通带为 10 MHz，阻带为 15 MHz，对平方后的信号进行低通滤波，得到信号包络如图 9 - 19(b)所示。由于滤波器的起伏特性，得到的信号包络存在较大程度的起伏，从图中结果可知，检测门限应设置在 2000 左右，若门限再加大，可能会造成在脉冲持续时间内，过门限检测结果在 0 和 1 之间多次跳变，造成检测错误。

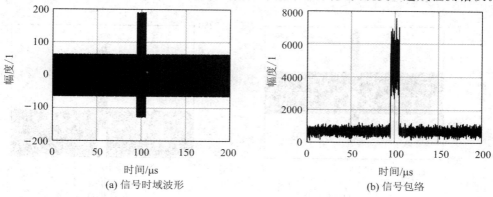

(a) 信号时域波形　　　　　(b) 信号包络

图 9 - 19　信号时域检测结果(信噪比为 6 dB)

保持被测信号幅度不变，降低噪声的功率值，得到信噪比为 30 dB 时的脉冲信号时域

检测结果如图 9 - 20 所示。与图 9 - 19 相比，当信噪比较高时，信号包络幅度和噪声的幅度之间差异非常明显，则时域检测门限可以在较大取值范围内取值，从而获得较为准确的信号时域检测结果。

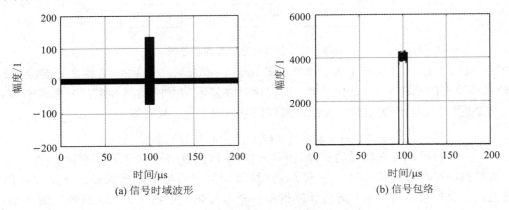

(a) 信号时域波形　　　　　　(b) 信号包络

图 9 - 20　信号时域检测结果(信噪比为 30 dB)

以上分析表明，当侦察接收机接收到的信号信噪比较高时，计算得到的信号包络幅度与固定检测门限值进行比较，就能确定有无信号存在。当信噪比较低时，信号包络幅度和噪声的幅度差异不是很大，而且在信号存在时，信号包络也有较为明显的幅度起伏。此时，门限检测值比较难设置，设置太高将无法检测到信号，设置太低则噪声会超过门限造成检测错误。因此，为了准确地对电磁信号进行检测，需要想办法提升接收机的信噪比。在信噪比较低时，如何正确检测到信号是本节需要讨论的内容之一，只有检测到信号后，才能进一步对信号的各参数进行测量。

接下来分析对载频为 100 MHz 脉冲信号的检测结果，输入信号采用复数表达形式，不同信噪比时的复数信号的时域检测结果如图 9 - 21 和图 9 - 22 所示。与实数信号时域检测方法相比，由于实数信号处理时增加了一个低通滤波器，因此相同输入信噪比条件下，实数信号处理时在滤波器带外的噪声会被滤除掉，则输出的信号的信噪比会有所提高。从图 9 - 21 中所示的对复数信号计算得到的结果来看，信号包络幅度与噪声之间的幅度差异不明显。当信噪比提高至 30 dB 时，信号包络幅度和噪声之间存在明显的差异。

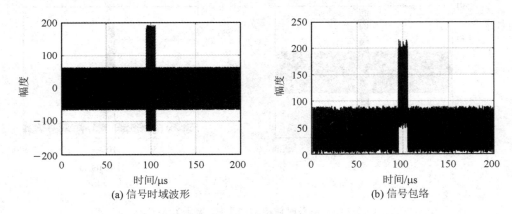

(a) 信号时域波形　　　　　　(b) 信号包络

图 9 - 21　复数信号的时域检测结果(信噪比为 6 dB)

对比图 9-20 中实数信号的包络信号和图 9-22 中复数信号的包络信号可以发现，两者在幅度值上有较大差异。实数信号处理时的低通滤波器系数采用定点数量化，因此输出信号的位宽增加了，造成实数信号计算得到的信号包络幅度的数值要大一些。在设置检测门限时，重点考虑的是信号包络幅度与噪声之间的相对大小关系。在处理过程中，如果采用更高的量化位宽，则噪声和信号包络幅度之间的数值之差比较大，则检测门限的可选设置范围也会增大，这有利于检测门限值的设定。

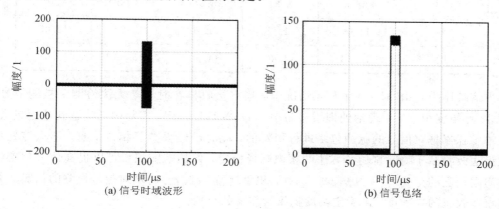

(a) 信号时域波形　　　　　　　(b) 信号包络

图 9-22　复数信号的时域检测结果（信噪比为 30 dB）

由于对信号的包络幅度进行检测是在时域进行的，因此当接收机带宽越大时，更多频率的噪声和干扰信号就可以进入接收机，这些信号会降低接收机的信噪比，影响对被测信号的检测。前述章节提到，一种有效的方法是降低接收机的带宽，对宽带采样得到的信号进行滤波，可以滤除带外信号对待检测信号的影响，通过降低接收带宽来提高观测信号的信噪比。针对雷达信号设计的侦察接收机的 ADC 采样频率一般较高，除分析超宽带信号之外，在对窄带信号进行观测时用不到这么高的采样频率，那么可以对 ADC 采样的数字信号进行数字下变频和低通滤波，以降低接收带宽。

由于被测信号的频率对观测方是未知的，在没有先验知识作为引导时，如果观测方不进行频率测量，就难以设置合适的参考信号频率值来使得数字下变频的输出信号位于低通滤波器的通带内。因此，在设置数字下变频的参考信号时，先要对被测信号的频率进行测量，然而，如果在时域检测不到信号就无法进行频率测量，这就陷入了一个僵局。功率较小的信号在时域一般较难检测，结合 9.1 节介绍的频域 PSDSC 方法，可以从频域出发进行信号检测。侦察接收机可以利用 FFT 得到信号的频谱，通过 Welch 方法获得被测信号的功率谱，然后由 PSDSC 方法估算得到被测信号所在频率区间，进而可以设置数字下变频的参考信号的中心频率。

假设被测信号经过了信道化处理或数字下变频处理，考虑到基于信号幅度的时域检测方法在低信噪比时性能较差，如果信噪比还是达不到时域检测的要求，就需要用到自相关累加技术对信号进行处理。通过积累提高信噪比，使得侦察接收机在低信噪比条件下仍能对被测信号实现正确检测。参考文献[6]介绍了一种信号包络的积累处理办法，在计算求得信号包络后，将该包络值与其延时值进行相乘，进一步增大信号包络幅度和噪声之间的差异，通过积累可以提高输出信号的信噪比。表 9-3 给出了参考文献[6]使用的自相关累加的信噪比增益，如表中结果所示，当积累点数为 16 时，积累增益约为 8 dB，当积累点数为 32 时，积累增益约为 11 dB。

表 9-3 自相关累加的信噪比增益[6]

积累点数 M	信　噪　比				
	-6	-3	0	$+3$	$+6$
16	8.66	8.84	8.94	8.98	9.01
32	11.69	11.85	11.95	11.99	12.02
64	14.68	14.86	14.96	15.00	15.03

当信噪比为 0 dB 时，在不积累情况下，侦察接收机在时域是无法检测到被测信号的。采用 32 点幅度积累后，理论处理增益为 $10 \times \lg 32 = 15.0$ dB，实际中无法达到该理想增益。由于幅度积累是对信号的脉冲包络进行积累的，此时已经丢弃了相位信息，那么该处理增益就无法改善基于瞬时自相关方法的频率测量精度，但是幅度积累可以提高信号包络幅度的过门限检测的正确性。考虑表 9-3 中的积累增益，结合在时域对信号检测的信噪比要求和侦察接收机的灵敏度，来确定幅度积累所需要的点数。

接下来仿真分析幅度积累方法对时域信号检测的应用。仿真设定采样频率为 2400 MHz，信号为单频脉冲信号，载频为 700 MHz，脉冲宽度为 4 μs，脉冲重复周期为 100 μs，信噪比设为 18 dB，输入脉冲信号的时域波形如图 9-23(a) 所示，图 9-23(b) 所示为该信号的频谱。正交解调使用的参考信号的频率为 -600 MHz，得到正交解调后 100 MHz 单频脉冲信号的频谱如图 9-24 所示，此时，700 MHz 信号与 -600 MHz 信号进行数字混频后，得到输出信号的频率为 100 MHz。

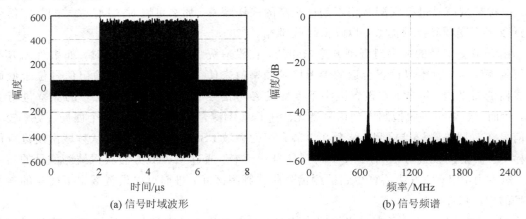

(a) 信号时域波形　　　　　　　　　　(b) 信号频谱

图 9-23　被测信号的时域波形和频谱结果

接下来对 100 MHz 的 IQ 信号进行包络检测，直接求复数信号的包络，所得正交解调后 100 MHz 单频脉冲信号的包络如图 9-25 所示。从图中结果可见，脉冲信号的包络幅度大体反映了信号的时域特征，在信号持续时间范围内，包络幅度具有较大的数值，与无信号存在时有明显区别。

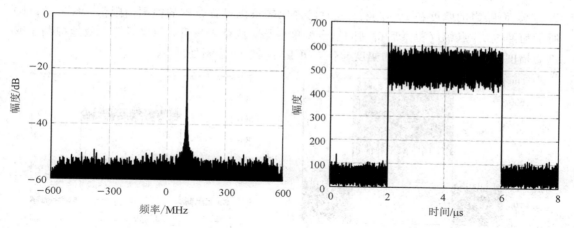

图 9-24　正交解调后 100 MHz 单频　　　　图 9-25　正交解调后 100 MHz 单频
　　　　脉冲信号的频谱　　　　　　　　　　　　　脉冲信号的包络

　　按照参考文献[6]中的方法，对信号包络幅度作 16 点积累，然后将积累结果除以 16 再进行开方运算，图 9-26 所示为对复数信号的包络进行积累后的结果。与图 9-25 直接求解复数信号幅度包络的结果相比，经过幅度积累后，信号的包络幅度曲线起伏明显减小。在 2~6 μs 时间段内有信号存在，幅度包络曲线的数值约为 500，明显大于 0~2 μs 和 6~8 μs 时间段内的噪声幅度数值。

　　在该仿真条件下，设置检测门限值为 200，得到利用信号幅度积累数据进行过门限检测的结果如图 9-27 所示，结果显示在 2~6 μs 为高电平"1"，表示有信号存在，其余时刻为低电平"0"，表示没有信号。从图中结果可以看出，有信号存在的时间长度为 4 μs，与仿真设定的信号的脉冲宽度一致，验证了幅度积累时域过门限检测结果的正确性。

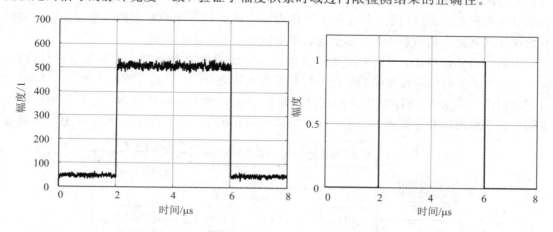

图 9-26　对复数信号的包络进行　　　　　图 9-27　利用信号幅度积累数据进行
　　　　幅度积累后的结果　　　　　　　　　　　过门限检测的结果

　　接下来降低信号的信噪比为 12 dB，其他参数保持不变，得到信噪比为 120 dB 时的信号包络幅度计算结果如图 9-28 所示，从幅度积累前的结果来看，主要是信号持续时间内，幅度包络的起伏比较剧烈。从幅度大小来看，信号持续时间内的幅度起伏后最小值已经接近 300，而噪声的幅度在 200 左右，此时已经比较难以设置合理的检测门限值。图 9-28(b) 所示为经过 16 点幅度积累后得到的信号幅度包络，从结果来看，积累运算有效地抑制了噪声的幅度，降低了被测信号的幅度起伏，便于后续信号检测处理。

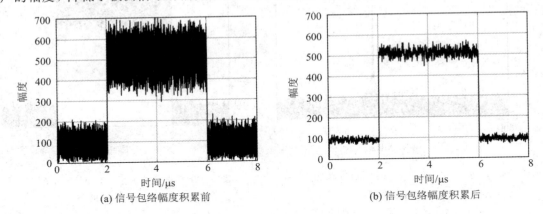

(a) 信号包络幅度积累前   (b) 信号包络幅度积累后

图 9-28　信噪比为 12 dB 时的信号包络幅度计算结果

　　由表 9-3 可知，用于积累的点数越多，则信噪比提升越大。从仿真结果来看，幅度积累后会在信号的上升沿和下降沿计算得到幅度较大的数值，究其原因，是信号的幅度一般总是比噪声大一些，在脉冲信号的边沿处，信号与噪声的乘积结果会比噪声幅度大，这就可能造成个别采样点的幅度超过检测门限值。那么，经过积累后的信号幅度包络的脉冲宽度会比真实信号的略大。在极限情况下，在脉冲的前沿和后沿各会得到 M 个采样点的幅度超过门限，则被测信号的脉冲宽度测量值最多增加 $2M$ 个采样点对应的时间。假如采样频率是 200 MHz，积累点数为 16，则脉冲宽度会增加 0.16 μs。仿真分析表明，该测量误差也与检测门限值的设定有关，随着门限值的增大误差会减小。当然，也不是所有的信号和噪声幅度的乘积都会超过门限，但是幅度积累确实会造成信号脉冲宽度的测量值变大，因此在信噪比达到要求的前提下，应尽量选取较小的点数用于幅度积累。

　　为适应更低信噪比，可以采用功率谱估计和时域积累的方法对小功率信号进行检测，图 9-29 所示为时域与频域检测结合的信号参数测量流程图。首先计算输入信号的功率谱，以固定门限检测法或 PSDSC 方法得到过门限信号所在的大致频率范围，然后采用数字下变频处理提取出该频率附近的信号，这是提高信噪比的第一步。接下来可以采用数字信道

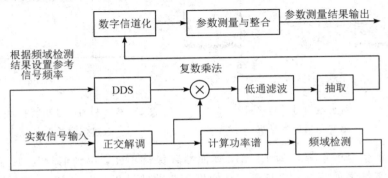

图 9-29　时域与频域检测结合的信号参数测量流程图

化处理，减小每个输出信道的带宽，从而进一步提高输出信号的信噪比。然后对信号的幅度包络进行积累，进一步改善信号的信噪比，以对小功率输入信号进行检测。这种时域与频域结合的检测方法，不仅可以提高侦察接收机的灵敏度，还可以根据被测信号的带宽，以数字抽取或数字信道化处理来降低下一级的数据处理量，非常适合工程实现。

9.4.2　瞬时频率测量

1. 自相关测频法[7]

假设被测电磁信号为单载频信号，在进行频率测量之前已经进行了数字正交解调，则其采样后的离散复数信号表达式可以写为

$$s(n) = A \cdot \exp\left(\mathrm{j}\left(2\pi n \frac{f_0}{F_s} + \theta\right)\right) \tag{9.15}$$

式中，A 为信号幅度，f_0 为信号的中心频率，F_s 为采样频率，θ 为初始相位。将 $s(n)$ 分为两路，其中一路信号不变，对另一路信号按 m 个采样周期延时后取共轭，然后将这两路信号进行乘法运算，其步骤如下：

$$
\begin{aligned}
R(n,m) &= s(n) \cdot s(n-m)^* \\
&= A^2 \cos\left(2\pi \frac{f_0}{F_s} m\right) + \mathrm{j}A^2 \sin\left(2\pi \frac{f_0}{F_s} m\right) \\
&= I_R(n,m) + \mathrm{j}Q_R(n,m)
\end{aligned}
\tag{9.16}
$$

式中，I_R 指自相关运算的实部，Q_R 指虚部。自相关运算结果为复数信号，且为常数。观察该信号的相位可知，当采样频率 F_s 不变时，该信号的相位与被测信号的中心频率 f_0 和延时周期个数 m 呈线性关系。那么计算式（9.16）中信号的相位，就可以得出被测信号的频率。需要注意的是，因为相位在 $[-\pi/2, +\pi/2)$ 区间内没有模糊，所以被测信号的最大频率和 m 之间的乘积不能超过 $F_s/2$，否则在计算信号频率时就存在模糊区间。于是，延时值 m 越小，则侦察接收机能处理被测信号的频率范围就越大。

根据自相关运算结果可以计算出信号的瞬时频率，计算公式如下：

$$f = \frac{F_s}{2\pi m}\arctan\left(\frac{Q_R(n,m)}{I_R(n,m)}\right) \tag{9.17}$$

首先要求解自相关运算结果的相位，然后根据式（9.17）对被测信号的频率进行计算。m 值不能取得过大以避免产生相位模糊，为增加对被测信号的瞬时频率测量范围，本节设置 m 值为 1。

自相关测频法要求输入信号为正交的 IQ 信号，考虑 IQ 幅相不一致性对相位计算的影响，侦察接收机应避免使用模拟处理得到的 IQ 信号，改用数字正交解调得到 IQ 信号。由于数字解调的参考信号可以保持严格的相位关系，因此数字正交解调处理在 ADC 采样之后进行。

在 FPGA 上实现自相关测频法的步骤如图 9-30 所示，主要包括数字延时、复数乘法、arctan 计算、相位校正、查找表等步骤。根据式（9.17），由相位到频率值的求解包含乘法和除法运算，由于在 FPGA 内进行除法运算的资源消耗较多、计算延时较大，因此在设计时要尽量避免引入除法运算，寻求用乘法运算来替代。由于延时值 m 是已知的，也可以构建相位—频率查找表，将相位值作为输入地址，直接查表输出频率结果。但是当相位值量化

位宽较大时，查找表的深度会比较大，会消耗比较多的存储资源。

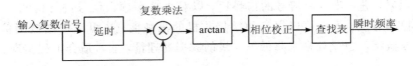

图 9-30 在 FPGA 上实现自相关测频法的步骤

在 FPGA 中对复数信号进行相位求解需要用到 arctan 运算，可以采用坐标旋转变换 (CORDIC)方法来实现，CORDIC 算法有 IP 核可以直接调用。CORDIC 算法采用流水线型蝶形旋转结构实现，每一级只包含加法器、移位寄存器和存储 RAM，占用的逻辑和存储资源很少。当输入复数信号的量化位宽足够时，输出相位的精度便只与旋转次数即流水线级数有关，FPGA 采用 CORDIC 方法可以实现对输入信号相位的流水线计算，适合边接收信号边进行频率测量等实时性要求较强的应用场景。

利用 CORDIC 方法进行相位计算时，由于噪声的存在会导致相位计算误差，从而导致测频误差增大。根据噪声的不相关性，可利用多点平均法以降低测频误差。由式(9.16)可以得到信号相位的多个计算结果，每个相位值都对应着信号频率测量结果，对多个测频值进行加和求平均可以减小噪声对测频误差的影响。在某一观测时间范围内，对 N 个频率测量结果进行加和平均，使得测频精度的方差变为平均计算之前的 $1/N$。加和平均对单载频信号的频率测量结果的改善是非常明显的，但是当被测信号的频率具有瞬变特性时，如各种频率调制信号，那么平均计算的结果与信号的实际频率会有偏差，主要体现在平均计算的点数越多，则瞬变频率的特性就无法在测量结果中体现。随着可编程逻辑器件的发展，利用硬件实现累加求和操作的计算速度越来越快，可以保证测频时间的消耗很少。

侦察接收机的数字信号处理机可以完成对输入信号的频率测量，输入信号首先经过数字信道化或下变频处理，然后经过自相关运算、相位求解、频率求解等步骤就可以得到频率测量值。该测频方法在信噪比较高时能获得较为满意的频率测量精度，随着输入信号的信噪比的降低，测频精度会降低。

接下来利用仿真实验来分析自相关测频方法，仿真设定输入为单载频脉冲信号，载频为 100 MHz，脉冲重复周期为 100 μs，脉冲宽度为 20 μs，输入信噪比为 30 dB。该仿真条件下，输入信号的时域波形如图 9-31 所示。

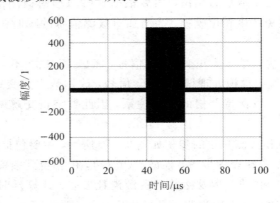

图 9-31 输入脉冲信号的时域波形(实部)

当自相关计算的延时为 1 个采样时钟周期时，得到自相关计算输出信号的相位如图 9－32(a)所示。当输入信号为单频信号时，自相关输出信号的值为常数，那么，其相位数值也应为固定值。由式(9.17)可知，当自相关输出信号的相位值为常数时，则计算得到的频率值也是常数。由图 9－32(b)可以看出，在脉冲信号的持续时间内，计算得到的频率值在 100 MHz 附近略有起伏，与输入信号的频率值相对应。

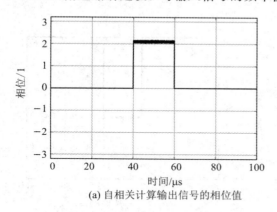
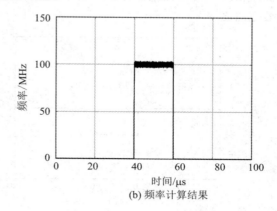

(a) 自相关计算输出信号的相位值　　　　　　(b) 频率计算结果

图 9－32　载频为 100 MHz 的脉冲信号的计算结果

　　接下来将输入信号的频率改为－50 MHz，得到载频为－50 MHz 的脉冲信号的计算结果如图 9－33 所示。从相位值计算结果可以看出，在信号脉冲的下降沿，相位值出现了一个跳变，图中所示的相位结果是将信号幅度包络没过门限的数值全部置为 0，该相位异常值对应着没有信号存在时噪声信号的相位，对计算输入信号频率是无益的。因此，利用过门限检测法得到信号存在标志位后，可以将标志位上升沿、下降沿位置附近的若干采样点的数值设为 0，避免这些跳变沿附近的相位跳变值对测频结果产生影响。

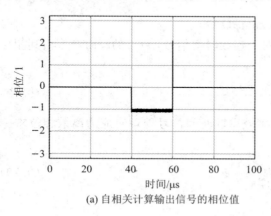
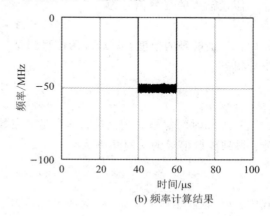

(a) 自相关计算输出信号的相位值　　　　　　(b) 频率计算结果

图 9－33　载频为－50 MHz 的脉冲信号的计算结果

　　从图 9－33(b)所示的频率测量结果来看，计算结果与输入信号的频率参数是一致的，但是频率曲线仍有一定程度的起伏。此时，可以先对自相关输出信号的相位值进行加和平均，然后利用平均后的相位来计算信号频率。图 9－34 所示为对瞬时相位进行平均计算后，载频为 100 MHz 的脉冲信号的计算结果。与图 9－33 中的结果对比可知，相位值计算结果经过了较好的平滑处理，从而使得频率测量值的结果得到明显改善。因此，在利用自相关方法计算输入信号的瞬时频率值时，加和平均处理是有效降低测量误差的方法之一。需要指出的是，如果输入信号是频率调制信号，那么加和平均的点数较多时，得到的测频曲线就可能无法正确反映信号频率随着时间变化的真实特性。但是，当侦察接收机的采样频率较高，在若干个采样时钟周期内，输入信号的频率随着时间的变化值与侦察接收机的频率测量精度接近或者没有明显大于频率测量精度时，加和平均处理仍然是减小测频误差的有效方法之一。

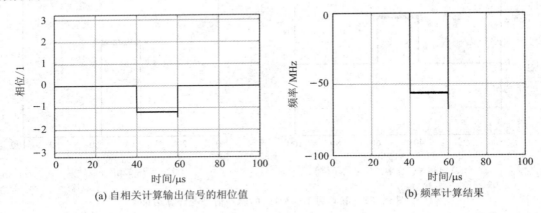

(a) 自相关计算输出信号的相位值   (b) 频率计算结果

图 9-34 载频为 100 MHz 的脉冲信号计算结果

2. 相位差分法[8]

下面介绍利用相位差分法计算信号瞬时频率的原理与步骤。时域相位差测频算法原理简明，运算量小且计算速度快，利用较少的采样点就可以实现对被测信号的瞬时频率估计，适用于实时性要求较高的信号侦察应用场合。

假设输入的复数信号为

$$s(t) = A \cdot \exp(j\varphi(t)) \tag{9.18}$$

式中，A 是信号的幅度，$\varphi(t)$ 表示信号相位。对于连续时间信号，$s(t)$ 的瞬时频率由其相位求导得到：

$$f(t) = \frac{1}{2\pi} \cdot \frac{d\varphi(t)}{dt} \tag{9.19}$$

对连续时间信号的相位进行求导数，在数字域离散时间信号处理对应为离散相位求差分，得到离散信号的瞬时频率为

$$f(n) = \frac{[\Delta\varphi(n)]}{2\pi} F_s \tag{9.20}$$

式中，F_s 为采样频率，$\Delta\varphi(n)$ 为离散相位差。

常用的几种差分算子如下：

$$f(n) = \begin{cases} \dfrac{1}{2\pi}[\varphi(n+1) - \varphi(n)]F_s \\[2mm] \dfrac{1}{2\pi}[\varphi(n) - \varphi(n-1)]F_s \\[2mm] \dfrac{1}{2 \times 2\pi}[\varphi(n+1) - \varphi(n-1)]F_s \end{cases} \tag{9.21}$$

式(9.21)中,从上到下分别是前向有限差分、后向有限差分和中心有限差分。根据信号频率和相位的时间对应关系,本节采用后向有限差分算子,当至少获得 2 个相位样本时,就可以用当前时刻和前一时刻的相位值进行差分运算。

可以参照自相关测频的方法求解离散信号的相位差,设离散复信号为 $z(n) = A \cdot \exp(j\varphi(n))$,将信号 $z(n)$ 分成 2 路,第 1 路信号为原始样本,第 2 路信号为数字延时 1 个采样单元的样本,并对其取共轭。然后将两路信号进行复数相乘,得到:

$$s(n) = z(n) \cdot z^*(n-1) = A^2 \exp[j(\varphi(n) - \varphi(n-1))] \tag{9.22}$$

式(9.22)中信号的相位代表了原始信号的相位差,再将相位差带入式(9.21)中的后向有限差分算子即可计算出信号的频率。此时,相位差分法和自相关测频法在形式上是统一的。

此外,也可以直接对离散复数信号的样本进行相位求解,用 CORDIC 算法来替代复乘法,就可以省去对乘法器资源的消耗。假设输入被测信号是单载频正弦信号,由于信号的周期特性,计算得到的信号瞬时相位在 $[-\pi, +\pi)$ 区间内也是周期变化的。当被测信号的频率值为正数时,除了在 $+\pi$ 处发生周期跳变的采样点外,相位差也是连续的,可以直接用一阶瞬时相位差求出信号的频率。当相位发生跳变时,由于跳变后的相位已经减去了 2π,此时 $\phi(n) < \phi(n-1)$,则相位差超越了 2π 的无模糊区间,需要对瞬时相位进行解卷绕。解卷绕算法首先计算信号的瞬时相位,然后对瞬时相位进行后向差分运算,根据运算结果与 $\pm\pi$ 的大小关系,对瞬时相位 $\Delta\phi'(n)$ 加上修正值 $\pm2\pi$,得到修正后的相位差为

$$\Delta\phi(n) = \begin{cases} \Delta\phi'(n) + 2\pi & \phi(n) - \phi(n-1) \leqslant -\pi \\ \Delta\phi'(n) - 2\pi & \phi(n) - \phi(n-1) > \pi \\ \Delta\phi'(n) & \text{其他} \end{cases} \tag{9.23}$$

这样,当 CORDIC 算法的输出相位的范围是 $[-\pi, +\pi)$ 时,解卷绕处理避免了由于相位在 $+\pi$ 处的跳变,造成相位差计算错误。相位差分法从理论上只需要两个采样点就可以估计出信号的频率,可以适应对窄脉冲信号的瞬时频率的测量需求。选取相邻的两个相位样本来计算相位差时,频率测量范围即为离散复数信号的采样频率。

利用相位差分法计算信号频率同样也会受到信噪比的影响,如果只采用少数几个相位差来计算,当某个相位值明显受到噪声影响时,则会大大增加频率估算的误差。同样,可以使用相位差多次平均来减小误差,先对相位差进行加和平均,然后再计算频率值,也可以对瞬时频率测量结果进行加和平均。本节采用对相位差进行加和平均处理的方法。

图 9-35 给出了一种流水线技术实现数据的加和平均方法,可以使得计算结果的输出数据率与输入数据率相同。假设对 N 个数值进行平均处理,而且相邻时刻两个计算结果对应的用于平均计算的输入数据中,只有 1 个数据发生变化,其他 $N-1$ 个数据都是相同的,那么,可以用上一个时刻的累加结果减去第 1 个数据,再加上第 $N+1$ 个数据,就得到了当前时刻的累加结果。更直观地,可以先计算第 $N+1$ 个数据与第 1 个数据的差值,然后将上一时刻的累加结果与该差值加和。由于第 $N+1$ 个数据与第 1 个数据之间相差了 N 个数据,因此信号处理机需要对输入数据进行缓存。

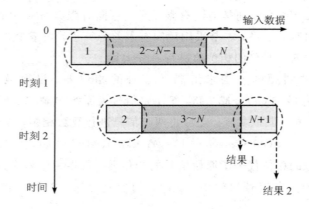

图 9 - 35 流水线技术实现数据的加和平均

对信号进行频率测量也可以用快速傅里叶变换(FFT)方法，考虑到进行 FFT 时对被测信号进行了截取，可能难以分析频率瞬变信号的全部特征，而且 FFT 方法测频存在计算延时大、测频时间开销大等缺点，采用瞬时自相关法和相位差分法进行频率测量的计算速度较快，可以得到被测信号的频率测量曲线，进一步对其频率调制特性进行分析，但瞬时自相关法和相位差分法对信噪比的要求较高，在低信噪比时难以得到较为满意的测频精度。因此，在进行频率测量之前，对输入信号进行数字信道化处理或数字下变频处理及低通滤波处理，可提高输入信号的信噪比，使得该时域测频方法能够获得较高的测频精度。

前述章节介绍过，在利用时域测频方法对 LFM 信号等频率调制信号进行频率测量时，由于对瞬时频率测量结果进行了加和平均，可能会使得测量结果与信号真实频率值之间的偏差增大。在某个离散时间点上对信号的频率进行测量，得到的瞬时频率就可以理解为信号在很短时间段内的平均频率，侦察接收机就可以选择在较短的时间段内(如 100 ns)的频率测量值的平均值，来指代信号在该时间段内的瞬时频率。瞬时频率测量结果可以反映信号频率随着时间的变化特性。例如，对于 LFM 信号，其可以看作是一个频率随时间线性变化的信号，由于量化位宽的关系，计算得到的 LFM 信号的相位样本可能也不是在每个采样时刻都是变化的。只有当 LFM 信号的调频系数很大时，计算得到的频率测量曲线可能会在每个采样时刻均是不同的，这时再对频率测量值进行加和平均就会影响对 LFM 信号的频率特性的判断。

接下来仿真分析利用相位差分法对单载频信号进行频率测量。假设 FPGA 的时钟频率为 300 MHz，输入 IQ 信号的采样频率也是 300 MHz。对信号进行频率测量时，如果积累 64 点求平均，对应观测时间长度为 0.22 μs；128 点求平均对应观测时间为 0.43 μs；256 点求平均对应观测时间为 0.85 μs。前面介绍过，在进行频率测量值加和求平均时可以采用流水线处理的思想，由于在计算当前频率值时，用于加和的相位差只有一个样本发生了变化，那么就可以利用前一次的加和结果，再加上当前相位差的变化，得到当前时刻的相位加和值。这样经过一定处理延时后，就可以连续得到相位差的加和结果，进而实现频率测量值的流水线输出。

在选取频率加和求平均的计算点数时要考虑两种情况：一是输入信号为 LFM、跳频信号等频率随时间快变的信号，那么加和平均的点数较多时反而会造成测频结果出现偏差；

二是被测信号的样本长度小于计算点数时，在加和平均时有些采样点的频率值可能是 0，这样加和后再求平均就会出现错误。因此，在对测频值进行加和平均时要考虑引入测频数据有效使能位，进而确定真正参与平均计算的有效数据点数，减小无信号存在时的测频零值对计算结果的影响。

相对单比特测频技术、FFT 变换或其他测频方法而言，相位差分法经过一定处理延时后，可以连续输出被测信号的瞬时频率测量结果，然后根据测频精度的需要，利用加和平均处理减小频率测量结果的误差。

下面仿真分析说明相位差分法的有效性。假设输入信号是 100 MHz 的单频脉冲信号，仿真设定信噪比为 30 dB，则频率为 100 MHz 的脉冲信号的频谱如图 9-36 所示。对输入的 IQ 信号进行 arctan 运算，得到 100 MHz 脉冲信号的相位值如图 9-37 所示，其计算结果范围是 $[-\pi, +\pi)$。由于输入信号是单频信号，其相位与时间是线性关系，考虑到相位的周期特性，计算得到的相位随着时间的推移呈现锯齿波变化。

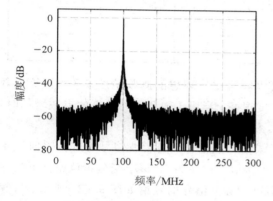

图 9-36 频率为 100 MHz 的脉冲　　　图 9-37 经 arctan 计算得到的 100 MHz
　　　　　信号的频谱　　　　　　　　　　　　　脉冲信号的相位值

相位差分法对 100 MHz 脉冲信号的测频结果如图 9-38 所示，该信号的频率测量值近似是一条以 100 MHz 为中心、随着时间稍有起伏的线段。由于显示原因，从图中难以准确观测到测频曲线的抖动范围。接下来对测频结果求平均，选取若干个采样点计算平均值，

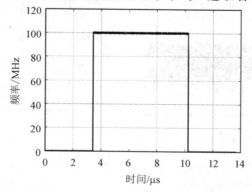

图 9-38 相位差分法对 100 MHz 脉冲信号的测频结果

得到不同平均计算点数下的数字测频结果如表 9-4 所示。从仿真结果可见，当用于平均计算的点数为 256 时，测频误差为 -0.0016 MHz；即使采用最少的 16 点求平均，也可以获得 -0.0288 MHz 的测频误差。因此，对相位差分法计算得到的频率瞬时测量值进行加和平均处理，可以实现对信号频率参数的高精度测量。需要说明的是，仿真采用 64 位精度数，而 FPGA 采用定点数量化，因此 FPGA 进行频率测量时的测频精度会有所降低。

表 9-4　数字测频结果(信噪比为 30 dB)

序号	平均点数	测频值/MHz	误差/MHz
1	16	99.9712	-0.0288
2	32	99.9803	-0.0197
3	48	99.9851	-0.0149
4	64	100.0058	0.0058
5	128	99.9967	-0.0033
6	256	99.9984	-0.0016

由以上分析可知，在较高信噪比条件下可以获得比较理想的测频精度，平均计算点数会影响测频误差的大小，但是整体而言测频精度很好。当用于加和平均计算的点数增加时，对单频信号的测频精度理应进一步提高。

相位差分法可以稳定地对常规脉冲信号、线性调频信号、连续波信号等进行瞬时频率测量。由于测频精度受到信噪比的影响，接下来将信噪比降为 12 dB，来分析该条件下的测频结果。当信噪比为 12 dB 时，频率为 100 MHz 的脉冲信号的频谱如图 9-39 所示。从频谱结果可知，信噪比降低后，信号谱线周围噪声的幅度明显增加了。该条件下得到相位差分法对 100 MHz 脉冲信号的测频结果如图 9-40 所示，相比于图 9-38 中的结果，当信噪比降低后，在信号持续时间内的测频曲线出现了较为明显的起伏。

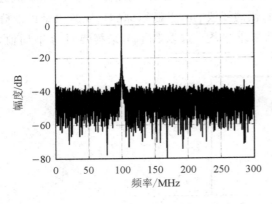

图 9-39　频率为 100 MHz 的脉冲信号
的频谱(信噪比为 12 dB)

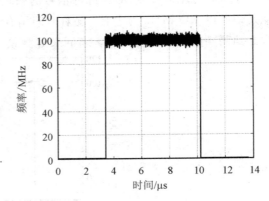

图 9-40　相位差分法对 100 MHz 脉冲信号的
测频结果(信噪比为 12 dB)

当信噪比为 12 dB 时，得到数字测频结果如表 9-5 所示。与表 9-4 中的结果对比可知，信噪比的降低会导致测频结果的误差增大。当信噪比保持不变时，随着用于平均计算的样本个数的增多，测频误差也会有所降低。

表 9 - 5　数字测频结果(信噪比为 12 dB)

序　号	平均点数	测频值/MHz	误差/MHz
1	16	99.9132	−0.0868
2	32	100.0139	0.0139
3	48	100.0183	0.0183
4	64	100.0373	0.0373
5	128	100.0027	0.0027
6	256	100.0074	0.0074

需要指出的是，表 9 - 4 和表 9 - 5 中只对有限次频率测量的结果进行了分析，且是单次仿真条件下得到的计算结果，当需要准确地衡量不同信噪比下的测频精度时，就需要做蒙特卡罗仿真进行统计分析。单次仿真结果可以在一定程度上反映信噪比和平均点数对测频误差的影响，但是要较为准确地分析测频精度受这两个值的影响程度，还需要进行大量的实验和数据统计。

下面分析加和平均带来的计算延迟影响。当 FPGA 时钟频率为 300 MHz 时，利用 256 点瞬时测频结果求平均作为频率值，理论上相位差分法在 0.85 μs 内可以完成对被测信号的频率测量值的加和平均处理。前面介绍过，当侦察接收机获得的信号相位样本个数大于平均计算的点数后，就可以连续地输出频率的瞬时测量结果。那么，对频率测量结果进行加和平均也是一样的，因此该延时值指的是从信号脉冲前沿到第一个频率值计算结果的相对延时。实际上，还需要考虑整个流水线上各个环节的计算延时，这个延时值再加上平均计算点数对应的延时，才是从截获脉冲信号前沿到测频结果输出的真正延时。通过对相位差分法的计算延时分析可知，其计算延时比 FFT 变换测频法(需要微秒级甚至毫秒级的处理延时)要快得多，适用于需要对信号频率参数进行快速测量的应用场景。

为了保证侦察接收机的测频精度，一方面是对系统硬件性能指标提出一定要求，尽量选择具有较高量化位宽的 ADC，且接收链路的噪声系数尽量小，使得输出信号的信噪比要尽可能高；另一方面是在测量时间允许的前提下，针对被测信号的频率特性，尽量选取较多的点数对瞬时测频结果进行加和平均，减小个别偏差较大的测频值对最终测频结果带来的影响。

9.4.3　信号带宽测量

前述章节介绍了利用自相关测频法和相位差分法对信号的瞬时频率进行测量，当侦察接收机获得足够多的频率测量值并用于加和平均后，就可以连续输出频率测量结果。此时，经过加和平均后的频率测量值的数据率与输入信号的数据率是相等的。在检测到信号后，在其持续有效时间内对其频率进行连续测量，得到信号频率测量值的样本集为

$[f_1, f_2, \cdots, f_N]$，其中 N 为计算得到频率测量值的个数。

在信号持续时间内，侦察接收机会得到输入信号在不同时刻的瞬时频率测量结果，进而得到信号频率随时间变化的曲线，信号带宽测量过程示意图如图 9-41 所示。当信号持续时间结束后，侦察接收机就可以对测频结果进行分析，在确认这些测频值属于同一个被测信号的前提下，从频率测量结果中选取最大值 f_{max} 和最小值 f_{min}，就可以计算得到被测信号的带宽和中心频率。中心频率 f_0 和带宽 B 的计算公式为

$$B = f_{max} - f_{min} \tag{9.24}$$

$$f_0 = \frac{1}{2}(f_{max} + f_{min}) \tag{9.25}$$

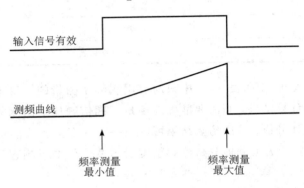

图 9-41　信号带宽测量过程示意图

由于侦察接收机处理的是下变频后的中频信号，在计算输入信号的频率值时，还要加上下变频处理的本振频率。利用 FPGA 来对信号瞬时测频结果的最大值和最小值进行判断的方法比较简单。由于频率值是串行连续输入的，那么，首先设定 f_{max} 的取值为最小值，然后将输入频率值与 f_{max} 进行比较，若输入频率大于 f_{max}，则将该值赋值给 f_{max}。再将更新后的 f_{max} 与下一时刻输入的频率值进行比较，直到输入频率值结束，那么最后一次更新的 f_{max} 就是被测信号的频率最大值。被测信号频率最小值的判别方法与最大值的处理过程类似，此处不再赘述。需要注意的是，在判别信号的频率最大值和最小值时，要确保连续输入的信号频率值是属于同一个被测信号的。本节只对最基本的、单一信号存在条件下的信号频率参数测量进行介绍。如果多个信号在时域上有交叠，那么就需要将这些信号区分开，剔除其他信号对被测信号频率测量值的干扰，再进行频率极值判断。复杂条件下的信号参数测量，可参照信号侦察领域的相关专业图书。

9.4.4　脉冲宽度测量

在 9.4.1 小节中信号检测部分介绍过，侦察接收机对截获的电磁信号进行正交处理或平方、低通滤波处理，计算得到信号的幅度包络，将经过积累的信号幅度包络与固定门限值相比较后，就能得到电磁信号的时域检波结果，信号脉宽测量过程如图 9-42 所示。FPGA 通过逻辑运算可以得到脉冲信号检波结果的前沿和后沿，再根据 FPGA 时钟对两个脉冲沿之间的间隔进行计数，最后将计数结果换算为时间就得到了电磁信号的脉冲宽度测量值。

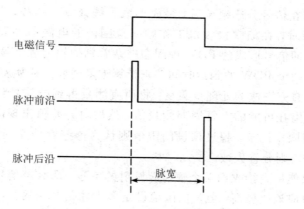

图 9-42　信号脉宽测量过程示意图

假设侦察接收机的 FPGA 时钟频率为 300 MHz，计数器位宽设为 20 位，那么最大计数时长为 3.5 ms。一个计数时钟周期为 3.3 ns，理论上可以在 3.3 ns～3.5 ms 时间范围内对检测到的信号进行脉宽测量，满足常规雷达信号的脉冲宽度参数测量对计数时间长度的要求。对信号的时间参数测量主要是获得信号的到达时间和结束时间，该信号的到达时间近似等于脉冲前沿出现的时刻，结束时间近似等于脉冲后沿出现的时刻。脉冲宽度的测量等于信号结束时间和到达时间的差值，侦察接收机每截获一个信号，就能得到其脉冲宽度的一个测量值。

9.4.5　信号分选

对脉冲信号的重复周期进行测量时，理论上需要接收到连续的两个脉冲信号，则两次测量得到的脉冲前沿的时间差就是重复周期的测量值。考虑到侦察接收机在对某一脉冲信号进行截获时会漏掉个别信号，那么，每次得到的重复周期测量值就是真实重复周期的整数倍。在个别脉冲信号未被截获的条件下，无论以单次测量结果还是多次测量结果求平均，得到的重复周期测量值都是不准确的，这时就要用到信号分选技术。

信号分选的目的是从大量交叠的脉冲信号流中分离出属于同一辐射源发射的脉冲串，其实质是脉冲信号去交叠、去交错的过程。分选过程是利用同一辐射源发射的电磁信号参数的相关性以及不同辐射源发射的电磁信号的参数差异性来实现的，采用的参数包括波达方向（DOA）、脉冲到达时间（TOA）、脉冲重复周期（PRI）、载频（CF）、脉冲幅度（PA）、脉冲宽度（PW）、带宽（BW）等，将侦察接收机每一次测量得到的以上参数组合起来，统称为脉冲描述字（PDW）。在进行信号分选之前需要先测出这些参数，并且按照测量的时间顺序对这些参数测量值进行存储，形成电磁信号脉冲描述字。从 PDW 中进一步分选出哪些 PDW 属于同一个辐射源发射的信号，侦察接收机对同一辐射源发射信号的参数进行估计和测量，得到更为详细的信号参数特征，进而可以开展信号识别，判断电磁信号类型，以及对辐射源的工作方式和威胁程度进行预估等。

对信号重复周期的测量主要是基于统计思想，信号分选技术经过多年的发展，已经衍生出很多方法，包括早期的统计直方图法、改进的累积差值（CDIF）直方图法和序列差值（SDIF）直方图法[9]、PRI 变换法[10]、TOA 平面变换法[11]等。

统计类思想应用在信号分选领域后，最先形成了统计直方图法，其思想是，当侦测环境下存在多个辐射源时，在侦察接收机工作频率范围内的电磁信号理论上都有可能被截获，则期望观测的脉冲信号形成的 PDW 中间会夹杂着别的辐射源信号形成的 PDW。这样一来，就不能以相邻两个 PDW 的到达时间差来计算重复周期，因为这两个 PDW 可能分属不同的辐射源。统计直方图法的处理步骤是：将所有测量得到的信号到达时间两两之间作差值，这些差值就是潜在可能的重复周期测量值，然后对各差值出现的频次进行统计，最后将统计值与固定门限作比较，超过预设门限值则认为这些脉冲序列属于同一个辐射源，即认为分选成功，反之则分选失败。

侦察接收机如果能稳定接收到某个辐射源发射的信号，那么该信号的重复周期对应的时间差值出现的次数应该比较高，但是门限值设定多少才是合理的？应主要考虑被测信号出现次数的最大值和信号丢失概率这两个因素。假设侦察接收机的观测时间为 T，被测辐射源信号的脉冲重复周期为 PRI，那么在观测时间内接收到该信号的最大频次 N 应为

$$N = \frac{T}{\text{PRI}} \tag{9.26}$$

在没有先验知识支持时，被测信号的 PRI 范围对侦察接收机而言是未知的，因此只能对被测信号的重复周期范围进行预估，检测门限值应小于重复周期范围的上限值对应的检测频次。考虑到在观测时间内可能会漏掉个别脉冲，则检测门限值的设定还要进一步减小。对于直方图法来说，检测门限的设定常常需要依靠经验值。

本节选取时序差值直方图算法（SDIF）进行信号分选，由于其兼顾了分选效果和计算量，因此在工程应用上较为广泛[12]。SDIF 方法是在直方图法的基础上进行改进而来的，下面简要介绍 SDIF 的算法原理。查阅了关于信号分选的专业文献后，得知 SDIF 方法主要包括门限计算、C 级直方图计算、子谐波检验、序列搜索、参差分析等，但是国内公开发表的文献在子谐波检验、不同级直方图的处理（针对 1 级直方图）方面的表述上存在不一致性。经查阅参考文献，本节根据参考文献[12]中的讨论对相关处理步骤进行简要介绍。由于后续会用到 C 级直方图，其中 C 是可变系数，这里对 C 级直方图的概念进行阐释。侦察接收机对截获的电磁信号进行测量后形成脉冲描述字，并将这些脉冲描述字按照时间先后进行存储。一级直方图指对相邻的脉冲到达时间作差值计算，并对这些差值的出现频次进行统计。二级直方图就是用于统计计算的两个脉冲描述字之间的间隔为 1，即每间隔 1 个脉冲描述字进行差值计算，然后依次类推，一般计算到五级直方图后算法即可终止。

SDIF 算法步骤流程如图 9-43 所示，主要步骤如下：

(1) 从第一级开始，计算每一级直方图。

(2) 根据当前级数确定检测门限，然后将统计结果与门限进行比较。如果最大统计值没有超过门限，则对统计最大的数值进行子谐波检验。

(3) 如果超过门限的潜在 PRI 个数大于 1，且当前是计算一级直方图，则跳过其余步骤，进入下一级直方图的计算。如果当前不是一级直方图得到的结果，则以数值最小的潜在 PRI 为基准进行序列分析。成功分离出一个脉冲序列后，就将对应的 PDW 剔除，然后对剩余的 PDW 从第一级直方图开始重新计算。

(4) 如果剩余 PDW 的个数不足 5 个，或者已经计算到预设的最高级数直方图还没能成功分离脉冲序列，则算法终止。一般而言，直方图的级数设置为 5 级[12]。

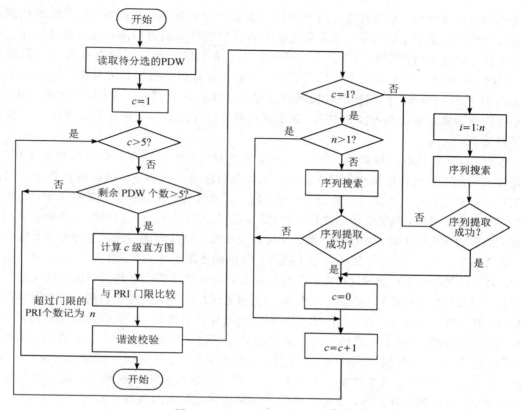

图 9-43　SDIF 算法步骤流程[12]

对于直方图类统计检测方法来说，门限值的设定直接关系到判别结果，文献[12]给出了 SDIF 方法门限值设定的详细推导过程，本节直接引用并给出公式，其表达式为

$$\mathrm{threshold}(\tau) = \chi(E - C)\mathrm{e}^{-\tau/(kN)} \tag{9.27}$$

式中，E 是用于分选的脉冲总个数，C 是直方差图的级数，N 是直方图的所有单元个数，k 是小于 1 且大于 0 的常数，χ 与假设的脉冲丢失个数的百分比有关，最优 k 和 χ 都需要通过大量实验测定。

一般而言，侦察接收机的观测时间是固定的，将这段时间内测量得到的所有 PDW 送到 SDIF 进行分选。在不同观测时间段内，测量得到的 PDW 的个数可能会发生变化，也就是说在式(9.27)中，E 的个数在不同观测时刻可能是不一样的，因此对应的检测门限值也会发生变化。对于每一次分选处理来说，直方图的所有单元个数 N 一般不发生变化，当 PDW 的个数确定后，就可以计算出每个单元格对应的检测门限。

由于观测时间是确定的，将观测时间划分成 N 个区间后，每个区间所代表的时间刻度就对应着直方图的横坐标。对脉冲序列的到达时间计算 C 级差值后，将计算结果按照上述区间划分进行统计，就得到了 C 级直方图。然后将统计结果与对应级数的门限进行比较，就能判断是否有满足条件的可能的 PRI 值。

子谐波检验主要是应对第 C 级直方图时，统计值中最大值没有超过门限的情况。此时，找到超过检测门限的且横坐标最小的那一组数值，分析这两组数值对应的 PRI 是否满足基波和谐波的关系。如果这两组数值之间不满足基波和谐波的关系，那么就从横坐标数值最小的统计值开始，对所有超过门限的统计值进行序列搜索。根据 SDIF 方法的检测门限随着横坐标逐渐减小的情况，如果数值最大的统计值没有超过门限，那么横坐标比它小的其他统计值也不可能超过门限，只有横坐标比它大的统计值有可能存在超过门限的现象。因此，在判断基波和谐波之间的关系时，以最大统计值的横坐标为基准，分别乘以 1、2、3、…，然后判断超过门限的统计值的横坐标是否近似等于某一个乘法运算结果。如果近似相等则认为满足基波和谐波的关系，那么就以最大统计值的横坐标作为潜在的 PRI 值进行序列搜索。

根据 SDIF 算法计算得到第一级直方图统计结果后，如果只有一个数值超过了门限，但是该数值却不是统计结果中的最大数值，那么在后续处理步骤中，是应该处理超过门限的统计值，还是处理最大的那个数值？参考文献[12]并没有给出这种情况的详细解释，按照本书对其内容的理解，当满足子谐波检验规则时，最大统计值和超过门限统计值对应的横坐标都应该作为潜在的 PRI 进行处理。那么，如果计算第一级直方图时出现了该情况，则潜在PRI 数值的个数超过了一个，按照参考文献[12]算法的要求是要直接进行下一级直方图的计算的，真实场景中会不会出现这样的情况呢？这里对最大统计值没有超过门限的情况展开简单讨论。假设侦察接收机只接收到一个辐射源发射的脉冲信号，但是在观测过程中漏掉了部分脉冲，在计算一级直方图时，真实的 PRI 对应的统计值数值最大，但是没有超过门限，横坐标是最大统计值的横坐标的两倍单元处的统计量超过了门限。至于实际中会不会出现这种情况，这要结合 SDIF 设定的检测门限和脉冲丢失率来考虑。仿真设定观测时间为 500 ms，$\chi=0.1$，$k=0.000\,03$，直方图单元个数为 512。假设侦察接收机只收到一个辐射源发射的重复周期为 1 ms 的脉冲信号，丢失率为 10%，那么在观测时间内共收到 450 个脉冲。

图 9-44 所示为在前述仿真条件下，按照式(9.27)计算得到的指数检测门限，最大期望值是侦察接收机的观测时间与直方图横坐标对应的 PRI 值的比值。最大期望值指的是理想条件下，信号侦察设备所能接收到的辐射源发射的信号总个数。显然，检测门限的数值不能高于最大期望值。实际上，由于直方图的统计结果均是整数，在工程实现时，指数检测门限的计算结果可以向下取整。

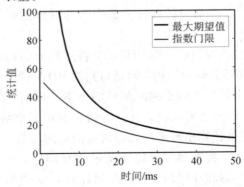

图 9-44　仿真条件下的 SDIF 检测门限 1

通过仿真实验发现，参数 χ 的取值比较小时，才能使得门限的变化呈现明显的指数特征，如果取值比较大，那么门限曲线就类似一条线段。按照当前仿真参数，当横坐标数值大于 59.57 ms 时，计算得到的门限值是 0~1 之间的小数。如果将当前计算得到的门限值用于信号分选，意味着侦察接收机只要截获 2 个脉冲信号，就得到对应直方图的统计值为 1，则大于数值为小数的检测门限。假设一个脉冲信号的重复周期是 60 ms，在 500 ms 的观测时间内，理论上最大接收到脉冲的个数是 500/60≈8 个，则最大统计值为 7 个，检测门限设置为 0 似乎有些小了。工程实现时，可以对式(9.27)进行计算得到的门限值，再加上个别数值来稍微提高检测门限。

继续分析前面提到的计算一级直方图时，真实 PRI 的统计值没有超过门限，而 2 倍 PRI 的统计值超过门限的情况。在前述仿真条件下，因为有 10% 的脉冲丢失，这些丢失的脉冲会在真实 PRI 的整数倍处形成直方图统计结果。假设这些丢失的脉冲使得 2 倍 PRI 处的直方图统计结果超过门限，但是此时正确脉冲信号间隔的统计结果数值远大于虚假位置对应的统计值，那么此统计结果也是超过对应的检测门限的。当前仿真条件下，1 ms 重复周期的检测门限是 47.9，2 ms 重复周期的检测门限是 44.9，正确的 PRI 对应的统计值大概率也是超过检测门限的。

例如，假设被测信号的重复周期是 10 ms，则侦察接收机理论上最大能收到的脉冲个数为 50 个，若丢失率为 10%，则实际收到的脉冲个数为 45 个。由于接收到的脉冲个数发生了变化，因此 SDIF 的检测门限重新计算后，得到仿真条件下的 SDIF 检测门限 2 如图 9-45 所示，此时 $\chi=0.8$，$k=0.000\ 03$。当只有单一辐射源存在，且接收到的脉冲个数比较少时，χ 的取值太小会造成检测门限比较低，因此仿真设定了较大的 χ 的取值。此时，10 ms 位置处的检测门限是 20.9，20 ms 位置处的检测门限是 11.9。结合截获的脉冲个数来看，一级直方图的计算结果中 10 ms 对应的统计量会超过门限，在 10 ms 整数倍位置处的统计量要超过门限，需要发生多次连续多个脉冲均丢失的情况，从概率上看这种情况是比较小的。

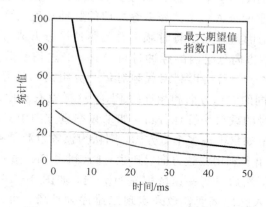

图 9-45　仿真条件下的 SDIF 检测门限 2

可见，在只有单一辐射源存在的条件下，当大量脉冲丢失时才有可能使得虚假位置处的统计值超过门限。由于脉冲数量丢失过多，因此这时的测量结果也是不可信的。前述仿真分析表明，在保持单一辐射源的信号被正确接收时，是不会出现这个假设情况的。同时，子谐波检验的前提是最大统计值没有超过门限，且存在其他超过门限的统计值，那么，参考文献给[12]按照多个辐射源的假设条件，认为这时一级直方图的计算结果是不可信的。综上，只有当一级直方图的统计结果超过检测门限的统计值个数为 1，且对应着直方图中最大的统计值时，才进行序列搜索。因此，子谐波检验也发生在 2 级及更高级的直方图计算之后。

在 SDIF 算法的实现过程中，有一些细节需要注意，第一级直方图只有在 1 个统计值超过门限时才能进行序列搜索。对更高级直方图统计结果中超过门限的所有潜在 PRI 值从小到大排列，按照顺序逐个进行序列搜索。成功搜索到属于同一个辐射源的脉冲序列后就终止搜索，然后对剩余的脉冲序列再从第一级直方图开始计算。在序列搜索时，连续成功选取到 5 个脉冲则说明该辐射源发射的信号是能够被稳定截获的，认为序列搜索成功[13]。

按照参考文献[12]中介绍的，在进行信号分选之前，利用信号的波达方向（DOA）、频率（RF）、脉冲宽度（PW）等参数，将侦察接收机接收到的全部信号进行分组，然后对某一个或多个参数近似相等的同一组 PDW 进行信号分选。利用这些参数对 PDW 进行分组后，使得用于分选的输入脉冲个数减少，从而可以加快计算速度。波达方向是将脉冲参数进行分组的最重要的参数，可以有效地将位于不同位置处的辐射源发射的信号区分开来。对于频率捷变辐射源来说，利用载频进行分组有可能将属于同一个辐射源的脉冲放在不同分组，从而造成分选错误。在没有频率捷变辐射源存在的前提下，载频也是一个有效的用于脉冲分组的参数。

为了提升分选算法的计算速度，参照文献[12]中首先对侦察接收机接收到的脉冲序列参数进行分组，将可能属于同一个辐射源的 PDW 放在一个分组，然后对每个分组内的 PDW 进行信号分选。利用波达方向的直方图来判断哪些信号属于同一辐射源，直方图中的不同统计峰值就代表不同的辐射源。在符合同一波达方向的脉冲分组内，不选取载频作为分组参数是因为考虑到频率捷变、频率分集雷达信号的频域特性。考虑到天线的方向图增益，当辐射源和侦察接收机之间存在相对运动时，侦察接收机测量得到同一辐射源信号的幅度参数也会出现起伏，因此幅度不作为分组参数。当存在多个辐射源时，不同辐射源的脉冲信号可能会在某个时刻重叠在一起进入侦察接收机，当这些信号在频域不易区分时，会造成脉冲宽度测量值是两个或多个信号重叠之后的脉冲宽度之和。这样脉冲宽度参数也就不能作为分组参数了，因为它无法将时域重叠的脉冲区分开来。因此，参考文献[12]利用 SDIF 方法对同一波达方向分组内的脉冲进行分选，经过信号分选后，拥有相同或相近 PRI 的脉冲被分在同一个组。最后再利用载频对每个分组内的信号进行分选，此时，同一个分组内的信号具有相同的波达方向和相近的 PRI，这样就有理由认为它们同属于一个辐射源。这时再对这些信号的载频作统计分析，如果频率直方图中只有一个峰值，那么认为该辐射源是固定载频的；如果出现多个直方图，则认为该辐射源是频率捷变的。

参考文献[12]中给出了利用波达方向、到达时间（利用 PRI 进行分组）和载频这 3 个参数对原始数据进行分组，然后对每一组数据进行分选，如图 9-46 所示。在利用 SDIF 方法进行脉冲分选时，引入脉冲宽度参数来实现二维序列搜索，可以提高分选的成功率和准确率。在用可能的 PRI 值进行序列搜索时，首先两个 PDW 的 TOA 差值要近似于该 PRI 值，然后两者的脉冲宽度也要近似相等，才能认为这两个 PDW 属于同一个辐射源，然后继续进行序列搜索。虽然脉冲宽度不作为脉冲分组的参数，但可以配合到达时间的差值用于序列搜索，增加结果的可信度。此时，分离成功的脉冲序列具有相同的 DOA、PRI 和 PW。

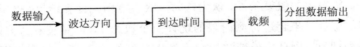

图 9-46　参考文献[12]中利用多参数进行数据分组

前述章节提到，本书讨论的侦察接收机信号处理算法是建立在信号直接经由电缆注入接收机的，并不包含信号的波达方向，即对应着侦察接收机只对某个波达方向进行观测的应用场景。那么，DOA 就不能作为本节讨论的用于 PDW 分组的参数，此时，能使用的参数包括载频、带宽、脉冲宽度、到达时间和幅度。由于到达时间是用于进行序列搜索的，而幅度和脉宽（多个信号同时到达接收机时，对输入信号的脉宽测量结果可能不准确）一般不作为主要考虑的参数，因此只剩下载频和带宽两个参数。即使雷达信号是频率捷变的，为了保证距离分辨率不发生变化，采用匹配滤波处理的雷达信号的带宽一般不发生变化，因此可以作为对脉冲序列进行分组的参数。如果侦察设备认为侦测环境中不包括频率捷变信号，或者侦察设备侦测到的绝大多数信号的频率值均位于频率直方图的一个统计单元格内，则可以将载频作为信号分选的参数之一。接下来讨论最简单的侦测场景，假设辐射源的频率都是固定频率，联合使用载频和带宽对接收到的 PDW 进行分组。

参考文献[12]使用的直方图方法可以直观地呈现不同类型参数的统计特性，当使用多个参数对数据进行分类时，需要分步骤串行实现。如果前一步处理中存在错误或者较大误差，那么下一步的处理结果很可能也是不对的。因此，我们可以利用信号的多个参数对PDW 进行分类，进而将属于同一个辐射源的 PDW 划分到一组。

多参数的分组首先会想到聚类分析算法，比如 K-means 算法[14]，其设计思想比较简明了：对于给定的样本集，将样本集划分为 K 个簇，则随机选取 K 个样本作为质心，定义质心为 u_i。聚类运算开始后，计算待处理的样本 x 和 K 个质心 u_i 之间的欧氏距离：

$$d_i = \parallel x - u_k \parallel ^2 \tag{9.28}$$

将样本 x 划归到欧氏距离最小的那个簇中，直到所有样本都被分到不同的簇，至此就完成了第一次迭代。接下来更新每个簇的质心，新的质心 u' 的表达式为

$$u' = \frac{\sum\limits_{i=1}^{m} x_i}{m} \tag{9.29}$$

其中，m 表示该簇类样本的总个数，x_k 表示这个簇内所有的样本。

对每一个簇，按照式(9.29)重新得到新的质心，然后进入下一次迭代运算，再次计算所有样本与更新后的质心之间的距离。算法终止的条件是达到迭代的最大次数，或者迭代计算后质心不再更新。

假设一个簇内的样本是$(x_1, x_2, \cdots, x_m)$，那么所有样本到质心的欧氏距离之和为

$$E = \sum_{i=1}^{m} \parallel x_i - \mu \parallel ^2 \tag{9.30}$$

式(9.30)中 E 值的大小表示了每个簇内样本的误差平方和，E 值越小，该簇内样本之间的距离之和越小，则说明聚类效果越好。

由 K-means 算法的原理可知，主要是通过迭代方式使得每一簇内的样本与该簇质心之间的距离小于样本与其他簇质心之间的距离。K-means 聚类算法的一个重要步骤是需要预先设定将数据集划分为多少个簇，并且随机确定每个簇的初始质心。由于 K-means 算法的质心位置和簇的个数确定，对聚类后的结果影响较大，因此通过随机设置方法确定质心位置，或者簇的个数设置不当，均会影响算法的运行时间和聚类结果。现代电磁环境中往往存在侦察接收机所未知的辐射源，这些辐射源的工作特点可能各有不同，因此侦察接收机

在不同时间段所面临的辐射源的个数可能是变化的。那么，在对信号参数测量数据集进行分类时，需要动态确定每一次分类的簇的个数，参考文献[15]给出了一种利用数据场理论剔除干扰点，再利用 PRI 变换的估计值对参数测量结果数据集进行预分类，得到初始聚类中心和簇的个数，最后利用改进的 K-means 算法实现数据集的分类的方法，该方法在复杂电磁侦测环境下取得了较为理想的参数聚类效果。

考虑到文献[15]中的聚类处理方法在剔除干扰点时需要计算势值，涉及指数运算和计算欧氏距离，信号处理机在处理指数运算时往往会花费较多时间。在实时性较强的信号侦测应用场景下，如何快速地对数据集进行初步划分与聚类是需要重点考虑的。Canopy 算法是一种简单、快速、准确的数据划分方法[16-17]，该算法使用两个门限 T_1 和 T_2（$T_1 > T_2$）来判断数据中的某一个点和其余点是否属于同一分类，Canopy 算法原理如图 9 - 47 所示。首先从原始数据集中随机取出一个点 A，并将该点创建为一个簇，再计算数据集中的每个点 C_i 与点 A 的距离，如果距离小于 T_1，就将 C_i 划归到这个簇中。进一步地，如果距离小于 T_2，就把点 C_i 从数据集中删除，因为该距离值说明 C_i 与这个簇是强相关点。如果一个点与现有的所有簇中心点之间的距离均小于 T_1，则说明该点不属于现有的任何一个簇，那么以该点为中心创立一个新的簇，并将该点从数据集中删除。该算法直到初始数据集为空才终止，这样一来，就将原始数据划分到多个簇中。对于同一个点来说，它可以属于多个簇，也可以只属于某一个簇。由于这个特性，Canopy 算法常用于为后续处理更加复杂的聚类算法提供初始值。Canopy 算法运算完毕后，一些簇包含的点数可能很少，这些点可能是孤立点或者干扰点，则这些簇可以删除掉。

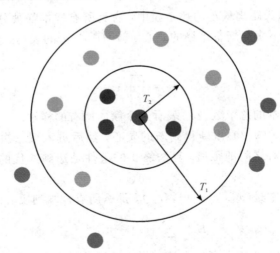

图 9 - 47　Canopy 算法原理

对于 Canopy 算法来说，T_1 和 T_2 的选取至关重要，较大的 T_1 会使得一些点同属于多个簇，于是分类结果的区别就不明显。较大的 T_2 会减少簇的个数，而较小的 T_2 会增加簇的个数，并增加算法的处理时间。实际中，T_1 和 T_2 的选取需要根据数据集的特征，经过前期实验和仿真来设定。

综上，在辐射源种类和个数未知的信号侦测与分选引用场景下，本节介绍一种多步骤处理的信号分选方法框图，其步骤见图 9 - 48，利用 Canopy 算法进行初始分类，利用

K-means 方法进行聚类，最后用 SDIF 算法进行脉冲分选。通过 Canopy 算法确定了初始分类，在一定程度上避免了 K-means 随机设定初始聚类质心对聚类结果和运算时间的影响。在 Canopy 算法得到的粗聚类结果上，利用 K-means 算法对数据再次进行聚类。最后，对聚类后的数据运用 SDIF 方法进行脉冲序列分离，由于 SDIF 算法的输入数据已经按照信号参数的特征进行了预处理，在脉冲分离时就降低了对 TOA 的依赖性，可以提高信号分选的成功率。借鉴参考文献[12]中利用 DOA、PRI 和 RF 对数据分类的思路，在 K-means 聚类算法中，也可以计算 PRI 的 C 级直方图，将具有相同重复周期的 PDW 数据划为一类。当 PDW 中存在多个交错的脉冲序列时，不同级直方图的统计结果对应着不同的脉冲序列。如何将直方图结果引入 K-means 聚类算法中，可以作为一个研究的思路。

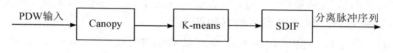

图 9-48　多步骤处理的信号分选方法框图

9.4.6　重复周期测量

脉冲信号的重复周期(PRI)是侦察接收机需要测量的一个重要参数，在干扰信号模拟中也需要对截获的信号进行重复周期测量，便于控制发射干扰信号的长度以及应用在一些特殊的干扰场合，比如导前干扰。对重复周期的测量理论上只需要连续两次截获同一信号，两次截获得到信号的前沿时间差就是信号重复周期的测量值。但是，考虑到脉冲丢失的情况，如果侦察接收机只利用截获的个别信号来估算信号的重复周期，那么很可能得到的测量结果是重复周期真实值的整数倍，造成较大的测量误差。

实际中，对脉冲信号的重复周期的测量需要利用信号分选技术，经过信号分选后，可以成功分离出不同辐射源的电磁信号，然后对属于同一辐射源的一组信号进行重复周期测量，就可以得到较为准确的脉冲信号重复周期的测量值。

在脉冲丢失率不大的情况下，可以对同一辐射源的相邻两个脉冲的到达时间作差值，得到重复周期的一个测量值，然后对所有的测量值进行平均计算，可以减少一次计算带来的误差。在信号分选过程中，每次成功套取一个脉冲，都会计算得到一个 PRI 测量值，利用前一次套取成功时计算得到的测量值，结合当前的测量值，可以不断更新 PRI 平均值，可以用式(9.31)来简化计算。在信号分选过程中，需要统计成功套取的脉冲个数，然后用上一次计算得到的 PRI 平均值与脉冲个数进行相乘，再加上当前时刻得到的 PRI 测量值，最后将加和结果除以此时对应的脉冲总数，就可以得到当前时刻的 PRI 平均值，如下所示：

$$\overline{\mathrm{PRI}}_n = \frac{1}{n}\left[(n-1)\overline{\mathrm{PRI}_{n-1}} + \mathrm{PRI}_n\right] \qquad (9.31)$$

式(9.31)意味着在分选过程中，每次成功套取一个脉冲信号后，就可以利用前一次 PRI 的均值和当前时刻的 PRI 测量值来计算新的 PRI 平均值。如此，在信号分选结束后，成功分离出的脉冲信号的 PRI 平均值也就计算完成了，这样就不需要再专门进行 PRI 平均运算了，在实时信号处理侦察系统中可以加快参数测量的速度。此外，通过对 PRI 测量值进行加和平均，可以减小测量误差，提高参数测量结果的准确度。

9.5　数字信道化接收

对基于数字射频存储器架构的干扰信号模拟生成设备来说，首先要做的是要能够截获和接收到辐射源发射的信号，当干扰信号模拟生成设备和辐射源之间的距离比较远、辐射源发射的信号功率比较小时，则干扰信号模拟生成设备需要具备较高的接收灵敏度。在9.1 节中提到过，侦察接收机的接收带宽与灵敏度之间是反比关系，但是干扰信号模拟生成设备又需要具备对超宽带、高分辨雷达信号的干扰能力，以及生成超宽带阻塞式干扰信号的能力，就要求接收机具备较大的接收带宽，因此干扰信号模拟设备的接收灵敏度和输出宽带干扰信号的能力之间就成了互相制约的关系。

9.1 节简单介绍了数字信道化技术在侦察接收机中的应用，本节对数字信道化技术进行详细介绍，数字信道化处理技术是在下变频、滤波与抽取理念上，利用下变频本振信号的频率等间隔步进特性，结合快速傅里叶变换实现的一种高效、结构简洁的并行频域划分信号处理算法。

首先从接收机灵敏度的角度出发来分析信道化接收机的优点，接收机灵敏度计算公式如下[18]：

$$P_{\min} = -114 + N_f + D + 10\lg(B) \tag{9.32}$$

其中，$P_{\min}$ 表示接收机极限灵敏度，N_f 是噪声系数，D 是信号检测算法的识别系数，B 表示接收机带宽。噪声系数反映了接收机各链路环节中引入噪声的大小，该值越小，则接收机的灵敏度越高。D 是为了实现信号检测所需要的系数，该值一般是大于 0 的。由式（9.32）可知，接收机的带宽越大，则接收机灵敏度越小。采用信道化处理后，将接收机工作带宽分成若干个子带宽，从而减小了式（9.32）中的 B，可以达到提高接收机灵敏度的目的。假如采用信道化处理后，将接收机的带宽变为原来的 1/8，那么接收机灵敏度理论上会增加 9 dB，这是非常可观的。进一步增加信道的个数、减小信道的带宽可以有效提高灵敏度，但是在并行处理模式下，同样会增加对计算资源的需求以及算法设计的复杂度。

数字信号处理机是侦察接收机的信号处理核心单元，是实现对空域电磁信号高灵敏度截获以及进行电磁信号参数测量等处理的载体。数字信道化接收机不仅可以满足大观测带宽的要求，它利用数字滤波器组将观测带宽均匀/非均匀地划分成多个信道，利用抽取处理使得每个信道的输出带宽变小，滤除了信道带外信号的干扰，同时降低了后端数据处理的压力。利用数字信道化技术，侦察接收机可以做到对多个信道的同时观测，满足空域存在高密度信号、多个辐射源信号时的侦察需求。

数字信道化接收机的基本原理与模拟信道化接收机相类似，其采用数字滤波器组将侦察接收机的瞬时频率覆盖范围分割成多个子频带，每个子频带称为一个信道。每个信道的带宽是小于接收机带宽的，因此，经过数字信道化处理后，每个信道输出信号的采样频率变低，等同于对带外噪声信号进行了滤波处理，提高了输出信号的信噪比。接下来，侦察接收机就可以对各个信道的输出信号进行检测和参数测量，测量的参数包括信号载频（RF）、波达方向（DOA）、到达时间（TOA）、脉冲宽度（PW）、重复周期（PRI）、幅度（AMP）等。

9.5.1　数字信道化处理模型

为分析简单起见，本节设定数字信道化接收机的每个信道带宽均相等，根据均匀信道化滤波器组划分原理，数字信号处理机的瞬时工作带宽被均匀分成 D 个子频段，每个子频段的频率带宽是相等的，相邻两个子频段之间中心频率之差也是相等的。从数字下变频和低通滤波处理角度来理解信道化处理，就是先根据不同子频段的中心频率值设置对应的数字本振参考信号，先进行数字下变频处理将信号变到零中频。接下来经过一个通带频率为信道带宽 1/2 的低通滤波器，再对滤波之后的每路信号进行抽取，得到降低采样频率后的基带信号。假设理想低通滤波器频率响应为

$$H_{\mathrm{LP}}(\mathrm{e}^{\mathrm{j}\omega}) = \begin{cases} 1, & |\omega| \leqslant \dfrac{\pi}{D} \\ 0, & \text{其他} \end{cases} \tag{9.33}$$

结合实际工程应用，从 ADC 端口采集进来的信号有可能是没有经过任何处理的实数信号，也有可能是经过模拟正交解调处理得到的复信号。本节以正交复数信号来分析信道化处理技术，当均匀分为 D 个信道时，相邻两个信道的频率间隔相等，且数值为 $2\pi/D$，以 8 个子信道为例，复数信号的信道划分方法如图 9-49 所示。图 9-49 中需要说明的是，代表每个信道频率范围的"矩形"在幅度上的区别只是为了明显突出相邻的两个信道，不代表各信道的处理增益。实际应用中，为了保证在相邻两个信道的频率重叠点处也能接收到信号，那么两个信道在频率覆盖范围上就要有一些重叠，而且重叠带越大，则能适应信号的瞬时带宽就越大。比如，两个信道的频率重叠带很小，只能适应点频信号或者带宽很小的窄带信号，如果某个信号的中心频率刚好位于两个信道的频率重叠带，而且该信号的带宽又是大于信道频率重叠带的，那么这个信号被从频域分割成两个信号，然后在不同的信道进行输出。

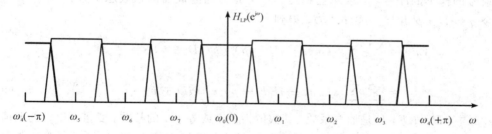

图 9-49　复数信号的信道划分方法

信道化接收机的信道化分可以分为奇型划分和偶型划分。顾名思义，奇型划分将信道化接收机的工作带宽划分为奇数个子带宽，每个子带宽称为一个信道；同理，偶型划分时为偶数个信道。理论上，每个信道的带宽可以是不一样的，但是具有相同带宽的信道，在设计和信号处理时都是比较方便的。本书只讨论偶型划分，奇型划分的具体推导过程可以参考相关专业书籍[19]。当信道化接收机按照偶型划分均匀为 D 个信道时，第 k 个信道中心频率为

$$\omega_k = \frac{2\pi k}{D}, \; k = 0, 1, \cdots, 7 \tag{9.34}$$

基于图 9-49 的无重叠滤波器组的划分方法，可以得到图 9-50 的输入为复数信号的信

道化处理结构，图中的滤波器 $h(n)$ 为式(9.33)中的低通滤波器，对应的下变频本振频率为式(9.34)中的 ω_k 的相反值。经过下变频处理后，图 9-49 中每个信道的频率范围被搬移到零中频，然后对下变频处理输出的信号进行低通滤波处理，最后对各个信道的信号做 K 倍抽取，得到了低采样频率的无混叠基带信号。抽取后，每个信道输出信号的采样频率变为 F_s/K，其中 F_s 是图 9-50 中输入信号的采样频率，一般等于数字信号处理机的 ADC 采样频率。

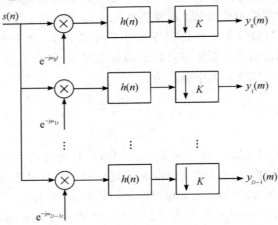

图 9-50　复数信号的信道化滤波器结构

用 $s(n)$ 表示输入信号，可以得到第 k 个信道的输出信号为

$$y_k(m) = \{s(n) \cdot e^{-j\omega_k n} \otimes h(n)\}\,|_{n=mK}$$

$$= \sum_{q=0}^{N-1} s(mK-q) \cdot e^{-j\omega_k(mK-q)} \cdot h(q) \tag{9.35}$$

式中，n 代表信道化处理之前对输入信号进行采样得到的样本序列号，m 代表 K 倍抽取后输出信号的样本的序号，$\otimes$ 表示卷积运算，N 是低通滤波器的系数总个数。

令 $q = iD + p$ 并代入式(9.35)，得到

$$y_k(m) = \sum_{p=0}^{D-1} \sum_{i=0}^{N/D-1} s(mK-iD-p) \cdot h(iD+p) \cdot e^{-j\omega_k(mK-iD-p)}$$

$$= \sum_{p=0}^{D-1} \sum_{i=0}^{N/D-1} s(mK-iKF-p) \cdot h(iD+p) \cdot e^{-j\omega_k(mK-iKF-p)} \tag{9.36}$$

式(9.36)中，$D = KF$，F 是抽取系数，其数值为大于或等于 1 的整数。变量 i 和 p 的取值范围要使得这两个变量所表征信号样本总个数与 n 的取值范围保持一致，这样写主要是考虑将滤波器的系数按照信道个数 D 进行重新分组，在后文公式推导中会介绍重新分组的结果。

令 $s_p(m) = s(mK-p)$，$h_p(i) = h(iD+p)$，$L = N/D$，则式(9.36)可以写为

$$y_k(m) = \sum_{p=0}^{D-1} e^{j\omega_k p} \sum_{i=0}^{N/D-1} s_p(m-iF) \cdot e^{-j\omega_k(mK-iKF)} \cdot h_p(i) \tag{9.37}$$

令 $l = iF$，则式(9.37)可以写为

$$y_k(m) = \sum_{p=0}^{D-1} e^{j\omega_k p} \sum_{i=0}^{N/D-1} s_p(m-l) \cdot e^{-j\omega_k(m-l)K} \cdot h_p\left(\frac{l}{F}\right) \tag{9.38}$$

式(9.38)中，$h_p(l/F)$ 是每个信道对应的多项滤波器的 F 倍内插结果。不影响分析，令 $h'_p(l) = h_p(l/F)$，则式(9.38)可以改写为

$$y_k(m) = \sum_{p=0}^{D-1} e^{j\omega_k p} \sum_{i=0}^{N/D-1} s_p(m-l) \cdot e^{-j\omega_k(m-l)K} \cdot h'_p(l)$$

$$= \sum_{p=0}^{D-1} e^{j\omega_k p} \left[s_p(m) \cdot e^{-j\omega_k mK} \right] \otimes h'_p(m) \tag{9.39}$$

这里只分析信道个数 D 为偶数的情况。将各信道的下变频本振参考信号 $\omega_k = 2\pi k/D$ 代入式(9.39)，得到：

$$y_k(m) = \sum_{p=0}^{D-1} e^{j\frac{2\pi}{D}kp} \left[s_p(m) \cdot e^{-j\frac{2\pi k}{F}m} \right] \otimes h'_p(m) \tag{9.40}$$

当抽取系数 $F=1$ 时，则 $K=D$，此时称为临界抽取，那么式(9.40)可以写为

$$y_k(m) = \sum_{p=0}^{D-1} e^{j2\pi kp/D} \left[s_p(m) \cdot e^{-j2\pi km} \right] \otimes h'_p(m) \tag{9.41}$$

由于 k 代表信道标号，其取值范围是 $0 \sim D-1$，则式(9.41)中的指数项 $e^{-j2\pi km}$ 取值恒为 1，那么式(9.41)可以写为

$$y_k(m) = \sum_{p=0}^{D-1} \left[s_p(m) \otimes h'_p(m) \right] \cdot e^{j\frac{2\pi}{D}kp} = \text{IDFT}\left[s_p(m) \otimes h'_p(m) \right] \tag{9.42}$$

由式(9.42)可以看出，在计算每个信道的输出信号时，首先要对原始输入信号进行延时和抽取，然后将抽取后的信号与原型滤波器经过插值后的多相分量进行卷积运算。最后，所有信道对应的信号还要进行 D 点的傅里叶逆变换运算，才能得到最终的信道化处理结果。偶数所临界抽取的数字信道化处理模型如图 9-51 所示。

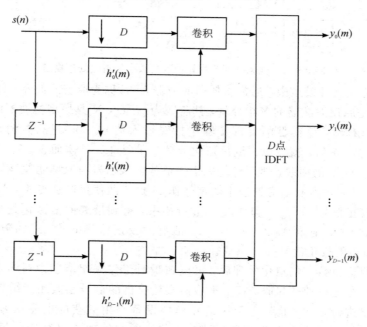

图 9-51　偶数阶临界抽取的数字信道化处理模型

当抽取系数 $F>1$ 时，则每个信道输出信号的采样频率相比于临界抽取时会增大。接下来分析一种常见的处理模型，即抽取系数 $F=2$ 的情况，此时抽取率为 $D/2$，将每个信道的中心频率 $2\pi k/D$ 代入式(9.40)，此时式(9.40)可以写为

$$y_k(m) = \sum_{p=0}^{D-1} e^{j\frac{2\pi}{D}kp} \left[s_p(m) \cdot e^{-j\frac{2\pi k}{F}m} \right] \otimes h'_p(m)$$

$$= D \cdot \text{IDFT}\left[s_p(m) \cdot e^{-j\frac{2\pi k}{F}m} \otimes h'_p(m) \right] \qquad (9.43)$$

由式(9.43)可以看出，数字信道化的多相结构主要是将数字抽取前移，放在混频与低通滤波之前，这样一来可以降低后续信号处理的数据量，易于工程实现。此时，偶型排列的抽取系数 $F=2$ 的数字信道化处理模型如图 9-52 所示。此时，相比于抽取倍数为 D 的情况，每个信道输出信号的采样频率变大 2 倍，输出信号的频率范围也增大 2 倍。

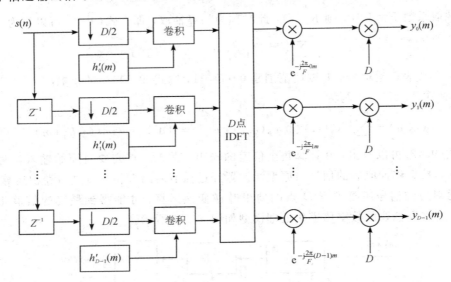

图 9-52　偶型排列非临界抽取的数字信道化处理模型

在数字信道化处理模型中，通常将低通滤波器 $h(n)$ 称为原型滤波器，每个信道使用的滤波器 $h'_p(m)$ 是原型滤波器的多相分量，其阶数为 N/D，N 是原型滤波器的系数个数。从图 9-52 中可以看出，该模型的处理步骤包括对输入信号 $s(n)$ 进行延时、抽取、卷积、IDFT、通道信号校正后，就可以得到信道化处理后的结果。具体而言，首先对输入的信号样本进行延时和 $D/2$ 倍抽取，然后将每一个信道的输入信号与原型滤波器的多相分量进行卷积运算。接下来，对所有信道处理中的信号作 D 点离散傅里叶逆变换，最后将每个信道的输出信号与校正信号 $e^{-j2\pi km/F}$ 和常数 D 进行相乘，得到最终的信道化处理后的结果。该模型中，由于 $F=2$，则第 $0,2,\cdots,D-2$ 信道的校正信号 $e^{-j2\pi km/F}$ 的数值为 1，第 $1,3,\cdots,D-1$ 信道的校正信号为 $(-1)^m$。

侦察接收机进行数字信道化处理后，可以在瞬时工作频率范围内对多个不同频率、同时到达的电磁信号进行侦察接收。接下来将侦察接收机的信号参数测量结果与干扰信号模拟应用联合起来进行如下考虑：当干扰信号模拟设备利用截获的电磁信号调制生成干扰信号时，在设备接收到多个电磁信号的情况下，信道化处理使得干扰信号模拟设备具备对不同频率电磁信号分别进行处理或者有选择性进行处理的能力。接下来将不同信道的干扰信号在时域合成后，干扰信号模拟设备可以针对多个不同辐射源生成相应的干扰信号。当干扰信号模拟设备不需要基于截获的电磁信号调制生成干扰信号时，前期可以对侦察截获的信号进行分析，选择某几个特定信号来模拟生成相应的干扰信号。此时，干扰信号模拟设备也可以预先设定好干扰信号的频率覆盖范围，发射扫频或者频率调制的宽带干扰信号。

实际应用中，为了提高侦察接收机对处于信道重叠带的电磁信号的截获能力，一般会让相邻两个信道之间的频率范围有 50% 是重叠的。在侦察接收机的工作频率范围内，信道之间的频率重叠范围越大，则接收机能适应并接收电磁信号的最大瞬时带宽就越大。换言之，在某一个信道，总能将符合带宽要求的电磁信号完整地接收。为达到信道之间频率重叠的设计目的，图 9-51 中所示的模型要作适当修改，主要是将原型滤波器的带宽设置为 $4\pi/D$。由于相邻每个信道的中心频率间隔为 $2\pi/D$，此时相邻两个信道之间在频率上有 50% 是重叠的。

9.5.2　宽带信号参数综合处理

对采用数字信道化处理的侦察接收机来说，最简单的信号侦察场景是单个信道的频率范围足以覆盖被分析信号的瞬时带宽，并且在同一信道、同一时刻只有一个信号到达接收机。侦察接收机截获电磁信号后，将射频信号经过下变频、滤波、采样后送到数字信道化接收机。经过数字信道化处理后，从不同信道输出的信号，对应着不同滤波器对接收机工作频率进行滤波处理后的结果。信道化处理可以理解为单输入多输出的处理过程，通过对不同信道输出信号进行参数测量和判别，进而可以获得输入信号的参数特征。

当信道化接收机的各信道之间在频率上没有重叠，且被测信号的最大带宽小于单个信道的频率范围时，最多在两个相邻信道内会检测到该信号，此时，被测信号的一部分频率位于一个信道，另一部分频率位于另外一个信道。由于每个信道之间不存在频率重叠，当在多个信道内均检测到信号时，则有很大概率说明该信号不是单频信号，而是经过频率调制的扩频信号或宽带信号，就需要对不同信道下的同一信号的参数测量结果进行处理。如果被测信号是单点频信号，则多数情况下该信号只会在一个信道内出现，那么信号处理机只需要处理对应信道的输出信号即可。实际上，即使是单点频信号，其频率恰好位于两个信道的频率重叠处时，仍有可能会在这两个信道均检测到信号，因为当两个信道的频率完全不重叠时，侦察接收机反而可能无法检测到位于频率重叠带的电磁信号。

侦察接收机为了对不同频率的、在时间上同时到达的信号进行监测，就需要对信道化接收机的每个信道输出的信号同时进行处理，对于数字信号处理部分而言，对每个信道输出的信号进行参数测量和判断都需要一定的计算资源。当侦察接收机的数字信号处理计算资源不足时，一种折中处理方法是，按一定次序对各信道的输出信号进行处理，即在一定时间内只处理一个信道的输出信号，近似于模拟域的扫频处理方式，以增大计算时间开销来实现对宽频段范围信号的处理。

在实际应用中，滤波器的频率响应不可能是严格意义的"矩形"，相邻两个信道在频率上总会有部分重叠，否则，位于这两个信道重叠带的信号就可能无法被侦察接收机捕获。9.5.1 节介绍的数字信道化接收机，其相邻两个信道的频率范围可以设定为 50% 是重叠的，这样一来，只要被测信号的瞬时带宽小于每个信道频率带宽的一半，总有一个信道能完整覆盖该信号的频率范围。该模型的不足是当信道个数不变时，每个信道的频率带宽变大了，会降低侦察接收机的灵敏度。在该模型下，不论是宽带还是窄带信号，该信号至少会在两个信道内出现，还有可能会在更多信道内均有该信号的频率分量输出。为了对宽带信号的参数进行准确测量，信道化接收机要对每个信道输出的信号同时进行处理，这就需要较多的计算资源。侦察接收机获得每个信道输出的信号的参数测量结果后，在整理形成脉冲描述字之前，还需要对每个信道测量得到的参数进行综合分析，对宽带信号可能占据多个信道的情况进行判断，将同一信号在不同信道的参数测量结果进行整合，使测量结果与真实信号的参数相一致。

接下来讨论分析宽带信号在不同信道均有输出的情况下，如何将不同信道的参数测量结果进行整合的问题。假设侦察接收机接收的宽带信号是线性调频信号，该信号的带宽等于每个信道频率带宽的 2 倍，且该信号的起始频率与信道 1 的起始频率相等，该信号的终止频率与信道 3 的终止频率相等。该信号的时频图以及与三个信道之间的频率的对应关系如图 9-53 所示，图中每个信道的频率带宽等于 $B/2$，线性调频信号的脉冲宽度为 T_p，其带宽等于 B。由于每个信道的频率带宽等于线性调频信号带宽的一半，所以理论上对应信道输出信号的脉冲宽度也为原信号长度的一半。

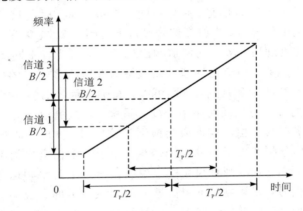

图 9-53   宽带信号频率与信道化接收机各信道频率覆盖范围的关系

信道化接收机对宽带信号的处理过程，等效为以不同频率响应的滤波器进行滤波处理，最终得到该信号的频域分离结果，对宽带信号处理后，相邻三个信道的输出信号的时频关系如图 9-54 所示。在该图例中，假设线性调频信号的带宽刚好等于信道频率带宽的 2 倍，则每个信道输出信号的带宽恰好等于信道自身的带宽。对于宽带信号来说，与每个信道频率范围相重合的那部分信号会在该信道输出，那么，如何将频率分离后的信号参数测量结果整合为原始宽带信号对应的参数测量结果，就是本节需要重点讨论的问题。

在信道化接收机相邻信道的频率有 50% 是重叠的条件下，宽带信号的各频率分量信号所在的所有信道的序号应该是连续的。也就是说，如果侦察接收机在连续某几个信道检测到信号，则需要判断这些信道输出的信号是否对应同一个宽带信号。根据参考文献[20]，判断为同一个宽带信号所需要的条件为：相邻两个信道输出的信号在时域上和频域上均有重叠。

首先考虑最简单的情况，信道化接收机只接收到一个宽带信号，在其工作带宽内没有接收到别的电磁信号。由于信道的频率重叠特性，因此同一个宽带信号经过信道化处理后，在相邻两个信道内输出的信号，分别对应着原始宽带信号与这两个信道频率范围相重合的那部分频率分量信号。因此，这两个信道输出的两路信号必将满足时域和频域有重叠的要求。

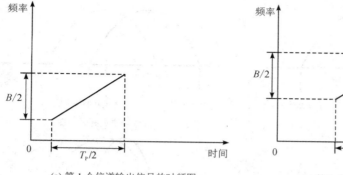

(a) 第 1 个信道输出信号的时频图

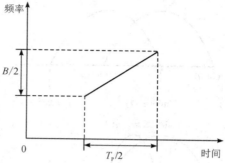

(b) 第 2 个信道输出信号的时频图

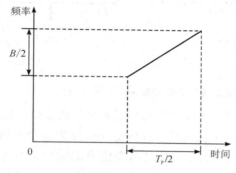

(c) 第 3 个信道输出信号的时频图

图 9 - 54　对宽带信号处理后相邻三个信道输出的信号的时频关系

本节提出如下判断各信道输出信号是否为同一个宽带信号的思路：

(1) 计算每个信道输出信号的时域包络，将时域包络与固定检测门限值比较，得到用于表征该信道有无输出的数字逻辑电平值 $x(n)$。

(2) 将所有信道的数字逻辑电平值进行逻辑"或"运算，得到用于表征信道化接收机当前是否有信号输出的逻辑电平值 $x'(n)$。

(3) 从第一个信道开始，将第 n 信道的数字逻辑电平值 $x(n)$ 和 $n+1$ 信道输出的 $x(n+1)$ 进行逻辑"与"运算。如果这两个信道输出信号在时域有重叠，那么"与"运算的结果会在时域重叠的时刻变为"1"。

(4) 从第一个信道开始，判断第 n 信道和第 $n+1$ 信道输出信号的频率是否有重叠，图 9 - 55 给出了输入为宽带信号时相邻两个信道的输出信号的频率重叠关系。

(5) 如果输入为线性调频信号，那么相邻两个信道的输出信号的调频特性应该相同。

需要说明的是，进行频域重叠判断时，要将每个信道测量到的信号频率值加上该信道对应的数字本振频率。图 9 - 55(a)所示的频率关系是，信号 $n+1$ 的最小频率值大于信号 n 的最小频率值，信号 $n+1$ 的最大频率值大于信号 n 的最大频率值。图 9 - 55(b)所示的频率关系是，信号 $n+1$ 的最大频率值大于信号 n 的最小频率值，信号 $n+1$ 的最小频率值小于信号 n 的最小频率值。图 9 - 55(c)所示的频率关系是，信号 $n+1$ 的最大频率值等于信号 n 的最大频率值，信号 $n+1$ 的最小频率值大于信号 n 的最小频率值。图 9 - 55(d)所示的频率关系是，信号 $n+1$ 的最大频率值小于信号 n 的最大频率值，信号 $n+1$ 的最小频率值等于信号 n 的最小频率值。

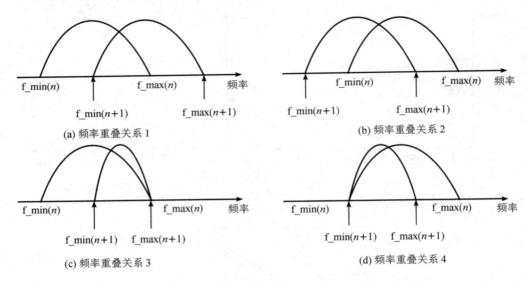

(a) 频率重叠关系 1　　　　　　　　　　(b) 频率重叠关系 2

(c) 频率重叠关系 3　　　　　　　　　　(d) 频率重叠关系 4

图 9-55　输入为宽带信号时相邻两个信道的输出信号的频率重叠关系

　　当信道化接收机只接收到一个宽带信号时，上述判断步骤可以较为准确地判断每个信道输出的信号是否对应着同一个输入信号。当输入信号为多个不同频率信号的组合时，那么判断条件就会变得复杂。简单起见，在对每个信道的输出信号进行参数测量时，只保留带宽或者幅度最大的信号的结果。另外，当某个信道存在连续波输入信号时，该信道的数字逻辑电平值 $x(n)$ 通常为"1"，进而影响与相邻信道的输出信号的时域重叠判断结果，因此在参数测量时还需要对连续波输入情况进行限制。

　　由于数字信道化接收机的处理特点，第一个信道和最后一个信道在频率上有重叠，如果输入信号带宽接近信道化接收机的工作频率带宽，那么在第一个信道就会测量得到该信号的一部分低频信号和一部分高频信号。当第一个信道对输入信号的频率参数测量结果为正数时，说明此时该信道的信号是输入宽带信号的低频分量。当频率参数测量结果为负数时，说明此时是对输入信号的高频分量进行测量，测频结果为负数的原因是因为信道化处理等效于将高频信号的频率向下搬移了 F_s，F_s 是信道化接收机的瞬时频率带宽。

　　当测频结果既包含正数又包含负数时，说明第一个信道同时接收到了输入信号的高频分量和低频分量。因为常规调频类宽带信号的高频分量和低频分量不是同时存在的，对于该信道而言应该是接收到两个在时域不重叠的信号。在对相邻信道的输出信号进行时域、频域是否重叠判断之前，需要把第一个信道测量到的两个信号分别进行处理。测频结果为正数的那一组参数测量结果，应该与第二个信道的参数测量结果进行判别；测频结果为负数的那一组参数测量结果，应该与倒数第二个信道的参数测量结果进行判别。

　　下面结合仿真实验给出对宽带信号进行参数整合的具体分析结果。假设信道化接收机的采样频率是 100 MHz，分为 8 个信道，抽取系数 $F=2$，对应 4 倍抽取率。每个信道的频率带宽是 100/4=25 MHz，信道之间的频率差是 100/8=12.5 MHz，此时相邻信道之间的频率有 50% 是重叠的。假设输入信号为线性调频信号，其中心频率为 50 MHz，带宽为 95 MHz，脉冲宽度为 20 μs，重复周期为 100 μs，调频极性为正（从低频向高频调制）。以上仿真参数设定表明，输入宽带信号经过处理后，应在每个信道都有对应的输出信号，此时输入 LFM 信号的时域波形和频谱结果如图 9 - 56 所示。

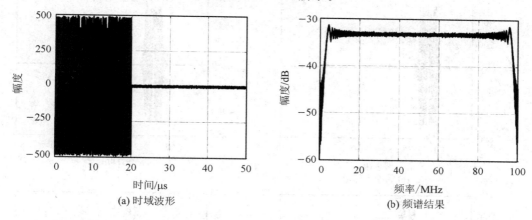

(a) 时域波形　　　　　　　　　　　　(b) 频谱结果

图 9 - 56　输入 LFM 信号的时域波形和频谱结果

　　图 9 - 57 所示为该信号经过信道化处理后每个信道的输出信号的时域波形。第 1 个信道输出的信号包括 2 个脉冲，对应着输入线性调频信号的高频分量和低频分量，由于本例中设定线性调频信号的频率是从低频向高频调制的，因此图 9 - 57(a) 中的第 1 个脉冲应为低频分量信号，第 2 个脉冲应为高频分量信号。从第 1 个信道到第 8 个信道，其对应的本振频率是逐渐增加的，第 2～8 信道输出脉冲信号的前沿时刻出现的时间位置越来越靠后，这与输入线性调频信号的频率从小变大也是一致的。

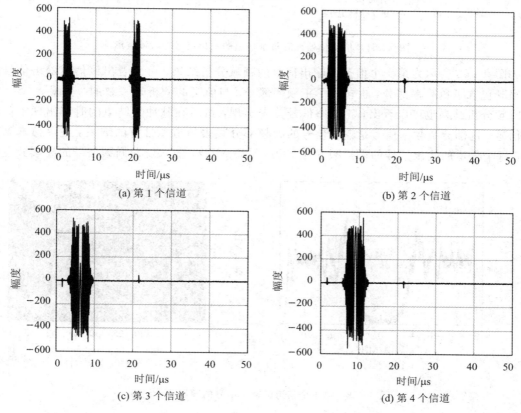

(a) 第 1 个信道　　　　　　　　　　　　(b) 第 2 个信道

(c) 第 3 个信道　　　　　　　　　　　　(d) 第 4 个信道

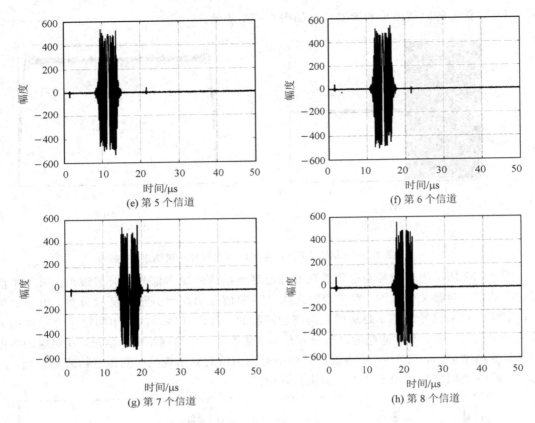

(e) 第 5 个信道

(f) 第 6 个信道

(g) 第 7 个信道

(h) 第 8 个信道

图 9 - 57　信道化处理后每个信道的输出信号的时域波形

图 9 - 58 所示为第 1 个信道的输出信号的频域分析结果，可以看出该信道输出信号的频率既包含了负频率部分，也包含了正频率部分，与前文的分析是一致的。从图 9 - 58(b) 的时频分析结果也可以看出，正频率信号首先出现，然后在脉冲快结束的时刻出现了负频率信号，这部分负频率信号是输入信号的高频部分减去信道总带宽的结果。在该仿真条件下，每个信道的输出信号的采样频率为 100/4＝25 MHz，输入线性调频信号的高频分量为

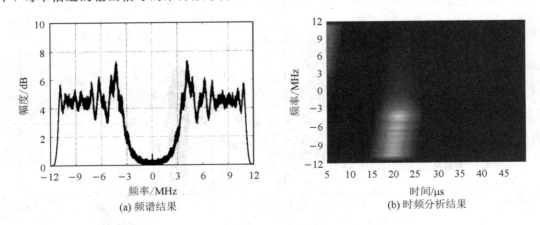

(a) 频谱结果

(b) 时频分析结果

图 9 - 58　第 1 个信道的输出信号的频域分析结果

87.5～97.5 MHz(能被第一个信道处理的频率分量)，那么，高频分量减去 100 MHz 采样频率后的结果是－12.5～－2.5 MHz，与图 9-58 中的结果是一致的。

接下来计算每个信道输出信号的幅度值，设定幅度检测门限值为 200，然后将输出信号的幅度与门限值进行比较，得到用于表征当前信道有无信号输出的数字逻辑电平值，如图 9-59 所示。根据该逻辑电平值，就可以计算信号的到达时间和结束时间参数。在逻辑电平信号存在时，可以对信号的频率值进行测量，得到信号的频率随着时间的变化曲线，进而由时频曲线得到信号的频率最大值、频率最小值、起始频率、终止频率、频率调制方式等测量结果。

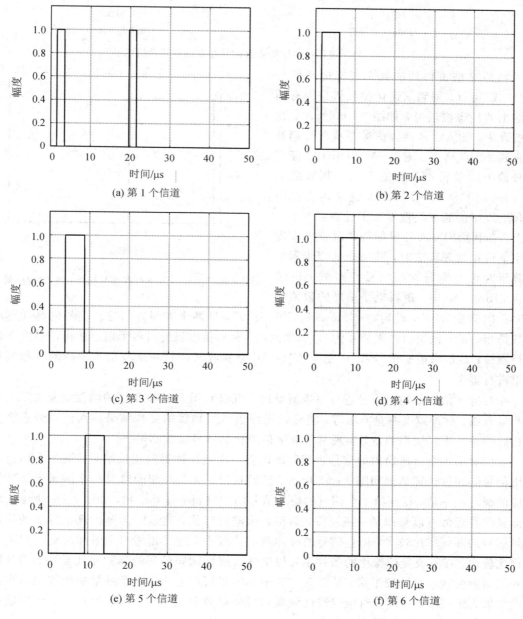

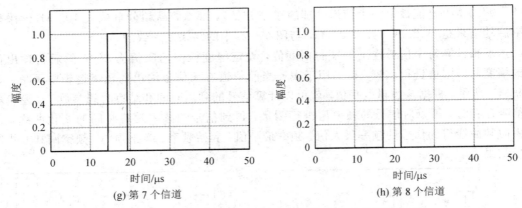

(g) 第 7 个信道　　　　　　　　　　　(h) 第 8 个信道

图 9-59　用于表征各信道是否有信号存在的数字逻辑电平

　　将所有信道得到的数字逻辑电平信号进行"或"运算，得到信道化接收机是否有信号输出的标志位信号，如图 9-60 所示。在该仿真中，输入线性调频信号是从 0 时刻开始直到 20 μs 结束。图 9-60 中用于表征有信号输出的逻辑电平标志信号，其数值为"1"的时刻不是从 0 开始的，这是因为在信道化处理中的滤波处理带来了计算延时。实际上，在利用 FPGA 等可编程逻辑器件实现数字信道化处理算法时，其每个处理步骤的计算延时也会造成输出信号在时域上的延时。在图 9-60 中，逻辑电平信号的数值在

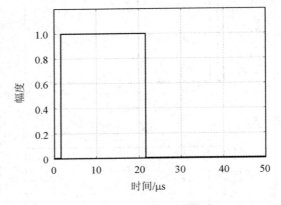

图 9-60　所有信道是否有信号输出的标志位信号

1.6 μs 时刻变为"1"，然后在 21.6 μs 时刻变为"0"，这两个时间差与输入信号的脉冲宽度参数是相等的。该逻辑电平信号为"1"的期间内，侦察接收机应对各个信道输出信号的参数进行测量；该逻辑电平信号由"1"变为"0"后，侦察接收机应该对所有信道得到的参数测量结果进行整合。

　　在对每个信道的输出信号进行参数测量时，可以利用 9.4 节介绍的幅度测量方法、频率测量方法、脉冲宽度测量方法等，将经过宽带信号判别后的参数结果送入信号分选算法进行脉冲信号重复周期测量，实现基于数字信道化的信号参数测量。

　　这里对第 1 个信道输出的信号进行频率测量。首先计算得到相位结果，第 1 个信道的输出信号的相位计算结果如图 9-61 所示。然后利用 9.4.2 介绍的瞬时频率测量方法计算对应的瞬时频率值，得到第 1 个信道的输出信号的瞬时频率计算结果，如图 9-62 所示。频率测量曲线近似可以看作是一条线段，但是数值略有起伏，这是因为该仿真条件下的线性调频信号的调频率比较大，而且信号的脉冲宽度比较小，造成相邻两个采样时刻的频率差变化比较快。在不改变信噪比的条件下，如果输入线性调频信号的调频率比较小，则计算得到的测频曲线就会比较平滑。从图 9-62 中的结果可以看出，频率测量曲线首先出现的一段结果为正频率，这部分对应着线性调频信号的低频分量信号，然后出现的负频率曲线对应着线性调频信号的高频分量信号。

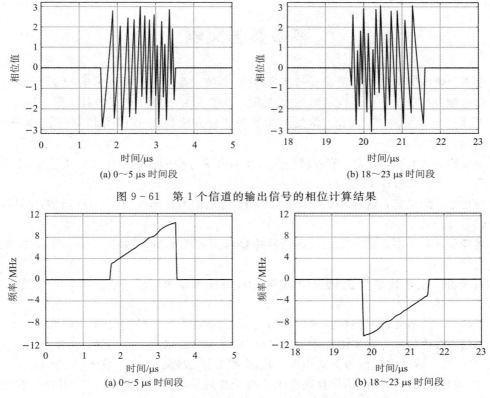

图 9 - 61　第 1 个信道的输出信号的相位计算结果

图 9 - 62　第 1 个信道的输出信号的瞬时频率计算结果

　　按照上述处理步骤，可以得到每个信道的输出信号的频率测量曲线，由频率测量曲线可以得到信号的调频方式、频率最大值、频率最小值等参数测量结果。由于每个信道的计算得到的频率测量曲线的频率范围是 $-12.5\sim+12.5$ MHz，在判断相邻两个信道输出信号的频率是否有重叠时，每个信道计算得到的频率曲线还要加上当前信道对应的数字本振值。经过时域、频域重叠判别后，得到输入线性调频信号在哪几个信道有输出。最终，该线性调频信号的到达时间测量值取这些信道测量得到的到达时间的最小值，结束时间测量值取测量得到的结束时间的最大值，频率最大值取测量得到频率的最大值，频率最小值取测量得到频率的最小值，幅度测量值取测量得到幅度的平均值，至此完成对宽带线性调频信号的参数整合。

　　本章从信号检测、数字信道化处理、信号典型参数测量方法着手，系统地阐释了侦察接收机对电磁信号典型参数进行测量的全过程，可以为侦察接收机的工程化实现提供技术借鉴和设计思路。信号参数的测量对干扰信号模拟应用来说是较为重要的，便于干扰信号模拟设备了解动态变化的电磁环境，选取特定的辐射源信号展开针对性的干扰波形生成。由于当代用频设备的发展，电磁空间充斥着大量无线电波和噪声信号，雷达信号极易被无用电磁波和干扰信号所淹没，传统的分析方法大多对雷达信号进行简单参数的测量，在某些场合可能无法满足侦察接收机对雷达信号的识别要求，利用深度学习等人工智能算法对信号进行识别已经取得了一定发展，有望为信号侦察领域提供解决方案。本章介绍的典型信号参数测量方法是信号侦察感知的基础，这些方法与人工智能等方法的结合应用，是下一步亟待研究的重要方向。

本章参考文献

[1] 李真. 频谱监测接收机的设计与实现[D]. 西安：西安电子科技大学，2014.

[2] 赵金鹏. 基于软件无线电的频谱监测系统研究[D]. 成都：电子科技大学，2019.

[3] 邓泽怀，刘波波，李彦良. 常见的功率谱估计方法及其 Matlab 仿真[J]. 电子科技，2014，27(2)：50-52.

[4] 余训锋，马大玮，魏琳. 改进周期图法功率谱估计中的窗函数仿真分析[J]. 计算机仿真，2008，25(3)：111-114.

[5] 马忠强，陈国通，赵雪. 周期图法与 Burg 算法的对比研究[J]. 信息通信，2017，172(4)：11-13.

[6] 袁梦云. 基于多级信道化的雷达信号侦察与识别技术研究[D]. 哈尔滨：哈尔滨工程大学，2016.

[7] 周成群. 宽带数字信道化瞬时自相关测频技术研究[D]. 哈尔滨：哈尔滨工程大学，2018.

[8] 张皓若. 信道化瞬时测频技术仿真研究[D]. 成都：电子科技大学，2012.

[9] 栾超. 雷达信号分选关键技术研究[D]. 哈尔滨：哈尔滨工业大学，2012.

[10] 吕松玲. 脉冲雷达信号分选识别算法研究[D]. 成都：电子科技大学，2016.

[11] 王逸轩. 现代功率谱估计算法在无线电干扰信号检测中的研究与应用[D]. 兰州：兰州交通大学，2015.

[12] MILOJEVIC D J, POPOVIK B M. Improved algorithm for the deinterleaving of radar pulses[J]. IEE PROCEEDINGS-F, 1992, 139(1)：98-104.

[13] MARDIA H. New techniques for the deinterleaving of repetitive sequences[J]. Radar and Signal Processing, IEE Proceedings F, 1989, 136(4)：149-154.

[14] 单辉宇. 多设备协同信号分选算法的研究与实现[D]. 哈尔滨：哈尔滨工程大学，2016.

[15] 张怡霄，郭文普，康凯，等. 基于数据场联合 PRI 变换与聚类的雷达信号分选[J]. 系统工程与电子技术，2019，41(7)：1509-1515.

[16] MACQUEEN J. Some methods for classification and analysis of multivariate observations[C]. Proceeding of 5th, Berkeley Symposium on Mathematical Statistics and Probability, 1967：281-297.

[17] 余长俊，张燃. 云环境下基于 Canopy 聚类的 FCM 算法研究[J]. 计算机科学，2014，41(11A)：316-319.

[18] 王洪. 宽带数字接收机关键技术研究及系统实现[D]. 成都：电子科技大学，2007.

[19] 周维. 基于 FPGA 的宽带信道化数字接收机研究与实现[D]. 成都：电子科技大学，2012.

[20] 成都泰格微电子研究所有限责任公司. 一种信道化测频的带宽拼接系统及方法[发明专利]，2018.